语音情感识别

张雪英　孙　颖　著

科学出版社
北　京

内 容 简 介

本书系统地阐述了语音情感识别的理论、方法和研究成果，主要由两部分构成：第一部分包括第 1 章到第 9 章，这九章的内容涵盖语音情感识别的基础知识、基本流程、特征提取以及识别网络，是对语音情感识别深入研究中不可或缺的知识；第二部分包括第 10 章和第 11 章，这两章的内容是在语音情感识别研究基础上的进一步深入，将脑电信号引入到情感识别研究中，以情感脑电辅助语音情感识别，是脑认知过程与传统信号处理手段的有效结合，为今后情感识别研究提供了新思路和新方法。

本书可作为人工智能、计算机、电子信息等专业的教师、研究生和技术开发人员学习语音情感识别知识的参考书。

图书在版编目（CIP）数据

语音情感识别/张雪英，孙颖著. —北京：科学出版社，2021.9

ISBN 978-7-03-067683-2

Ⅰ.①语… Ⅱ.①张… ②孙… Ⅲ.①情感-语音识别-研究 Ⅳ.①B842.6 ②TN912.34

中国版本图书馆 CIP 数据核字（2020）第 262202 号

责任编辑：苏德华　袁星星 / 责任校对：赵丽杰

责任印制：吕春珉 / 封面设计：东方人华平面设计部

科学出版社 出版

北京东黄城根北街 16 号

邮政编码：100717

http://www.sciencep.com

三河市骏杰印刷有限公司印刷

科学出版社发行　各地新华书店经销

*

2021 年 9 月第 一 版　开本：787×1092 1/16

2021 年 9 月第一次印刷　印张：18 1/2

字数：436 000

定价：166.00 元

（如有印装质量问题，我社负责调换〈骏杰〉）

销售部电话 010-62136230　编辑部电话 010-62138978-2047

前　言

人工智能技术的发展，正在改变着人机交互的方式。语言是人类最直接、最方便的交流信息和情感的方式，让机器像人一样具有说话、思维和情感能力，实现人与机器的自然交流，是人工智能领域一直追求的目标。语音情感识别的研究，将推动这一目标的逐步实现，其成果可广泛应用于人机交互、远程医疗、电子教育、刑事侦查和情绪疏导等领域，因此，开展语音情感识别研究具有重要意义和实用价值。

情感是受到外部刺激影响，如听到一些话、看到一些图片等，引发人的生理及心理变化，从而反映出来的一种感知状态。当人受到外部刺激并产生心理反应时，面部表情可以人为控制，掩饰其真实情感，但电生理信号（脑电、心电、肌电等）却能真实反映其情感状态。在多种生理信号中，脑电（electroencephalography，EEG）信号由于时间分辨率高，可以较好地表征情感脑认知过程，同时具有测试相对简单、成本较低的优点。因此，结合 EEG 信号及语音情感信号，建立对应数据库，研究人脑对语音情感的认知过程，成为提高语音情感识别性能的重要方法。

语音情感识别系统一般包括三个主要部分：情感数据库，特征提取，特征融合及识别。本书围绕这三个部分，在建立和优化情感语音数据库的基础上，一方面，研究了最新的语音情感特征提取技术和语音情感识别网络，给出了每种算法的详尽步骤，并对实验结果进行了详细讨论。另一方面，利用情感语音数据库中的情感语句来诱发脑电信号，构成情感脑电数据库，采用认知心理学方法，分析情感语音不同声学参数在情感认知过程中存在的差异性问题；采用信号处理方法，研究脑电信号特征提取并进行情感识别；将人的认知过程和传统的信号处理手段有机结合到一起，最终形成了脑电辅助语音情感识别系统的新思路，并通过实验证明了这种新思路的可行性和有效性。

本书共分 11 章，第 1 章介绍了语音情感识别的基本知识，让读者对语音情感识别的基本框架和基本方法有个了解；第 2 章是人类情感的划分，介绍和讨论了常见的情感分类模型的研究现状、存在的问题及今后发展的方向；第 3 章是情感语音数据库，介绍了一般情感数据库的基本构建原则及一些常见的情感语音数据库，较为详细地说明了我们自己建立 TYUT1.0 和 TYUT2.0 数据库的步骤、筛选方法；第 4 章是关于语音情感特征的内容，介绍了几种常见的语音情感特征提取方法及在情感识别实验中的结果；第 5 章是基于人耳听觉的情感特征及在语音情感识别中的应用，介绍了一种将人耳听觉特性和人的发音特性相结合的语音情感新特征；第 6 章是情感语音非线性特征分析研究，通过研究分析验证了语音信号在产生和传播过程中存在非线性特性，从情感语音中提取非线性特征并应用于语音情感识别；第 7 章是语音情感识别建模，基于隐马尔可夫模型（hidden Markov models，HMM）、核函数极限学习机（extreme learning machine with kernel，KELM）和模糊认知图（fuzzy cognitive maps，FCM）将语音信号处理方法和认知心理学知识相结合，用于语音情感识别，得到了较好的结果；第 8 章是融合算法应用于语音情感识别的研究，将特征级融合和决策级融合用于语音情感识别的研究；第 9 章是连续维度语音情感识别研究，将离散模型和连续维度两种方法相结合，提出了基于声学特征和基本情感 PAD（pleasure-arousal-dominance）值来预测语音库中语音情感的 PAD 值的方法；第 10 章是情感语音诱发的脑电信号分析研究，用认知心理学方法研究情感语音的认知过程，主要采用事件相关电位（event-related potentials，ERP）技术研究情感语音不同声学参数对认知差异的影响问题，以及言语可理解与非言语的认知差异问题，其实验结果可为情感语音的脑认知研究提供一定的理论和实验参考；第 11 章是脑电辅助语言信号的情感识别研究，首先阐述了提取脑电信号非线性特征及将其用于情感脑电信号识别的原理和方法，给出了有效的实验结果；其次采用压缩感知分类方法，对情感脑电及语音信号进行了情感识别研究，证明了情感脑电辅助语音情感识别的可行性和有效性。

本书内容来源于课题组多年的研究成果，是作者基于国家自然科学基金项目和省部项目的研究内容，融合了课题组近些年在国内外期刊和会议上发表过的论文编撰的。近几年，深度学习算法应用在语音情感识别中的研究也成为一种趋势，这方面的研究方兴未艾，可以专门著书，所以本书中暂不涉及该方面内容。

本书全部内容是在太原理工大学张雪英教授组织和指导下撰写的，具体分工为：第 1 章、第 2 章、第 4 章及第 7 章的 7.2 节由张雪英教授执笔；第 3 章、第 5 章、第 6 章及第 11 章的 11.1 和 11.2 节由孙颖副教授执笔；第 7 章（除 7.2 节）、第 8 章、第 9 章由张卫博士执笔；第 10 章、第 11 章的 11.3 和 11.4 节由畅江博士执笔。同时，课题组一些硕士生、博士生参与了其中部分实验仿真研究工作，在此向他们表示衷心感谢；衷心感谢国家自然科学基金和山西省自然科学基金对相关研究工作的资助；衷心感谢科学出版社的大力支持。

鉴于语音情感识别技术是一项正在快速发展的技术，许多方法还在不断更新和研究中，加之作者水平有限，书中许多内容有待进一步研究和完善，恳请读者批评指正。

目　录

第1章　语音情感识别基本知识

1.1　语音情感识别的研究背景和意义

情感能力是人类智能的重要标志，情感在人与人的交流中必不可少。人类在有能力制造和研制机器以后，希望机器可以听懂人的语言、判断人的情感，从而实现更自然和谐的人机交互。语音情感识别（speech emotion recognition）的出现，使人类的这一设想得以实现。目前，人机交互的主要方式还是使用键盘、鼠标或触摸屏，而随着社会科技的发展，人类希望机器能够更人性化、更智能化、更加便捷地被操作。这一要求，必然需要通过计算机实现与人类相似的思维、感知及行为功能。

研究计算机的情感识别技术，实现的思路比较传统和简单，可从两方面进行：一是通过面部表情，面部表情和手势向来是情感识别系统中的基本方式；二是语音，在沟通过程中想要得知对方的动机和情绪，语音是最有利和最直接的方式。语音信号中的情感信息是一种很重要的信息资源，它是人与人交流中必然存在的信息，同样的一句话，由于说话人的情感不同，在听者的感知上就可能会有较大的差别。目前，关于情感信息处理的研究正在逐步深入，其中语音的情感识别因涉及不同语种之间的差异，发展也不尽相同。英语、日语、德语、西班牙语的语音情感分析处理都有较多的研究，汉语语音的情感分析也逐渐成为研究热点。随着科技的发展，语音情感识别越来越贴近人们的生活。现阶段，语音情感识别技术已经应用到了通信、教育、刑事侦查和医疗等多个领域。例如，在通信领域中，将语音情感识别技术结合音视频通话，可以使语音语义与情感相匹配，使倾听者有更好的服务体验；在教育领域中，通过语音情感识别技术，可以实时监测学生听课的情绪状态，制订针对性的授课计划，以提高学生听课效率[1-2]；在刑事侦查中，结合语音情感识别技术，可以更真实准确地掌握嫌疑人的心态和情绪；在医疗领域中，采用更具人性化的语音情感识别的医疗器械，让病人在接受治疗的同时，帮助其缓解紧张、压抑的情绪[3-4]。所以，开展语音情感识别领域的研究具有重要理论意义和实用价值。

1.2　语音情感识别关键技术

语音情感识别的研究主要包括三个方面：情感语音数据库，语音情感特征，语音情感识别模型。这三个方面对应了语音情感识别的关键技术，下面将简单介绍它们常用的基本方法。

1.2.1　情感语音数据库

情感语音数据库是语音情感识别的基础。情感语音数据库的质量对语音情感识别研究起着决定性的作用。情感语音数据库按照应用目的可以分为识别型和合成型；按照语种差异可以分为英语、德语、中文等类别[5]；按照情感描述模型可以分为离散型情感语音数据库和连续型情感语音数据库；按照获取途径可分为表演型、激励型、启发型和摘引型；按照语音的自然度可以分为模仿型、诱发型和自然型。下面从自然度的角度对三种类型的情感语音数据库进行简单描述。

模仿型语音库一般由专业演员朗读某条有情感要求的语音。这种语音库的优点是文本、性别、情感可以满足研究要求。但是由于是专业演员表演获得，语音情感表现具有一定的夸张度，不同于生活中的真实情感，不利于将所得研究结果运用到现实生活中。

诱发型语音库是对被录音人员进行启发、引导等方式激发获得研究所需要的情感语音。它相对于自然型来说较为容易实现，但是这种方式的录音效果是由激励的情感程度决定。因此，建立诱发型语音库不仅要选取合适的激励源，而且要克服人对激励源的个体差异性，确定情感诱发的有效性。

自然型语音库就是采集正常生活中的对话片段，在被录音者不知道的情况下进行语音的录制，或者在广播、电视等多媒体材料中剪辑研究所需要的情感语音片段。这种方法的优点是情感真实度较高，情感表达直接由心理状态出发，并且有上下文的关联信息，有利于以后的研究。但是对于数据的来源可能会涉及隐私等问题，并且获得自然型语音需要较大的工作量。

近年来，国内外研究者已经建立了多种情感语音数据库，这些数据库涉及多个语种，如瑞士语、英语、葡萄牙语、西班牙语、德语、汉语等。随着对情感语音研究关注度的提高，国内高校、研究机构也根据自己的研究需求建立了情感语音数据库。然而，由于情感语音数据库的建立标准、研究任务不同，并且没有公开共享的情感语音数据库，因此不同情感语音数据库之间无法共享研究成果。

1.2.2 语音情感特征

提取情感关联度高的特征是语音情感识别的又一关键。如果提取的特征不能很好地代表情感差异度，将导致之后的识别网络处理结果差强人意。近年来，情感语音特征种类虽然没有一个统一的划分，但是大致上可分为声学特征和语言特征。这两类特征提取的方法和对语音情感识别的贡献也因选取的语音库不同而截然不同。如果选取的语音库是基于文本的数据库，语言特征就可以忽略不计。如果选取的语音库是贴近现实生活的真实语料，语言特征将发挥极大的作用。以往的研究学者大多数关注的是对声学特征的研究。目前，常用的语音情感识别的声学特征主要包括韵律学特征、基于频谱和倒谱的特征，以及音质特征等。这些特征向量一般以全局统计的方式进行构造，作为语音情感识别网络的输入。常用的统计参数主要有方差、均值和中值等。

1. 韵律学特征

韵律体现了语音信号强度和语调的变化，可以使语言结构更加自然，增强语音流动性。此外，韵律还可以被看作是音节、单词、短语和句子相关的语音特征，表征了语音信号中的非言语特性。因此，韵律学特征也被称为“超音段特征”。韵律已经作为语音情感识别的特征并取得了显著结果，且常用的韵律学特征主要包括能量、语速、基频、时长等。

2. 基于频谱和倒谱的特征

基于频谱的特征体现了语音信号频谱特性或能量特性，如语音的能量谱特征，对数频率功率系数（log frequency power coefficients，LFPC）等。常用于语音情感识别的倒谱特征有梅尔频率倒谱系数（Mel-fregurency cepstrum coefficients，MFCC），线性预测倒谱系数（linear prediction cepstrum coefficients，LPCC），感知线性预测（perceptual linear prediction, PLP），线性预测系数（linear prediction coefficients，LPC）等。目前，用于语音情感识别中的 MFCC 特征表现出的性能较优，并得到了广泛使用。

3. 音质特征

音质特征描述了声门激励信号的性质[6]，包括发声者的语态、呼吸喘息，可以通过脉冲逆滤波补偿声道影响。此外，音质特征的表现因情感不同而有所差异。通过对音质特征的评价，可以获得说话人的生理、心理信息和区分情感状态。音质特征主要包括谐波噪声比（harmonics-to-noise-ratio，HNR）、抖动（jitter）和闪光（shimmer）。

4. 基于人耳听觉特性的特征

人的听觉系统具有很强的抗噪声能力，在一定噪声环境中，也能分辨出语音信号。模拟人耳听觉特性的感知尺度主要有 Bark 尺度，基于 Bark 尺度提取特征，可以具有更好的情感分类效果。过零峰值幅度特征（zero crossings with peak amplitudes，ZCPA）就是一种基于人耳听觉特性模型的特征。这种特征将信号的频率及幅度信息用过零率和峰值的非线性压缩来表示，并将两种信息进行了有机结合。基于人耳听觉特性的特征提取研究更符合人工智能发展方向。

5. 融合特征

单独使用某一类的声学特征存在一定的局限性，于是研究学者相继将两种以上的特征（或者是两类特征）融合起来进行语音情感识别。如可将语音特征和面部表情特征融合，也可将生理电信号特征和语音信号特征融合，以改善识别性能。关于多特征融合的研究，也是近些年的研究热点。

1.2.3　语音情感识别模型

识别网络模型是语音情感识别系统的核心部分，网络的有效性对识别结果的高低有很大的影响。识别网络模型的目的是实现模式匹配，在识别过程中，当语音信号的特征输入到识别网络中时，计算机通过相应的算法得到识别结果。显然，识别网络的选择与识别结果有着直接的关系。

现有的统计模型与识别算法大致有以下几种：动态时间规整（dynamic time warping，DTW）模型、隐马尔可夫模型（hidden Markov models，HMM）、高斯混合模型（Gaussian mixture model，GMM）、支持向量机（support vector machine，SVM）和人工神经网络（artifical neural network，ANN）等。其中DTW利用模板匹配法进行识别，HMM和GMM利用概率统计原理进行识别，ANN和SVM是基于判别模型的方法进行识别。

DTW是一种较早的模型训练和模式匹配技术，该模型以整个单词作为一个识别单元，模板库中存入了词汇表中所有词的特征矢量序列模板，识别时分别将待识别语音的特征矢量序列与语言库中的各个模板进行比较，并将最相似的模板作为识别结果输出。DTW应用动态规整方法成功解决了语音信号特征参数序列时长不等的难题，在小词汇量、孤立词语音识别中有良好的性能。但因其不适合连续语音、大词汇量语音识别系统，目前已逐渐被HMM和ANN模型取代。

HMM是语音信号时变特征的有参表示法。该模型通过两个相互关联的随机过程共同描述语音信号的统计参数特性。一个是不可观测的、具有有限状态的马尔可夫链，另一个是与该马尔可夫链的各个状态相关联的观察矢量的随机过程，它是可观测的。HMM的应用为语音识别带来重大突破，尤其是在连续、大词汇量语音识别方面。HMM很好地模拟了人类的语言过程，HMM模型的训练和识别都已研究出有效的算法，并被不断完善以增强模型的鲁棒性，目前该模型应用十分广泛。很多研究者提出了HMM改进算法，例如，加入遗传算法、神经网络技术等，提高了HMM的训练速率和识别准确率。但是训练HMM需要大量的训练样本，时间成本比较高。

GMM是一种用于密度估计的概率模型，主要优点是拟合能力很强，在理论上可以拟合所有的概率分布函数。GMM成功地应用在语种识别和说话人识别研究中，但是GMM的主要缺点是对数据的依赖性过强，因此在采用GMM的语音情感识别系统中，训练数据的选择会对系统识别结果产生很大的影响。

SVM是以统计学习理论为基础的识别算法，它通过一个核函数将特征向量由低维空间映射到高维空间中，完成线性不可分到线性可分的转化，从而在新的高维空间中实现最优分类。很多研究者在语音情感识别系统中采用SVM，并且得到了较好的识别效果。SVM适用于小样本分类，在多分类问题中存在不足，另SVM由于过拟合问题，对噪声较为敏感。

ANN是当前语音识别研究的一大热点，ANN是由节点互连组成的计算网络，通过训练可以使其不断学习知识，从而获得解决问题的能力，本质上是一个自适应非线性动力学系统，它模拟了人类大脑神经细胞活动，具有记忆、联想、推理、总结和快速并行实现的特点，同时还具备自适应、自组织的功能。在一些环境因素复杂、背景信息模糊、推理规则不明确的情况下，ANN比HMM具有更大的优势，ANN因此为噪声环境下非特定人的语音识别提供了很好的解决方法。

此外，研究者经常把以上模型相互结合，取长补短，形成混合模型，应用在不同的识别系统中，也取得了较好的效果。例如，基于ANN/HMM混合模型的语音识别方法，将ANN强大的分类能力以及HMM较好的时域建模能力相结合。与传统的HMM和ANN识别结果对比，混合模型语音识别方式改善了系统识别性能，提高了识别率，并在抗干扰性和鲁棒性方面也得到加强。

识别网络研究面对的主要问题是理论上没有实现突破，虽然现在一直提出各种修正方法，但其优缺点各异，没有普遍适用性。纵观近几年的文献，尽管有很多算法成功地被运用到了语音情感识别中，但大多数研究者只是使用这些算法在某些特定的数据库上进行了测试，对实验数据依赖性强。在不同的情感数据库和测试环境中，各种识别算法均有自己的优劣势，不具有普遍性。

近几年发展迅猛的深度学习识别模型，本质上是 ANN 在网络层数和输入节点数上的增加。关于这方面的研究目前正处于方兴未艾阶段，本书暂不叙述这方面的研究内容。

1.3 基于脑认知的语音情感识别研究

近些年，基于生理信号进行情感识别的研究逐渐增多。生理信号是指包含脑电、眼电、心电、肌电等信号在内的人体各器官上采集的信号，生理信号具有不受人类主观意志影响，更具真实性的特点。在生理信号中，脑电信号具有数据采集简单、安全、分辨率高等优点，脑电信号一般由头表电极记录得到，可以直接记录神经的电活动，且相比其他生理信号含有更丰富有效的情感信息，因此脑电信号对情感识别的研究具有重要价值[7]。目前，单一地采用语音或生理信号进行情感识别已经取得了一些成果，然而，当人类主观上刻意对情感加以掩饰，或某一通道特征受到干扰或破坏时，情感识别结果会显著下降。将情感脑电信号辅助语音信号进行情感识别，研究人脑对语音情感的认知机理，充分利用不同类特征间的互补信息，进一步提高情感的识别效果，以获得更全面准确的情感信息，对语音情感识别研究具有重要价值。

小　　结

通过语音判断说话人的情感状态是人类智能的重要表现之一。随着语音技术和人工智能的发展，使机器具备人类这种“语音情感识别”能力，已经逐渐成为研究热点并在医学、教育、刑侦等领域得到广泛应用。语音情感识别的关键技术主要包括三个方面：情感语音数据库、语音情感特征、语音情感识别模型。近些年来，基于生理信号的情感识别研究也逐渐增多。两种研究方式各有所长，将二者结合用生理信号辅助语音信号进行情感识别已经在实验室取得了较为理想的结果[7]，其研究成果必将会得到越来越多的应用。

参 考 文 献

[1] BAHREINI K, NADOLSKI R, WESTERA W. Towards real-time speech emotion recognition for affective E-learning[J]. Education & Information Technologies, 2016, 21(5): 1367-1386.

[2] LUO Q. Speech emotion recognition in e-learning system by using general regression neural network[J]. Nature, 2014, 153(3888): 542-543.

[3] HASHIM N N W N, WILKES M D, SALOMON R M. Analysis of timing pattern of speech as possible indicator for nearterm suicidal risk and depression in male patients[C]//International Conference on Conference on Signal Processing Systems. 2012,58: 6-13.

[4] NURWAHIDAH N H N N, WILKES M D, SALOMON R M. Timing patterns of speech as potential indicators of near-term suicide risk[J]. International Journal of Applied Engineering Research, 2015, 10(12): 31061-31090.

[5] 韩文静，李海峰，阮华斌，等. 语音情感识别研究进展综述[J]. 软件学报，2014，25（1）：37-50.

[6] 韩纪庆，张磊，郑铁然. 语音信号处理[M]. 北京：清华大学出版社，2013.

[7] 畅江. 基于 EEG 和 ERP 信号分析的情感认知研究[D]. 太原：太原理工大学，2018.

第 2 章　情感的划分

情感是生活现象与人的心理状态相互作用下产生的感受，是人类日常交流中常见的现象。但是，人类的情感是怎么产生的？情感的具体定义是什么？怎么对人类的情感进行分类才合理？情感之间有着什么样的关系？这些问题目前都还没有一个固定的答案。

本章从情感类别的定义入手，详细介绍和讨论了常见的情感分类模型的研究现状、存在的问题及今后发展的方向。

情感是指在不同环境或情境下，由主观意识产生的心理活动和生理活动。它可以通过几种方式表现出来，比如，语音、姿势、表情和行为等。语音情感就是其中的一种表现形式。情感是非常复杂且易变的，如何从语音中识别出说话人的情感，首先非常重要的就是对情感进行合理的划分。但是到目前为止，心理学家对情感类别的划分还没有达成一个统一标准。现在主要存在以下几种观点：离散情感划分、情感维度空间模型、基于离散情感的维度空间模型及其他情感模型。下面分别介绍以上几种观点。

2.1　离散情感划分

离散情感认为情感是独立存在的个体，情感和情感之间是不相关的。它把情感划分为几种基本种类，如高兴、生气、悲伤、害怕。人类的其他情感都可以由这几种基本情感衍生而来。目前用于语音情感识别的研究，大多数都是基于这几种离散情感。对离散情感的划分也是多种多样的，国内外许多研究者都对其进行了研究。中国古代曾有记载，通常说的“七情”就是出自《礼记・礼运》，指人一般所具有的七种情感：喜、怒、哀、惧、爱、恶、欲。在国外也有许多专家对情感分类进行研究，心理学家 Plutchik[1]指出情感有八种基本类别，它们分别为：容忍（acceptance）、生气（anger）、期望（anticipation）、厌恶（disgust）、愉悦（joy）、恐惧（fear）、悲伤（sadness）和惊奇（surprise），他认为情感就像光源的三原色理论一样，其余的情感都可由基本情感调和而成。对于基本情感的确定，大家存在不同的观点，如 Ekman[2]结合人的面部表情以及其他一些特征总结出六种基本情感：生气（anger）、厌恶（disgust）、愉悦（joy）、恐惧（fear）、悲伤（sadness）和惊奇（surprise）。目前为止，Ekman 的基本情感理论无论在普遍性还是在非语言情感表达上，都是在自动情感识别研究中较受欢迎且普遍采用的方法。除此之外，还有以下几个离散类别模型的分类方法。

1. 三级情感模型

除了前面介绍的将情感分为基本情感和派生情感外，用标签法将情感分成离散类别的模型中，还有其他一些分类方法。例如，Fox 提出的三级情感模型[3]，如表 2-1 所示，它是按照情感中表现的主动和被动的程度将情感分成不同的等级。等级越低，分类越粗糙；等级越高，分类越精细。

表 2-1　Fox 的三级情感模型

级别	情感状态
第一级	趋近的、退避的
第二级	愉快、兴趣、愤怒、忧伤、厌恶、害怕
第三级	骄傲、关心、敌意、痛苦、轻蔑、惊恐、极乐、责任感、嫉妒、剧痛、怨恨、焦虑

2. 其他的离散情感分类方法

表 2-2 所示的是不同学者对离散情感的定义[4]。综上所述，基本情感的划分可以有很多种类。对于情感的划分不仅受研究背景和研究基础的影响，还与文化背景、社会条件等有关。因此，对基本情感的辩论将长期存在于情感理论的研究中。但它的缺点是无法表示出情感之间的相对关系及变化，以及混合情感的情况。

表 2-2　不同学者对离散情感的定义

学者	定义
Arnold	生气、厌恶、勇敢、沮丧、渴望、绝望、开心、厌恶、希望、爱意、悲伤
Fijda	渴望、开心、兴趣、惊讶、疑惑、悲伤
Gray	渴望、开心、兴趣、惊讶、疑惑、悲伤
Lzard	生气、轻蔑、厌恶、悲痛、恐惧、内疚、兴趣、开心、羞愧、惊讶
James	恐惧、悲伤、爱意、愤怒
Mcdougall	恐惧、厌恶、开心、顺从、脆弱、疑惑
Mowrer	痛苦、开心
Oatley&Johnson Laird	生气、厌恶、焦虑、开心、悲伤
Watson	恐惧、开心、愤怒
Weiner&Graham	开心、悲伤

2.2　情感维度空间模型

除了将情感划分成离散的类别以外，还有一些研究者在连续的空间中对情感进行描述。这种描述方法认为人们产生的所有情感都可以包含在由几个维度组成的空间模型中，简称为情感维度空间模型。这种模型认为情感在空间中是连续并逐渐变化的，每一种情感都可以被映射到这个空间上的一点，它们都是这个连续体的一部分。同时，还可以根据情感在维度空间中的空间距离来显现情感之间的相似和差异。目前研究者广泛使用的情感维度模型是二维（即 valence-arousal）情感空间模型[5]和三维（即 pleasure-arousal-dominance，PAD）情感空间模型[6]。

1. 二维情感空间模型

二维情感空间模型即 Thayer 模型，它作为生物心理学概念，是用于心理学分析的一种模型。更详细地说，Thayer 认为人类的情感状态与人的心理和生理的变化是密切相关的。此外，它还认为个人的认知和偶然事件的发生在其情感的产生中起着至关重要的作用。该模型就是根据其效价维（valence，情感为积极或消极）和激励维（arousal，情感为兴奋或平静）以维度方式定义情感类别。情感类别被划分在二维笛卡儿坐标系的四个象限中，定义效价维为 x 轴，激励维为 y 轴，如图 2-1 所示。原点代表中性情感。

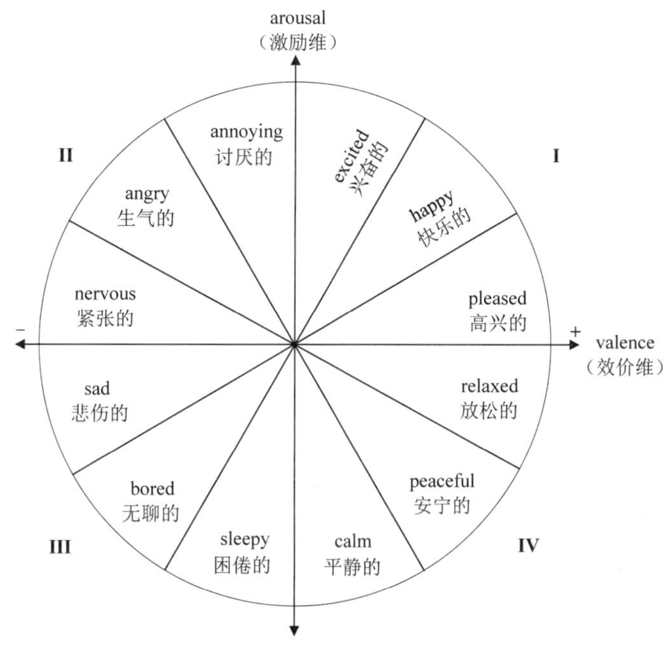

图 2-1　Thayer 情感模型

模型中每一个象限中分别包含三种情感。第一象限表示效价维和激励维都为正，由高兴、快乐和兴奋组成。第二象限激励维为正，效价维为负，它包括讨厌、生气和紧张三种情感。第三、四象限如图 2-1 所示。由此可知，Thayer 情感空间模型中由十二种情感组成。越接近原点意味着情感越不强烈，越远离原点代表情感越强烈。

2. 三维情感空间模型

三维情感模型即 PAD 模型，由 Mehrabian 作为一种心理学研究方法提出。它的前两个维度和 Thayer 模型的两个维度所表示的意义相同，即维度 P（pleasure 或 valence），指效价维，也称为愉悦度，它评估情感状态是积极的还是消极的；维度 A（arousal），是指激励维，也称为激活度，它反映的是情感强弱的程度；第三个维度是 D（dominance），是指控制维，也称为优势度，它描述了个人意图控制情况的程度，表现出是支配地位还是顺从地位。

基于上述定义，在 PAD 模型中，情感的类别可以被描述在三维空间的模型坐标轴上：+P 和−P 表示令人愉悦和不愉悦，+A 和−A 表示被唤醒和未被唤醒，+D 和−D 表示主导和逆来顺受。根据这种分类，就会出现八个八分圆（octant1-8），并共同存在于 PAD 模型中，如图 2-2 所示。例如，情绪 e 的 PAD 值（0.3,0.5,0.5）属于 octant1，因为它的 P、A、D 三个值都是正的。

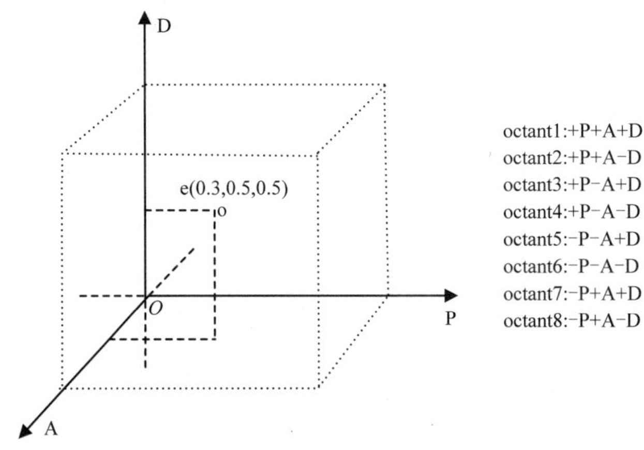

图 2-2　PAD 情感空间模型

研究表明，使用 PAD 模型可以很好地阐释人的情感。例如，Mehrabian 使用由其他研究者开发的 42 种情绪量表来测试 PAD 模型[7]，结果显示，这 42 个量表中的几乎所有变化和差异都可以用 PAD 模型来解释。这说明 PAD 模型可以合理地表征和测量人类的情感状态，而且这三个维度不仅仅局限于主观情感体验，还与情感的生理唤醒和外在表现形成良好的映射关系。以前的研究主要是集中在前两个维度上，但是，这两个维度无法有效区分某些情绪，如愤怒和恐惧。相比之下，PAD 情感模型就可以有效地区分愤怒和恐惧。尽管这两种情感都是高效价和低激励的情感，但是这两种情绪在控制维是相反的，即愤怒是高控制状态，恐惧是低控制状态。

PAD 情绪量表是基于 PAD 情感空间模型建立的。这个量表同样是由 Mehrabian 开发的用于衡量情感的一种工具。它最初由 34 个项目组成，后来研究人员进一步提出了 PAD 情绪量表的简化版本，其中每个维度使用 4 个项目（共 12 个项目）进行描述。Li 等[8]修改了 PAD 情绪量表的简化版本，形成了中文简化版 PAD 情绪量表，如表 2-3 所示。中文简化版 PAD 情绪量表是一个九点语义差异量表，其中每个项目由一对不同的情感状态形容词组成，每对之间的空间分为九个部分。每一对形容词代表情感的状态在其所属的维度上量值相反，但在其他两个维度上是相同的。例如，一个衡量“效价维”的项目是由“兴奋的”和“愤怒的”这对形容词组成。它们所代表的情感在“效价维”相反，在其他两个维度大致相同。近年来，也有许多研究者在中文简化版 PAD 情绪量表的基础上进行了一些改进[9-10]。

从表 2-3 可知，PAD 情绪量表，从左至右，该项目的得分记录为“−4～4”；中间记录为“0”。最终目标情感的维度值是评估维度的四个项目的得分的平均值。其计算公式如式（2-1）所示。李晓明[11]基于 PAD 三维情感模型和中文简化版 PAD 情绪量表评估了 14 种基本情感的 PAD 值。部分情感的 PAD 值如表 2-4 所示。

表 2-3 PAD 情绪量表

项目标号	情感形容词（左端）	标注等级									情感形容词（右端）
		−4	−3	−2	−1	0	1	2	3	4	
V_1	愤怒的	……	……	……	……	……	……	……	……	……	感兴趣的
V_2	清醒的	……	……	……	……	……	……	……	……	……	困倦的
V_3	受控的	……	……	……	……	……	……	……	……	……	主控的
V_4	友好的	……	……	……	……	……	……	……	……	……	轻蔑的
V_5	平静的	……	……	……	……	……	……	……	……	……	兴奋的
V_6	支配的	……	……	……	……	……	……	……	……	……	顺从的
V_7	痛苦的	……	……	……	……	……	……	……	……	……	高兴的
V_8	感兴趣的	……	……	……	……	……	……	……	……	……	放松的
V_9	谦卑的	……	……	……	……	……	……	……	……	……	高傲的
V_{10}	兴奋的	……	……	……	……	……	……	……	……	……	激怒的
V_{11}	拘谨的	……	……	……	……	……	……	……	……	……	惊讶的
V_{12}	有影响力的	……	……	……	……	……	……	……	……	……	被影响的

$$
\begin{cases}
P = V_1 - V_4 + V_7 - V_{10} \\
A = -V_2 + V_5 - V_8 + V_{11} \\
D = V_3 - V_6 + V_9 - V_{12}
\end{cases}
\tag{2-1}
$$

表 2-4 五种基本情感的 PAD 值

编号	情感状态	平均值		
		P	A	D
1	高兴	2.77	1.21	1.42
2	无聊	−0.53	−1.25	−0.84
3	悲伤	−0.89	0.17	−0.70
4	愤怒	−1.98	1.10	0.60
5	惊奇	1.72	1.71	0.22

2.3 基于离散情感的维度空间模型

2.2 节介绍情感维度模型时，提到离散情感可以映射到空间模型中，所以说情感维度空间模型与离散情感模型之间是存在联系的，因此，也有许多研究者将二者结合起来。其中，最有代表性的就是 Plutchik 的三维情感模型（图 2-3）。

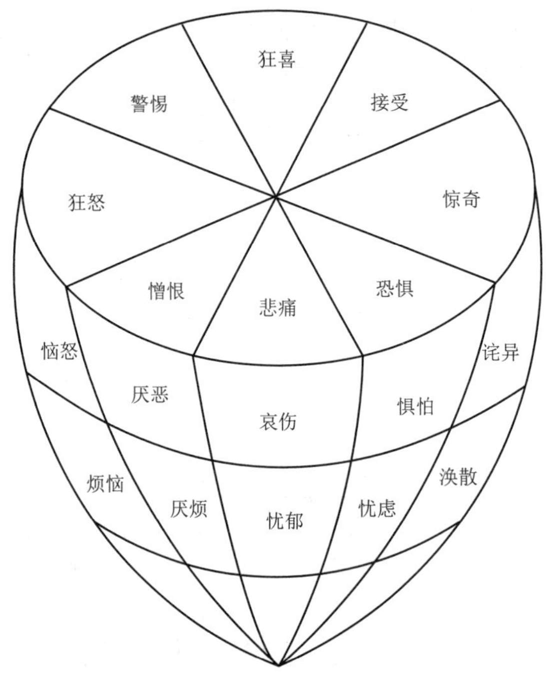

图 2-3 Plutchik 的三维情感模型

Plutchik 提出情感之间具有相似性、对立性和强度这三个性质，根据这三个性质可以将情感表示在一个倒锥体上面。最上面的圆形部分被分为了八等份，分别代表八种基本情感，并且规定越近的情感相似性越大，如悲痛和恐惧，越远的情感相似性越小，如接受和憎恨处于对立面，所以这两个情感之间就是对立的。这个倒锥体的高代表情感的强度，从上到下情感的强度逐渐减弱。例如，从狂怒、恼怒和烦恼这三个情感可以看出其强度是逐渐减弱的，狂怒的程度大于恼怒的程度，恼怒的强度大于烦恼的程度。因此，通过这个三维情感模型可以准确地反映情感的相似性、对立性和强度这三个性质。

2.4 其他情感模型

除了以上介绍的情感模型外，研究者还致力于情感建模方面的研究，并提出了一些新的情感模型。近几年，有一些研究者提出了个性化情感模型建立的方法。比如，杨勇等[12]提出了一个新的三层映射关系的个性化空间模型，他定义了三个空间概念：个性空间、心情空间和情感空间，并提出利用基本情感强度来描述情感空间中某一时刻的情感状态，利用心情空间中的心情向量离基本情感点的距离远近来衡量情感空间中某种情感出现的概率大小，建立起了心情空间与情感空间的映射关系；李海芳等[13]考虑人的个性因素对情感的影响，提出了性格—心情—情感的多层情感模型，通过研究人的性格与心情、情感关系，建立了情感和心情的衰减函数，然后利用实验和统计分析的方法得到影响情感的因素并将其作为性格和心情变化以及情感激活的阈值，形成了多层情感模型；郝耀军等[14]提出了个性 OCC 情感模型用于网络学习中，以为在网络学习过程中能够影响情感变化的 6 项学习认知能力参数和 5 项学习过程指标变量，同时运用模糊数学的方法对这些参数和变量进行评估。该模型优点就是简单，实时性强，弥补了在网络学习中情感缺失的不足，改善了远程教育的学习过程。

还有研究者提出了关于认知机制的情感模型，如浦江[15]提出了需求、认知、情感三层模型，他定义了可以衡量信息和情绪的参量，分析了信息—情绪以及知识—感情的交互机制，阐释了人类认知—情感的交互规律。此外，还有一些其他模型的提出。例如，王浩等[16]提出将状态空间和概率空间映射的极大相似度匹配的情感转移模型，用于机器人情感模型的建立。他利用 HMM 模型计算情感概率，然后通过相似度匹配将其转移到状态空间，并通过调节模型的参数来模拟不同个性的机器人在外界刺激下产生的情感状态的变化过程。王小玲等[17]提出了一种基于进化神经网络的定量情感建模方法用于游戏玩家，她构建了一个从游戏数据到玩家情感偏好之间的非线性模型。该模型具有客观、准确度高、效率高的特点。

小　结

离散情感描述模型和维度空间情感描述模型二者分别于 19 世纪 80 年代和 21 世纪初被应用到情感识别领域，虽然后者的应用历史还比较短，但这两种研究模型方法都各有千秋。从模型复杂度而言，离散情感描述模型方法简单、易于理解，适用于模式识别领域技术的应用研究，维度情感描述模型是将情感状态定量到空间坐标点的研究，将主观情感量化为客观实际数值的过程，繁重且难以保证质量，而且目前虽然已有大量研究者投入维度情感预测模型的研究[18]，但是更成熟稳定的预测算法还有待于进一步探索[19-20]。从情感描述能力的角度而言，离散情感描述模型表示的情感太过单一、类别太过有限，实际生活中人们的情感表达丰富多彩又复杂模糊。比如，人们在受到惊吓时所表现出来的情感不仅有吃惊，往往还包含害怕甚至恐惧的成分。随着模式识别技术的发展，趋近于自然生活态数据库的出现是情感识别领域发展的必然要求，那么离散情感描述模型便会与之产生一定的障碍与矛盾。维度空间情感描述模型相较于离散情感描述模型具有更强的表达能力，可以表示现实中任意的情感状态，因为它用精确的数值回避了离散情感模型中模糊不确定的情感类别。从应用的角度来看，由于离散情感描述模型的研究时间较长、较成熟，因此目前该模型的实际应用更为广泛和成熟。但是，随着模式识别技术的发展，对维度情感研究的深入，维度空间情感描述模型必将会得到越来越多领域的应用。

参 考 文 献

[1] PLUTCHIK R. A general psychoevolutionary theory of emotion[M]. Amsterdam:Elsevier Inc.,1980.

[2] EKMAN P. Basic emotions[M]. Hoboken: John Wliley & Sons Ltd, 2005.

[3] COWIE R, DOUGLAS-COWIE R E, TSAPTSOULIS N, et al. Emotion recognition in humancomputer interaction[J]. IEEE Signal Processing Magazine, 2001, 18(1): 33-80.

[4] ORTONY A, TURNER, TERENCE J. What’s basic about basic emotions?[J]. Psychological Review, 1990, 97(3):315-331.

[5] EYSENCK H J. Book review of R.E.Thayer's: the biopsychology of mood and arousal[J]. Personality & Individual Differences, 1990, 11: 993.

[6] MEHRABIAN A, RUSSELL J A. An approach to environmental psychology[M]. Cambridge:MIT, 1974.

[7] MEHRABIAN A. Pleasure-arousal-dominance: a general framework for describing and measuring individual differences in Temperament[J]. Current Psychology, 1996, 14(4): 261-292.

[8] Li X M, ZHOU H T, SONG S Z, et al. The reliability and validity of the Chinese version of abbreviated PAD emotion scales[J]. Affective Computing and Intelligent Interaction, Proceedings, 2005, 3784:513-518.

[9] 王晓丽，高慧昀. 基于PAD情绪量表的语言表现力研究[J]. 贵州工程应用技术学院学报，2012，30（8）：83-86.

[10] 张雪英，张婷，孙颖，等. 情感语音数据库优化及PAD情感模型量化标注[J]. 太原理工大学学报，2017，48（3）：469-474.

[11] 李晓明. PAD三维情感模型[N]. 计算机世界，2007-01-29（B14）.

[12] 杨勇，张志瑜. 基于PAD的个性化情感模型[J]. 重庆邮电大学学报（自然科学版），2012，24（1）：96-103.

[13] 李海芳，何海鹏，陈俊杰. 性格、心情和情感的多层情感建模方法[J]. 计算机辅助设计与图形学学报，2011，23（4）：725-730.

[14] 郝耀军，王建国，赵青杉. 个性OCC模型的学习支持技术的设计与实现[J]. 中国远程教育，2013（3）：26-31.

[15] 浦江. 需求影响下多层次认知—情感交互机理[J]. 北京邮电大学学报，2014，37（3）：109-114.

[16] 王浩，张权益，方宝富，等. 基于状态空间与概率空间映射的极大相似度匹配情感模型[J]. 模式识别与人工智能，2013，26（6）：552-560.

[17] 王小玲，梁晖，段云飞，等. 基于进化神经网络的玩家情感定量建模方法[J]. 计算机应用，2011，31（12）：3318-3320.

[18] 李霞，卢官明，闫静杰，等. 多模态维度情感预测综述[J]. 自动化学报，2018，44（12）：32-49.

[19] ZENG Z, PANTIE M, ROISMAN G I, et al. A survey of affect recognition methods:audio, visual, and spontaneous expressions[J]. Pattern Analysis and Machine Intelligence, IEEE Transactions on, 2009, 31(1):39-58.

[20] GUNES H, SCHULLER B, PANTIC M, et al. Emotion representation, analysis and synthesis in continuous space: a survey[C]// IEEE International Conference on Automatic Face & Gesture Recognition and Workshops. IEEE, 2011:827-834.

第 3 章　情感语音数据库

语音库是研究语音情感识别的基础。它的质量好坏直接影响识别网络最终的结果。因此，如何建立一个真实、自然、高质量的情感语音数据库，就成为语音情感识别研究领域的一个重要问题。

由于语音库的构建要受到很多因素的影响，如语言、性别、年龄、文化背景等，因此迄今为止，在世界范围内对于建库标准尚未统一。创建语音库的方式有很多，按照获取情感的方式来分，大致可分为模拟情感方式、诱导方式以及真实情感采集方式。本章详细介绍了按照模拟情感直接录制方式建立的 TYUT1.0 语音库及影视剧录音截取方式建立的 TYUT2.0 语音库。

近几年，在数据库有效性评价方面，大部分研究者还是利用主观辨听的方法筛选数据，但也有许多研究者开始利用一些数学的方法客观地计算评价数据的质量。模糊综合评价法就是其一，它是一种基于模糊数学的评价方法。本章利用主观辨听的方法筛选数据得到 TYUT1.0 语音库，在模糊综合评价法基础上利用层次分析法（analytic hierarchy process，AHP）和熵权法相结合对 TYUT1.0 语音库进行改进，建立了一个主客观结合的模糊综合评价法，并利用该方法对 TYUT2.0 语音库进行筛选得到最终的数据库。本章还介绍了实验中所用到的德语情感语音数据库(EMO-DB)以及现有的其他情感语音数据库。

3.1　情感语音数据库建立的基本原则

情感语音数据库是包含有一种或几种情感状态的语音资料的集合[1-2]。情感自然度，就是表现出来的情感和日常交流中自然产生的情感之间的相似度，它对情感语音的基础研究和应用都具有重要影响。按照情感自然度的不同，情感语音数据库通常有三种采集数据的方式：模拟情感方式、诱导方式以及真实情感采集方式[3-4]。表 3-1 为三种情感采集方式特性对比。

表 3-1　三种情感采集方式特性对比

特征	模拟情感方式	诱导方式	真实情感采集方式
数据主体要求	有表演经验	无要求	无要求
情绪可控性	容易	困难	容易
数据来源环境	实验室、电台、电视台	实验室	生活
材料覆盖类型	单词、短句、段落	短句、段落	短句、段落
自然度	弱	中	强
感情倾向程度	明显	较弱	可获得各种倾向
应用程度	多	较多	少
版权和隐私	易解决	易解决	困难

（1）模拟情感方式。在这种方式下，所录制的语音并不是录音者在真实情感状态下的情感表达，而是对某种情感的主观模仿。有两种途径可以获得模拟方式的情感语句，最常见的是直接录制，即要求录音者按照规定的语句，用不同种类的情感表演出该语句的内容，也就是让录音者模仿不同的情感朗读指定内容。这种途径方便、灵活，可操作性强，并且录制出来的语句符合性别、文字和情感要求，现在大多数语音情感识别研究中所使用的数据库都是采用这种方法录制的。但是通过这种途径获取的是模拟情感，是录音者伪装出来的，情感成分通常会被夸大，并不能充分体现真实的情感。另一种途径是录音截取，即在影视作品或音频作品中截取需要的情感状态的语句，这种途径的优点是情感自然度较高，并且有上下文内容的关联信息；缺点是获取相同内容的语句非常困难，耗时长，很难满足性别、文字的要求，而且截取的语音还必须经过预处理，以将背景噪声等干扰信号去除。不论是直接录制还是录音截取，由于语音并不是录音者的真情实感，因此在自然度的把握上不够准确，有时情感表达过于强烈，有时又不够准确，会给后端的分析工作带来一定难度。

（2）诱导方式，即在某种环境的刺激下，对录音者的应激情感采集语音数据。在获取这种语音数据时，通常会为录音者营造恰当的环境氛围，通过刻意的刺激，诱导录音者产生某种特定的情感，然后进行录音。比如让录音者在录音前进行非常枯燥的数字运算，以采集厌烦的情感语音数据。这种途径获取的语音数据包含了录音者的真实感情，理论上自然度比较好把握，但是由于诱发的条件不好掌握及无法确认环境对录音者的刺激是否有效，刺激所起的作用有多大，因此在实际操作中效果不佳。

（3）真实情感采集方式。这种方式是最可信的，被认为是真正的情感语音数据库，具有最高的自然度。采集真实的情感语句最理想的方式是在说话人不知情的情况下进行录音。由于此时说话人不知情，因此他们处于一种完全放松的状态，此时的语音情感表达是最自然的。但是这种方法在实际生活中不好把握，采集这样一个数据库需要长时间准备，并且可能会涉及一些与个人隐私有关的法律问题，更严重的是某些情感状态下也许是违反伦理道德的，因此可操作性非常差。为了获得具有较高自然度且可操作的真实情感语音，近年来有许多研究者采用对实况音视频资料进行截取（摘引）方式获取情感语音库，取得了较好的效果。

对于用何种方式采集语音数据库，一直以来都有很多的争论[5-6]。事实上，在自然界所谓的完全情感是不可能存在的，真实的情感也是不可能精确地被主观模仿的，所以想要建立一个完美的情感语音数据库几乎是不可能的。如果仅仅是为实验室的研究所用，那么有些因素是可以忽略的，但是以下几个原则必须遵守[7]：

① 真实性。数据库中的素材必须是人们所真实经历过的情感体验。

② 交互性。数据库中的情感素材必须是人们在日常交往过程中产生的。

③ 连续性。情感素材必须在连续的情感场景中发生，存在着多种情感状态的转移。

④ 丰富性。数据库中的情感素材必须包含多媒体信息，如声音等。

⑤ 多样性。情感素材应该包含多个不同的语句。

⑥ 有效性。尽量降低背景噪声，以保证素材质量的有效性。

情感语句是构成情感语音数据的基本元素。从国内外的研究现状来看，收集情感分析的情感语句并没有一个统一的标准。为了能够尽可能完善地建立情感语音数据库，构成数据库语句的选择需要遵循以下几个原则[8]：

（1）选择的语句不带有明显的感情色彩或者没有明确的语义倾向性，这样才能保证在构建语音库时不会影响实验者的判断。

（2）选择的语句便于加载各种情感特征。如果仅仅考虑第一条原则，选用了一组无规则的数字串语句或无含义的词组，那必然会给录制者发音带来很大的困难，无法准确地把握各种情感状态的实质，从而不能区分同一语句在各种情感状态下的特征参数的不同之处。

（3）选择的语句不要过长，发音时间控制在 5s 以下。时间过长不利于录音者把握情感状态，也会导致用于情感判断特征参数的弱化。

（4）选择语句中的发音尽量不要带有口音；汉语采用普通话，英语选取简单便于发音的语句。

（5）选择语句男女均适用，不能引起伦理道德上的矛盾，不能给录音者带来心理影响。

3.2　TYUT1.0 情感语音数据库的建立

遵循以上的原则，以及考虑到时效性和实验条件，我们选择了用模拟情感的方式直接录制的途径，建立情感语音数据库 TYUT1.0。按照不同情感状态的分类，录音者首先自我回忆相应的情感状态，其次在该情感状态下，最大限度地模拟某语句的表达，将情感划分为最基本的“高兴”“生气”“中性”三种状态，并选择了 6 句中文、5 句英文，共 11 句语句作为录制语句，如表 3-2 所示。

表 3-2　情感语句

句子序号	语句内容	句子序号	语句内容
1	爸爸给我买了一辆车。	7	My name is Lily.
2	这下全完了。	8	I will go home.
3	我们要搬家了。	9	Good morning.
4	这件事是他干的。	10	Open your book.
5	我到北京去。	11	The pen is on the floor.
6	啊，下雨了。		

3.2.1　语音的采集

由于使用了表演的数据采集方式，为了避免过于夸张的情感表达，特意选用了 27 个非专业的说话人作为语音库的录制者，其中 14 名男性，13 名女性。录制者均为没有任何喉部疾病的在校研究生，其教育背景保证了他们对所有录制语句的生活遍历性及对英文语句的表达顺畅性。

录音地点选择在一间空旷的实验室中进行，录音时间选择在某年的 1 月中旬，其时间为学校寒假中，基本没有其他人员经过录音地点。在录音过程中保持门窗紧闭，以保证录音较少受到外界干扰。在进行语音录制时，只有录音工作人员及录音者在场，尽量保持室内的安静。录音采用 CoolEditPro2.0 软件，PHILIPS 的 SHM100 麦克风，并将录制好的文件保存为 11 024Hz，16bit 的单声道 wav 格式。每位录音者在录音之前都试听过“中性”“高兴”“生气”三种情感状态的示例语句，并用了大约一周的时间练习准备。录音者被要求端坐在麦克风前，根据提示，分别对 11 句录制语句按照“中性”“高兴”“生气”的顺序录制。每人每句每种情感连续发音 3 次后保存为一个文件，称之为三连文件，间隔一秒后再次对该句话该种情感连续发音 3 次并保存三连文件，按照这种方式，共保存 3 个三连文件，即每人每句每种情感保存 9 条发音语句。因此，共计保存 27×11×3×9=8019 条发音语句。

3.2.2 语句的有效性分析

语音录制结束后，为了选取有效的情感语句，需要对情感表达过于夸张和不够明显的语句进行删除，这个过程称为有效性分析过程[9]。将整个有效性分析过程分为四个环节：自身情感质量评估、声学质量处理与评估、第一次主观辨听和第二次主观辨听。自身情感质量评估是由录音者对情感表达把握度的自我检查；声学质量处理与评估是对录制语音的声学质量检查；两次主观辨听是由除录音者之外的其他辨听者来判断情感质量。只有通过这四个环节的所有语句，才能最终确定为 TYUT1.0 情感语音数据库的情感语句。具体过程如图 3-1 所示。

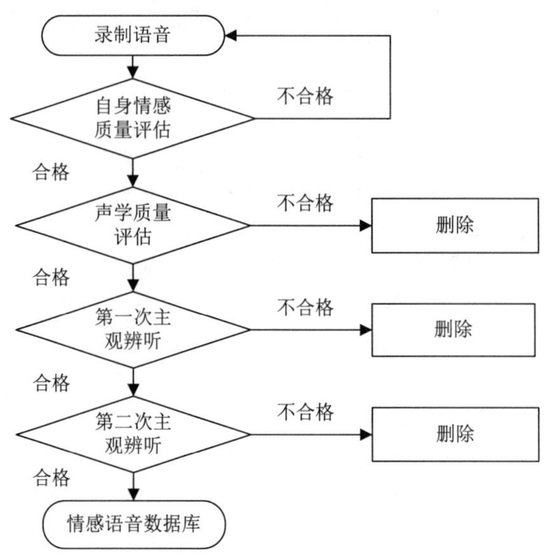

图 3-1 TYUT1.0 情感语音数据库有效性分析流程图

在自身情感质量评估环节中，录音者在所有语句录制结束后，对录音进行回放。录音者根据回放录音，对当前语句的情感表达质量进行自我评价。在整个评价过程中，工作人员不对录音者提出任何建议。当录音者对当前语句表示不满意时，将重新录制该条语句；否则，进入声学质量处理与评估环节。

在声学质量处理与评估环节中，由于在录制语音时，每种情感每句话的连续三次发音被保存为一个三连文件，因此首先要对每个三连文件进行声学处理，将所有三连文件切分为以发音语句为单位的独立文件。其次关注每条语音波形的完整性与清晰度。如果该条语句的波形既完整又清晰，那么选用该语句进入主观辨听环节，否则，删除该条语句所在的三连文件。

第一次主观辨听环节中，选取了非录制者的 4 人作为辨听者，其中 3 人为女性，1 人为男性。4 人同时辨听所有语句，在辨听前先被告知该条语句的情感状态，然后 4 人同时对该条语句是否能表达该种情感给出“合格”或“不合格”的意见。当 4 人中的 3 人认为“合格”时，该语句进入到第二次主观辨听环节，否则，认为该语句无效。第一次主观辨听结束后最终选取 1 530 句情感语句（其中“高兴”535 句、“生气”489 句、“中性”506 句）进入第二次主观辨听环节，此时进入第二次主观辨听的语句被称为原始情感语音数据库。

第二次主观辨听环节中，选取了非录音者且非第一次主观辨听者的 10 名辨听者，其中 5 名为女性，5 名为男性。10 人同时在安静的实验室中进行辨听实验，实验前被测语句的情感状态没有告知辨听者，每个语句放音两遍，放音结束后，要求辨听者在没有任何提示的状态下迅速判断出所听语句的情感状态是属于“高兴”、“生气”或“中性”。辨听结束后，统计辨听结果，当对某句的判断正确率在 70%之上时，认为该语句有效，否则，认为无效。

在通过四个环节的数据有效性分析后，共选出 890 条有效语句，其中“高兴”状态 210 句、“生气”状态 239 句、“中性”状态 441 句。同时，对第二次辨听实验结果作了汇总，结果如表 3-3 所示。

表 3-3　TYUT1.0 原始情感语音数据库和最终情感语音数据库的组成

情感语句	高兴	生气	中性
原始语音库/句	535	489	506
主观辨听后的语音库/句	210	239	441
主观辨听正确率/%	39.25	48.88	87.15

从表 3-3 可以看出，最后归入情感语音数据库的每种情感语句均是有效的，每种情感语句的最终选择率分别是“高兴”占 39.25%、“生气”占 48.88%、“中性”占 87.15%。在录制的过程中也发现，录音者对“中性”情感色彩的把握要远远好于“高兴”和“生气”。

尽管 TYUT1.0 在录制情感语音数据库时考虑到了尽可能多的问题，但是由于时间及条件有限，这个数据库还有不够完善的地方，如包含的情感状态偏少；情感表现力不强；由于录音者的习惯、性别、年龄的不同，导致发音时音量的大小也不同，致使语音的幅度参数在用来作为识别特征时不是十分准确；等等。

3.3 TYUT2.0 情感语音数据库的建立

3.3.1 截取情感语音素材

TYUT2.0 情感数据库是由截取方式获得，要通过截取的方式获得高质量有效的情感语音数据库，对截取素材是有一定要求的[10]，按照以下几个方面来选择素材：一是语种的选择，要求为汉语，吐字清晰，不带有任何口音；二是说话方式和习惯要符合中国人的表达；三是素材的数量、规模要达到一定程度，并且要包含丰富的情感类别；四是素材的来源即音视频文件要具有高采样率和信噪比。

广播剧是通过收音机或电台等形式播出的一种戏剧，所以又称为“播音剧”或“听的剧”。它主要是演员通过表演的方式对现实生活中人物、情景等的模拟，也可以说是现实生活的一种真实写照。与电视剧不同的是，它只是通过声音来传递所要表达的内容、情绪、氛围和人物性格等方面。

广播剧中的演员都受过专业台词训练，其发音比较标准，语音清晰度高，情感鲜明度高。广播剧中的对话都是日常生活中的常见用语，表达方式自然，情感丰富，所以选择广播剧作为建立情感语音库的素材。

选择了四种基本情感：高兴、愤怒、悲伤和惊奇，构建初选阶段的情感语音数据库。从选择的广播剧中使用 Cool Edit Pro2.0 软件截取带有上述四类情感的语句，文件保存为 11.025kHz、16 位、单声道 wav 格式，一共截取了 837 句。

3.3.2 语句的有效性评价

初级阶段的语音库建立完成后，下一步就是对语音库进行有效性评估来筛选语句。以前对语音库的评价都是根据主观辨听，打分评选语音的质量，这种形式受主观人为因素的影响，准确性和客观性有待商榷。因此，考虑到以上因素，选择一种较为客观的评价方法，即模糊综合评价法对 TYUT2.0 语音库初选语音情感进行评估。

模糊综合评价法[11]是基于模糊数学的一种评价方法，是根据模糊数学中的隶属度的概念将定性的评价转换为定量的评价，实现了对一个受到多个因素影响的事物的总体评价。它的优点是评价模型简单、评价效果理想等，已被广泛应用于多个领域。下面具体介绍本书改进的综合评价模型。

1. 建立综合评价模型

本书建立的综合评价模型如图 3-2 所示。传统的综合评价方法一般包括四个步骤：第一步建立综合评价指标体系，第二步构造评价矩阵和各指标的权重系数，第三步是将权重系数和评价矩阵模糊合成，第四步是将模糊合成的矩阵进行量化得到该语句的最终得分。在传统的评价方法中，评价指标权值系数的确定一般都是人为的主观评判分配权重系数，为了尽量客观地分配权重，利用主观 AHP 法和客观熵权法相结合的方法来计算评价指标的综合权值，这样能够使综合评价模型更客观、更有效地进行语句筛选。

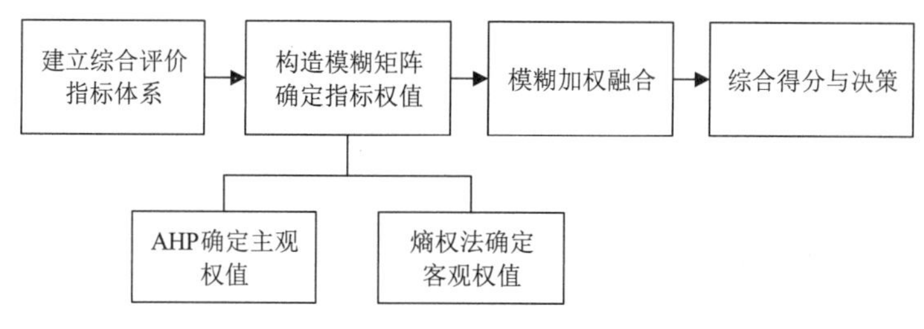

图 3-2　综合评价模型

2. 建立综合指标评价体系

1）建立评价指标集

根据广播剧的特性，定义了五个评价指标：语音清晰度、自然流畅度、情感鲜明度、噪声影响及现场情景度。假设这五个评价指标为$V=\{v_1,v_2,\cdots,v_5\}$。这五个评价指标具体含义如表 3-4 所示。

表 3-4　评价指标的具体含义

评价指标	具体含义
语音清晰度 v_1	判断语句的吐字是否清晰，保证该语句的质量
自然流畅度 v_2	判断语句的情感表达是否自然，是否贴近现实生活中的情感，确保截取的语音情感的真实性
情感鲜明度 v_3	判断语句表现出的情感是否鲜明，确保不存在含糊不清的情况
噪声影响 v_4	判断截取的语音是否掺杂背景音乐或其他噪声
现场情景度 v_5	判断广播剧是否具有感染力和表现力，是否达到了闻其声见其人的艺术效果

2）确定评价评语集

设$U=\{u_1,u_2,\cdots,u_5\}$，其中分别表示优、良、中、差、劣，构成评价情感语音数据库的评语集。

3. 构造模糊矩阵，确定指标综合权重

为了更客观地评价语音库中的语句，减少主观评价带来的片面性，通过主观 AHP 法和客观熵权法相结合来计算每个评价指标的权重。

1）主观 AHP 法确定权重

主观 AHP 法是将人们主观判断的定性分析变换为定量分析，即转化为数字表达形式。它先将复杂的问题分解为几个因素，然后对两两因素进行比较计算得到各因素的权值，再利用一致性检验最终得到较为合理的权值。具体实施步骤如下所示。

① 构造指标的判断矩阵 $\boldsymbol{A}$。把指标的相对重要性分为五个等级：极弱、较弱、一般、较强、极强，分别对应数值为 1、3、5、7、9。这样就可以将每个指标的相对重要性定量地进行表示，构造两两指标对比的判断矩阵 $\boldsymbol{A}$，如式（3-1）所示。

$$\boldsymbol{A}=\begin{bmatrix} a_{11} & a_{12} & a_{13} & a_{14} & a_{15} \\ a_{21} & a_{22} & a_{23} & a_{24} & a_{25} \\ a_{31} & a_{32} & a_{33} & a_{34} & a_{35} \\ a_{41} & a_{42} & a_{43} & a_{44} & a_{45} \\ a_{51} & a_{52} & a_{53} & a_{54} & a_{55} \end{bmatrix} \tag{3-1}$$

式中，a_{ij} 表示第 i 个评价指标对第 j 个评价指标的相对重要性。

② 计算判断矩阵 $\boldsymbol{A}$ 的最大特征值 $\lambda_{\max}$ 和对应特征向量即权值向量，并归一化得 $\boldsymbol{b}=(b_1,b_2,\cdots,b_n)^{\mathrm{T}}$。

③ 一致性检验。先计算一致性指标CI，$\mathrm{CI}=\dfrac{\lambda_{\max}-n}{n-1}$，其中，$n=5$ 为矩阵 $\boldsymbol{A}$ 的阶数。再计算一致性比例CR，$\mathrm{CR}=\dfrac{\mathrm{CI}}{\mathrm{RI}}$，其中，$\mathrm{RI}=1.12$ 是指平均随机一致性指标，可查表确定（见表 3-5）。当得到的 $\mathrm{CR}<0.1$ 时，矩阵 $\boldsymbol{A}$ 满足一致性标准，否则，矩阵需重新构造，直到其满足一致性要求。

表 3-5　随机性指标

n	3	4	5	6	7	8	9	10
RI	0.58	0.90	1.12	1.24	1.32	1.41	1.45	1.49

2）客观熵权法确定权重

熵权法是利用信息熵的概念客观地评价计算指标权重的一种方法。熵值可用来度量信息量的大小，如果计算出指标的熵值越大，表明该指标对评价结果贡献的信息量越少，则对应的指标权重也应越小；反之，权重应越大。熵权法能够客观地评价事物，使评价结果更接近现实情况。其具体计算步骤如下。

① 设有 m 个待评语句，n 个评价指标，则评价矩阵为 $\boldsymbol{C}=(c_{ij})_{m\times n}$。

② 首先计算评价指标的比重 p_{ij}：

$$p_{ij}=\frac{c_{ij}}{\sum_{i=1}^{m}c_{ij}} \tag{3-2}$$

③ 其次计算评价指标的熵值 e_j：

$$e_j=-\frac{\sum_{i=1}^{m}p_{ij}\cdot\ln p_{ij}}{\ln m} \tag{3-3}$$

④ 最后得到指标的权重 a_j：

$$a_j=\frac{1-e_j}{\sum_{j=1}^{n}(1-e_j)} \tag{3-4}$$

3）结合主客观法确定综合权重

根据上面两步计算得到的主观权重和客观权重来确定指标的综合权重，AHP 法计算

得到的权重为 b，熵权法计算得到的权重为 a，从语音情感语句的实际情况出发，综合分析确定，主观法得到的权重占总体权重的 40%，客观权重占 60%，因此评价指标的综合权重计算公式如下：

$$W = 40\%b + 60\%a \tag{3-5}$$

则最终达到评价指标的综合权重向量为 $\boldsymbol{W} = [w_1, w_2, \ldots, w_n]^{\mathrm{T}}$。

4. 模糊合成决策筛选

（1）首先对评价指标进行打分。假设有 N 名评测者根据之前建立的评价指标集 V 和评语集 U 对情感语音进行打分，统计每个指标在每个评语上的人数，然后计算其隶属度 $r_{ij} = d_{ij}/N$，其中，d_{ij} 表示 v_i 指标在 u_j 评语上的人数，由此构成该句语音的模糊评价矩阵 $\boldsymbol{R}$。

$$\boldsymbol{R} = \begin{bmatrix} r_{11} & r_{12} & \cdots & r_{15} \\ r_{21} & r_{22} & \cdots & r_{25} \\ \vdots & \vdots & & \vdots \\ r_{51} & r_{52} & \cdots & r_{55} \end{bmatrix} \tag{3-6}$$

（2）计算综合模糊评价矩阵 $\boldsymbol{B}$：

$$\boldsymbol{B} = \boldsymbol{W} \circ \boldsymbol{R} = \begin{bmatrix} w_1 & w_2 & \cdots & w_5 \end{bmatrix} \circ \begin{bmatrix} r_{11} & r_{12} & \cdots & r_{15} \\ r_{21} & r_{22} & \cdots & r_{25} \\ \vdots & \vdots & & \vdots \\ r_{51} & r_{52} & \cdots & r_{55} \end{bmatrix} = \begin{bmatrix} b_1 & b_2 & \cdots & b_5 \end{bmatrix} \tag{3-7}$$

式中，“∘”为算子符号，选用了加权平均算子；$\boldsymbol{W}$ 为指标权重。

（3）计算该语句的总得分。可以将评语集中的优、良、中、差、劣五个等级赋予分值，构成分值矩阵 $\boldsymbol{F} = [f_1\ f_2\ f_3\ f_4\ f_5]$，则语句的总得分 $\boldsymbol{S}$ 为

$$\boldsymbol{S} = \boldsymbol{B} \times \boldsymbol{F}^{\mathrm{T}} = \begin{bmatrix} b_1 & b_2 & \cdots & b_5 \end{bmatrix} \times \begin{bmatrix} f_1 \\ f_2 \\ \vdots \\ f_5 \end{bmatrix} \tag{3-8}$$

确定一个语句分数的阈值，最终计算语句得分大于阈值则保留，小于则删除。

通过以上步骤对 TUYT2.0 初级阶段的语音进行评估筛选，得到了最终的语音库，共包括四种情感类别，678 句，具体分配如表 3-6 所示。

表 3-6　TYUT2.0 情感语音数据库筛选前后的语音库语句数对比

对比	愤怒	高兴	悲伤	惊奇	合计
筛选前	180	111	165	381	837
筛选后	160	71	148	299	678

经过模糊综合评价法筛选后的语音达到五个评价指标的要求，确保了语音库中的语句清晰，情感表达自然流畅。另外，由于情感语句来源于多个不同的广播剧中，因此语音库中包含的人员的年龄跨度大、职业广泛，生活场景丰富，情感色彩鲜明，具有较好

的实用性，为语音情感识别研究奠定了好的基础。

3.4 基于 PAD 情绪模型的情感语音数据库优化及标注

3.4.1 TYUT2.0 情感语音数据库的优化实验

1. 实验对象

本实验是对 TYUT2.0 情感语音数据库进行第一次辨听优化筛选，主要从以下两方面进行：一是判断语音情感类别并对情感强度进行打分；二是运用方便取样的方法[12]，招募 100 名在校大学生参与本次实验（男生 50 名，女生 50 名），年龄在 18～27 岁，健康状况良好，无精神疾病。所有的被试者均在实验开始前告知其实验内容并签署书面的知情同意书，在实验结束后给予一定报酬。所有被试者均采用个体测试，实验结束后当场检查数据有无遗漏，以确保实验数据的有效性。

2. 实验准备

首先主试者会对被试者就实验目的、实验流程、注意事项进行讲解并举例说明，安排被试者进行练习（从四种情感类型的语音中分别随机抽取 6 句，共 24 句作为练习语音）。其目的在于帮助被试者知晓情感语音类别，了解实验任务，建立起精确的类别判断标准和强度评分尺度。当确定被试者完全了解整个实验流程，并熟练掌握判断和评分标准后练习结束，即可开始下面的正式实验。

3. 实验过程

语音片段由 E-Prime 软件随机呈现播放，要求被试者在正式实验前将耳机音量大小调整好。语音呈现时，只需要被试者认真聆听，在语音播放结束后被试者按照键盘上已有的标注（A 代表愤怒，S 代表悲伤，D 代表高兴，F 代表惊奇）对语音的情感类别进行判断。判断完语音情感类别后，用计算机小键盘上的数字 1～5 分别代表五个情感强度（1 代表很弱，2 代表较弱，3 代表一般，4 代表较强，5 代表很强）。每完成一句语音的情感类型判断和情感强度评分后，系统软件会自动播放下一条语音，被试者自行把握打分时间，原则上要求不做长时间思考，根据即时的感受进行打分。正式进行实验时，每播放 140 句语音，计算机屏幕就会出现提醒休息的语句，这样做的目的是考虑到被试者若长时间进行视听实验，会导致注意力不能很好地集中，从而对实验数据结果造成一定的影响。供练习使用的 24 句语音会和其余的语音同时加入列表中进行播放，即这 24 句语音会播放两遍，其他的语音播放一遍，采用伪随机播放的播放顺序。

4. 实验结果与分析

1）评分稳定性

练习用的 24 句语音播放两次是为了检验被试者是否进行认真评价，其判别的标准是被试者对 24 句语音的情感类别前后判断一致的语音所占的百分比，指标在 0.9 以下的被试者的数据会被剔除，实验结束后共剔除 21 名被试者的实验数据。剩余的 79 名被试者对练习语音前后两次的判别及评分的相关系数达到 0.98，说明这 79 名被试者在语音情感类别判断及情感语音强度评分中的稳定性较好，实验数据真实可靠有效。

2）四种情感语音的认同率

每种情感的语音对应的认同率指标如式（3-9）所示。

$$\text{认同率指标}=\frac{\text{被试者认为语音属于某类情感类别的人数}}{\text{总人数}} \tag{3-9}$$

在表 3-7 中，n 表示语句的数量，例如，对于“愤怒”情感来说，认同率小于 60%的语音是 0 句，认同率在 60%～70%的语音是 1 句，占“愤怒”总语音数量的 1.6%。认同率在 80%以上的语音被筛选出来，通过表 3-7 可以观察到，“愤怒”情感认同率在 80%以上的语音数量占所选用的语音总数量的百分比为 93.6%，同理可得到“悲伤”“高兴”“惊奇”三种情感认同率在 80%以上的百分比分别为 100%，96.6%，96.8%。其中，认同率最高的是“悲伤”情感语音。通过以上实验及数据分析，得到优化筛选后的 TYUT2.0 情感语音数据库，其中包含“愤怒”58 句，“悲伤”62 句，“惊奇”60 句，“高兴”57 句，共 237 句语音。

表 3-7 四种情感的语音的认同率占比 （%）

认同率	悲伤（n=62）	愤怒（n=58）	高兴（n=57）	惊奇（n=60）
<60%	0	0	1.7	1.6
60%～70%	0	1.6	0	0
70%～80%	0	4.8	1.7	1.6
80%～90%	1.6	6.5	8.5	4.8
>90%	98.4	87.1	88.1	92.0

3）各种情感语音的强度

认同率在 80%以上的语音被筛选出后，统计认同率在 80%以上的语音情感强度分数。将每种情感强度分为很弱、较弱、一般、较强、很强五个等级，结果如表 3-8 所示。可以看出，情感强度等级为较强的语音所占比例最高，情感强度等级为很弱的语音所占比例最低，该实验分析为实验室今后有关情感语音强度研究实验奠定了数据基础。

表 3-8 四种情感语音在不同情感强度等级上的比例 （%）

情感强度等级	悲伤	愤怒	高兴	惊奇
很弱	1.0	0.8	3.4	1.8
较弱	5.3	2.9	9.8	8.9
一般	22.4	17.2	32.3	34.1
较强	53.5	51.7	41.8	45.1
很强	17.8	27.4	12.7	10.1

3.4.2 三维 PAD 情感模型量化标注实验

前面章节已经对 PAD 三维情感模型作了简要的介绍，本小节将基于 PAD 三维情感模型通过标注实验得到每句情感语音的 PAD 值。PAD 三维情感模型是对三维情感空间的理论描述，有效地确立了维度情感空间中不同情感范畴的具体定位及空间关系，从理论上讲任何微妙的情感都能映射到三维情感空间的不同位置。相较于离散情感描述模型，该模型对于内在连续情感成分的表达更加注重，将抽象的情感数值化、具体化，对于实现计算机对情感的量化分析计算更加有利。

1. PAD 情绪量表

本书以中科院修订的中文简化版 PAD 情绪量表作为情感量化分析的基础，PAD 情感坐标是通过研究者潜心钻研设计评定出来的，利用 PAD 情绪量表是对情感语音进行表现力标注的一种行之有效的方法。表 3-9 解释了 PAD 情绪量表的内容及含义（其中最左侧的“维度”是笔者加上去的，以帮助大家更好地理解后续改进量表的工作）。

表 3-9 PAD 情绪量表

维度	情感形容词（左端）	标注等级									情感形容词（右端）
		−4	−3	−2	−1	0	1	2	3	4	
P	愤怒的	……	……	……	……	……	……	……	……	……	感兴趣的
A	清醒的	……	……	……	……	……	……	……	……	……	困倦的
D	受控的	……	……	……	……	……	……	……	……	……	主控的
P	友好的	……	……	……	……	……	……	……	……	……	轻蔑的
A	平静的	……	……	……	……	……	……	……	……	……	兴奋的
D	支配的	……	……	……	……	……	……	……	……	……	顺从的
P	痛苦的	……	……	……	……	……	……	……	……	……	高兴的
A	感兴趣的	……	……	……	……	……	……	……	……	……	放松的
D	谦卑的	……	……	……	……	……	……	……	……	……	高傲的
P	兴奋的	……	……	……	……	……	……	……	……	……	激怒的
A	拘谨的	……	……	……	……	……	……	……	……	……	惊讶的
D	有影响力的	……	……	……	……	……	……	……	……	……	被影响的

表 3-9 属于九点（即−4，−3，−2，−1，0，1，2，3，4）语义差异量表，其中每个维度包括四组项目，每组项目都对应表中的一行，共有十二组项目。由一对表示不同情感状态的形容词构成一个项目，例如，表格第二项中的“清醒的”和“困倦的”，每组词所表示的情感状态在其所属维度上的量值是相反的。根据每组词量值的强弱划分为九段，并按照从小到大的顺序依次赋值为“−4、−3、−2、−1、0、1、2、3、4”。由于该量表是建立在心理学基础上的，所以要求被试者有一定的心理学专业基础，但是在现实的实验中很难严格达到这一要求。对于每组项目里表示九点不同情感状态的形容词，被试者不容易理解得准确、透彻，容易导致标注数据的偏差。因此，从 PAD 三个维度的定义出发，在原先的九点语义差异量表的基础上将 PAD 量表简化为五点语义差异量表，

并且在每个点对应的位置都使用一个形容词来描述该点的情感状态。这样，标注每一组项目时，只需要分析听到的语音情感更接近哪个形容词所表现的情感，而不需要比较该项目里左右两端的一组形容词及其强烈程度。这样做不但能大大节省语音的标注时间，同时也提高了标注的准确度。受此启发，本次实验也在以下两个方面进行了改进：一方面为了方便被试者理解 PAD 的标注尺度，提高标注准确度，提出将五点语义差异量表中的-2、-1、0、1、2 五个数据刻度换为 1、2、3、4、5，标注实验打分时使用电脑上数字键盘，即 1、2、3、4、5，这样的标注打分不会影响实验结果；另一方面对标注进行了简化处理：将原有 PAD 情绪量表中每个维度的四个项目集中在一起，被试者每听到一句语音，只需要对照描述情感状态的形容词以及基于认知心理学对情感的理解在某一维度上标注一个分数即可。比如，播放的语音让被试者有主控的、支配的、高傲的或有影响力中的任一情感感受时，则将该句语音的 D 值标注为 5 分。简化的 PAD 情绪量表如表 3-10 所示。

表 3-10　简化的 PAD 情绪量表

含义	1	2	3	4	5
愉悦度 P	愤怒的	生气的	中性的	注意的	感兴趣的
	轻蔑的	冷淡的	中性的	温和的	友好的
	痛苦的	烦恼的	中性的	满意的	高兴的
	激怒的	气愤的	中性的	快乐的	兴奋的
激活度 A	困倦的	心不在焉的	中性的	注意的	清醒的
	平静的	轻松的	中性的	感兴趣的	兴奋的
	放松的	平静的	中性的	引人注意的	感兴趣的
	拘谨的	忸怩的	中性的	吃惊的	惊讶的
优势度 D	受控的	烦恼的	中性的	满意的	主控的
	顺从的	接纳的	中性的	希望的	支配的
	谦卑的	害羞的	中性的	自信的	高傲的
	被影响的	接受的	中性的	引人注意的	有影响力的

2. 自我评定模型

自我评定模型（self-assessment manikin，SAM）[15]是在 pleasure、arousal 和 dominanc 三个维度上针对词汇和文本数据进行人工标记的一种模型，并在此基础上建立了英文词汇情感规范情感词典 ANEW（affective norms for English words）及英文文本情感规范 ANET（affective norms for English texts）。大量的心理学实验研究表明，通过使用 SAM 这一基于愉悦度—激活度—优势度的图形化自评报告，能够避免被试者出现对于情感语音理解上的困难。在三个维度上，每一维度都是由五个卡通人物形象按顺序排列，如图 3-3 所示[16]。第一组表示愉悦度的不同状态（从非常不快乐到非常快乐），第二组表示激活度的不同状态（从平静到兴奋），第三组表示优势度的不同状态（从受控到主动支配）。

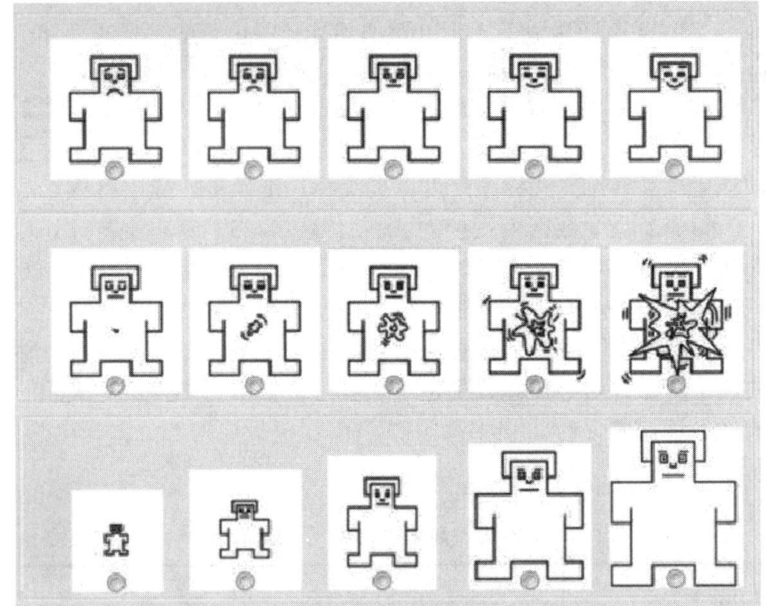

图 3-3　自我评定模型 SAM

3. 改进简化版 PAD 情绪量表

结合简化的 PAD 情绪模型和 SAM 自我评定模型，最终得到本书实验所用的改进简化版 PAD 情绪量表，如表 3-11 所示。该量表将描述情感状态的形容词与生动形象的卡通人物形象放在一起，可以帮助被试者更好地理解标注情感状态，进一步提高标注数据的准确性。

表 3-11　改进简化版 PAD 情绪量表

含义	1	2	3	4	5
愉悦度 P 情感的正负性 积极为正 消极为负	愤怒的	生气的	中性的	注意的	感兴趣的
	轻蔑的	冷淡的	中性的	温和的	友好的
	痛苦的	烦恼的	中性的	满意的	高兴的
	激怒的	生气的	中性的	快乐的	兴奋的
	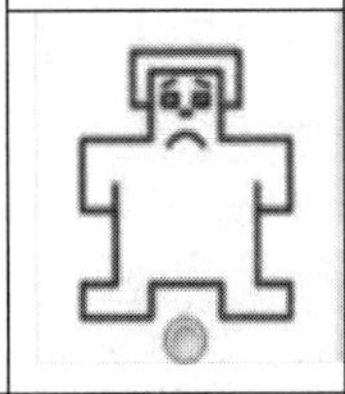	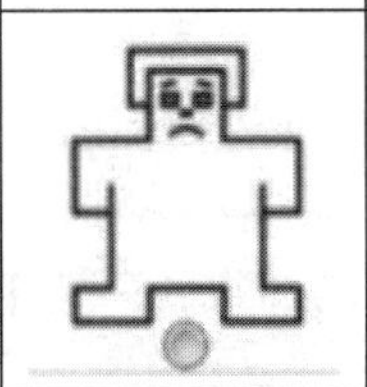	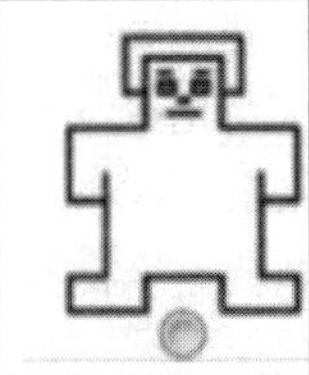	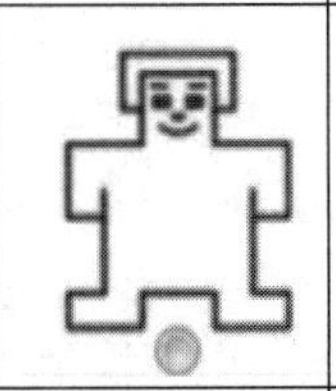	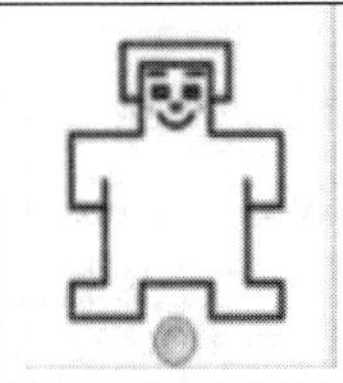
激活度 A 个体对所处环境 情感强烈值高 平静值低	困倦的	心不在焉的	中性的	注意的	清醒的
	平静的	放松的	中性的	感兴趣的	兴奋的
	放松的	平静的	中性的	注意的	感兴趣的
	拘谨的	忸怩的	中性的	吃惊的	惊讶的

续表

含义	1	2	3	4	5
激活度 A 个体对所处环境情感强烈值高平静值低	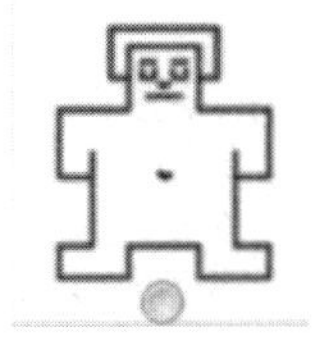		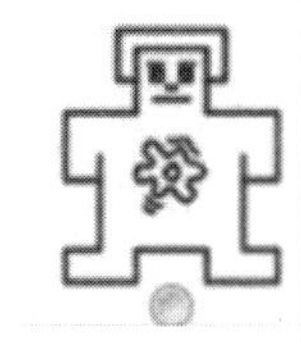		
优势度 D 主观发出为正受客观环境影响为负	受控的	烦恼的	中性的	满意的	主控的
	顺从的	接受的	中性的	希望的	支配的
	谦卑的	害羞的	中性的	自信的	高傲的
	被影响的	接受的	中性的	引人注意的	有影响力的
			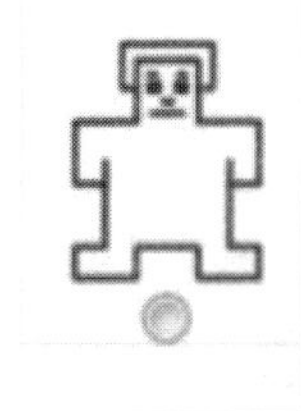		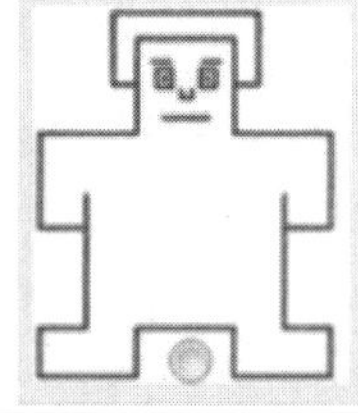

4. 三维 PAD 情感模型量化标注实验

1）实验对象

本实验是在 3.4.1 节优化筛选后的情感语音数据库的实验基础上，在愉悦度 P、激活度 A 和优势度 D 这三个维度上对情感语音进行标注打分。同样采用方便取样的方法，招募男女生各 50 名总共 100 名在校大学生参与本次实验，年龄范围分布于 21～28 岁，健康状况良好，无精神疾病。所有的被试者均在实验开始前详细告知其具体的实验内容并签署书面的知情同意书，在实验结束后给予一定报酬。所有被试者均采用个体测试，实验结束后当场检查有无数据遗漏，以确保数据有效。

2）实验准备

本次实验要求被试者根据改进简化版的 PAD 量表，分别在愉悦度、激活度、优势度三个维度对情感语音进行五分制的标注打分。实验的第一阶段要求对语音的愉悦度 P 打分：若愉悦程度越高，特别愉快，则标注越接近 5 分；若愉悦程度越低，越不愉快，则标注越接近 1 分。例如，播放的某句语音让被试者有感兴趣、友好、高兴或兴奋中的任一感受时，则将该语音的愉悦度 P 值标注为 5 分。第二阶段的任务是要求对语音的激活度 A 打分：若兴奋程度越高，则标注越接近 5 分；越提不起精神、不能激起兴奋的，则标注越接近 1 分。例如，播放的某句语音让被试者有清醒、兴奋、感兴趣或惊讶中的任一感受时，则将该语音的激活度 A 值标注为 5 分。第三阶段的任务是要求对语音的优势度 D 打分：若听到的这句语音具有较强的支配能力，则标注越接近 5 分；若越觉得自己处于劣势，则标注越接近 1 分。例如，播放的语音让被试者有主控、支配、高傲或有影响力中的任一感受时，则将该语音的优势度 D 值标注为 5 分。正式实验开始前，会对被试者进行标注方案的详细讲解，为了帮助被试者能够更准确的了解语音类型，建立精准的标注打分尺度首先会安排其进行适当的练习。当确定被试者能够准确区分 PAD 三个维度之间的差异时，即可开始下面的正式实验。

3）实验过程

语音片段由 E-Prime 软件随机播放，被试者在正式实验前应将耳机音量大小调整好。播放语音时，被试者只需要认真聆听，在语音播放结束后被试者根据自己即时的情感感受，参考 PAD 情绪量表用计算机小键盘上的数字 1～5 对某一维度进行标注打分。每完成一句语音的维度标注后，系统软件会自动进入下一条语音的播放。程序会自动记录每一位被试每句语音标注的分数。被试者自行把握打分时间，原则上要求不做长时间思考，根据即时的感受进行打分。正式进行实验时，每播放 140 句语音电脑屏幕会出现提醒休息的语句，目的是避免被试者因为长时间的视听实验导致注意力不集中，从而对实验数据结果造成一定的影响。

4）实验结果及有效性验证

（1）PAD 数据在空间中的概率分布。

如果通过标注实验获得了大量的 PAD 数据，那么这些数据是杂乱无章的还是具有某种分布特征和规律？每种情感语音的 PAD 数据又是否服从某种概率分布？假如某一种情感语音的 PAD 数据服从某种概率分布规律，那么其他类别的情感语音 PAD 数据是否也同样服从这种概率分布？只有数据基础和理论依据可靠，才能为后续工作的有效开展提供有力保障，所以找到这些情感语音 PAD 数据的分布特征和规律是十分重要且必要的。考虑到正态分布作为一个方便模型，可以用来解释很多行为科学与自然科学中的定量现象，其中很多物理现象（如光子计数）和心理学测试分数都已经被证实近似地服从正态分布。据此可以提出假设：通过标注实验得到的情感语音 PAD 数据也同样近似地服从正态分布。基于上述假设，通过 MATLAB 中的 normplot(X)函数，可以检验数组 X 中的数据是否服从正态分布，并可以通过图形的方式直观地展示。若 X 是一个多维矩阵，则 normplot()函数的输出矩阵分别呈现的是 X 各分量方向数据的分布情况；若 normplot()函数输出的点基本呈现线性分布状态，则 X 中的数据服从正态分布；若输出的图形存在明显的弯曲状态，则 X 中的数据不服从正态分布。所以本书运用 normplot()函数分别对标注的情感语音 PAD 数据的平均值和标准差进行检验，具体的分析过程和实验结果如下：

① 四种情感 PAD 标注平均值分布规律。以“高兴”情感来说明，图 3-4 为“高兴”情感语音 PAD 数据的平均值在三个维度分量上的 normplot 输出，输出的数据为 100 名被试者给出的标注分数分别在 P、A、D 三个分量上的平均值。图中的三条曲线分别表示“高兴”情感语音 P、A、D 的平均值在三个分量的分布情况。通过散点图可以看出这些数据在三个分量上均近乎呈现一条直线，由此可证明“高兴”情感语音的平均值在 P、A、D 三个分量上均近似服从正态分布。同样的方法，运用 normplot()函数对其他三种情感语音的 PAD 标注平均值进行分析验证，得到的结果都相同。通过 PAD 标注实验得到的每类情感语音数据的平均值分别在三个分量上都服从一定参数的正态分布，该结果证明被试者对四种情感 PAD 标注分数的平均值统一集中，一致性较好。

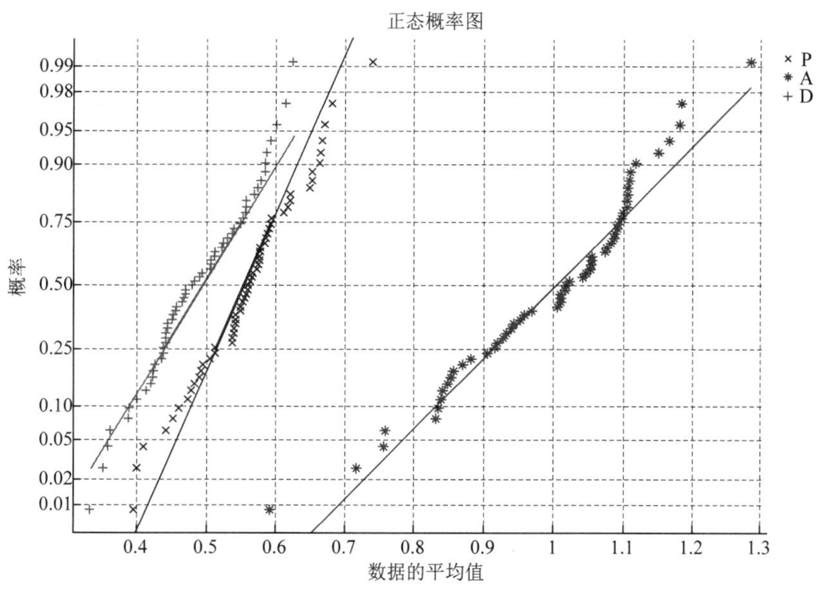

图 3-4　“高兴”情感在 P、A、D 三个分量上 normplot(X)函数输出

② 四种情感 PAD 标注标准差分布规律。采用上述相同的方法，同样以“高兴”情感来说明，图 3-5 为 57 句“高兴”情感语音 PAD 数据的标准差在三个维度分量上的 normplot 输出，输出的数为 100 名被试者给出的标注分数在 P、A、D 三个分量上的标准差。图中的三条曲线分别表示 57 句“高兴”情感语音 P、A、D 的标准差在三个分量的分布情况，散点图可以看出在三个分量上均近乎呈现一条直线，由此可证明这 57 句“高兴”情感语音的标准差在 P、A、D 三个分量上均近似服从正态分布。同样的方法，运用 normplot()函数对其他三种情感语音的 PAD 标注标准差进行分析验证，得到的结果都相同。通过 PAD 标注实验得到的每种情感语音数据的标准差分别在三个分量上都服

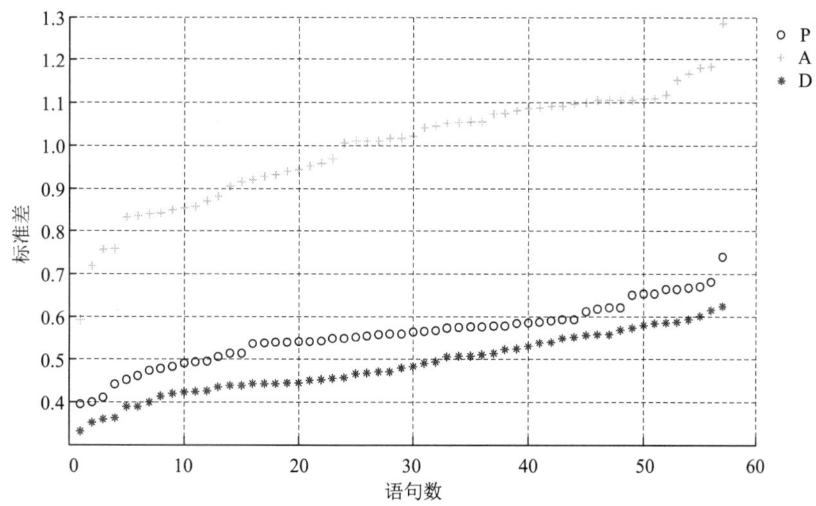

图 3-5　57 句“高兴”语音的标准差分布规律比较

从一定参数的正态分布。另外，从观察分析“高兴”情感语音在三个分量上标准差的分布情况可以看出，愉悦度 P 和优势度 D 的标准差均小于激活度 A，激活度 A 分量方向的标注差明显大于其他两个分量，这说明被试者在激活度的认识方面上存在较为明显的歧义，使得标注数据在激活度 A 分量方向的分布比较广。李晓明等[17]的研究结论也指出，中国被试者在日常生活中很少或者不习惯用激活度这一维度对情感进行评价，所以在这个维度的理解方面出现较大偏差。

（2）情感状态在 PAD 三维情感空间上的分布。

通过标注实验得到四种情感的 237 组 PAD 数据，将这些数据的坐标表示在三维空间中。通过图 3-6 可以看到，四种情感的 PAD 数据在三维空间中能够清晰地分离开来，表明这些情感语音 PAD 数据在数值的分布上存在一定的规律。此外，在 PAD 三维空间中将每种情感数据的中心点标注出来，可以发现，四种情感的 PAD 数据都分布在中心点周围。如表 3-12 所示，计算出每种情感 PAD 数据的平均值，分别对应图 3-6 标注的中心点，充分说明了通过 PAD 标注实验得到的数据具有良好的稳定性和可靠性，可据此建立维度情感数据库，为开展维度空间语音情感识别奠定良好的数据基础。

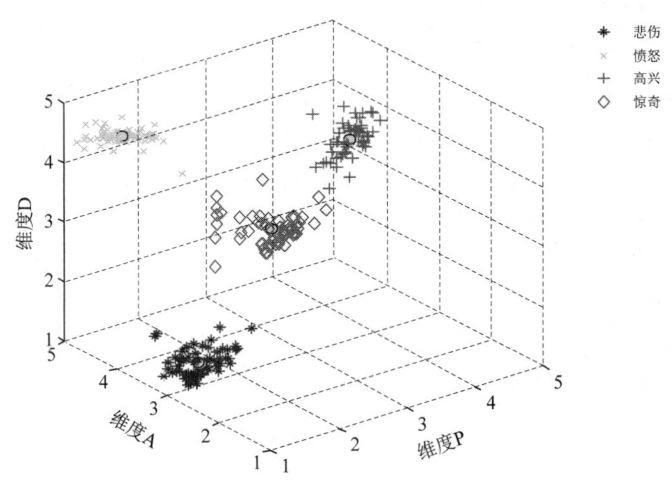

图 3-6 四种情感状态在 PAD 三维情感空间上的分布

表 3-12 四种情感的 PAD 值

情感状态	平均值		
	P	A	D
悲伤	1.48	3.02	1.39
愤怒	1.55	4.61	4.43
高兴	4.22	3.68	3.85
惊奇	2.88	3.42	2.95

3.5　常用情感语音数据库

3.5.1　柏林情感语音数据库

柏林情感语音数据库[18]（Berlin emotional speech database，EMO-DB）是德国柏林技术大学为语音情感识别研究录制的德语数据库。它是一个开源免费的语音库，所以本书的实验也选用德语数据库作为实验的验证数据集。

EMO-DB 是由志愿者根据预先设定的文本，通过表演在录音室录制完成的数据库。这个数据库一共包括 535 句话，七种情感状态，即愤怒（anger）、高兴（happy）、悲伤（sad）、恐惧（fear）、厌恶（disgust）、无聊（boredom）和中性（neutral）。每种情感状态的话语分配如图 3-7 所示。

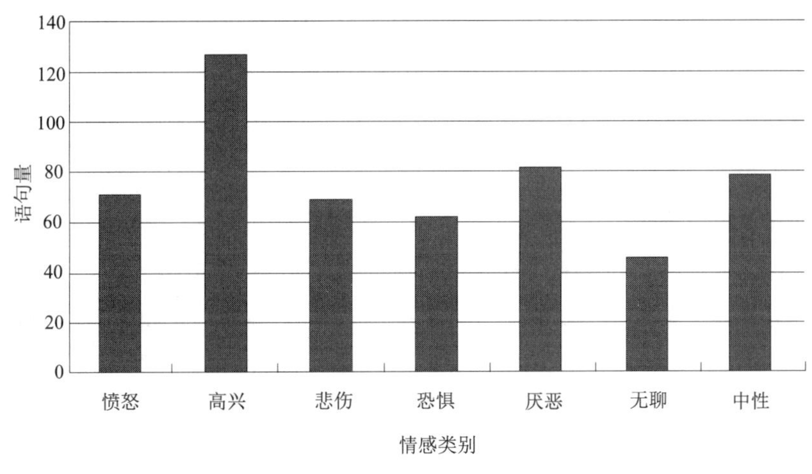

图 3-7　EMO-DB 中情感话语分配

为了更接近现实生活中的情感表达，避免过度夸张的情感表现，所以录音者并没有选专业的演员，而是选择了 40 名志愿者。然后通过三个专家的辨听筛选，最终留下了 10 名志愿者，包括 5 名男性和 5 名女性。

为了获得清晰无噪声的语音，选在一个装有消声设备的专业录音室里面录音。选用 MKH40P48 麦克风及一台 Tascam 的 DA-P1 便携式数字录音设备，先是录制得到了 48kHz 的语音，然后进行重采样，得到 16kHz 的语音。

在录制结束后同样进行了主观辨听实验对初级阶段语音库进行筛选，选择 20 个人进行辨听实验。将录制得到的情感语音随机播放，辨听者每听完一句话就要判断出该句的情感状态。设置阈值为 0.8，大于这个阈值的语句保留，得到最终的德语数据库共 535 句。由于其质量高且免费公开，因此广泛应用于语音情感识别领域的研究。

与柏林情感语音数据库等离散类别数据库不同，在维度情感数据库建立过程中不受情感类别的限制，从理论上讲，任何情感都可以由维度空间表示出来，因此，维度情感数据库的建立更趋于自然数据库的要求，是情感数据库的一种进步[19]。但是维度情感标注工作是具有挑战性的一项任务，目前标注工作还没有统一的标准，一般都是采用人为打分制。例如，情感标注工具 Feeltrace[20]，即要求标注人员按照数据的时间分片，在每一个维度上对每一片数据仔细分析后进行打分，这种标记方法工作量很大，标注过程中也不能避免融进自己的主观情绪，相对客观的维度空间标注方法还有待于进一步研究。与离散情感数据库相比，维度情感数据库的数量目前还比较少，不够成熟。本书介绍一些公开的比较通用的音视频维度情感数据库。

3.5.2 VAM 数据库

Vera alilMittag（VAM）[21]是一个由德国卡尔斯鲁厄大学用于科学研究而制作的无偿音视频数据库，通过对德国的一个电视谈话节目“WeraatnMittag”录制而得到，包含 12h 的音视频文件数据，由多个情感标注者在 valence、arousal 和 dominance 三个连续维度空间标注，标注值的范围处于[−1，1]。谈话内容均为无脚本限制、无情绪引导的纯自然交流，是一种多通道数据库，多通道数据库可用于自然语言分析、情感识别、情感语音和人脸表示研究等。

3.5.3 SEMAINE 数据库

SEMAINE[22]数据库是由英国贝尔法斯特女王大学录制的可供研究者无偿使用的，面向自然人机交互和人工智能研究的数据库，它是在人机交互的场景下进行的。共有 20 名用户被要求与 4 名不同性格的机器角色进行交谈，实际上，机器角色由工作人员扮演。这 4 个角色分别是：温和而智慧的 Prudence、快乐而外向的 Poppy、怒气冲冲的 Spike 和悲伤而抑郁的 Obadiah。录音过程在专业配置录音室内进行，统一的背景颜色、恒定的灯光环境，配备 5 个高分辨率、高帧频摄像机和 4 个麦克风进行数据的收集，数据时长在 10h 左右。该数据库的标记工作由多个标记者使用标注工具 Feeltrace 在 valence、arousal、expectation、power、expectation 和 intensity 这六个情感维度上进行标记。语音按帧划分并标记，将 20ms 作为一帧，对每一帧进行标记，标记值均在[−1，1]区间。

3.5.4 IEMOCAP 数据库

IEMOCAP 数据库是美国南加州大学制作的一个多通道的、多个表演者的音视频情感数据库[23]，语言使用英语，录制了大约 12h 的音视频数据，表演的内容为即兴表演和基于脚本的表演。该数据库比较接近自然生活，将音视频数据文件按照语句停顿手动划分好，每一句话都按照离散情感和维度空间分别标记。离散情感类别至少由三位标记者标记，包括生气、高兴、悲伤、中性、沮丧、激动、害怕、惊讶、厌恶和其他 10 种情感标记，维度空间的标记工作至少由两位标记者在效价、激励、控制（valence、arousal、dominance）三维空间标记。一段对话中，两位表演者有一位穿戴 MOCAP 动作捕捉器，捕捉头部、面部关键点及手势的三维坐标数据信息。因此，记录中只有一位表演者含有这些穿戴数据，两位表演者都记录了音视频文件数据。

3.5.5　AVEC 2012 数据库

AVEC（Audio/Visual Emotion Challenge）数据库是 AVEC 2012 竞赛专用数据库。它的数据特征集是 384 维的"INTERSPEECH 2009"情感竞赛特征集以及 1582 维的"INTERSPEECH 2010"副语音竞赛特征集的扩展，并且将 100 余维信息很少、值几乎为零的特征去除掉，最后得到 1841 维的特征集合。其中主要包含过零率、语音强度、MFCC 系数、基频、频带能量、抖动等相关特征及其统计值。AVEC2012 的具体数据库信息如表 3-13 所示。

表 3-13　AVEC2012 数据库信息

参数	训练集	开发集	测试集	合计
语音段数量/个	31	32	32	95
视频段数量/个	501 277	449 074	407 772	1 358 123
单词数量/个	20 183	16 311	13 856	50 350
总时长/（h:m:s）	2:47:10	2:29:45	2:15:59	7:32:54
单词平均时长/ms	262	276	249	263

3.5.6　MERC 数据库

MERC 数据库[24]是源自日常生活的汉语维度情感语料库。数据的录制是在一个相对安静的环境内进行的，录音设备是装有录音软件 Adobe Audition 3.0 的联想笔记本和头戴式麦克风。录音的内容是录音者在自然状态下同他人的交谈，其中包括面对面交谈、电话交谈、网络语音交谈三种交谈方式。交谈的主题也很多，例如，问候、问题咨询、计划决策、工作安排等生活中比较常见的话题。因为录制者事先知道自己的谈话会被录音，说话者的声音不能完全放开，为了使说话者能够自然地表达，在正式录制之前在相同的录制环境下进行了一周的预录练习。录制完成后对录制的音频信息进行筛选，如果满足基频完整、前三个共振峰清晰以及音节边界清晰这三个声学特征，则该情感语音就会被编入语料库。最终筛选出符合条件的 777 句语料，其中，528 句语料来自面对面交谈，249 句来自电话交谈和网络语音交谈，总时长 31.1h，平均时长为 2.4s。

小　　结

情感语音数据库的建立是情感语音研究的关键部分。其质量的好坏对情感分析有较大的影响。本章讨论了情感语音数据库建立所遵循的原则，分析了建立语音库的各种方式对情感表达自然度的影响、语音库语句内容的选择要求及录音者的挑选原则。以这些原则为指导，录制了 TYUT1.0 情感语音数据库，截取构成了 TYUT2.0 情感语音数据库。针对这两种数据库，分别设计了情感有效性分析实验。本章还详细介绍了国内外几种较为常见的情感语音数据库。

参考文献

[1] 倪昕. 语料库支持的英语文语转换合成引擎[D]. 北京：清华大学，2004.

[2] 尤鸣宇. 语音情感识别的关键技术研究[D]. 杭州：浙江大学，2007.

[3] JAIME C ACOSTA, NIGEL G WARD. Achieving rapport with turn-by-turn, user-responsive emotional coloring[J]. Speech Communication, 2011, 53(9-10): 1137-1148.

[4] ELLEN DOUGLAS-COWIE, NICK CAMPBELL, RODDYCOWIE, et al. Emotional speech: Towards a new generation of databases[J]. Speech Communication, 2003, 40(1-2): 33-66.

[5] SCHUBIGER M. English Intonation: Its form and function[M]. Germany: Tubingen, 1958.

[6] O'CONNOR J A, ARNOLD G F. Intonation of colloquial English[M]. London: Longman, 1973.

[7] 徐露，徐明星，杨大利. 面向情感变化监测的汉语情感语音数据库[J]. 清华大学学报（自然科学版），2009，S1（49）：1413-1418.

[8] ABELIN A, ALLWOOD J. Cross-linguistic interpretation of emotional prosody[C]. Proceedings of the ICSA Workshop on Speech and Emotion, 2000.

[9] YOSHIKO ARIMOTO, SUMIOOHNO, HITOSHI IIDA. Assessment of spontaneous emotional speech database toward emotion recognition: Intensity and similarity of perceived emotion from spontaneously expressed emotional speech[J]. Acoust. Sci. & TECH., 2011, 1(32): 26-29.

[10] 谢波. 普通话语音情感识别关键技术研究[D]. 杭州：浙江大学，2006.

[11] 李春磊，莫蓉，常智勇. 基于加工要求和制造网络稳定性评价的特征加工方法决策[J]. 上海交通大学学报，2015，49（11）: 1604-1611.

[12] 龚栩，黄宇霞，王妍，等. 中国面孔表情图片系统的修订[J]. 中国心理卫生杂志，2011，25（1）:40-46.

[13] 周慧. 基于 PAD 三维情绪模型的情感语音转换与识别[D]. 兰州：西北师范大学，2009.

[14] 王晓丽. 高表现力语音声学建模的研究[D]. 兰州：西北师范大学，2011.

[15] BRADLEY M M, LANG P J. Measuring emotion: The self-assessment manikin and the semantic differential[J]. J BehavTherExp Psychiatry, 1994, 25(1):49-59.

[16] OFLAZOGLU C, YILDIRIM S. Recognizing emotion from Turkish speech using acoustic features[J]. Eurasip Journal on Audio Speech & Music Processing, 2013(1):26.

[17] 李晓明，傅小兰，邓国峰. 中文简化版 PAD 情绪量表在京大学生中的初步试用[J].中国心理卫生杂志，2008，22（5）：327-329.

[18] BURKHARDT F, PAESCHKE A, ROLFES M, et al. A database of German emotional speech[C]//INTERSPEECH 2005 - Eurospeech, European Conference on Speech Communication and Technology, Lisbon, Portugal. 2005: 1517-1520.

[19] 张婷. 基于 PAD 三维情感模型的情感语音研究[D]. 太原：太原理工大学，2018.

[20] COWIE R, DOUGLAS COWIE E, SAVVIDOU S, et al. Feeltrace: an instrument for recording perceived emotion in real time[J]. In: Proc. of the 2000 ISCA Workshop on Speech and Emotion: A Conceptual Frame Work for Research. Belfast: ISCA, 2000: 19-24.

[21] GRIMM M, KROSCHEL K NARAYANAN S. The Vera am Mittag German audio:Visual emotional speech database[C]// Multimedia and Expo, 2008 IEEE International Conference on. IEEE, 2008: 865-868.

[22] MCKEOWN G VALSTAR M F, COWIE R, et al. The SEMAINE corpus of emotionally coloured character interactions[C]// Multimedia and Expo(ICIVIE), 2010 IEEE International Conference on. IEEE, 2010: 1079, 1084.

[23] BUSSO C, BULUT M, LEE C C, et al. IEMOCAP: Interactive emotional dyadic motion capture database[J]. Language Resources and Evaluation, 2008, 42(4): 335-359.

[24] 韩文静. 语音情感识别关键技术研究[D]. 哈尔滨：哈尔滨工业大学，2013.

第 4 章　语音情感特征分析与研究

语音情感识别的主要目标是让机器在人机交互过程中能够识别人类的情感，但是实现这个目标面临许多问题，其中最主要的问题有三个：一是能够反映情感的语音特征有哪些，其中哪个特征或哪些特征组合对语音情感识别效果更好；二是说话人和说话内容及说话风格的不同对语音情感特征有较大影响；三是采集的语音情感信号往往都带有一定程度的噪声，这也会对特征的识别产生一定的影响。为了解决以上问题，本章提出基于人耳听觉特性的谱能量特征以及对其进一步优化的特征；同时分析了利用非线性非平稳信号处理方法 HHT 结合非线性 Teager 能量算子来提取非线性的语音情感谱特征：基于 EEMD-Teager 能量 Mel 倒谱系数、Hilbert 边际 Teager 能量谱系数和 Hilbert 边际谱系数。利用非线性方法提取特征解决了以往提取特征时将语音看成短时平稳信号所带来的问题。

4.1　传统语音情感特征

本节介绍传统的情感语音特征，包括能量、基频等在内的韵律特征和以共振峰为代表的音质特征及经典的谱特征：梅尔频率倒谱系数 MFCC（Mel-frequency cepstral coefficient）和线性预测倒谱系数 LPCC（linear predictive cepstral coefficient），在后面的研究中这些声学特征将作为融合特征的基础特征及对比特征来使用。

语音情感特征传统的提取方法是首先对语音信号进行预处理，如图 4-1 所示。然后再提取情感语音的特征参数。

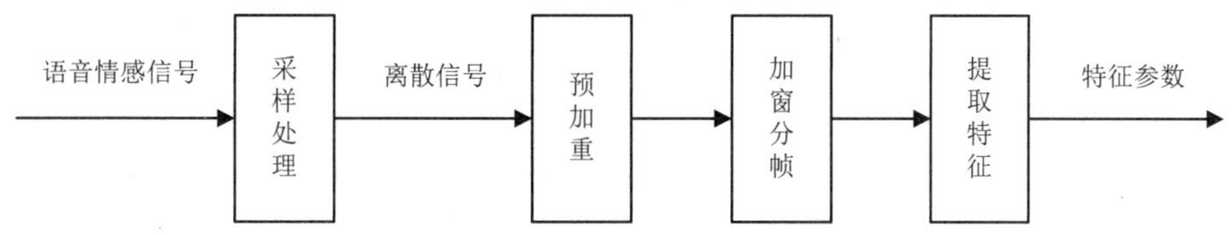

图 4-1　语音情感信号预处理过程

4.1.1　韵律特征

韵律特征主要描述了语音的音调、音高、语速和其他方面的声音变化，它是决定语句流畅与否的关键因素，也称为超音质特征。本章主要研究了韵律特征中的短时能量、基音频率、短时平均过零率和语速四种特征。

1. 短时能量

语音信号的能量是随时间变化而变化的，但是在短时间内（一般是 10～30ms）语音信号可以看成是平稳信号，所以在短时间内认为能量是稳定的，这是提取短时能量的一个重要前提，也是传统的语音特征提取的一个重要出发点。语音的能量可以由声音的响度来体现，当人们兴奋时，说话的声音会很高；当人们伤心时，说话的声音就会很低。理论上说，短时能量可以很好地区分语音情感。假设一句情感语音信号经过采样处理后为 $x(n)$，窗函数为 $w(n)$，窗长为 N，则其短时能量为

$$E_n=\sum_{m=-\infty}^{+\infty}[x(m)w(n-m)]^2=\sum_{m=n-(N-1)}^{n}[x(m)w(n-m)]^2 \tag{4-1}$$

2. 基音频率

人在说话时，发出的声音若是由声带振动产生的，则称之为浊音。人在发浊音时，声带通过与空气的相互作用产生振动，这个振动是周期性的脉冲波，其周期就称为基音周期，周期的倒数即为基音频率。估计基音频率的最常用的方法是短时自相关法和短时平均幅度差函数法。下面简单介绍短时自相关法提取基音频率特征参数的原理。

对于一段经过采样处理的情感语音信号 $x(n)$，可定义其短时自相关函数 $R_n(k)$ 为

$$R_n(k)=\sum_{m=-\infty}^{+\infty}x(m)w(n-m)x(m+k)w(n-k-m) \tag{4-2}$$

式中，$x(m)w(n-m)$ 和 $x(m+k)w(n-k-m)$ 是指对情感语音信号加窗函数处理，然后再根据式(4-2)进行自相关运算的结果。由于周期信号的自相关函数也是周期的，因此 $R_n(k)$ 的周期性就反映了浊音语音信号 $x(n)$ 的周期性。据此，可求出基音周期和基音频率。

3. 短时平均过零率

短时平均过零率是指每一帧信号通过零值的次数。在离散情感语音信号下，若相邻的采样点符号相反即认为发生一次过零，这样就可以估计过零的次数。单位时间内过零的次数就称为过零率。在一段时间过零率的平均值就称为平均过零率。因为语音信号是短时平稳的，所以采用短时平均过零率一定程度上可以反映其频谱特性，对情感语音信号进行一些粗略的估计。

假设采样后的情感语音信号为 $x(n)$，则其短时平均过零率可定义如下：

$$\begin{aligned}Z_n&=\sum_{m=-\infty}^{+\infty}\left|\operatorname{sgn}[x(m)]-\operatorname{sgn}[x(m-1)]\right|w(n-m)\\&=\left|\operatorname{sgn}[x(n)]-\operatorname{sgn}[x(n-1)]\right|*w(n)\end{aligned} \tag{4-3}$$

式中，$\operatorname{sgn}[x(n)]$ 为符号函数，即

$$\operatorname{sgn}[x(n)]=\begin{cases}-1, & x(n)<0\\0, & x(n)=0\\1, & x(n)>0\end{cases} \tag{4-4}$$

$w(n)$ 为窗函数，一般选用矩形窗，窗长为 N，即

$$w(n)=\begin{cases}\dfrac{1}{2N}, & 0\leqslant n\leqslant N-1\\ 0, & 其他\end{cases} \tag{4-5}$$

4. 语速

语速是人类独有的一种表达语言特征的定义。人们利用语音进行表达或者沟通时，单位时间里表现出的词汇量即语速。通常是用每秒音节数来衡量，或者用音节的平均时长来计量。

假设一句情感语音信号的时长为 $l(t)$，发音音节数记为 n，则语速 $s(t)$ 为

$$s(t)=\frac{l(t)}{n} \tag{4-6}$$

已有文献证明语速是影响发音的音高的重要因素，所以说语速也可以区分语音信号中的情感。

4.1.2　音质特征

音质特征是可以反映声音质量的一类特征，用以判断语音是否清晰及辨识度的高低等。语音的质量特征表现为颤音、叹息、哽咽等，这些往往会出现在人们情绪激动的情况下，所以说语音的质量特征与语音情感有一定的关系。共振峰频率就属于音质特征中的一种。

当人发声时，声音经过共振腔受到腔体的滤波作用，一些声音因为共振的作用被强化，而另外一些被减弱，被强化的部分犹如山峰一般，故称之为共振峰。人在不同情感状态下说话时，声音与声道产生不同的共振，从而使共振峰的位置不同，因此共振峰可以区分人的不同情感状态。语音信号的前 3 个共振峰常用作情感识别的特征参数。

4.1.3　MFCC 特征

MFCC 特征是传统的语音谱特征中重要的一种。下面具体介绍 MFCC 特征的提取方法。

MFCC 是指从 Mel 频率滤波器组中导出的系数，Mel 频率描述了人耳频率的非线性特性，其与实际频率的关系近似于下式：

$$\mathrm{Mel}(f)=2595\times\lg\left(1+\frac{f}{700}\right) \tag{4-7}$$

式中，f 为频率，单位为 Hz。

MFCC 特征的提取框图如图 4-2 所示。首先，对情感语音信号进行预处理（采样、预加重、分帧），得到离散的语音信号 $x(n)$；其次，对 $x(n)$ 的每一帧信号进行快速傅里叶变换（fast Fourier transform，FFT），将其转换为频域信号 $X(k)$ 再将其经过 Mel 滤波器组取对数得到 $X(m)$；最后，经过离散余弦变换（discrete cosine transform，DCT）计算倒谱系数。

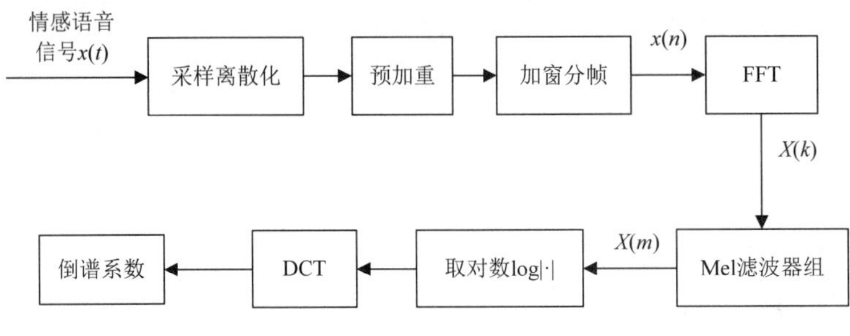

图 4-2　MFCC 特征提取流程图

4.1.4　LPCC 特征

线性预测分析（linear predictive analysis）的基本思想是语音信号相邻的采样点之间有很强的相关性[1-2]。因此，每个语音信号的采样值能用过去若干语音样值的线性组合来近似估计，按照在某分析帧（短时）内实际的各语音样本与各预测得到的样本间差值的均方值最小准则，可以决定唯一的一组预测系数，即线性预测系数 LPC（linear predictive coefficient）。线性预测倒谱系数 LPCC（linear predictive cepstral coefficient）是 LPC 在倒谱域的表示，通常 LPCC 不是直接由声信号得到的，而是由声信号的 LPC 递推得到的，$h(n)$表示线性预测倒谱系数，则递推公式如式（4-8）：

$$h(n)=\begin{cases} a_n, & n=1 \\ a_n+\sum_{k=1}^{n-1} kh(k)a_{n-k}/n, & 1<n\leqslant p+1 \\ \sum_{k=1}^{n-1} kh(k)a_{n-k}/n, & n>p+1 \end{cases} \tag{4-8}$$

式中，$\{a_1,a_2,\cdots,a_p\}$为 LPC 系数。LPCC 很好地去掉了语音产生过程的激励信息，主要反映声道响应，通常十几个倒谱系数就能很好地描述语音信号的共振峰特性，因此可用于语音情感识别中。

4.2　基于人耳听觉模型的谱能量特征

4.2.1　基本的谱能量特征介绍

通常认为语音产生的模型有两种：一种是具有线性特性的经典的激励源—滤波器模型；另一种是 Teager 提出的非线性模型。目前大多数情感语音分析的方法是假设说话者的情感状态以某种方式影响语音参数（由经典的激励源—滤波器模型假定的参数），这些参数如基频、共振峰、能量或者由它们派生的一些参数，就是在文献中用于语音情感识别最经常引用的特征。然而近年来越来越多的喉科学实验及心理学实验对非线性模型中的涡流的作用进行了大量的研究。在一项语音分类研究中，G. Zhou 提出在生气或者应激情感状态下，会以空气涡流的形式产生额外的声音源[3]；在最近的喉科学实验中，发现存在两类持续的周期性的空气涡流。这些涡流的存在能引起语音信号的谱能量分布的变化，而语音信号谱能量分布的变化能有效地区分说话者的情感状态。

基于以上研究成果，Ling He 和 Margaret Lech 等于 2010 年提出了两种新的用于语音情感识别的特征[4]：语音信号能量谱包络下的面积和声门波能量谱包络下的面积。之所以提出这两种算法相近的特征，是因为考虑到语音信号中的情感信息可能是在声门波形成过程中产生的，也有可能是经过滤波过程之后形成的，这些都有待后续的情感识别实验验证。下面对这两种特征做一个简单介绍。

1）AUSEES 特征

澳大利亚墨尔本的科学家 Ling、Margaret 和 Nicholas 通过研究发现[5]，随着语音信号频率的增加，谱能量呈现一个衰减的趋势，这种衰减趋势会随着情感的不同而不同，同时，谱的峰值大小和峰值个数也会随着情感的不同而表现出不同的变化。在这个基础上，他们提出了语音信号能量谱包络下的面积（area under the spectral energy envelope of the speech signal，AUSEES）特征。AUSEES 特征提取框图如图 4-3 所示。

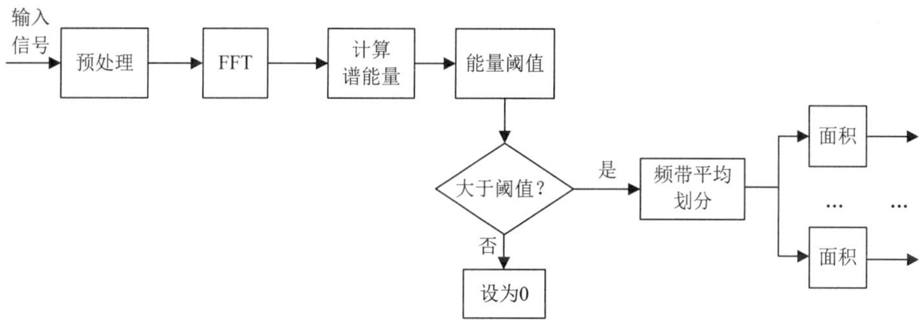

图 4-3　AUSEES 特征提取框图

输入的语音信号经过预处理之后，对每帧语音信号经过 FFT 得到频谱，求语音频谱幅度的平方得到信号的能量分布，然后平均划分全部的频谱范围，线性划分为 16 个子带，对于每个子带分别计算出谱包络下的面积，从而得到 16 个面积参数。这样，最终得到由帧数确定的一组 16 维参数即基本的 AUSEES 特征。

2）AUSEEG 特征

与 AUSEES 特征不同的是，声门波形能量谱包络下的面积（area under the spectral energy envelope of the glottal waveform，AUSEEG）特征的输入信号不再是语音信号，而是声门波信号。这样做的原因是声门信号是语音信号的源信号，它是由肺部的气流冲击声带产生的，这种信号没有被声道共振也没有经过口唇辐射，可以不受声道共振峰的影响。

本节采用了线性预测分析方法提取声门波[6]。

根据线性预测理论，语音信号样点之间存在相关性，语音信号的一个样点可以用过去的若干个语音信号样点的线性组合来逼近，通过使实际语音样点和线性预测样点之间的误差在某个准则下达到最小值来决定唯一的一组预测系数，用这组预测系数组成预测滤波器对原始的语音信号做逆滤波，得到声门激励信号。

语音信号的预测值 $\hat{s}(n)$ 是根据过去 p 个样点值加权得到的，如式（4-9）：

$$\hat{s}(n)=\sum_{i=1}^{p}a_i s(n-i) \tag{4-9}$$

$e(n)$ 表示预测误差，如式（4-10）：

$$e(n)=s(n)-\hat{s}(n)=s(n)-\sum_{i=1}^{p}a_i s(n-i) \tag{4-10}$$

线性预测系数 $a_i(i=1,2,\cdots,p)$ 通过使预测误差在某个准则下达到最小来唯一确定，然后用这种线性预测系数组成逆滤波器 $A(z)$，如式（4-11）：

$$A(z)=1-\sum_{i=1}^{p}a_i z^{-i} \tag{4-11}$$

用逆滤波器 $A(z)$ 对原始语音信号进行逆滤波，则得到声门激励信号，其频域表示如式（4-12）：

$$U(z)=S(z)A(z) \tag{4-12}$$

式中，$S(z)$ 是原始语音信号的 z 变换；$U(z)$ 是得到的声门波信号的 z 变换。

这样将采用线性预测分析方法得到的声门波替代 AUSEES 中的语音信号，作为输入信号，后续过程与 AUSEES 完全一致，就可以提取 AUSEEG 特征了。

4.2.2 人耳听觉特性

人的听觉系统类似于一个音频信号处理器，听觉系统对于声音信号的处理能力就得益于它复杂而巧妙的生理结构[7]。人耳听觉系统示意图如图 4-4 所示。

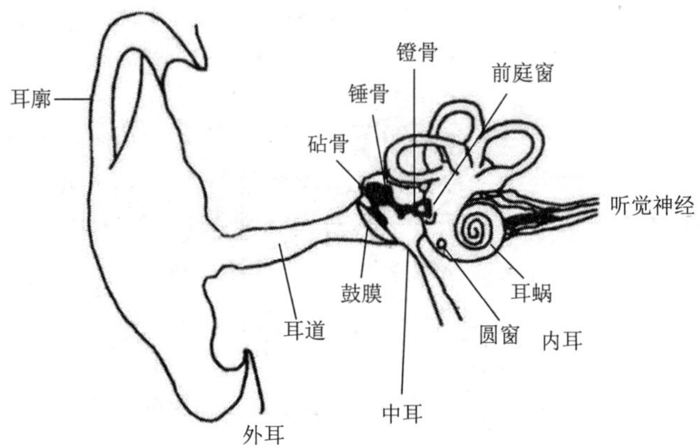

图 4-4 人耳听觉系统示意图

听觉系统包括外围部分和听觉神经纤维，外围部分是听觉器官最重要的组成部分，由外耳、中耳和内耳组成。外耳负责收集声音、辨别声源，并对某些频率的声音起放大作用。中耳的主要作用是传音，将气体运动高效地转为液态运动，也就是将声音由外耳道传入耳蜗，另外，中耳还充当了外耳和内耳的匹配阻抗。内耳深埋在颅骨腔内，由圆窗、前庭窗和耳蜗组成，其中耳蜗是内耳最主要的器官，耳蜗里面充满了淋巴液，它的外形是类似于蜗牛形状的一条盘起来的管子。耳蜗中包着基底膜，基底膜的作用相当于一个频率谱分析器[8]。声音传入中耳后，耳蜗内的流体压强会因镫骨的运动而变化，耳蜗内基底膜的硬度也会随之变得很高，随着行波沿着基底膜传播，基底膜的硬度逐渐变小。不同频率的声音产生的行波也不相同，而且峰值在基底膜上出现的位置也不相同。对于频率较低的声音，幅度峰值出现在基底膜顶部附近；对于频率较高的声音，幅度峰值出现在基底膜靠近镫骨的基部附近。

因此，可以看出，人耳的听觉系统是一种非线性结构，耳蜗就类似于频谱分析仪，具有类似滤波的作用。

1）掩蔽效应

通过对人耳的听觉系统的分析，可以看出人耳是一种非线性的生理结构，因此，人耳对不同频率声音的感知情况不同。研究发现，人耳对 3～5kHz 频段内的声音感觉最灵敏，其敏感程度可以用掩蔽阈值来表示。掩蔽阈值也叫听阈，是指人耳刚刚能感知到声音的最低声压值。

两个响度不等的声音作用于人耳时，则响度较高的频率成分的存在会影响到对响度较低的频率成分的感受，使其变得不易察觉，这种现象称为掩蔽效应。由于频率较低的声音在内耳耳蜗基底膜上行波传递的距离大于频率较高的声音，故一般说来，低音容易掩蔽高音，而高音掩蔽低音较难。掩蔽会造成因一个声音的存在，而使另一个声音的听阈上升。

2）临界带与频率群

当掩蔽音为窄带噪声时，临界带（critical band）的掩蔽效果最明显。临界带的定义如下：当某个纯音被以它为中心频率且具有一定带宽的连续噪声掩蔽时，先将噪声的强度调节到纯音恰好不被听见，然后将其带宽由大到小逐渐减小，同时保持单位频率的噪声强度不变，起初被掩蔽纯音一直听不见，但当噪声带宽减小到某个临界值时，纯音就突然可以听见了，进一步减小带宽，纯音会越来越清晰。这里刚刚能听见纯音时的频带就叫作临界带[9]。

临界带随着中心频率的不同而变化，中心频率越高，临界带宽越宽。临界频带的单位叫巴克（Bark），1Bark 等于一个临界频带宽度。此外，还有一种常用的同 Bark 尺度具有相同原理的频带划分方法，即 ERB 尺度。

人耳基底膜具有相当于频谱分析仪的作用，在人耳听觉范围（20Hz～16kHz）内的频率可以划分为 24 个频率群，频率群与临界带之间存在密切的联系，详细的划分表也将在 4.2.3 节给出。频率群的划分相应于将基底膜分成若干个小的部分，每个小的部分对应一个频率群，掩蔽效应就发生在这些部分内，对应基底膜同一部分的不同频率的声音，在大脑中似乎是叠加在一起进行评价[10]，如果这些频率的声音同时发声，就会发生掩蔽效应。

通过以上分析可以看出，人的听觉系统具有很强的抗噪声能力，在噪声很大的环境中，也能分辨出语音信号，因此，着力于基于人耳听觉特性的语音特征的研究具有重要的理论基础和现实意义。

人耳听觉系统对于声音频率的感知和实际频率之间呈非线性关系，感知尺度在这里用来衡量人耳听觉特性的重要性。目前，模拟人耳听觉特性的感知尺度主要有 Bark 尺度和 ERB 尺度。下面将对这两种尺度进行详细介绍，并分别就这两种感知尺度提取谱能量特征，从而使得到的新特征充分模拟人耳的听觉特性，具有更好的情感分类效果。

4.2.3 基于 Bark 尺度频带划分的谱能量特征

1. Bark 尺度频带划分

Bark 是在研究窄带噪声的掩蔽特性时提出来的一个衡量标准。每个窄带噪声的频率就是每个 Bark 频带的中心频率，它所能影响到的其他频率的范围和幅度以中心频率为中心呈对称性下滑。Bark 尺度的引出验证了人耳听觉系统对于声音频率的感知与实际频率之间是一种非线性映射的对应关系，Bark 频率与 Hz 频率的关系如式（4-13）所示。

$$f_{\text{Bark}}=\begin{cases}\dfrac{f_{\text{Hz}}}{100}, & f\leqslant 500\text{Hz}\\ 9+4\lg\left(\dfrac{f_{\text{Hz}}}{1000}\right), & f>500\text{Hz}\end{cases} \tag{4-13}$$

通常认为，20Hz～16kHz 范围内有 24 个临界频带。Bark 尺度频带划分见表 4-1。

表 4-1 Bark 尺度频带划分

编号	低端/Hz	高端/Hz	带宽/Hz	编号	低端/Hz	高端/Hz	带宽/Hz
1	20	100	80	13	1 720	2 000	280
2	100	200	100	14	2 000	2 320	320
3	200	300	100	15	2 320	2 700	380
4	300	400	100	16	2 700	3 150	450
5	400	510	110	17	3 150	3 700	550
6	510	630	120	18	3 700	4 400	700
7	630	770	140	19	4 400	5 300	900
8	770	920	150	20	5 300	6 400	1 100
9	920	1 080	160	21	6 400	7 700	1 300
10	1 080	1 270	190	22	7 700	9 500	1 800
11	1 270	1 480	210	23	9 500	12 000	2 500
12	1 480	1 720	240	24	12 000	15 500	3 500

2. AUSEES-Bark/ AUSEEG-Bark 特征提取

AUSEES-Bark 特征和 AUSEEG-Bark 特征是在基本的 AUSEES 特征、AUSEEG 特征基础上，采用模拟人耳听觉特性的 Bark 尺度频带划分方法代替线性平均划分方法对其改进得到的。其提取流程图如图 4-5 所示。

AUSEES-Bark 特征和 AUSEEG-Bark 特征的提取步骤如下：

① 对原始语音信号（对于 AUSEEG-Bark 特征，输入则为声门波信号）预处理，包括预加重、分帧、加窗。本实验中采用一个一阶高通滤波器对语音信号进行预加重，窗函数采用汉明窗且窗长为 256，帧移为 128。

② 将经过预处理后的语音信号（或声门波信号）进行 FFT 变换，因为语音信号在

时域中很难看出其特性，所以将它转换到频域上来观察。加窗后的每一帧信号经过 FFT 变换便得到频谱上的能量分布。

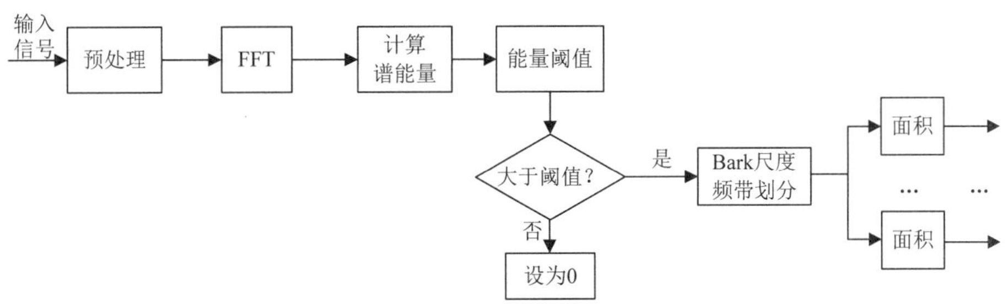

图 4-5　AUSEES-Bark/ AUSEEG-Bark 特征提取流程图

③ 对每一帧信号计算其幅值的平方，然后取对数变换得到对数能量谱。阈值判断，设定的阈值不同决定了能量谱包络下的面积值不同。通过反复实验证明 0dB 时的情感识别效果最佳，因此本书选取 0dB 作为阈值。将前面计算得到的谱能量值与阈值 0dB 比较，若谱能量值小于 0dB 则设为 0，否则保留原值。

④ 频带划分，按照表 4-1 所示的 Bark 尺度频带划分表进行频带划分。由于语音信号的大部分信息都包含在 200Hz～4kHz 频段内，在高频段内的信息量很少，同时为了减少运算量，缩短计算时间，提高算法效率，本书实验中只选取了前 17 个频带。

⑤ 计算面积，对于每个子带，分别计算其谱包络下的面积，最终得到一组 17 维的面积参数。最后，由帧数确定的一组 17 维的面积参数，即为基于人耳听觉特性的 AUSEES-Bark 特征、AUSEEG-Bark 特征。

3. 情感识别实验

针对 TYUT1.0 情感语音库中的汉语、英语以及 EMO-DB 中的德语 3 种语种，分别设计了 3 组情感识别对比实验，采用支持向量机（SVM）作为后续的识别网络进行情感状态的分类，并将实验结果与基本的 AUSEES 特征、AUSEEG 特征进行了对比。

表 4-2 为对 TYUT1.0 情感语音库中的汉语语句进行情感识别实验的识别结果对比；表 4-3 为对 TYUT1.0 情感语音库中的英语语句进行情感识别实验的识别结果对比；表 4-4 为对德语语音库 EMO-DB 进行情感识别实验的识别结果对比。

表 4-2　两种特征对汉语的识别率对比　（%）

特征	情感状态			平均识别率
	高兴	生气	中性	
AUSEES-Bark	90.00	86.67	100.00	92.22
AUSEES	83.33	86.67	90.00	86.67
AUSEEG-Bark	83.33	86.67	93.33	87.78
AUSEEG	76.67	86.67	90.00	84.45

表 4-3 两种特征对英语的识别率对比 (%)

特征	情感状态			平均识别率
	高兴	生气	中性	
AUSEES-Bark	76.67	86.67	100.00	87.78
AUSEES	73.33	76.67	90.00	80.00
AUSEEG-Bark	76.67	90.00	100.00	88.89
AUSEEG	70.00	83.33	96.67	83.33

表 4-4 两种特征对德语的识别率对比 (%)

特征	情感状态			平均识别率
	高兴	生气	中性	
AUSEES-Bark	77.27	60.87	95.45	77.86
AUSEES	68.18	78.26	90.91	79.12
AUSEEG-Bark	68.18	56.52	90.91	71.87
AUSEEG	68.18	52.17	90.91	70.42

根据表 4-2 的实验结果，无论从单一情感状态的识别率还是从平均识别率分析，新的基于人耳听觉特性的 AUSEES-Bark 特征、AUSEEG-Bark 特征的识别效果都高于或至少等同于基本的 AUSEES 特征、AUSEEG 特征，其中，AUSEES-Bark 特征的平均识别率比 AUSEES 特征提高了 5.55 个百分点，AUSEEG-Bark 特征的平均识别率比 AUSEEG 特征提高了 3.33 个百分点；纵向比较，AUSEES-Bark 特征的情感识别率高于 AUSEEG-Bark 特征，前者的平均识别率比后者高 4.44 个百分点，同样，AUSEES 特征的情感分类效果也好于 AUSEEG 特征。

根据表 4-3 的实验结果，与表 4-2 的结果分析一样，改进后的 AUSEES-Bark 特征、AUSEEG-Bark 特征对单一情感状态的识别率及平均识别率都优于 AUSEES 特征、AUSEEG 特征，AUSEES-Bark 特征的平均识别率比 AUSEES 特征提高了 7.78 个百分点，AUSEEG-Bark 特征的平均识别率比 AUSEEG 特征提高了 5.56 个百分点，其中，AUSEES-Bark 特征、AUSEEG-Bark 特征对“中性”情感的识别率都达到了 100%；纵向比较发现，与表 4-2 结果分析相反，AUSEES-Bark 特征的情感识别率比 AUSEEG-Bark 特征略低，同样，AUSEES 特征的识别效果也比 AUSEEG 特征稍差。

根据表 4-4 的实验结果，AUSEES-Bark 特征的平均识别率比 AUSEES 特征低 1.26 个百分点，具体分析发现，识别“高兴”和“中性”两种情感时，AUSEES-Bark 特征的识别率都高于 AUSEES 特征，但是识别“生气”情感时，AUSEES-Bark 特征的识别率略低于 AUSEES 特征；比较 AUSEEG-Bark 特征与 AUSEEG 特征可以看出，前者的情感分类效果优于后者。纵向比较来看，表 4-4 与表 4-2 具有相同的结果分析，即 AUSEES-Bark 特征的情感分类效果优于 AUSEEG-Bark 特征，同样，AUSEES 特征也比 AUSEEG 特征有更好的识别效果。

综合以上分析可以看出，除了对德语识别“生气”情感时，改进后的 AUSEES-Bark 特征的识别率低于基本的 AUSEES 特征，其他情况下，改进后的 AUSEES-Bark 特征和 AUSEEG-Bark 特征的识别性能都明显优于基本的 AUSEES 特征和 AUSEEG 特征，因此可以说，采用模拟人耳听觉特性的 Bark 尺度频带划分方法对基本的谱能量特征的改进提高了情感识别率，这种改进方法是有效且可行的。

另外，从识别率可以看出，对于不同的语种，两种特征的识别效果也不相同。比较来看，对汉语的识别效果最好，对德语的识别效果最差；另外，对于汉语和德语，AUSEES-Bark 特征的识别率高于 AUSEEG-Bark 特征，对于英语则相反，由此判断不同语种的发音特点不同，相应的语句中的情感信息产生的过程也不同，对于英语，情感信息可能是在声门波的形成过程中产生的，而对于汉语和德语，情感信息可能是经过滤波之后形成的。

4.2.4　基于 ERB 尺度频带划分的谱能量特征

1. ERB 尺度频带划分

Moore 在研究了耳蜗滤波器频率响应特性的基础上，提出了等值矩形带宽[11]（equivalent rectangular bandwidth，ERB）的概念。ERB 的获得原理与 Bark 尺度一样，但它使用的是残余噪声的方法来衡量，而不是使用传统的包含窄带噪声的掩蔽实验的方法来衡量，ERB 掩蔽噪声将矩形波置于声调附近，且调节其最小带宽使其对声调的感知不受影响。ERB 尺度和 Bark 尺度对于频带的划分在高频段的差异很小，但是在 500Hz 以下的低频段差别比较大。ERB 尺度精确地描述了人耳基底膜的频率选择特性[12]，它也是一种基于感知特性的非线性频谱变换，关于 ERB 尺度的定义如下[13]：

令 $|H(f)|$ 表示滤波器的频率响应，$|H(f_0)|$ 是滤波器在 f_0 的最大增益，$|H(f)|$ 的等值矩形带宽（ERB）定义为

$$\mathrm{ERB}=\frac{\int |H(f)|^2\,\mathrm{d}f}{|H(f_0)|^2} \tag{4-14}$$

式（4-14）的意义在于说明 ERB 是假设具有增益 $|H(f_0)|$ 的矩形滤波器的带宽。

式（4-15）给出了 ERB 频率与听觉滤波器中心频率（Hz）的函数关系：

$$\mathrm{ERB}=6.23f^2+93.39f+28.52 \tag{4-15}$$

表 4-5 为基于 ERB 尺度的频带划分表[14]。同样，由于语音信号在高频段内的信息量很少，其大部分信息都包含在 200Hz～4kHz 频段内，同时为了减少运算量提高算法效率，本节只给出了 0Hz～4kHz 频段内的 ERB 尺度划分表。

表 4-5　ERB 尺度频带划分表

编号	低端/Hz	高端/Hz	带宽/Hz	编号	低端/Hz	高端/Hz	带宽/Hz
1	0	25	25	8	244	297	53
2	25	52	27	9	297	355	58
3	52	83	31	10	355	420	65
4	83	117	34	11	428	502	74
5	117	155	38	12	493	573	80
6	155	197	42	13	573	663	90
7	197	244	47	14	663	763	100

续表

编号	低端/Hz	高端/Hz	带宽/Hz	编号	低端/Hz	高端/Hz	带宽/Hz
15	763	875	112	22	1865	2102	237
16	875	999	124	23	2102	2365	263
17	999	1137	138	24	2365	2659	294
18	1137	1291	154	25	2659	2985	326
19	1291	1462	171	26	2986	3349	363
20	1462	1653	191	27	3349	3755	406
21	1653	1865	212				

2. AUSEES-ERB/AUSEEG-ERB 特征提取

AUSEES-ERB 特征、AUSEEG-ERB 特征的提取方法同 AUSEES-Bark 特征、AUSEEG-Bark 特征基本相同，不同之处在于频带划分方法，AUSEES-ERB 特征、AUSEEG-ERB 特征中采用基于 ERB 尺度的频带划分方法。AUSEES-Bark/AUSEEG-Bark 特征提取流程图如图 4-6 所示。

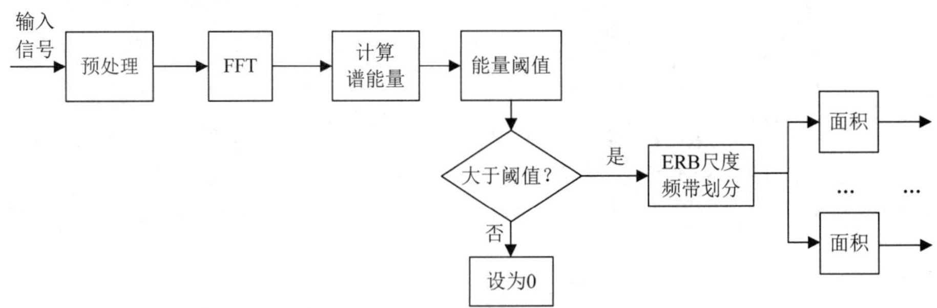

图 4-6 AUSEES-Bark/AUSEEG-Bark 特征提取流程图

3. 情感识别实验

本组实验仍然采用 TYUT1.0 情感语音库和 EMO-DB，并采用支持向量机作为识别分类器。实验结果对比见表 4-6。

表 4-6 AUSEES-ERB 特征、AUSEEG-ERB 特征对三种语种的识别率对比 （%）

情感状态	AUSEES-ERB 特征			AUSEEG-ERB 特征		
	TYUT 汉语	TYUT 英语	EMO-DB 德语	TYUT 汉语	TYUT 英语	EMO-DB 德语
高兴	86.67	76.67	72.73	80.00	76.67	63.24
生气	90.00	86.67	60.87	86.67	86.67	65.22
中性	96.67	90.00	90.91	93.33	100.00	86.36
平均识别率	91.11	84.45	74.84	86.67	87.78	71.61

将表 4-6 的实验结果与 4.2.3 节中的表 4-2、表 4-3 和表 4-4 进行比较发现，对于 TYUT1.0 语音库中的汉语语句和英语语句进行情感识别时，无论从单一情感状态的识别率还是从平均识别率分析，改进后的 AUSEES-ERB 特征、AUSEEG-ERB 特征的情感识

别率较之基本的 AUSEES 特征、AUSEEG 特征都有明显的提高，其中对于汉语 AUSEES-ERB 特征的平均识别率比 AUSEES 特征提高了 4.44 个百分点，AUSEEG-ERB 特征的平均识别率比 AUSEEG 特征提高了 2.22 个百分点；对于英语语句 AUSEES-ERB 特征的平均识别率比 AUSEES 特征提高了 4.45 个百分点，AUSEEG-ERB 特征的平均识别率比 AUSEEG 特征提高了 4.45 个百分点。

对于 EMO-DB，AUSEES-ERB 特征和 AUSEES 特征相比，识别“高兴”情感时，前者的识别率比后者提高了 4.55 个百分点，识别“中性”情感时，二者识别率相当，识别“生气”情感时，前者的识别率却比后者降低了 17.39 个百分点，因此，最终 AUSEES-ERB 特征的平均识别率比 AUSEES 特征低 4.28 个百分点；AUSEEG-ERB 特征与 AUSEEG 特征相比，从平均识别率看，前者比后者稍有提高（1.19 个百分点），具体分析发现识别“生气”情感时，前者的识别率比后者提高了 13.05 个百分点，但是识别“高兴”和“中性”情感时，AUSEEG-ERB 特征的识别率都明显低于 AUSEEG 特征。

从语种的角度分析，两种特征对汉语的识别率最高，对英语的识别率次之，对德语的识别率最低。

综合以上分析，整体来看，AUSEES-ERB 特征和 AUSEEG-ERB 特征的情感分类效果优于 AUSEES 特征和 AUSEEG 特征（尤其针对汉语和英语语句两种语种），这说明采用基于 ERB 尺度频带划分方法提取的谱能量特征比采用线性平均划分方法提取的谱能量特征具有更好的情感分类效果，基于 ERB 尺度频带划分对基本的谱能量特征的改进取得了较好的效果，这种改进方法也是有效、可行的。

另外，对比发现，AUSEES-ERB 特征、AUSEEG-ERB 特征的情感识别率要低于 AUSEES-Bark 特征、AUSEEG-Bark 特征，而且前者的识别效果没有后者稳定（尤其是针对德语语种的识别实验）。由此可以看出，Bark 尺度频带划分方法较之 ERB 尺度频带划分方法能更精确地模拟人耳听觉特性。因此，在后续的研究工作，本章主要以基于 Bark 尺度频带划分的谱能量特征作为研究对象。

4.3　基于人耳听觉特性的谱能量特征的优化改进

4.3.1　声道响应对谱能量特征的补偿算法

LPCC 参数的一个主要优点就是它主要反映的是声道响应特征，比较彻底地去掉了语音产生过程中的激励信息。AUSEEG-Bark 特征则是以声门激励作为输入信号，反映了信号的能量分布，而且其频带划分采用 Bark 尺度频带划分的方法，更好地模拟了人耳的听觉特性。

因此，考虑将这两种特征参数进行线性组合，即用 LPCC 参数对 AUSEEG-Bark 特征进行声道补偿，由此得到的组合特征参数 AUSEEG-Bark-LPCC 既能反映声道响应特征又能表达语音产生过程中的激励信息，而且也模拟了人耳的听觉特性，将具有更好的情感语音分类效果。

1. AUSEEG-Bark-LPCC 特征

AUSEEG-Bark-LPCC 特征参数的算法十分简单，其提取步骤如下：

（1）对情感语音库提取 LPCC 参数，将提取到的特征参数进行时间规整和幅度规整。时间规整方法采用的是线性分块法[15]，幅度规整则是将每个特征参数除以平均特征参数得到的，最终将所有的特征都统一归一化成 1024 维特征。

（2）对情感语音库提取 AUSEEG-Bark 参数，首先采用同样的方法对其进行时间规整和幅度规整，最终归一化为 1024 维特征。然后将归一化的 1024 维 LPCC 参数线性叠加在 AUSEEG-Bark 参数中，从而得到 2048 维的 AUSEEG-Bark-LPCC 特征参数。

2. 情感识别实验

本文针对 TYUT1.0 情感语音库中的汉语、英语和 EMO-DB 中的德语三种语种分别提取了 AUSEEG-Bark-LPCC 特征，并将其与 LPCC 特征和 AUSEEG-Bark 特征进行了识别率比较。表 4-7 为三种特征分别对 TYUT1.0 情感语音库中的汉语语句进行情感识别实验的识别结果对比。表 4-8 为三种特征分别对 TYUT 情感语音库中的英语语句进行情感识别实验的识别结果对比。表 4-9 为三种特征分别对 EMO-DB 中的德语语句进行情感识别实验的识别结果对比。

表 4-7　三种特征对汉语的识别率对比　（%）

特征	情感状态			平均识别率
	高兴	生气	中性	
LPCC	86.67	80.00	93.33	86.67
AUSEEG-Bark	83.33	86.67	93.33	87.78
AUSEEG-Bark-LPCC	90.00	86.67	96.67	91.11

表 4-8　三种特征对英语的识别率对比　（%）

特征	情感状态			平均识别率
	高兴	生气	中性	
LPCC	73.33	80.00	93.33	82.22
AUSEEG-Bark	76.67	90.00	100.00	88.89
AUSEEG-Bark-LPCC	83.33	86.67	100.00	90.00

表 4-9　三种特征对德语的识别率对比　（%）

特征	情感状态			平均识别率
	高兴	生气	中性	
LPCC	68.18	65.22	86.36	73.25
AUSEEG-Bark	68.18	56.52	90.91	71.87
AUSEEG-Bark-LPCC	63.64	69.57	95.45	76.22

由以上实验结果可以看出，除了对英语语句识别“生气”情感状态和对德语语句识

别“高兴”情感状态这两种情况外，AUSEEG-Bark-LPCC 特征的情感识别率都有明显提高，且都高于 AUSEEG-Bark 特征和 LPCC 特征。另外，从平均识别率的角度分析，AUSEEG-Bark-LPCC 特征最高，AUSEEG-Bark 特征其次，LPCC 特征最低。

综合以上分析可以看出，AUSEEG-Bark-LPCC 特征参数既反映了声道响应又表达了语音产生过程中的激励信息，同时也模拟了人耳的听觉特性，它能够更全面地表征说话者话语的情感状态，具有更高的情感分类能力，而且该特征的提取算法简单，计算量相对较小。因此，AUSEEG-Bark-LPCC 特征是可以用于语音情感识别的一种更加有效的情感特征。

4.3.2　基于 TEO 的谱能量特征

1. Teager 能量算子

Teager 能量算子（Teager energy operator，TEO）是 Kaiser 在振动中推导出来的一种非线性算子[16]，它在计算信号的能量时非常有效。TEO 不仅能跟踪信号的能量，还能抑制噪声，增强信号，因此在语音信号处理领域具有非常广泛的应用。

由 TEO 非线性理论可以知道，在不同情绪下，信号的能量会在不同频段上偏移，从而使得信号的主要能量在不同情绪下集中在不同的频段上，基于频域 TEO 的非线性变换会使这种能量分布的差异更为明显[17-18]。另外，将非线性的 TEO 引入待识别的特征参数，可以从线性和非线性两个角度同时研究语音在不同情感影响下的变化，从而能够更好地识别语音中的情感状态。

离散形式的 TEO 运算公式如式（4-16）：

$$\mathrm{TEO}[s(n)] = s(n)^2 - s(n+1)s(n-1) \tag{4-16}$$

式中，$s(n)$ 表示语音信号在第 n 点的样点值；$s(n+1)$ 和 $s(n-1)$ 分别表示其前一个样点值和后一个样点值。

由此可以看出，TEO 的运算非常简单，若求信号第 n 点的 TEO 只需要知道该样点和它前后各一个样点的值。

2. AUSEES-Bark-TEO/AUSEEG-Bark-TEO 特征提取

图 4-7 是 AUSEES-Bark-TEO/AUSEEG-Bark-TEO 特征提取流程图。首先，对语音信号（或声门波信号）进行预加重、分帧、加窗等预处理；其次，对每一帧语音信号进行 256 点的 FFT 并计算出能量谱值 $S(i)$；最后，对能量谱值 $S(i)$ 计算每一点的 TEO：

$$\mathrm{TEO}\left[S(i)\right] = S(i)^2 - S(i+1)S(i-1) \qquad i = 1, 2, \cdots, 128 \tag{4-17}$$

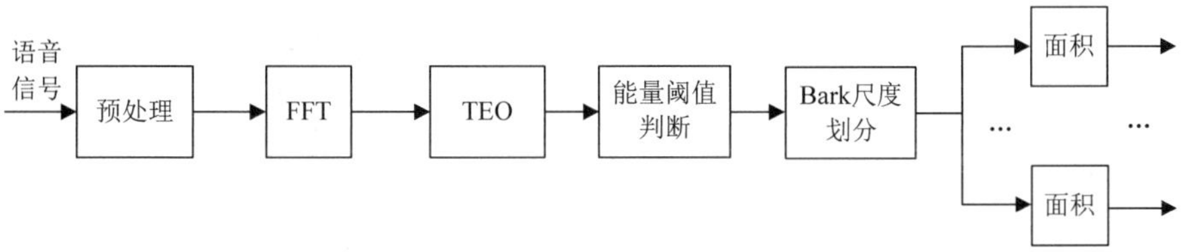

图 4-7　AUSEES-Bark-TEO/AUSEEG-Bark-TEO 特征提取流程图

将经过 TEO 变换后的能量值通过阈值判断后进行 Bark 尺度频带划分，计算出每个子频带能量谱包络下的面积，最终得到 AUSEES-Bark-TEO/AUSEEG-Bark-TEO 特征。

3. 情感识别实验

针对 TYUT1.0 情感语音库中的汉语、英语和 EMO-DB 中的德语三种语种分别提取 AUSEES-Bark-TEO 特征、AUSEEG-Bark-TEO 特征，并设计情感识别对比试验，识别结果见表 4-10。

表 4-10 AUSEES-Bark-TEO 特征、AUSEEG-Bark-TEO 特征对三种语种的识别率对比 （%）

情感状态	AUSEES-Bark-TEO 特征			AUSEEG-Bark-TEO 特征		
	TYUT 汉语	TYUT 英语	EMO-DB 德语	TYUT 汉语	TYUT 英语	EMO-DB 德语
高兴	90.00	86.67	68.18	86.67	86.67	63.64
生气	90.00	86.67	78.26	90.00	90.00	65.22
中性	100.00	96.67	100	96.67	100.00	95.45
平均识别率	93.33	90.00	82.15	91.11	92.22	74.77

将表 4-10 与 4.2.3 节中的表 4-2、表 4-3 和表 4-4 比较可以看出，无论从单一情感状态的识别率还是从平均识别率分析，AUSEES-Bark-TEO 特征、AUSEEG-Bark-TEO 特征相对 AUSEES-Bark 特征、AUSEEG-Bark 特征都有明显提高，其中 AUSEES-Bark-TEO 特征对于汉语和英语的平均情感识别率都在 90%以上（含 90%），相对 AUSEES-Bark 特征分别提高了 1.11 个百分点和 2.22 个百分点，AUSEEG-Bark-TEO 特征对于汉语和英语的平均情感识别率都在 91.11%以上（含 91.11%），相对于 AUSEEG-Bark 特征都提高了 3.33 个百分点。AUSEES-Bark-TEO 特征对德语的平均识别率是 82.15%，相对于 AUSEEG-Bark 特征提高了 4.29 个百分点，AUSEEG-Bark-TEO 特征对德语的平均识别率略低，只有 74.77%，但是相对 AUSEEG-Bark 特征仍然上升了 2.90 个百分点。

另外，从情感状态分析，两种特征对于“中性”情感的识别率最高，对于“生气”情感的识别率次之，对于“高兴”情感的识别率相对最低；从语种分析，AUSEES-Bark-TEO 特征对汉语的识别率最高，AUSEEG-Bark-TEO 特征对英语的识别率最高，两种特征都是对德语的识别率最低。

由此可以看出，利用 TEO 对能量在不同频段上的搬移作用，使信号的主要能量在不同情感状态下集中在不同的频段上，对 AUSEES-Bark 特征和 AUSEEG-Bark 特征进行改进，使得改进后的谱能量特征 AUSEES-Bark-TEO、AUSEEG-Bark-TEO 的识别率明显提高，能更加有效地区分不同的情感语音信号的能量分布差异，从而更加准确地区分不同的情感状态。实验证明，AUSEES-Bark-TEO 特征、AUSEEG-Bark-TEO 特征是可以用于语音情感识别的有效的情感特征。

4.3.3 多种特征的情感识别率对比

综合前面几章的研究及实验结果，为了验证本书所研究的基于人耳听觉特性的谱能量特征的有效性，同时为了对本文所提出的几种改进方法进行评估，下面就汉语、英语和德语三种语种分别给出了本章中所研究的所有情感特征的识别结果，并对这几种特征进行了比较分析。

1. 多种特征对汉语的情感识别率对比

表 4-11 列出了每一种特征对汉语语句的情感识别结果对比，其中，表中最后一列是对所有特征按照平均识别率由高到低进行排序。

表 4-11 多种特征对汉语语句的情感识别率对比

特征	情感状态			平均识别率/%	次序排列
	高兴/%	生气/%	中性/%		
LPCC	86.67	80.00	93.33	86.67	5
MFCC	83.33	90.00	100.00	91.11	3
AUSEES	83.33	86.67	90.00	86.67	5
AUSEEG	76.67	86.67	90.00	84.45	6
AUSEES-Bark	90.00	86.67	100.00	92.22	2
AUSEEG-Bark	83.33	86.67	93.33	87.78	4
AUSEES-ERB	86.67	90.00	96.67	91.11	3
AUSEEG-ERB	80.00	86.67	93.33	86.67	5
AUSEEG-Bark-LPCC	90.00	86.67	96.67	91.11	3
AUSEES-Bark-TEO	90.00	90.00	100.00	93.33	1
AUSEEG-Bark-TEO	86.67	90.00	96.67	91.11	3

由表 4-11 可以看出，对于“高兴”情感，AUSEES-Bark、AUSEEG-Bark-LPCC 和 AUSEES-Bark-TEO 的识别率最高，均达到 90%；对于“生气”情感，AUSEES-Bark-TEO、AUSEEG-Bark-TEO、AUSEES-ERB 和 MFCC 的识别率最高，同样均为 90%；对于“中性”情感，AUSEES-Bark-TEO、AUSEES-Bark 和 MFCC 的识别率最高，均达到 100%，AUSEEG-Bark-TEO、AUSEEG-Bark-LPCC 和 AUSEES-ERB 次之，但也达到 96.67%。

从平均识别率分析，AUSEES-Bark-TEO 最高（93.33%），AUSEES-Bark 次之（92.22%），AUSEEG-Bark-TEO、AUSEEG-Bark-LPCC、AUSEES-ERB 和 MFCC 并列第三（91.11%），AUSEEG 的平均识别率相对最低（84.45%）。

为了清楚地比较不同特征对汉语语句的识别率，同时也为了能更为直观地比较每一组改进后的谱能量特征与改进之前的特征的情感分类效果，且对每一种改进方法进行有效性评估，图 4-8 以折线图的方式给出了不同特征的平均情感识别率。

由图 4-8 可以看出，总体而言，对于两类谱能量特征，AUSEES 类特征比相对应的 AUSEEG 类特征的识别率高，这说明对汉语语句进行情感识别时，基于语音信号的谱能量特征比基于声门波信号的谱能量特征更有效，这也说明汉语语句中的情感信息很可能是经过滤波过程之后形成的。

具体分析可以看出，在 AUSEES 特征基础上改进的 AUSEES-Bark、AUSEES-ERB 和 AUSEES-Bark-TEO 特征的识别率都比基本的 AUSEES 特征的识别率高，其中 AUSEES-Bark-TEO 特征的识别率高于 AUSEES-Bark 特征，AUSEES-Bark 特征的识别率又高于 AUSEES-ERB 特征；在 AUSEEG 特征基础上改进的 AUSEEG-Bark、AUSEEG-ERB、AUSEEG-Bark-LPCC 和 AUSEEG-Bark-TEO 特征，其识别率都比基本的 AUSEEG 特征的识别率高，其中 AUSEEG-Bark-LPCC 和 AUSEEG-Bark-TEO 特征的识别率相当，但都高于 AUSEEG-Bark 特征，AUSEEG-Bark 特征的识别率又高于 AUSEEG-ERB 特征。

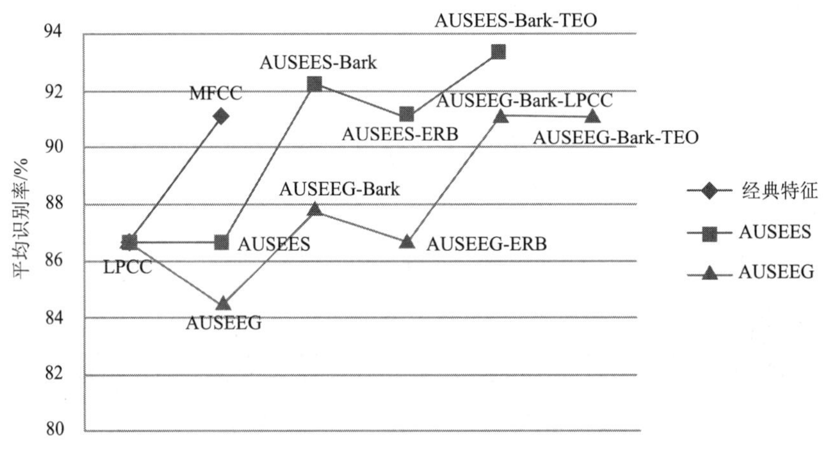

图 4-8 多种特征对汉语语句的平均识别率对比折线图

以上实验结果的对比进一步充分验证了前面研究工作的有效性，即采用 Bark 尺度频带划分方法的谱能量特征比采用 ERB 尺度频带划分方法的谱能量特征具有更高的情感识别率，而利用 TEO 对基于 Bark 尺度的谱能量特征的优化改进又能进一步提高情感分类效果。

2. 多种特征对英语的情感识别率对比

表 4-12 列出了每一种特征对英语语句的情感识别结果对比，表中最后一列也对所有特征按照平均识别率由高到低进行了排列。

表 4-12 多种特征对英语语句的情感识别率对比

特征	情感状态			平均识别率/%	次序排列
	高兴/%	生气/%	中性/%		
LPCC	73.33	80.00	93.33	82.22	7
MFCC	83.33	86.67	96.67	88.89	3
AUSEES	73.33	76.67	90.00	80.00	8
AUSEEG	70.00	83.33	96.67	83.33	6
AUSEES-Bark	76.67	86.67	100.00	87.78	4
AUSEEG-Bark	76.67	90.00	100.00	88.89	3
AUSEES-ERB	76.67	86.67	90.00	84.45	5
AUSEEG-ERB	76.67	86.67	100.00	87.78	4

续表

特征	情感状态			平均识别率/%	次序排列
	高兴/%	生气/%	中性/%		
AUSEEG-Bark-LPCC	83.33	86.67	100.00	90.00	2
AUSEES-Bark-TEO	86.67	86.67	96.67	90.00	2
AUSEEG-Bark-TEO	86.67	90.00	100.00	92.22	1

由表 4-12 可以看出，对于“高兴”情感，AUSEES-Bark-TEO、AUSEEG-Bark-TEO 识别率最高（86.67%），AUSEEG-Bark-LPCC 和 MFCC 次之（83.33%）；对于“生气”情感，AUSEEG-Bark-TEO、AUSEEG-Bark 最高（90.00%）；对于“中性”情感，AUSEEG-Bark-TEO、AUSEEG-Bark-LPCC、AUSEEG-ERB、AUSEES-Bark、AUSEEG-Bark 的识别率均达到 100%，其他几种特征的识别率也都在 90%（含 90%）以上。

从平均识别率分析，AUSEEG-Bark-TEO 最高（92.22%），AUSEES-Bark-TEO、AUSEEG-Bark-LPCC 次之（90.00%），AUSEEG-Bark 和 MFCC 排列第三（88.89%），AUSEES 的平均识别率相对最低（80.00%），LPCC 的平均识别率比 AUSEES 稍高（82.22%）。

同样，图 4-9 以折线图的方式给出了不同特征对于英语语句的平均情感识别率。

根据图 4-9，其总体趋势与图 4-8 相反，对于两类谱能量特征，AUSEEG 类特征比相对应的 AUSEES 类特征的情感识别率高，这说明对英语语句进行情感识别时，基于声门波信号的谱能量特征比基于语音信号的谱能量特征更有效，这也说明英语语句中的情感信息很可能是在滤波之前的声门波形成的过程中产生的。

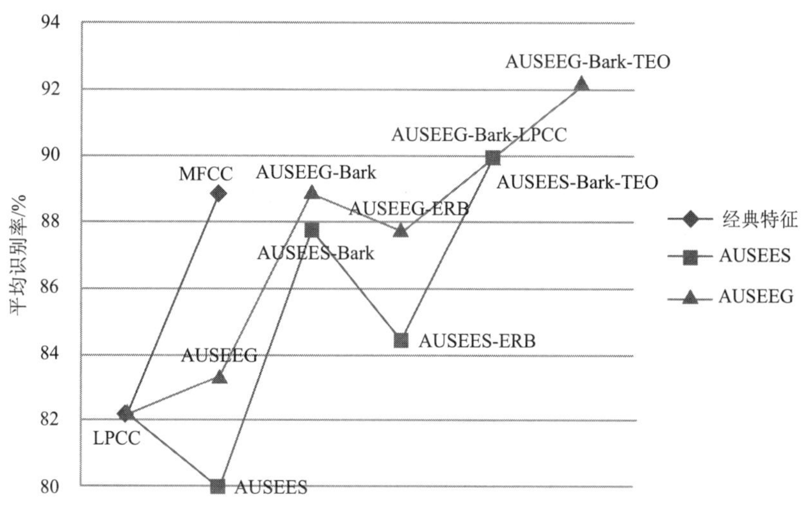

图 4-9　多种特征对英语语句的平均识别率对比折线图

具体分析，对于 AUSEEG 类特征，按照平均识别率由高到低排列为：AUSEEG-Bark-TEO、AUSEEG-Bark-LPCC、AUSEEG-Bark、AUSEEG-ERB、AUSEEG；对于 AUSEES 类特征，按照平均识别率由高到低排列为：AUSEES-Bark-TEO、AUSEES-Bark、AUSEES-ERB、AUSEES。以上识别结果对比分析，具有与图 4-8 类似的规律，也是对

前文研究工作的有效性验证。

3. 多种特征对德语的情感识别率对比

表 4-13 列出了每一种特征对德语语句的情感识别结果对比。

表 4-13　多种特征对德语语句的情感识别率对比

特征	情感状态			平均识别率/%	次序排列
	高兴/%	生气/%	中性/%		
LPCC	63.18	65.22	86.36	73.25	8
MFCC	82.61	65.22	91.31	79.71	2
AUSEES	68.18	78.26	90.91	79.12	3
AUSEEG	68.18	52.17	90.91	70.42	11
AUSEES-Bark	77.27	60.87	95.45	77.86	4
AUSEEG-Bark	68.18	56.52	90.91	71.87	9
AUSEES-ERB	72.73	60.87	90.91	74.84	6
AUSEEG-ERB	63.24	65.22	86.36	71.61	10
AUSEEG-Bark-LPCC	63.64	69.57	95.45	76.22	5
AUSEES-Bark-TEO	68.18	78.26	100.00	82.15	1
AUSEEG-Bark-TEO	63.64	65.22	95.45	74.77	7

由表 4-13 可以看出，对于“高兴”情感，MFCC 的识别率最高(82.61%)，AUSEES-Bark 的识别率次之（77.27%）；对于“生气”情感，AUSEES-Bark-TEO、AUSEES 的识别率最高（78.26%）；对于“中性”情感，AUSEES-Bark-TEO 识别率最高，达 100%，AUSEEG-Bark-TEO、AUSEEG-Bark-LPCC 和 AUSEES-Bark 次之，达 95.45%。从平均识别率分析，AUSEES-Bark-TEO 最高（82.15%），MFCC 次之（79.71%），AUSEES 排第三（79.12%），AUSEEG 的平均识别率相对最低（70.42%）。

图 4-10 以折线图的方式给出了不同特征对于德语语句的平均情感识别率。

由图 4-10 的总体趋势可以看出，德语语句具有同汉语语句相同的实验结论，即 AUSEES 类特征比相对应的 AUSEEG 类特征的识别率高，这说明对德语语句进行情感识别时，基于语音信号的谱能量特征比基于声门波信号的谱能量特征更有效，这也说明德语语句同汉语语句一样，其情感信息很可能是经过滤波过程之后形成的。

具体分析，对于 AUSEES 类特征，按照平均识别率由高到低排列为：AUSEES-Bark-TEO、AUSEES、AUSEES-Bark、AUSEES-ERB；对于 AUSEEG 类特征，按照平均识别率由高到低排列为 AUSEEG-Bark-LPCC、AUSEEG-Bark-TEO、AUSEEG-Bark、AUSEEG-ERB、AUSEEG。由以上识别结果对比发现，对于德语语句进行情感识别时，AUSEEG 类特征具有同汉语和英语类似的实验规律，但是对于 AUSEES 类特征，改进后的 AUSEES-Bark 特征和 AUSEES-ERB 特征的识别率却低于改进前的基本的 AUSEES 特征，分析来看，这可能是由于语种或者实验误差引起的，属于实验中的个例，并不影响整个实验结论。

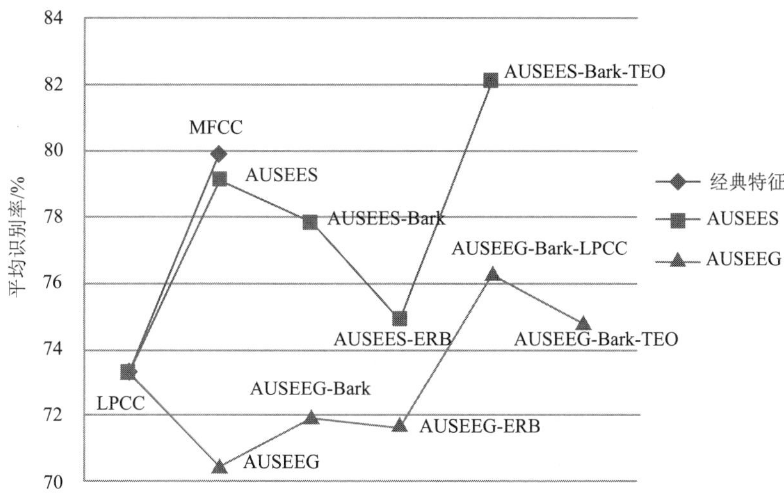

图 4-10　多种特征对德语语句的平均识别率对比折线图

4.4　基于 HHT 情感语音特征提取

4.4.1　HHT 基本理论

1. 瞬时频率

在工程中频率是常用的术语之一，同样在信号分析中也起着重要的作用。在传统的时频分析方法中，一般是通过傅里叶变换来获取频率信息，此频率是一个与时间无关的量。语音信号实质是一种非平稳信号，其频率是随时间发生变化的，所以此时再利用傅里叶变换求取信号频率很容易出现虚假信号和假频等现象，也无法反映非平稳信号的频率在瞬间的变化。因此，引入另一个概念来描述非平稳信号的频率，即瞬时频率。

瞬时频率（instantaneous frequency，IF）最早定义是由 Carson 和 Fry 在 20 世纪 30 年代提出的[19]，和傅里叶变换的基函数相位变化有关，被定义为相位的导数，如式（4-18）所示：

$$f_i(t)=\frac{1}{2\pi}\frac{\mathrm{d}\varphi(t)}{\mathrm{d}t} \tag{4-18}$$

式中，下标 i 表示瞬时的意思（instantaneous）；$\varphi(t)$ 表示瞬时相位。

实际采集到的信号往往是实信号，没有虚部。即使写成幅值与相位的形式也有无数种可能。这个问题在 1946 年随着 Gabor 提出解析信号[20]这个概念而被具体化。解析信号是借助于复变函数理论中的一个基本概念——解析函数的性质，能够唯一确定实信号的虚部。同时提出结合希尔伯特变换（Hilbert transform，HT）对信号进行分析。

对于一个实非平稳信号 $X(t)$ 来说，其希尔伯特变换可以写为

$$Y(t)=H[X(t)]=\frac{1}{\pi}P\int_{-\infty}^{+\infty}\frac{X(\tau)}{t-\tau}\mathrm{d}\tau \tag{4-19}$$

式中，P 为柯西主值。由这个实信号 $X(t)$ 与其经过 HT 后的 $Y(t)$ 组成一个复信号 $Z(t)$ 可

以写为

$$Z(t)=X(t)+\mathrm{j}H[X(t)]=X(t)+\mathrm{j}Y(t) \tag{4-20}$$

也可以写为其极坐标形式：

$$Z(t)=a(t)\mathrm{e}^{\mathrm{j}\varphi(t)} \tag{4-21}$$

复信号 $Z(t)$ 是一个解析函数，因此，将 $Z(t)$ 称为 $X(t)$ 的解析信号。$a(t)$ 被称为解析信号 $Z(t)$ 的振幅，$\varphi(t)$ 被称为信号频率，其中：

$$a(t)=\sqrt{X^2(t)+Y^2(t)}, \quad \varphi(t)=\arctan\frac{Y(t)}{X(t)} \tag{4-22}$$

1948 年，Ville[21]结合了前两种不同的定义，将形如 $s(t)=a(t)\cos\varphi(t)$ 的信号的瞬时频率定义为

$$f_i(t)=\frac{1}{2\pi}\frac{\mathrm{d}}{\mathrm{d}t}[\arg(Z(t))] \tag{4-23}$$

但该定义也存在相互矛盾的地方，解析信号的频谱对于负频率来说应为零，但是根据该定义计算瞬时频率时会出现负值，对于一个带宽有限的信号，它的瞬时频率可能在频带之外。因此，并不是所有的解析信号都可以通过该定义得到有意义的瞬时频率。后来又有研究者发现利用窄带信号计算得到的频率是有意义的，根据这一发现，L.Cohen 提出了“单分量信号（monocomponent）”的概念[22]，意思就是在每一时刻信号只存在一种频率成分，并指出只有单分量信号有瞬时频率。那么，什么样的信号可以被认为是单分量信号，或者说怎样把现有的信号分解为所谓的单分量信号。

2. HHT 的提出及固有模态函数

正是基于以上问题，N.E.Huang 等在时频分析方面进行了深入的研究，于 1998 年提出了一种新的信号处理方法[23]，称为 Hilbert-Huang 变换（Hilbert-Huang transform，HHT）。在 HHT 中 Huang 提出了一个新的概念——固有模态函数（intrisical mode function，IMF），认为基于这样的时间序列求得的瞬时频率是有意义的。文献中这样定义 IMF：

（1）在整个数据序列中，数据的极值点和过零点交替出现，且数目相等或最多相差一个。

（2）在任意数据点上，由所有局部极大值点和所有局部极小值点确定的上、下包络线的均值为零。

满足以上两个条件的 IMF 可以得到有意义的瞬时频率。

第一个条件的意思就是说，在分解信号得到的 IMF 中，极小值必是小于零的值，极大值必是大于零的值，这与在传统的平稳高斯过程中对窄带条件的定义类似。第二个条件是一个新加的条件，它是将传统分解信号中全局条件限制改为局部条件限制，这对计算瞬时频率时消除由于不对称的波形而导致的过多的波动是非常必要的。其实，理想的条件应该是要求数据上的所有局部均值都为零，但是对于非平稳信号来说，局部均值的计算会涉及局部时间尺度的确定，这个是很难确定的。所以在 EMD 分解中，使用了由数据的局部极大值和极小值确定的包络的均值来代替真正的均值，确保分解得到的每个 IMF 的局部对称性。使用这种近似的计算避免了非平稳信号局部时间尺度的计算。虽然

计算过程中信号会产生虚假的频率分量，但是只要保证上下包络线的均值足够小，就可以认为它满足了 IMF 上的两个条件。

接着对固有模态函数进行 Hilbert 变换，计算瞬时频率。但是现实中的信号并不满足固有模态函数的条件，因为大多数信号都属于非单分量信号。Huang 等为此提出了一种新的非平稳信号分解方法——经验模态分解（empirical mode decomposition，EMD）方法。

3. 经验模态分解

EMD 是从信号的特征“时间尺度”来提取其固有振动模式的，可将信号分解成有限个数的 IMF。EMD 方法是利用极值点之间的时间长度作为振动模式的特征时间尺度。提取信号特征模式函数过程称为“筛选”。

假设原始信号为 $X(t)$，则具体的筛选步骤如下：

（1）找出原始信号序列 $X(t)$ 所有的局部极大值点和极小值点。

（2）利用三次样条函数将求出的所有极大值点和极小值点分别拟合出序列的上包络线 $u(t)$ 和下包络线 $v(t)$。

（3）求出上、下包络线的均值曲线 $m(t)$：

$$m(t)=\frac{1}{2}[u(t)+v(t)] \tag{4-24}$$

（4）计算原始信号序列 $X(t)$ 与 $m(t)$ 的差值 $h_1(t)$：

$$h_1(t)=X(t)-m(t) \tag{4-25}$$

若 $h_1(t)$ 满足 IMF 的两个条件，则 $h_1(t)$ 为分解得到的第一个 IMF。若 $h_1(t)$ 并不满足 IMF 的两个条件，我们需要重复以上的操作，直到 $h_{1k}(t)$ 满足 IMF 的定义要求为止，则确定出第一个 IMF $c_1(t)$：

$$c_1(t)=h_{1k}(t) \tag{4-26}$$

循环次数 k 的取值究竟是多大，Huang 给出了一个类似柯西收敛准则的停止函数，需要通过一个标准差（standard deviation，SD）函数来实现：

$$\mathrm{SD}=\sum_{t=0}^{T}\frac{\left|h_{1(k-1)}(t)-h_{1k}(t)\right|^2}{h_{1(k-1)}^2(t)} \tag{4-27}$$

式（4-27）中，T 是指序列的长度。对于不同性质、不同长度的信号，SD 的取值一般是不同的。一般认为 SD 的值位于 0.2～0.3 时，迭代停止，筛分过程结束。

（5）用原始信号 $X(t)$ 减去第一个 IMF $c_1(t)$ 得剩余信号 $r_1(t)$：

$$r_1(t)=X(t)-c_1(t) \tag{4-28}$$

至此，提取第一个固有模态函数 IMF 的过程全部完成。

（6）将剩余信号 $r_1(t)$ 重复上述步骤，直到最后的剩余分量 $r_n(t)$ 为一个常数或单调函数为止。原始的信号序列即可由这些 IMF 分量以及剩余分量 $r_n(t)$ 之和表示：

$$X(t)=\sum_{i=1}^{n}c_i(t)+r_n(t) \tag{4-29}$$

EMD 方法将信号分解得到一系列从高到低不同频率成分的 IMF 分量，这些频率成分是随着信号的变化而变化的。EMD 是根据语音信号本身的特点进行分解的。因此，EMD 方法可以充分体现情感语音信号的情感状态变化特点。

4. Hilbert 谱

上面介绍了 HHT 方法的第一步：EMD 方法，接下来我们介绍第二步：Hilbert 谱分析。除去式（4-29）的残余分量 $r_n(t)$ 后，原始信号可以表示为一组 IMF 分量之和：

$$X(t)=\sum_{i=1}^{n}c_i(t) \tag{4-30}$$

对每阶 IMF 分量进行 Hilbert 变换，它的作用是将实信号转换成解析信号。具体步骤如下：

首先对第 i 阶 IMF 进行 Hilbert 变换：

$$H[c_i(t)]=\frac{1}{\pi}P\int_{-\infty}^{+\infty}\frac{c_i(\tau)}{t-\tau}\mathrm{d}\tau \tag{4-31}$$

式中，P 为柯西主值，$H[c_i(t)]$ 表示对函数 $c_i(t)$ 作 Hilbert 变换。

然后构造解析信号：

$$z_i(t)=c_i(t)+\mathrm{j}H[c_i(t)]=a_i(t)\mathrm{e}^{\mathrm{j}\varphi_i(t)} \tag{4-32}$$

式中，

$$a_i(t)=\sqrt{c_i^2(t)+H^2[c_i(t)]} \tag{4-33}$$

$$\varphi_i(t)=\arctan\left(\frac{H[c_i(t)]}{c_i(t)}\right) \tag{4-34}$$

$a_i(t)$ 代表解析信号 $z_i(t)$ 的幅值，$\varphi_i(t)$ 表示解析信号的相位，它们都是随时间的变化而变化的。

瞬时频率为

$$\omega_i(t)=\frac{\mathrm{d}\varphi_i(t)}{\mathrm{d}t} \tag{4-35}$$

即解析信号相位的导数。

那么信号 $X(t)$ 可由式（4-36）表示：

$$\begin{aligned}X(t)&=\sum_{i=1}^{n}c_i(t)+r_n(t)\\&=\mathrm{Re}\left[\sum_{i=1}^{n}a_i(t)\mathrm{e}^{\mathrm{j}\varphi_i(t)}\right]+r_n(t)\\&=\mathrm{Re}\left[\sum_{i=1}^{n}a_i(t)\mathrm{e}^{\mathrm{j}\int\omega_i(t)\mathrm{d}t}\right]+r_n(t)\end{aligned} \tag{4-36}$$

式中，$\mathrm{Re}[\cdot]$ 表示取实部的意思；$r_n(t)$是信号分解后的残余分量，我们往往忽略不计，则信号可表示为

$$X(t) = \mathrm{Re}\left[\sum_{i=1}^{n} a_i(t)\mathrm{e}^{\mathrm{j}\int \omega_i(t)\mathrm{d}t}\right] \tag{4-37}$$

经 Hilbert 变换得到的幅值、频率均为时间的函数，那么便构成了幅值、频率、时间的三维时频谱图，叫作 Hilbert 幅值谱，简称 Hilbert 谱，表示为

$$H(\omega,t) = \mathrm{Re}\left[\sum_{i=1}^{n} a_i(t)\mathrm{e}^{\mathrm{j}\int \omega_i(t)\mathrm{d}t}\right] \tag{4-38}$$

5. Hilbert 边际谱

Huang 还对 Hilbert 边际谱作出了定义，如式（4-39）所示。

$$h(\omega) = \int_0^T H(\omega,t)\mathrm{d}t \tag{4-39}$$

Hilbert 边际谱 $h(\omega)$ 是 Hilbert 谱 $H(\omega)$ 在时间 t 上的积分。其中，T 代表信号总的采样时间。Hilbert 边际谱也可以通过各个 IMF 分量的边际谱 $h_i(\omega)$ 求和得到，即

$$h(\omega) = \sum_{i=1}^{n} h_i(\omega) \tag{4-40}$$

边际谱是通过 Hilbert 谱在时间上的积分得到的，它表示了频率总能量的分布。其物理意义是反映了各频率分量对信号总能量的贡献程度，统计意义是它表示了在整个数据范围内振幅的累加。

Hilbert-Huang 变换（Hilbert-Huang transform，HHT）由两部分组成：EMD 和 Hilbert 变换。传统的信号分析方法 FFT 中没有给出频率与时间的对应关系，不利于非平稳信号的分析，HHT 方法是针对非线性非平稳信号提出的分析方法，它首先将信号利用 EMD 分解得到 IMF 分量，该分量在频域上具有窄带特性，然后再计算频率、幅值等。它的理论简单，容易实现，而且它从根本上解决了 FFT 方法的不足，因此在信号处理领域具有广泛的应用前景和很高的应用价值。

4.4.2 集合经验模态分解方法 EEMD

1. 基本理论

EMD 方法在非线性非平稳信号处理过程中，表现出良好的自适应能力，得到研究者们的广泛关注。不过 EMD 在分解过程中也会出现一些问题，其中模态混叠现象就是一个比较明显的问题。这种现象是指信号经过 EMD 方法后，得到的同一 IMF 函数中包含不同的时间尺度的信号分量，或者说是同一个时间尺度的信号分量被包含在不同的 IMF 函数中。这样 IMF 分量就失去了其本身是单分量的意义。对其进行 Hilbert 变换得到的瞬时频率和 Hilbert 谱也就不准确。为了解决这个问题，很多学者都在这方面做了进一步的研究。法国的 Flandrin 研究小组和 Huang 本人的研究小组在 HHT 方法的研究上一直是处于前沿的地位，他们在对白噪声信号进行 EMD 分解时发现，白噪声中均匀分布的频率成分被规律性地分离开了，并且得到的 IMF 的功率谱都表现出了一定的滤波器特性。根据这个发现，Huang 等[24]提出在分析信号时加入白噪声来弥补信号中所缺失的时间尺

度，从而克服模态混叠现象，并把这种方法称为EEMD方法（Ensemble EMD）。

EEMD方法的原理比较简单，就是将一组白噪声加入待分解信号中，把信号和噪声看成一个总体，然后再进行EMD分解，其实就是利用了白噪声频谱均匀分布的特性，信号和白噪声一起分解时，信号就会被分布在由白噪声分解得到的均匀的尺度空间上。并且又因为白噪声零均值的特点多次平均运算噪声就会相互抵消，则多次平均的结果就可以作为最终分解结果，其原理框图如图4-11所示。集成的次数越多，所得到的平均结果就越接近于原始信号。

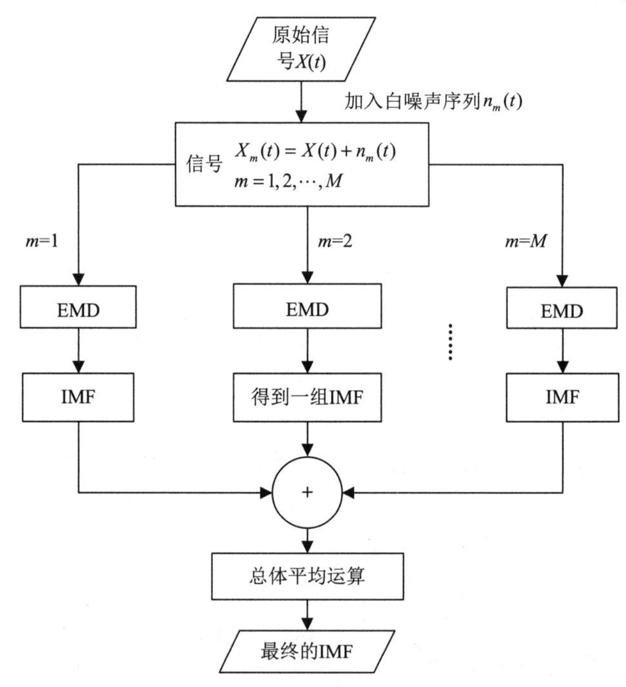

图4-11 EEMD算法总体框图

EEMD算法的分解具体步骤如下：

（1）给定 M 个互不相关的，均值为零，幅值标准差为一常数的高斯白噪声信号 $n_m(t), m=1,2,\cdots,M$。

（2）将待分解的原始信号 $X(t)$ 加入随机白噪声 $n_m(t)$，得到加了噪声的信号 $X_m(t)$：

$$X_m(t)=X(t)+n_m(t), m=1,2,\cdots,M \tag{4-41}$$

（3）将一个加了噪声的信号按照EMD方法的分解步骤进行分解得到一组IMF分量，记为

$$X_m(t)=\sum_{i=1}^{n}\mathrm{IMF}_{m,i}(t), m=1,2,\cdots,M \tag{4-42}$$

式中，$X_m(t)$ 表示第 m 路加了高斯白噪声的原始信号。$i=1,2,\cdots,n$ 表示每一个信号分解得到 n 个IMF分量。

（4）将 M 个加了白噪声的信号都进行分解，然后计算 M 次EMD后得到的IMF分量的总体平均值，并将其平均值按照从高频到低频的顺序依次排列作为最终的序列。

$$\mathrm{IMF}(t)=\frac{\sum_{m=1}^{M}X_m(t)}{M}=\frac{\sum_{m=1}^{M}\sum_{i=1}^{n}\mathrm{IMF}_{m,i}(t)}{M} \tag{4-43}$$

通过在原始信号中添加高斯白噪声来解决分解时产生的模态混叠现象。将一组白噪声和原始信号一起进行分解，然后通过多次分解求平均来消除白噪声产生的误差，将集成平均的结果作为最终信号分解结果。

2. EEMD 方法优势分析

为了证明加入高斯白噪声的 EEMD 算法可以减少模态混叠现象的发生，选择 TYUT1.0 语音库中的一句高兴情感语音分别进行 EMD 和 EEMD 分解，并计算其所对应 Hilbert 谱进行对比分析。图 4-12 所示为原始高兴情感语音信号，图 4-13 和图 4-14 分别

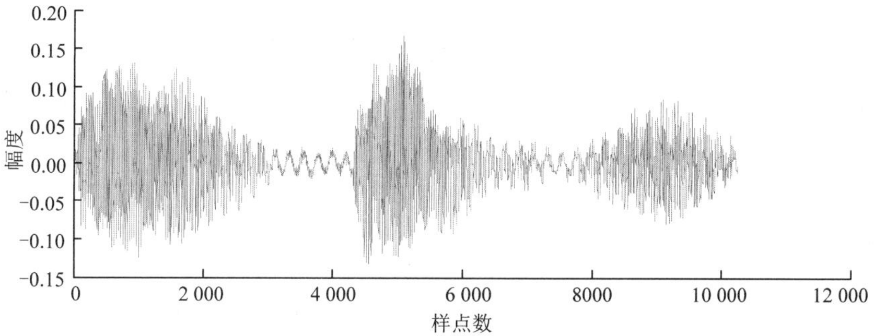

图 4-12　原始情感（高兴）语音信号

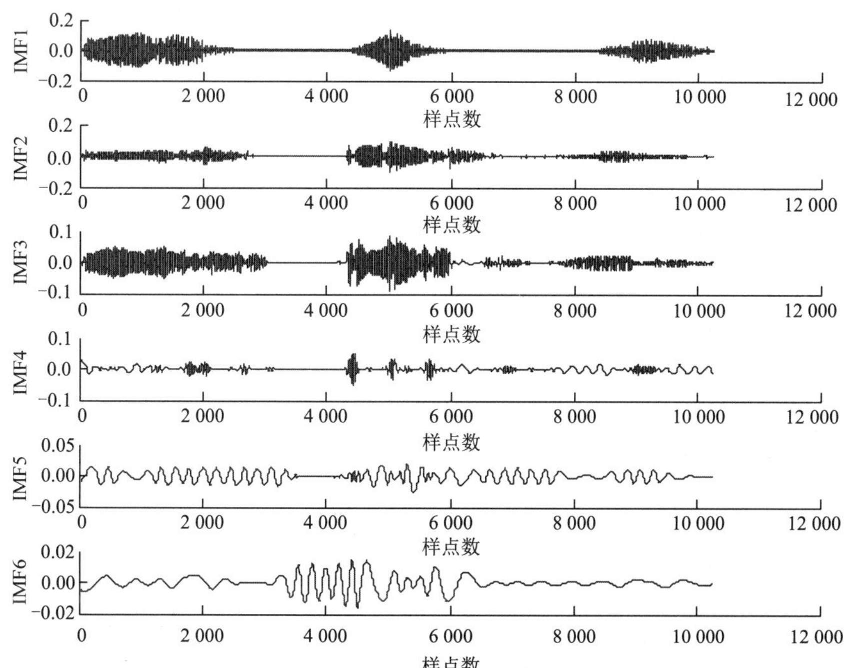

图 4-13　EMD 分解结果

显示了 EMD 和 EEMD 分解得到的 IMF 分量的结果，图 4-15 和图 4-16 分别显示了两种分解方法对应的 Hilbert 谱图。对比图 4-13 和图 4-14 可知，EMD 分解方法得到的 IMF 出现混叠现象，而 EEMD 方法得到的 IMF 可以均匀地分离开。从图 4-15 和图 4-16 的

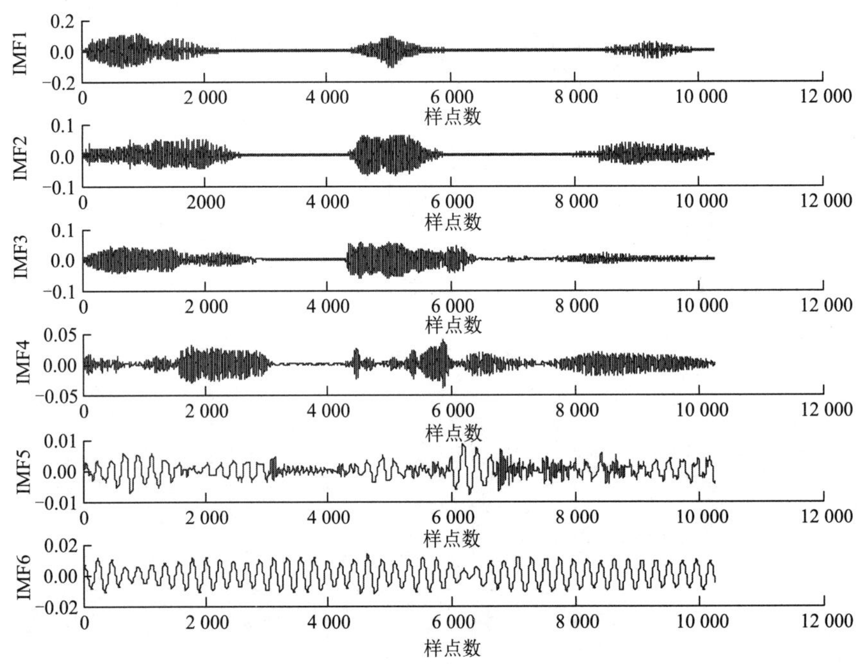

图 4-14　EEMD 分解结果

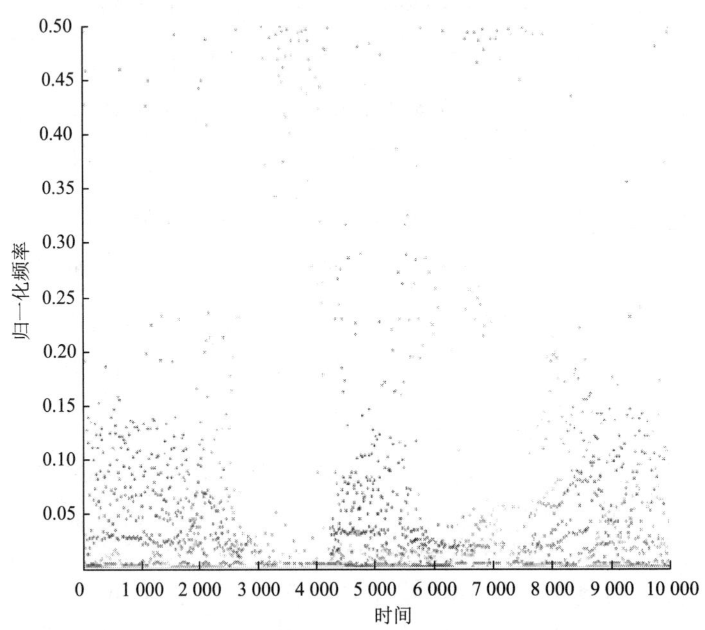

图 4-15　EMD 对情感语音信号 Hilbert 谱

Hilbert 谱也可以发现，EMD 方法对应的 Hilbert 谱低频分量混杂在一起，难以分辨。EEMD 方法对应的 Hilbert 谱低频分量清晰地分开，分解结果有了较大改进。

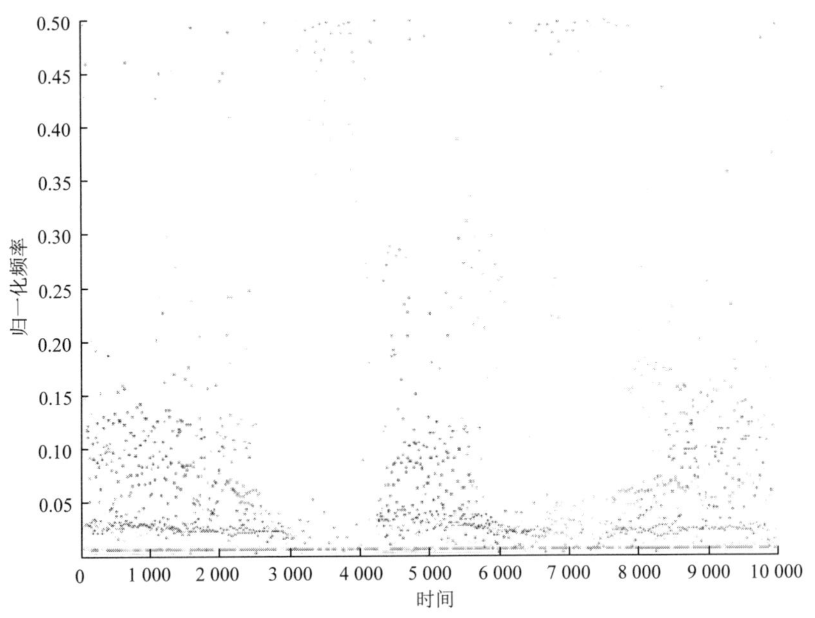

图 4-16 EEMD 对情感语音信号 Hilbert 谱

4.4.3 基于 EEMD 的 IMFE 特征提取

语音信号经 EEMD 算法分解为一组 IMF，可以准确地反映信号局部特征，故尝试提取 IMF 分量的能量、能量熵、能量矩等特征。图 4-17 为基于 EEMD 特征提取方法实现框图，经实验验证这些特征中以能量特征效果最佳，本节重点介绍 IMF 能量特征（intrinsic mode function energy，IMFE）的提取方法。对 EMO-DB 情感数据库提取 IMFE 特征，识别网络使用核极限学习机，通过与韵律特征、MFCC 特征的识别结果对比，验证所提特征的有效性。

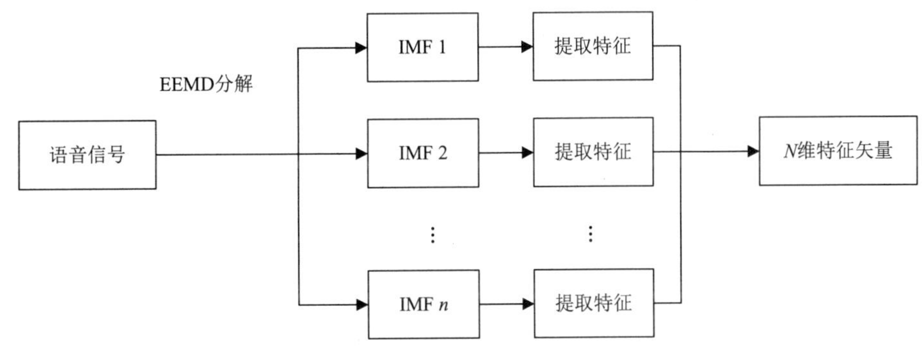

图 4-17 基于 EEMD 的特征提取方法

信号经 EEMD 算法分解为一组 IMF 分量。理论上，本征模态函数代表了原始信号中不同的频率成分，但是在实际应用中因为受到诸如包络估计函数、聚合次数、高斯白噪声幅值系数等参数的影响，分解结果中不可避免地会存在虚假成分。本书采用 Spearman Rank 相关系数筛选出有效的 IMF 分量，从而更准确地反映信号在各个特征尺度上的复杂度特征。

Spearman Rank 相关系数对参与计算的变量要求较低，无须考虑函数变量整体分布状况和样本大小。只需满足待分析变量的值为一一对应的等价数据形式，便可以选用该相关系数分析。因此，本实验采用 Spearman Rank 相关系数筛选有效 IMF 集。两个信号 $x(n), y(n)$ 的 Spearman Rank 相关系数由式（4-44）计算，其中 $\bar{x}, \bar{y}$ 表示平均值。

$$r=\frac{\sum_{n=1}^{N}\left[x(n)-\bar{x}\right]\cdot\left[y(n)-\bar{y}\right]}{\sqrt{\sum_{n=1}^{N}\left[x(n)-\bar{x}\right]^2\cdot\sum_{n=1}^{N}\left[y(n)-\bar{y}\right]^2}} \tag{4-44}$$

从语音库中随机选择一个样本，该信号经 EEMD 分解后总共得到 14 个 IMF 分量和 1 个余项。利用式（4-44）计算 IMF 分量与原语音信号的 Spearman Rank 相关系数，相关系数的值越大表示两者的相关性越大，反之则越小。表 4-14 为前 10 个分量与原始信号的相关系数。本次实验的相关系数阈值设为 0.1，表 4-14 中前 7 个相关系数均大于 0.1，因此统一选取语音情感信号经 EEMD 分解后得到的前 7 阶 IMF 分量作为特征提取的有效集。

表 4-14 各 IMF 分量与原信号的相关系数

IMF	1	2	3	4	5	6	7	8	9	10
r	0.737	0.568	0.371	0.256	0.178	0.124	0.112	0.069	0.009	0.019

信号经 EEMD 方法分解为一组单一频率成分的分量，这些分量的能量可作为它的直接度量。因此，尝试将各阶 IMF 的能量分布作为语音情感识别的特征，从语音库四种情感中分别随机选择一句语句，计算这四个样本经 EEMD 分解后的前 7 阶 IMF 分量的能量分布，并绘制于图 4-18。观察图 4-18，“悲伤”和“中性”的前 2 阶能量比其余情感相应阶数的能量低，而在第 4、第 5 阶的能量分布则相反，可以发现不同情感的各阶 IMF 能量分布有着明显的差异，因此提取 IMF 能量作为语音情感特征在理论上具有可行性。

IMFE 特征提取步骤如下：

（1）原始信号 $X(t)$ 采用 EEMD 分解后获得一组 IMF：$c_i(t), i=1,2,\cdots,n$。

（2）根据式（4-44）得出各阶 IMF 分量与 $X(t)$ 的 Spearman Rank 相关系数，并确定提取前 7 阶分量的特征参数。

（3）计算 IMF 分量的能量 E_i：

$$E_i=\int\left|c_i(t)\right|^2\mathrm{d}t \tag{4-45}$$

（4）构造能量特征向量 $\boldsymbol{T}$，$\boldsymbol{T}=\left[E_1,E_1,\cdots,E_7\right]$。

（5）归一化能量特征向量：

$$T' = [E_1, E_2, \cdots, E_7]/E \tag{4-46}$$

式中，$E = \sum_{i=1}^{n} E_i$。

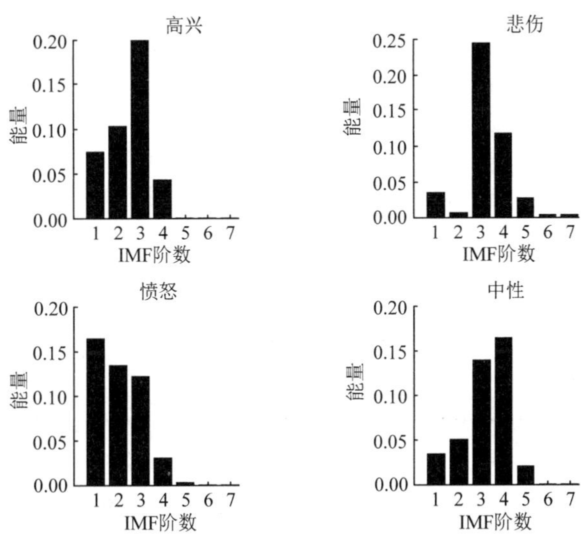

图 4-18　四种情感的 IMF 能量分布

下面叙述仿真实验及结果分析：

从柏林语音库 EMO-DB 选择四种情感，不同情感的样本分配见表 4-15。

表 4-15　实验语音库情感样本数分配

情感状态	高兴	悲伤	愤怒	中性
训练样本	47	42	55	53
测试样本	24	20	26	26

情感语音信号经预处理后，按照 4.3 节的特征选取方法提取 IMFE 特征（7 维），并将 IMFE 特征输入到识别网络中。识别结果见表 4-16。

表 4-16　IMFE 在 EMO-DB 中的识别率　（%）

情感状态	高兴	悲伤	愤怒	中性
高兴	50.00	0	45.83	4.17
悲伤	0	90.00	0	10.00
愤怒	15.38	0	84.62	0
中性	3.85	7.69	3.85	84.62

IMF 的能量特征对柏林语音库四种情感的平均识别率为 77.31%，从表 4-16 可以看出四种情感中以“悲伤”的识别效果最好，识别率为 90%，但是“高兴”的识别率只有 50%，且误判为“愤怒”的比例高达 45.83%，观察图 4-18，分析其原因是这两种情感的

前三阶 IMF 能量都偏高，故容易发生混淆判别。IMFE 特征针对情感“悲伤”、“愤怒”和“中性”的识别率都超过 80%，性能还是可观的。通过以上分析可知 IMFE 是一种有效的语音情感特征。

为了更好地验证所提特征的识别性能，在柏林语音库 EMO-DB 中设计对比试验，分别和韵律学特征、MFCC 特征比较，仍选用 KELM 作为识别模型，将三种特征分别作为识别网络的输入，比较三个特征的识别结果从而检验 IMFE 特征是否能有效地区分情感，表 4-17 是这三组实验的结果对比。

表 4-17 不同特征在 EMO-DB 中的识别率对比 （%）

实验	情感特征	情感状态				平均识别率
		高兴	悲伤	愤怒	中性	
1	IMFE 特征	50.00	90.00	84.62	84.62	77.31
2	韵律特征	62.50	70.00	88.46	84.62	76.39
3	MFCC 特征	58.33	75.00	84.62	92.31	77.56

分析表 4-17 中的识别率，从平均识别率来看，IMFE 特征、韵律特征、MFCC 特征分别为 77.31%、76.39%、77.56%，IMFE 特征的平均识别率比韵律特征高 0.92 个百分点，比 MFCC 特征低 0.25 个百分点，相差不大；从单一情感的识别率来看，IMFE 对情感“高兴”的识别率明显低于其余两个特征，差值分别为 12.5 个百分点、8.33 个百分点，高兴-愤怒易混淆判别是该特征的一个缺点，但是 IMFE 特征在对情感“悲伤”的识别有很好的性能，识别率为 90%，分别比韵律特征、MFCC 特征对“悲伤”的识别率高 20 个百分点和 15 个百分点，将实验结果绘制出柱状图如图 4-19 所示，可以更直观地对比实验结果。

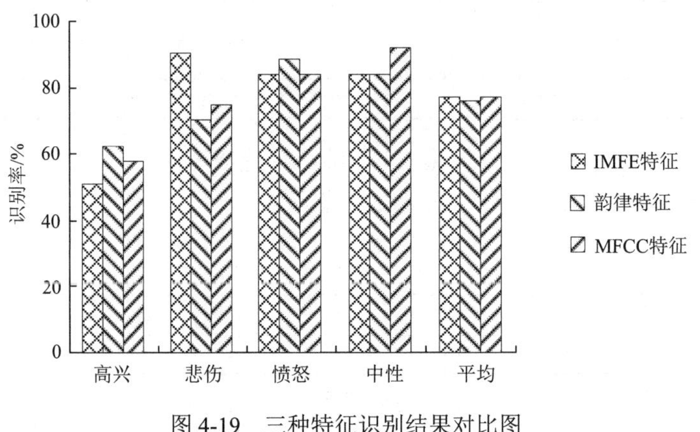

图 4-19 三种特征识别结果对比图

4.4.4 EEMD-Teager 能量谱特征提取

对于离散时间信号，Teager 能量算子（TEO）可以定义为

$$\Psi[x(n)] = x^2(n) - x(n+1)x(n-1) \tag{4-47}$$

由上式可以看出，对于离散时间信号，若求某一点的 TEO 值，只需知道该点和它前后各一点的值，所以计算简单、快速。受情感状态变化的影响，语音信号是非线性、非平稳的，将非线性 TEO 引入情感语音信号特征的提取中，能够更好地反映不同情感状态下语音信号的变化，从而提高情感识别率。

本节选用 EEMD 方法对情感语音信号进行分解，然后再结合 TEO 提出了一种新的情感语音特征。利用 EEMD 方法分解情感语音信号，并提取其在 Mel 域上的 Teager 能量谱系数用于语音情感识别。

基于 EEMD 的 Teager 能量谱系数（ETMC）的原理框图如图 4-20 所示。

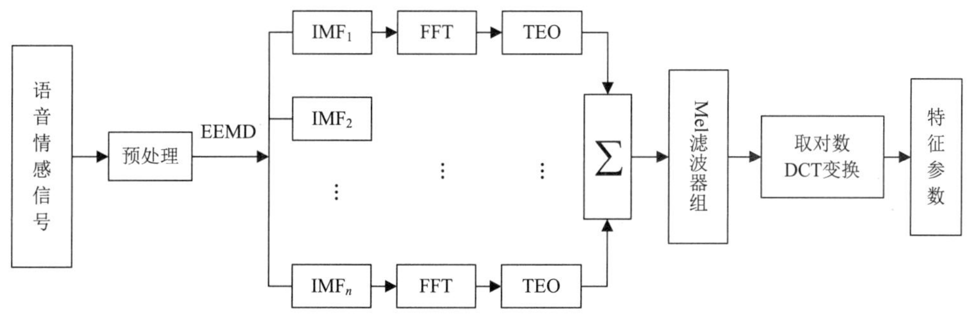

图 4-20　基于 EEMD 的特征提取原理框图

特征提取的具体流程如下：

（1）对情感语音信号进行分帧、加窗等预处理，窗函数选用汉明窗，其中帧长选为 256，帧移选为 128。

（2）按顺序对每一帧情感语音信号进行 EEMD 分解，最终得到一组固有模态函数 $\text{IMF}_i, i = 1, 2, \cdots, n$。

（3）将每一阶固有模态函数 IMF，经过 FFT 变换，然后计算其 Teager 能量谱。即通过式（4-47）计算得到每一帧信号的各阶固有模态函数的 Teager 能量，再将能量合成为

$$E_k(l) = \sum_{i=1}^{n} \left| \Psi[\text{IMF}_{ki}(l)] \right| \tag{4-48}$$

式中，$\Psi[\text{IMF}_{ki}(l)]$ 表示信号第 k 帧的各阶 IMF 分量的 Teager 能量；E_k 表示信号第 k 帧的各阶 IMF 分量的 Teager 能量之和；n 为每帧样本经过 EEMD 分解后的 IMF 个数；l 为每帧样点数。

（4）将合成后的能量输入 Mel 滤波器，用 $E'(k)$ 来表示每个 Mel 滤波器的输出，最后通过式（4-49）计算得到情感语音特征 ETMC：

$$\text{ETMC}_N = \sum_{k=1}^{M} \ln E'(n) \cos\left(\frac{\pi(k - 0.5n)}{M} \right) \tag{4-49}$$

式中，k 代表滤波器的序号；M 代表滤波器的总数。

4.4.5　HHT 边际谱特征提取

HHT 方法突破了传统语音情感信号分析方法的局限性，能充分体现语音频谱局部

特征和动态特性，将非线性 TEO 引入情感语音信号特征的提取中，从而使情感状态的识别更准确。本节将 TEO 结合 HHT 方法提取了一种新的语音情感特征：Hilbert 边际 Teager 能量 Mel 倒谱系数，简称 HTMC，HTMC 特征提取过程如图 4-21 所示。同时还提取了 Hilbert 边际谱 Mel 倒谱系数，简称边际谱系数。将这两种特征用于语音情感识别，识别结果和对比分析见第 7 章。

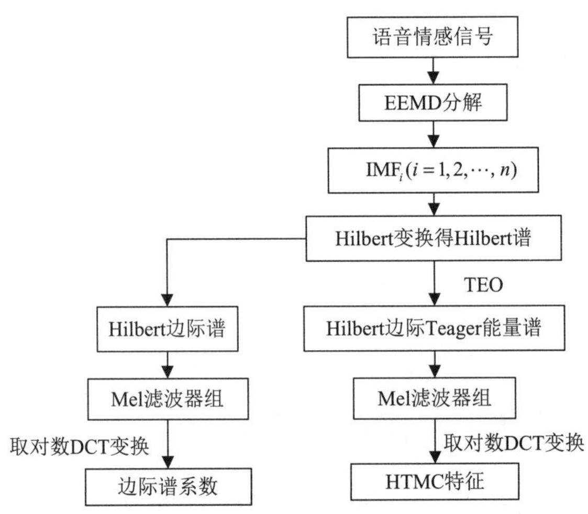

图 4-21 基于 HHT 和 Teager 能量的特征提取过程

HTMC 特征的具体计算流程如下：

（1）对语音情感信号进行 EEMD 分解得到一组从高频率到低频率的 IMF 分量。

（2）将 EEMD 分解得到的 IMF 分量进行 Hilbert 变换，求出 Hilbert 谱，由式（4-48）计算 Hilbert 谱的 Teager 能量。

（3）根据边际谱式（4-40）可以计算得到 Hilbert 边际 Teager 能量谱。

（4）定义一组由 M 个 Mel 滤波器构成的滤波器组，根据人耳掩蔽效应的临界带宽，取 M 为 24。

（5）将由（3）计算得到的边际 Teager 能量谱通过由（4）定义的滤波器组，然后对滤波器组输出取对数再作离散余弦变换（DCT）得到语音情感特征，Hilbert 边际 Teager 能量谱系数。

图 4-22 和图 4-23 给出了 EMO-DB 和 TYUT2.0 两个数据库的四种情感语音的 Hilbert 边际 Teager 能量谱。由图可以直观地比较分析不同语音情感的 Hilbert 边际 Teager 能量谱。从这两个图中可以看到四类语音情感的 Teager 能量主要分布在 0～4000Hz，这与语音带宽标准为 3～4000Hz 一致，并且还可以发现每个语音数据库中的四种情感的边际 Teager 能量谱分布存在显著的差异。

具体来说，图 4-22 中，EMO-DB 中的情感“悲伤”和“无聊”都具有丰富低频能量，而情感“高兴”和“愤怒”则都偏向于向高频偏移。在 0～500Hz 频段内，情感的 Teager 能量幅值大小为“悲伤”>“无聊”>“高兴”>“愤怒”，而且情感“悲伤”的幅值明显要高，并出现明显尖峰。在 500～1000Hz 频段内，情感的 Teager 能量幅值为“愤怒”>“高兴”>“无聊”>“悲伤”,“高兴”和“愤怒”相比其他情感能量变化更为平缓。“无聊”和“悲伤”的边际 Teager 能量主要集中于 0～1000Hz 频段内，但“愤怒”和“高兴”的能量更趋向于向高频偏移。

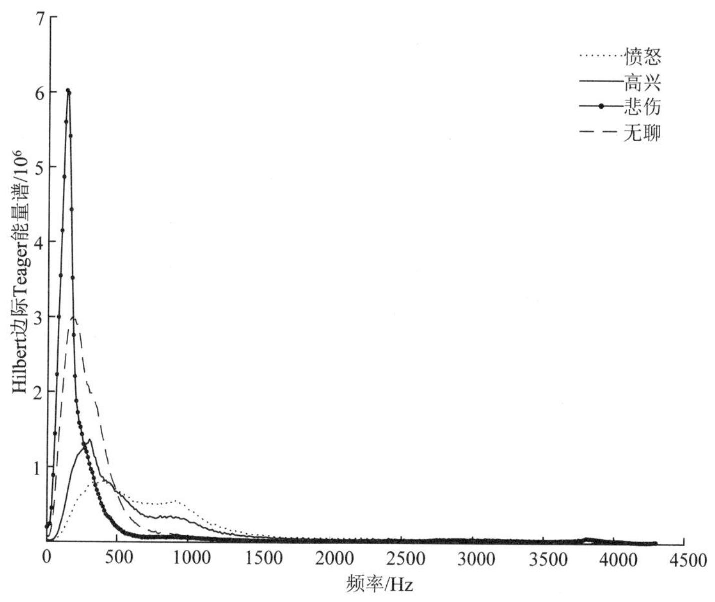

图 4-22　EMO-DB 中情感的 Hilbert 边际 Teager 能量谱

图 4-23 中，在 0～500Hz 频段内，TYUT2.0 语音库的情感同样是“悲伤”的能量最大，并出现明显的尖峰，其次是“高兴”和“惊奇”,“高兴”的能量略高于“惊奇”,

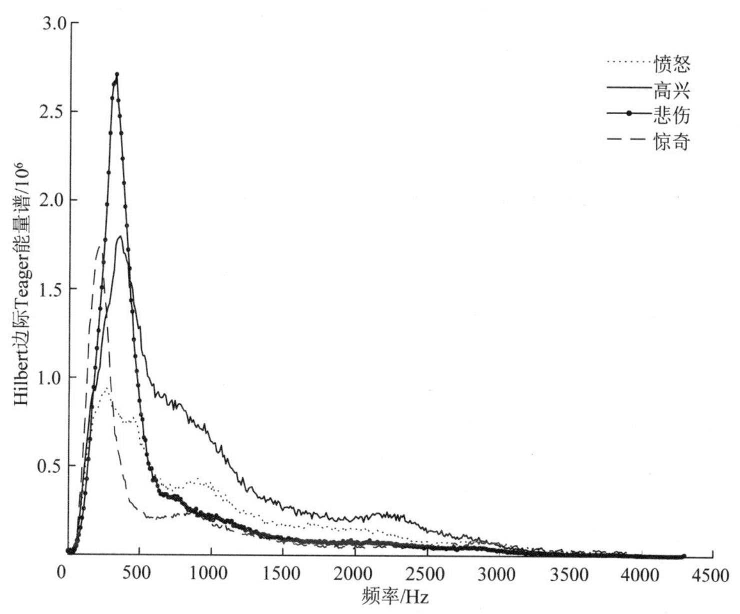

图 4-23　TYUT2.0 语音库中情感的 Hilbert 边际 Teager 能量谱

虽然说能量幅值相差不大，但是“惊奇”更偏向于高频。能量幅值最低的是“愤怒”。在 1000Hz 频段以后，能量幅值大小为“高兴”>“愤怒”>“悲伤”>“惊奇”，而且“惊奇”和“愤怒”情感能量更偏向于高频，“高兴”和“愤怒”变换更平缓一些。

小 结

本章首先介绍了传统的特征和基于人耳听觉特性的谱能量及对其进一步优化的特征，以及 TEO 的介绍，分别在 TYUT1.0 和 EMO-DB 两个数据库上进行实验，并将其与传统特征进行对比分析；其次是 HHT 方法的原理和步骤，包括 EMD 方法的原理，EEMD 方法和其优势的分析，Hilbert 谱和 Hilbert 边际谱的描述；最后描述了基于 EEMD-Teager 能量 Mel 倒谱系数的提出步骤和原理，Hilbert 边际 Teager 能量谱系数和 Hilbert 边际谱系数提取原理和过程，并分析了两个语音库中语音情感类别的 Hilbert 边际 Teager 能量谱的差异。

参考文献

[1] 刘丽媛，严家明. 一种孤立词语音识别的实现方法及改进[J]. 现代电子技术，2010，33（16）：109-112.

[2] LING H, LECH M, MADDAGE N C, et al. Study of empirical mode decomposition and spetral analysis for stress and emotion classification in natural speech[J]. Biomedical Signal Processing and Control, 2011, 6(2): 139-146.

[3] ZHOU G, HANSEN J H L, KAISER J F. Nonlinear feature based classification of speech under stress[J]. Speech and Audio Processing, IEEE Transactions, 2001, 9(3): 201-216.

[4] LING H, LECH M, ALLEN N. On the importance of glottal flow spectral energy for the recognition of emotions in speech[C]. Interspeech, Makuhari: ISCA, 2010: 2346-2349.

[5] LING H, LECH M, ALLEN N. On the importance of glottal flow spectral energy for the recognition of emotion in speech[C].Interspeech, Makuhari, 2010: 2346-2349.

[6] 孙燕，姜占才. 声门激励信号的获取及其应用[J]. 电脑开发与应用，2010，23（8）：13-15.

[7] 吴玺宏，迟惠生，王楚. 基于听觉外周模型的语音信号听觉神经表示[J]. 生物物理学报，1997，13（6）：213-220.

[8] DELGUTTE B, KIANG N Y S. Speech coding in the auditory nerve[J]. Acoustical Society America, 1984, 75(3): 866-878.

[9] 易克初，田斌，付强. 语音信号处理[M]. 北京：国防工业出版社，2000.

[10] 吴宗济，林茂灿. 实验语音学讲义[M]. 北京：中国社会科学院语言研究所语音研究室，1986.

[11] BRIAN C J M, BRIAN R G. Suggested formula for calculating auditory-filter bandwidth and excitation pattern[J]. The Journal of the Acoustical Society of America, 1983, 74(3): 750-753.

[12] 周挺挺，曾毓敏. 基于 ERB 尺度划分的多子带语声信号抗噪谱减算法[J]. 应用声学，2017，36（3）：212-219.

[13] UPADHYAY N, KARMAKAR A. Single-channel speech enhancement using critical-band rate scale based improved multi-band spectral subtraction[J]. Journal of Signal and Information Processing, 2013, 4(3): 314-326.

[14] LING H, LECH M, ALLEN N. Study of empirical mode decomposition and spectral analysis for stress and emotion classification in natural speech[J]. Biomedical Signal Processing and Control, 2011, 6(2): 139-146.

[15] 韩纪庆，张磊，郑铁然. 语音信号处理[M]. 北京：清华大学出版社，2004.

[16] KAISER J F. On a simple algorithm to calculate the energy of a singal[C]. Albuquerque, USA: IEEE International Conference on Acoustics, Speech and Signal Processing.1990: 381-384.

[17] GAO H, SU G C, CHEN S G. Emotion recognition of mandarin speech based on TEO nonlinear features[J]. Space Medicine

& Medical Engineering, 2005, 18(5): 350-354.

[18] 乔冠楠．基于语音信号的情感特征选择与情感识别研究[D]．上海：上海交通大学，2009.

[19] CARSON J R, FRY T C. Variable frequency electric circuit theory with application to the theory of frequency-modulation[J]. Bell System Technical Journal, 1937, 16(4): 513-540.

[20] GABOR D. Theory of communication[J]. Journal of the Institution of Electrical Engineers - Part I: General, 1947, 94(73): 58.

[21] VILLE J. Theorie et applications de la notion de signal analytique[J]. Cables et Transmissions, 1948, 2A(1): 61-74.

[22] COHEN L. What is a multicomponent signal?[C]//IEEE International Conference on Acoustics, Speech, and Signal Processing. 1992(5): 113-116.

[23] HUANG N E, SHEN Z, LONG S R, et al. The empirical mode decomposition and the Hilbert spectrum for nonlinear and non-stationary time series analysis[J]. Proceedings Mathematical Physical & Engineering Sciences, 1998, 454(1971): 903-995.

[24] WU Z H, HUANG N E. Ensemble empirical mode decomposition: a noise-assisted data analysis method[J]. Advances in Adaptive Data Analysis, 2009, 1(1): 1-41.

第 5 章　基于人耳听觉的情感特征及在语音情感识别中的应用

人的听觉系统可以被看作一个十分巧妙的音频信号处理器[1]。听觉系统精确的生理结构使得其对声音信号有很强的处理能力，人耳可以轻松分辨出说话的内容、说话人的姓名、说话人所处的情感状态等。因此，研究人耳的听觉机理，建立人耳听觉模型是语音技术的一大热点。本章首先研究了一种基于人耳听觉特性的过零峰值幅度（zero crossings with peak amplitudes，ZCPA）模型，然后从语音信号的短时平稳理论的角度详细分析了分帧长短对 ZCPA 特征的影响，并将 Teager 能量算子（Teager energy operator，TEO）与 ZCPA 特征相结合，提出了一种新的基于人耳听觉特性模型的特征——过零最大 Teager 能量算子（zero crossings with maximal Teager energy operator，ZCMT）特征。

经典的语音产生机理模型认为肺部气流在声带和声道中以平面波的形式传播，并且具有单向层流式的特征。随着声学理论、计算模型的发展，经典的语音产生模型表现出一定的局限性。目前的机械模型实验及喉科学实验研究了发音过程中的非线性特征，并证明了这种由声门闭合、声道伸缩所引起的非线性特征携带有大量的说话者的情感特性，是许多副语言内容的主要载体。因此，本章考虑到声门特征与听觉特征之间的相关性，在 ZCMT 特征的基础上，提出了声门特征补偿的过零最大 Teager 能量算子（glottal compensation to zero crossings with maximal Teager energy operator，GCZCMT）特征。将以上的研究应用于语音情感识别实验，得到了较为满意的结果。

5.1　ZCPA 特征

ZCPA 特征是一种基于人耳听觉特性的特征，在语音孤立词识别中具有较高的抗噪性[2]。它的本质是将信号的频率信息与强度信息组合，以表征信号的特征。在 ZCPA 算法中，信号的频率信息是通过计算样点间的过零间隔来实现的，样点间的最大幅度用来表示信号的强度信息[3]。

ZCPA 特征提取框图如图 5-1 所示。从图中可以看出，整个过程分为滤波、过零峰

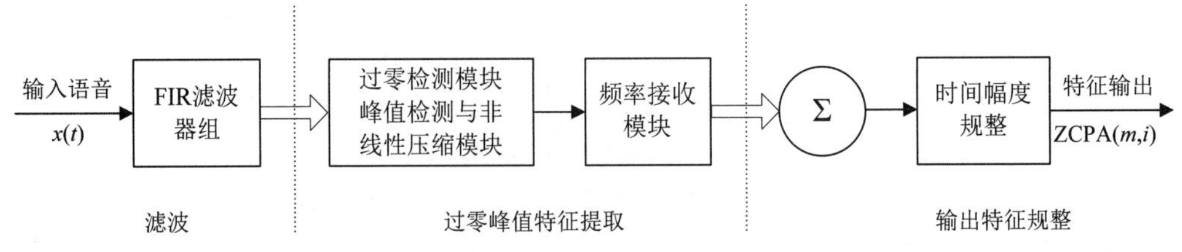

图 5-1　ZCPA 特征提取框图

值特征提取、输出特征规整三个部分。其中，过零峰值特征提取是最关键的部分。下面将详细介绍每个部分的具体实现过程[2]。

1）滤波部分

滤波部分由 16 个 FIR 带通滤波器组成。设计这 16 个带通滤波器是用来模拟人耳耳蜗基底膜特性的[4]。通过对人耳听觉系统的研究，耳蜗基底膜对语音有频率选择和谐调的作用[5]。行波在基底膜上的最大位移由其频率决定。当频率范围在约 800Hz 以上时，基底膜位移和频率的关系可用式（5-1）表示：

$$F = A(10^{\alpha x} - 1) \tag{5-1}$$

式中，F 是频率，单位 Hz；x 是基底膜的归一化距离，$0 \leqslant x < 1$；A 和 α 分别是人类耳蜗的特征常量，取 $A = 165.4, \alpha = 2.1$。沿基底膜对 x 取 16 个值，根据式（5-1）可以确定 16 个 FIR 滤波器的中心频率，频率范围在 200～4000Hz。滤波器的频带划分根据等矩形带宽（equivalent rectangular bandwidth，ERB）来确定，ERB 频带划分与听觉中心滤波器的函数关系如式（5-2）：[6]

$$\text{ERB} = 6.23F^2 + 93.39F + 28.52 \tag{5-2}$$

式中，F 是各个通道的中心频率，单位是 kHz。

每个滤波器中心频率与其带宽的对应关系见表 5-1。其中，F_i 表示中心频率，Δf_i 表示带宽。

表 5-1　FIR 滤波器中心频率与带宽的映射关系

通道数	0	1	2	3	4	5	6	7
F_i/Hz	200	264	340	429	534	657	802	1011
Δf_i/Hz	46	53	61	71	82	95	111	129
通道数	8	9	10	11	12	13	14	15
F_i/Hz	1172	1408	1685	2011	2395	2845	3376	4000
Δf_i/Hz	151	176	206	241	283	331	389	456

2）过零峰值特征提取部分

过零峰值特征提取部分根据滤波器的个数分为 16 组。每组都包括一个过零检测模块、峰值检测模块、非线性压缩模块和频率接收模块。

在 ZCPA 算法中，在当前采样点的值小于零，而下一个采样点的值大于零时，语音信号就被判断为发生了上升过零。单位时间过零的次数就称为过零率。由于频率的高低和语速的快慢可以用过零率的高低来表示，因此，语音信号的频率特征就可以用过零率来表示。ZCPA 特征提取正是利用了语音信号的这种特性。频率和语速是表征情感状态的典型特征，在情感识别中，过零率就相应地可以表征语音的情感状态。

当语音信号被检测出发生上升过零后，过零点的位置被记录下来。接着峰值检测模块就会找到相邻两个过零点间的最大峰值。在非线性压缩模块的作用下，将此峰值对数压缩。峰值检测和非线性压缩是为了仿真听觉神经纤维的锁相程度和激励源的密度之间的关系。

式（5-3）为压缩公式，x 表示上升过零间隔内最大峰值，经对数压缩后输出为 $g(x)$。

$$g(x) = \lg(1.0 + 20x) \tag{5-3}$$

将上面得到的频率信息和对数压缩后的幅度信息在频率接收模块中合称为一个整体。设 Z_k 为第 k 个滤波器输出的信号 $x_k(t)$ 所拥有的上升过零点数，p_{kl} 表示 $x_k(t)$ 的第 l 个和第 $l+1$ 个过零点之间的峰值，则频率接收器在时刻 m 的输出为

$$\text{ZCPA}(m,i) = \sum_{k=l}^{N_{ch}} \sum_{l=1}^{Z_k - 1} \delta_{ij_l} g(p_{kl}) \quad 1 \leqslant i \leqslant 16 \tag{5-4}$$

式中，N_{ch} 是滤波器组的通道数。δ_{ij_l} 为 Kronecker 算子，记号 j_l 为每个通道的频率接收器的频率索引，所以频率接收器获得了某段时间所对应的频率和最大幅值。通过对 16 路的频率接收器合成就可输出整个语音信号的特征 ZCPA(m,i) [2,7]。

3）输出特征规整部分

由于本书使用支持向量机识别算法，为了符合支持向量机的输入要求，需要将频率接收器的输出进行时间幅度规整，规整后的最终输出特征为 64×16 维[8]。

为了验证 ZCPA 特征在语音情感识别中的表现，设计了两组实验：单独语音数据库的实验，混合语音数据库的实验。实验数据库选用前文介绍的 TYUT1.0 情感语音数据库和 EMO-DB 情感语音数据库，识别网络选用 SVM 网络。

用于训练和测试的语句数见表 5-2。

表 5-2 每种语音库中用于训练和测试的语句数

分类	TYUT1.0-汉语	TYUT1.0-英语	EMO-DB-德语
训练	61	61	48
测试	30	30	23

单独语音数据库的实验以语言种类划分，分别对 TYUT1.0 和 EMO-DB 两种语音数据库的三种语言进行三种情感的识别。例如，做汉语“高兴”实验时，用于训练和测试的语句均为 TYUT 语音数据库中的汉语“高兴”语句；混合语音数据库的实验将 TYUT1.0 语音库和 EMO-DB 中相同情感的语句混合，再对三种语言进行三种情感的识别。例如，做汉语实验时，用于训练的语句为两种语音数据库中所有的汉语“高兴”情感的训练语句，即用于训练的语句为 61+61+48=170 句，而测试的语句为 TYUT 语音数据库的汉语“高兴”情感测试语句，即 30 句。

表 5-3 为单独使用 TYUT1.0 情感语音数据库和 EMO-DB 所得出的情感语音的识别结果。

从表 5-3 中可以看到，ZCPA 特征的平均识别率是 80.71%，取得了较为满意的效果。从情感的角度分析，“中性”的识别率最高，“高兴”次之，“生气”最低；从语言的角度分析，汉语最高，英语次之，德语最低。

表 5-3　ZCPA 特征在单独语音库中的识别率　（%）

情感状态	TYUT1.0		EMO-DB	平均
	汉语	英语	德语	
高兴	90.00	73.33	73.91	79.08
生气	86.67	83.33	52.18	74.06
中性	90.00	90.00	86.96	88.99
平均	88.89	82.22	71.02	80.71

表 5-4 为 ZCPA 特征在混合语音数据库的语音情感识别结果。

表 5-4　ZCPA 特征在混合语音库中的识别率　（%）

情感状态	TYUT1.0		EMO-DB	平均
	汉语	英语	德语	
高兴	86.67	70.00	82.61	79.76
生气	86.67	83.33	34.73	68.24
中性	86.67	90.00	86.96	87.88
平均	86.67	81.11	68.09	78.63

从表 5-4 中可以看到，ZCPA 特征的平均识别率是 78.63%，从情感的角度分析，“中性”的识别率最高，“高兴”次之，“生气”最低；从语言的角度分析，汉语最高，英语次之，德语最低。

对比表 5-3 与表 5-4，可以看出，较单独语音数据库实验，ZCPA 只下降了 2.08 个百分点，语音数据库的依赖性小。在孤立词语音识别实验中，ZCPA 特征就具有较好的抗噪性[2]，这里 ZCPA 特征又具有较高的情感语音数据库独立性，说明 ZCPA 特征更好地反映了人耳听觉的掩蔽效应，抗干扰能力强。

5.2　帧优化算法对 ZCPA 特征的改进

5.2.1　帧优化算法基本理论

语音信号是一种非平稳的时变信号，其产生过程与发声器官的运动紧密相关。发声器官的状态变化速度较声音振动的速度要缓慢得多，因此，语音信号可以认为是短时平稳的。研究发现，在 10～30ms 的范围内，语音频谱特征和一些物理特征参数基本保持不变。因此，可以将平稳过程的处理方法和理论引入到语音信号的短时处理中，将语音信号划分为很多短时的语音段。这样，对一帧语音信号进行处理就相当于对特征固定的持续信号进行处理。一般帧长取 10～30ms[9]，每秒的帧数约为 33～100 帧。分帧可以采用连续分段的方法，但为了使帧与帧之间平滑过渡，保持其连续性，一般要采用交叠分段的方法。分帧是用可移动的有限长度窗口进行加权的方法来实现的。

在 ZCPA 特征提取方法中，用 $x_k(n)$ 表示第 k 个带通滤波器的输出，则 $x_k(n)$ 在 m 时刻的输出信号 $x_k(n,m)$ 可以表示为

$$x_k(n,m) = x_k(n)w_k(m-n), \quad k = 1,\cdots,N_{\text{ch}} \tag{5-5}$$

式中，$w_k(n)$ 是有限长度的观察窗函数；N_{ch} 是带通滤波器的数目。

由于频带是非均匀划分的，窗函数长度也是非均匀的。如果用 LE_k 表示观察窗的长度，则

$$\text{LE}_k = \frac{C \cdot F_s}{F_k} \tag{5-6}$$

通过式（5-6）就可以得到通过每个通道各个观察窗的长度。其中，F_k 是第 k 个滤波器的中心频率，C 是常数，其物理意义为所取的帧长。在原始 ZCPA 特征提取方法中，常数 C 取 10，即取帧长为 10ms，这样在采样频率 F_s 为 11 025Hz 的情况下，1 帧的样点数为 11 025×10ms≈110 个。

由于滤波器的频带是非均匀划分的，由式（5-6）可以确定出观察窗的长度也要随之非均匀划分。对于低频时，观察窗的长度要求比较长，而对于高频则要求观察窗的长度比较短，这样可以提高低频信号的频率分辨率和高频信号的时间分辨率。通过计算可以发现，观察窗的长度有时会大于 1 帧，如在通道 15 的情况下，需要 5 帧的信息才能表示一个观察窗内的语音信号特征。图 5-2 为通道数与观察窗长度的关系图。图中带方向的箭头表示一个观察窗内的语音信号特征。

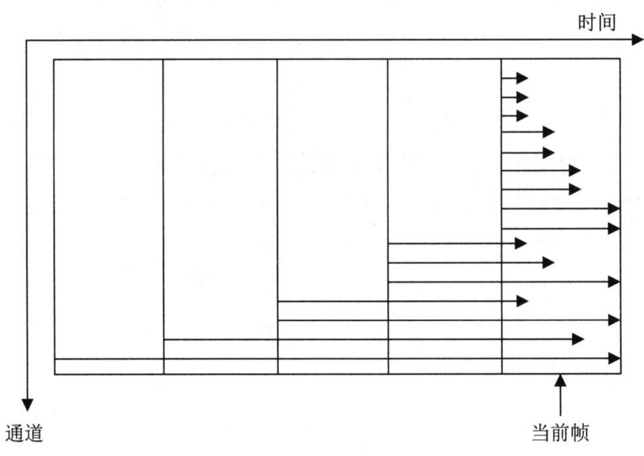

图 5-2　通道数与观察窗长度关系

然而，当 C 取 10 时，在高频子带的观察窗长度小于一般语音信号加窗时观察窗的平均值，这会引起后端频率估计时损失一部分高频信息，引起识别结果的不可靠。为了弥补原始算法的这一不足，引入了优化帧长参数的方法，将原有帧长增长，分别取 C=15ms 和 C=20ms，同时利用式（5-6）相应改变观察窗的长度。

表 5-5 为利用式（5-6）求出的不同 C 值对应的观察窗样点数，即不同帧长下对应的观察窗样点数。

表 5-5 不同帧长下观察窗样点数

通道数		15	14	13	12	11	10	9	8
观察窗样点数	*C*=10	549	417	324	256	206	167	137	109
	C=15	824	626	486	385	310	252	206	164
	C=20	1098	834	648	512	412	334	274	218
通道数		7	6	5	4	3	2	1	0
观察窗样点数	*C*=10	94	78	65	54	46	38	32	27
	C=15	141	117	98	82	69	58	49	41
	C=20	188	156	130	108	92	76	64	54

通过对表 5-5 中观察窗样点数的数值读取，方便地实现了对原有算法中帧长的改变。接着将改变帧长的语音信号送入后端的滤波器处理，最后就得到了变化帧长后的特征向量。从理论上分析，变化帧长后的特征会具有更多的高频信息，必然会引起实验结果的变化，并且帧长不能无限制地变长，过长的帧长会使语音信号违背了短时平稳这个前提，必然会产生实验结果的不确定性。

5.2.2 实验步骤

具体实验步骤如下：

（1）读入原始语音，将原始语音分帧处理，帧长分别取 10ms、15ms 及 20ms。

（2）将分帧后的语音送入 16 个带通滤波器进行滤波，并分别提取出频率特征、峰值特征。

（3）利用式（5-6），求出帧长分别为 10ms、15ms 和 20ms（即 C 取 10、15 和 20）时对应的观察窗长度，具体数据见表 5-5。

（4）按通道标号参考表 5-5 将各通道的特征整合，如通道 0 到通道 8 只需要 1 帧信息，通道 15 则需要前四帧信息。

（5）将整合好的特征作时间和幅度规整，作为完整特征的输出，这个特征就是帧参数优化 ZCPA（optimized frame ZCPA，FZCPA）特征。

（6）分别将 FZCPA 特征送入非情感孤立词识别系统和语音情感识别系统，得到最后的识别率。

5.2.3 实验结果及分析

表 5-6 为使用 TYUT1.0 情感语音库和 EMO-DB 语音库所得出的情感语音的识别结果。

表 5-6 不同 C 值的语音情感识别率 （%）

情感状态	高兴			生气			中性		
C 值	*C*=10	*C*=15	*C*=20	*C*=10	*C*=15	*C*=20	*C*=10	*C*=15	*C*=20
TYUT1.0-汉语	90.00	90.00	90.00	86.67	90.00	86.67	90.00	86.67	86.67
TYUT1.0-英语	73.33	76.67	73.33	83.33	86.67	83.33	90.00	90.00	90.00
EMO-DB -德语	73.91	71.57	78.26	52.18	54.17	47.83	86.96	84.61	86.96
平均	79.08	79.41	80.53	74.06	76.95	72.61	88.99	87.09	87.88

根据实验结果可以得出，当 C 值不同时，即 C=10ms、C=15ms 和 C=20ms 时，平均识别率分别为 80.71%、81.15%和 80.34%。从情感分类的角度来看，对于“高兴”语音情感识别，C=20ms 的结果最好；“生气”语音情感识别，C=15ms 的结果最好；“中性”语音情感识别，C=10ms 的结果最好。由此发现，三种帧长各有优势，对于不同情感效果存在明显差异。

帧长变长时，可以增加高频信息，识别结果会有变好的趋势，但随着帧长进一步增长，这种变好的趋势会渐渐下降。一方面，这种结果是与 ZCPA 特征提取方法的窗函数算法有直接联系：因为语音的变化率、短时谱和强度等特征被认为是典型的表征语音情感状态的特征，ZCPA 特征本身就是频率与强度的组合。当帧长发生变化时，对应的观察窗长度也会发生变化，因此，观察窗所能观察到的部分也会随之改变。对于 ZCPA 算法来说，幅度代表了强度信息，并且总是在观察窗的范围内对幅度进行求和计算。当观察到的范围变长后，用于求和的幅度信息会变多，这样输出的特征就能更好地代表某种情感状态。另一方面，虽然随着帧长的增大信号的高频信息与强度信息会得到增强，但是由于语音信号并不是平稳的随机过程，它只是一个短时平稳过程，帧长太长不符合语音信号的统计特性，这样必然会引起识别率的下降。

5.3 基于人耳听觉特性的过零峰值最大 Teager 能量算子（ZCMT）特征

5.3.1 ZCMT 特征原理及提取步骤

基于人耳听觉特性的 ZCPA 特征提取过程中，用相邻两个过零点间的最大峰值进行对数压缩，以模拟人耳听觉神经纤维的锁相程度和激励源的密度之间的关系。然而在语音情感识别的研究中发现，能量是区分不同情感的主要特征之一，Teager 能量算子作为一种非线性的能量表达形式，在语音情感识别中有其得天独厚的优势。考虑到 Teager 能量特征及 ZCPA 特征的各自优势，如果能够将二者有机结合，优势互补，则可以找到一种更为有效的手段来区分情感语音状态。因此，提出了一种基于人耳听觉特性模型的 ZCMT 特征。

ZCMT 特征的基本思想是：ZCPA 特征中滤波器组用来模拟人耳对频率的选择作用，过零率用于表征信号的频率信息和语言的速率[10]，将这两个符合人耳听觉特性的步骤保留。在接下来的过程中用 Teager 能量算子替代原有的峰值检测与非线性压缩，这样最后的输出特征将是频率与 Teager 能量的结合，而这样的结合既保留了人耳的听觉特性，又将最能表征情感状态的特征融入系统。

ZCMT 特征的提取框图如图 5-3 所示。

具体实验步骤如下：

（1）将原始情感语音分帧处理，帧长分为 110 个样点，帧移为 55 个样点。

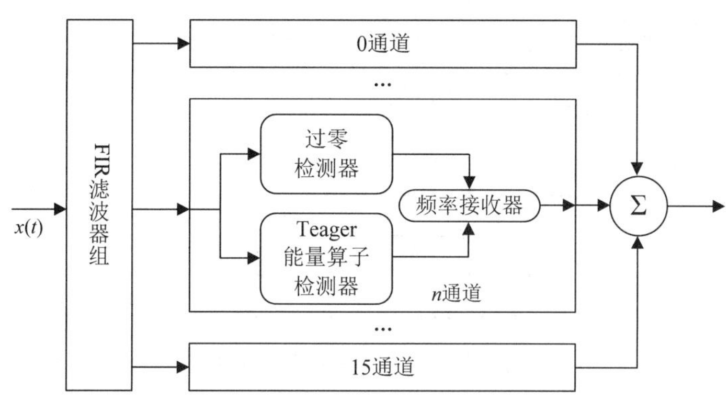

图 5-3　ZCMT 特征提取框图

（2）将分帧后的语音送入 16 个带通滤波器进行滤波。

（3）利用 ZCPA 特征提取算法中的过零检测器，提取出频率特征。

（4）用 Teager 能量算子检测器找到相邻上升过零点间绝对值最大的样点，记为$x[n]$，则$x[n+1]$、$x[n-1]$分别是绝对值最大样点下一个样点值和前一个样点值。计算出绝对值最大样点的 Teager 能量算子，记为Ψ。

（5）将频率特征与绝对值最大样点的 Teager 能量算子在频率接收器中整合。设Z_k为第 k 个滤波器输出的信号$x_k(t)$所拥有的上升过零点数，Ψ_{kl}表示$x_k(t)$的第 l 个和第 $l+1$个过零点之间绝对值最大样点的 TEO 值，则频率接收器在时刻 m 的输出为

$$y(m,i)=\sum_{k=l}^{N_{\mathrm{ch}}}\sum_{l=1}^{Z_k-1}\delta_{ij_l}\Psi(P_{kl})\quad 1\leqslant i\leqslant N \tag{5-7}$$

式中，N_{ch}是滤波器组的通道数；δ_{ij_l}为 Kronecker 算子；记号j_l为每个通道的频率接收器的频率索引，所以频率接收器获得了某段时间所对应的频率和 TEO 最大幅值。通过对 16 路的频率接收器合成就可输出整个语音信号的特征$\mathrm{ZCMT}(m,i)$。

（6）将整合好的特征作时间和幅度规整，作为完整特征的输出，这个特征就是过零最大 Teager 能量算子（ZCMT）特征。

（7）将 ZCMT 特征送入 SVM 识别网络进行识别，最后得到识别率。

5.3.2　实验结果及分析

与 ZCPA 特征类似，同样设计了两组实验：单独语音数据库的实验，混合语音数据库的实验。从实验结果可比性的角度考虑，实验平台、语音数据库、语句、识别网络均与 ZCPA 特征及 Teager 能量算子特征完全一致：TYUT1.0 情感语音数据库的汉语和英语语句以及 EMO-DB 库的德语语句，SVM 识别网络及“高兴”“生气”“中性”三种情感状态。

表 5-7 和表 5-8 分别是 ZCMT 特征、TEO 特征在单独情感数据库实验中的识别率。

表 5-7 ZCMT 特征在单独语音数据库实验中的识别率 （%）

情感状态	TYUT1.0		EMO-DB	平均
	汉语	英语	德语	
高兴	86.67	76.67	73.91	79.08
生气	90.00	86.67	52.17	76.28
中性	96.67	90.00	86.96	91.21
平均	91.11	84.45	71.01	82.19

表 5-8 TEO 特征在单独语音数据库实验中的识别率 （%）

情感状态	TYUT1.0		EMO-DB	平均
	汉语	英语	德语	
高兴	83.33	80.00	65.22	76.18
生气	90.00	83.33	60.87	78.07
中性	90.00	96.67	78.26	88.31
平均	87.78	86.67	68.12	80.85

从表 5-7 的结果中可以看出，在单独情感语音数据库的实验中，ZCMT 特征的平均识别率为 82.19%。这个识别率要高于 ZCPA 的 80.71%和 TEO 的 80.85%。说明对这种结合方式的构想是正确的，语音信号的韵律特征并不是语音信号中传递情感的唯一媒介，ZCMT 将语音信号的韵律特征与 Teager 能量算子的非线性特征相结合，并基于人耳的听觉模型建模，取得了语音情感识别中较好的结果。

表 5-9 和表 5-10 分别是 ZCMT、TEO 特征在混合语音数据库实验中的识别率。

表 5-9 ZCMT 特征在混合语音数据库实验中的识别率 （%）

情感状态	TYUT1.0		EMO-DB	平均
	汉语	英语	德语	
高兴	86.67	80.00	73.91	80.19
生气	90.00	83.33	39.13	70.82
中性	93.33	93.33	86.96	91.21
平均	90.00	85.55	66.67	80.74

表 5-10 TEO 特征在混合语音数据库实验中的识别率 （%）

情感状态	TYUT1.0		EMO-DB	平均
	汉语	英语	德语	
高兴	76.67	73.33	43.48	64.49
生气	90.00	73.33	60.87	74.73
中性	70.00	93.33	82.61	81.98
平均	78.89	80.00	62.32	73.74

对比表 5-3、表 5-7、表 5-8 与表 5-4、表 5-9、表 5-10 可以看出，较单独语音数据

库实验，混合语音数据库实验中 ZCPA 下降了 2.08 个百分点，TEO 平均识别率下降了 7.11 个百分点，ZCMT 特征的识别率也有所下降，但只下降了 1.45 个百分点。这两组实验的对比说明 ZCPA 特征语音数据库的依赖性较小，在孤立词语音识别实验中，ZCPA 特征就具有较好的抗噪性[2]，这里 ZCPA 特征又具有较高的情感语音数据库独立性，说明 ZCPA 特征反映了人耳听觉的掩蔽效应，抗干扰能力强。TEO 特征下降较多，虽然这种特征也具有一定的区分不同情感的能力，但其数据库依赖性很强，ZCMT 特征将基于人耳听觉模型特性的特征与 Teager 能量算子的非线性特征相结合，这种结合方法既能体现出 Teager 能量算子在区分情感状态时的有效性，又能将人耳听觉模型的抗干扰性明显地表现出来，因此，ZCMT 特征是一种性能较为良好的语音情感识别特征。

5.4　声门补偿的 ZCMT 特征

5.4.1　语音产生的非线性模型

20 世纪 80 年代，Teager 研究发现，在语音产生之前，会产生非线性的气流涡流[11]。随后，这一发现被流体在声道与声门的动态机械模型的实验所证实。

Lugger 等[12]的情感分类研究指出，在对“生气”及“紧张”的情感状态中，以气流涡流形式产生的声音可以被看作是声源的一部分。这种以气流涡流形式产生的声音对说话人的情感状态非常敏感。

图 5-4 是语音产生的非线性模型示意图。

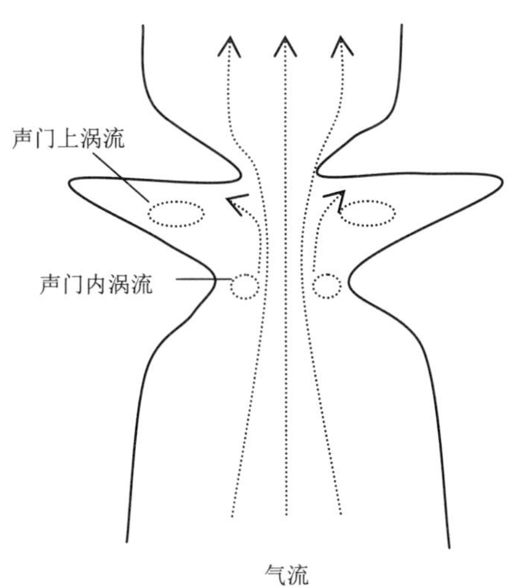

图 5-4　语音产生的非线性模型示意图

从图 5-4 中可以看到，语音信号由平面波的线性部分与涡流区域的非线性部分共同组成。气管气流经过声门分化为线性气流和涡流，线性气流在声道中以平面波的形式传播，涡流气流则与声道壁发生相互作用后，再随着平面波传播。根据涡流产生位置的不同，可以分为声门之上（supraglottal）的涡流和声门之内（intraglottal）的涡流。在声带张开的早期阶段，声门收缩，声门上的涡流在声带上方产生。在声带闭合的后期阶段，声门张开，声门内的涡流在声带间形成。由对称振动的声带产生的声门内涡流会引起负压力的生成。这种负压力能促使声带快速关闭。与非对称的声带相比，这种快速关闭的过程会在声学机理上引入信号能量谱的变化。从另一个方面讲，声门上的涡流与声道壁发生强烈碰撞或是相互作用时，会产生一部分声源信号。这些声源信号也会引起最终语音信号能量谱的变化。

从语音产生的非线性模型中，可以发现，整个过程都与声门有着密切的联系[13]。不论是声门上的涡流还是声门内的涡流，最后都会影响到语音信号的能量谱。能量谱是语音情感识别的重要特征之一。因此，声门对语音情感识别有着重要的影响，如果能利用声门信息和说话人特征的互补性，会更有利于提高系统的性能。

5.4.2 典型的声门特征及基音周期的提取

典型的声门特征包括基音频率（fundamental frequency）、语音速率（voice rate）以及能量（power）等[14-16]。本章使用的声门特征为基音频率。

语音信号分为清音和浊音。浊音信号是一种准周期信号，其周期被称为基音周期。基音周期的倒数即为基音频率。基音频率的提取方法有很多种，大体可以分为时域方法与频域方法。

时域方法包括自相关函数法（auto correlation function，ACF）、平均幅度差函数法（average magnitude difference function，AMDF）、简化逆滤波法（simple inverse filter tracking，SIFT）。

频域方法包括谐波频谱法（harmonic product spectrum，HPS）和倒谱法（cepstrum）。

由于语音信号总是带有丰富的谐波成分，这给基音频率的准确提取带来了困难。为了能够较为精确地提取出基音频率，这里选取了 HPS 作为基音频率的提取方法，此方法关键在于构造次谐波与谐波的比率 SHR（subharmonic-to-harmonic ratio）。

设 $A(f)$ 为信号频谱的幅度，f_0 为基音频率，$f_{\max}$ 为 $A(f)$ 的最大频率，则定义谐波幅度和为

$$\mathrm{SH}=\sum_{n=1}^{N}A(nf_0) \tag{5-8}$$

式中，N 为频谱中的最大谐波数目，且有 $A(f)=0$。

定义次谐波幅度和 SS 为

$$\mathrm{SS}=\sum_{n=1}^{N}A\left[\left(n-\frac{1}{2}\right)f_0\right] \tag{5-9}$$

则次谐波与谐波的比率 SHR 可以由谐波幅度 SS 除以次谐波幅度 SH 得

$$\mathrm{SHR}=\frac{\mathrm{SS}}{\mathrm{SH}} \tag{5-10}$$

在实际中，用式（5-10）估计 SHR 是很烦琐的。因此，Sun 提出了解决办法[17]，即将式（5-8）和式（5-9）的线性频率转化到对数域。令 LOGA(·)代表对数频率，则有

$$\mathrm{SH}=\sum_{n=1}^{N}\mathrm{LOGA}[\lg(nf_0)]=\sum_{n=1}^{N}\mathrm{LOGA}[\lg(n)+\lg(f_0)] \tag{5-11}$$

$$\mathrm{SS}=\sum_{n=1}^{N}\mathrm{LOGA}\left[\lg\left(n-\frac{1}{2}\right)+\lg(f_0)\right] \tag{5-12}$$

为了得到 SH，抽取偶数频谱，即 $\lg(2),\lg(4),\cdots,\lg(4N)$。计算抽取后的对数频谱和为

$$\mathrm{SUMA}(\lg f)_{\mathrm{even}}=\sum_{n=1}^{2N}\mathrm{LOGA}[\lg f+\lg(2n)] \tag{5-13}$$

由于当 $f>f_{\max}$ 时，$\mathrm{LOGA}(\lg f)=0$，由式（5-11）和式（5-13）可以得到

$$\mathrm{SUMA}\left(\lg\left(\frac{1}{2}f_0\right)\right)_{\mathrm{even}}=\mathrm{SH} \tag{5-14}$$

$$\mathrm{SUMA}\left(\lg\left(\frac{1}{4}f_0\right)\right)_{\mathrm{even}}=\mathrm{SH}+\mathrm{SS} \tag{5-15}$$

同理，抽取奇数频谱，即 $\lg(1),\lg(3),\cdots,\lg(4N-1)$，计算抽取后的对数频谱和得到

$$\mathrm{SUMA}(\lg f)_{\mathrm{odd}}=\sum_{n=1}^{2N}\mathrm{LOGA}[\lg f+\lg(2n-1)] \tag{5-16}$$

$$\mathrm{SUMA}\left(\lg\left(\frac{1}{2}f_0\right)\right)_{\mathrm{odd}}=\mathrm{SH} \tag{5-17}$$

$$\mathrm{SUMA}\left(\lg\left(\frac{1}{4}f_0\right)\right)_{\mathrm{odd}}=\Delta \tag{5-18}$$

式中，Δ 代表 $\lg(nf_0)+\lg\left(\frac{1}{4}f_0\right)$ 的值之和。

定义差分方程

$$\mathrm{DA}(\lg f)=\mathrm{SUMA}(\lg f)_{\mathrm{even}}-\mathrm{SUMA}(\lg f)_{\mathrm{odd}} \tag{5-19}$$

由式（5-14）、式（5-15）、式（5-17）及式（5-18）可得

$$\mathrm{DA}\left(\lg\left(\frac{1}{2}f\right)\right)=\mathrm{SH}-\mathrm{SS} \tag{5-20}$$

$$\mathrm{DA}\left(\lg\left(\frac{1}{4}f\right)\right)=\mathrm{SH}+\mathrm{SS}-\Delta \tag{5-21}$$

平常的语音中 $\mathrm{SS}\approx 0$，则 $\mathrm{DA}(\bullet)$ 的最大值为 $\lg\left(\frac{1}{2}f_0\right)$。另外，如果次谐波的大小成为主要部分，由于 $\Delta\approx 0$，则 $\mathrm{DA}(\bullet)$ 的最大值为 $\lg\left(\frac{1}{4}f_0\right)$，第二大值为 $\lg\left(\frac{1}{2}f_0\right)$。利用式（5-20）和式（5-21）可以近似计算出 SHR，即

$$\frac{\mathrm{DA}\left(\lg\left(\frac{1}{4}f_0\right)\right)-\mathrm{DA}\left(\lg\left(\frac{1}{2}f_0\right)\right)}{\mathrm{DA}\left(\lg\left(\frac{1}{4}f_0\right)\right)+\mathrm{DA}\left(\lg\left(\frac{1}{2}f_0\right)\right)}=\frac{\mathrm{SS}-\frac{1}{2}\Delta}{\mathrm{SH}-\frac{1}{2}\Delta}\approx\mathrm{SHR} \tag{5-22}$$

寻找最大值时，首先定位全局最大值，记做 $\lg(f_1)$。然后，从该点起，在区间

$[\lg(1.9375f_1),\lg(2.0625f_1)]$ 找下一个最大值 $\lg(f_2)$。

当确定了两个峰值后，SHR 由式（5-23）确定：

$$\text{SHR}=\frac{\text{DA}[\lg(f_1)]-\text{DA}[\lg(f_2)]}{\text{DA}[\lg(f_1)]+\text{DA}[\lg(f_2)]} \tag{5-23}$$

基音频率表示为

$$f_0=\begin{cases}2f_2,\text{SHR}<\text{Thr}\\2f_1,\text{SHR}\geqslant\text{Thr}\end{cases} \tag{5-24}$$

式（5-24）说明，如果 SHR 低于某个门限值 Thr，表明次频谐波很弱，应当关注谐波，此时，基音频率为 $2f_2$；否则，基音频率为 $2f_1$。门限值一般选取区间[0.2, 0.4]中的数值。

5.4.3 声门特征对于人耳听觉模型特征的影响

在人耳听觉模型特征中，过零率与能量的结合被认为是能够有效区分情感状态的手段。在之前的分析中，声门特征的变化也能表现出不同情感状态的差异。本节将这两者相互结合，不忽略声门特征对人耳听觉模型特征的影响，建立一种声门特征补偿的人耳听觉模型特征。

通过图 5-5 来说明声门特征对人耳听觉模型特征的影响，这里的人耳听觉模型选用 ZCPA 模型。选用 TYUT 语音库中某句“高兴”情感语句作为图示数据。本语句的长度为 1.32s。根据特征提取步骤，对该语句中的每一帧（10ms），分别提取 ZCPA 特征和基音频率特征 F_0。将人的通常的基音频率范围[50Hz,550Hz]平均分为 10 个连续的子区间，每个子区间的长度为 50Hz。按照每帧对应的基音频率子空间，将每帧的 ZCPA 特征放入此子区间。例如，第一帧的基音频率是 110Hz，属于子空间[100Hz,150Hz]，则把第一帧的 ZCPA 特征放在这个子空间内。

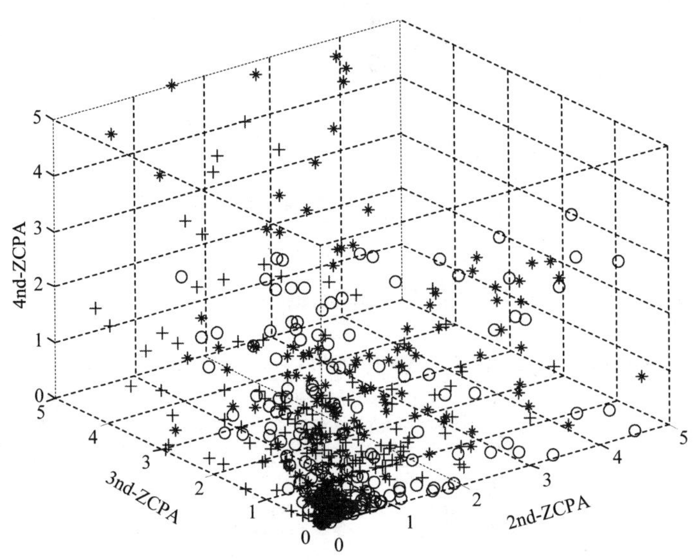

图 5-5 特征向量分布图

选取本语句基音频率数学期望所在的子空间作为基准空间，观察与之相邻的两个子空间。图 5-5 显示了这三个子空间中 ZCPA 特征向量的分布情况。

从图 5-5 中可以看出，不同子空间 ZCPA 特征的分布情况是不同的。其中，“*”表示 $F_0 \in \text{Bin1} = [200,250]$ 的 ZCPA 特征向量点，“○”表示 $F_0 \in \text{Bin2} = [250,300]$ 的 ZCPA 特征向量点，“+”表示 $F_0 \in \text{Bin3} = [300,350]$ 的 ZCPA 特征向量点。此时该语句的 F_0 平均值为 $267.8 \in [250,300]$。

如果基音频率对 ZCPA 特征没有影响，那么所有子空间的 ZCPA 特征分布应该是完全相同的。实际上从图 5-5 中可以看出，ZCPA 特征对不同基音子空间的分布是不同的。主要体现在向量分布的形状、方位及密度等。因此可以说明基音频率确实对 ZCPA 特征产生了影响。

考虑到基音频率对人耳听觉模型特征的影响，提出了一种声门特征补偿的人耳听觉模型特征。

5.4.4　人耳听觉补偿算法

首先，提出声门补偿人耳听觉模型特征的四条假设。

（1）人耳听觉模型特征会被声门特征所影响[18]。

（2）被声门特征补偿过的人耳听觉模型特征能更好地区分情感状态。

（3）当补偿的恰好是声门特征的均值时，人耳听觉模型特征最能表征不同情感特征。

（4）不同基音频率对于人耳听觉特性模型的影响不同。落在相同基音频率区间的基音频率给人耳听觉特性模型的影响相同，即如同该区间内基音频率的长时平均值的行为。

假设 $X(t)$ 与 $Y(t)$ 分别是某段语音信号的人耳听觉模型特征和对应的声门特征，ΔT 为帧长，则 $\vec{x}(t)$、$\vec{y}(t)$ 分别为语音信号第 t 帧的人耳听觉模型特征与声门特征的估计特征向量。其中，人耳听觉特征为 ZCMT 特征，声门特征为基音频率。

对应每一个时刻的 $\vec{x}(t)$，假设对应于它的最能区分情感特征的向量为 $\vec{x}_{\text{opt}}(t)$，即这个向量恰好是被声门均值所补偿的。根据假设（2），可以将 $\vec{x}(t)$ 和 $\vec{x}_{\text{opt}}(t)$ 的关系用 $\vec{y}(t)$ 的函数来表示，则有未被补偿过的人耳听觉特性模型为

$$\vec{x}(t) = \varPsi(\vec{x}_{\text{opt}}(t), \varTheta[\vec{y}(t)]) \tag{5-25}$$

式中，函数 $\varPsi$ 表示两种变量的一种数学关系，可以是线性关系、正弦关系、多项式关系或者更复杂的关系，函数 $\varTheta$ 表示基音频率的一种变换形式。

定义 $I_k, k = 1,2,\cdots,N$ 为连续的基音频率子空间，N 为基音频率子空间的个数，且有 $I_1 \cup I_2 \cup \cdots \cup I_N = [50\text{Hz}, 550\text{Hz}]$，即所有子空间的集合覆盖通常是指整个基音频率范围。$E(\bullet)$ 为数学期望。因为基音频率是一维向量，可用 $y(t)$ 代替 $\vec{y}(t)$。

$$\varTheta[\vec{y}(t)] = \varTheta[y(t)] = \varTheta\left[E\left(\hat{Y}_{I_k}(t)\right)\right] \tag{5-26}$$

$$\hat{Y}_{I_k}(t) = \left\{ y(t) \middle| y(t) \in I_k \right\} \tag{5-27}$$

由假设（4），将基音频率的函数 $\varTheta$ 解释为变量 z 和它的数学期望 $E(z)$ 之间的距离 $D(\bullet)$，即

$$
\begin{aligned}
\Theta[\vec{y}(t)] &= \Theta\left(E\left(\hat{Y}_{I_k}(t)\right)\right) \\
&= D\left(E\left(\hat{Y}_{I_k}(t)\right), E\left(\hat{Y}(t)\right)\right)
\end{aligned} \tag{5-28}
$$

代入式（5-25），得

$$
\begin{aligned}
\vec{x}(t) &= \Psi\left(\vec{x}_{\text{opt}}(t), \Theta\left(\vec{y}(t)\right)\right) \\
&= \Psi\left(\vec{x}_{\text{opt}}(t), D\left(E\left(\hat{Y}_{I_k}(t)\right), E\left(\hat{Y}(t)\right)\right)\right)
\end{aligned} \tag{5-29}
$$

最终，最能区分情感特征的向量 $\vec{x}_{\text{opt}}(t)$ 可表示为

$$
\begin{aligned}
\vec{x}_{\text{opt}}(t) &= \Psi^{-1}\left(\vec{x}(t), \Theta\left(\vec{y}(t)\right)\right) \\
&= \Psi^{-1}\left(\vec{x}(t), D\left(E\left(\hat{Y}_{I_k}(t)\right), E\left(\hat{Y}(t)\right)\right)\right)
\end{aligned} \tag{5-30}
$$

5.4.5 声门特征补偿的人耳听觉模型特征在语音情感识别中的应用

本节用实验验证声门特征补偿的人耳听觉模型特征应用于语音情感识别的效果。同上文所有的特征一致，实验也分为两组。第一组实验是单独语音数据库的实验，两个情感语音数据库分别进行实验：TYUT1.0 情感语音数据库的汉语及英语实验；EMO-DB 情感语音数据库的德语实验。第二组实验是混合语音数据库实验。这两组实验的目的是考查补偿特征在不同语言环境中的表现。

针对本组实验，$\Psi(\bullet)$ 取线性方程 $y = x + a$，$D(\bullet)$ 为距离，则在本实验中，式（5-30）可以表示成式（5-31），其中 $\vec{\alpha}$ 是与 $\vec{x}(t)$ 阶数相同的向量，称为影响因子。

$$
\vec{x}_{\text{opt}} = \vec{x}(t) - \frac{\vec{\alpha}\left|E\left(\hat{Y}_{I_k}(t) - E\left(\hat{Y}(t)\right)\right)\right|}{\left|E\left(\hat{Y}(t)\right)\right|} \tag{5-31}
$$

训练过程如下：

（1）将用于训练的语句分别提取其 1024 维的 ZCMT 特征，记为 $\vec{x}(t)$，基频特征 F_0，记为 $\vec{y}(t)$。

（2）将基频空间[50Hz, 550Hz]平均划分为 10 个子区间，每个区间的长度为 50Hz。

（3）对于每个子空间，统计所有基音频率落入该子空间范围的 ZCMT 特征，并计算出所有落入该子空间的 ZCMT 特征 $\vec{x}(t)$ 的基音频率 $\vec{y}(t)$ 的数学期望 $E\left(\hat{Y}_{I_k}(t)\right)$。

（4）计算 $\vec{\alpha}$ 的第 m 维数值 $\vec{\alpha}(m)$，设第 m 维外所有维的 ZCMT 向量数值不变，则有

$$
\vec{\alpha} = [0, 0, \cdots, k, 0, 0]
$$

即固定第 m 维之外的所有维的 ZCMT 向量数值不变。这里 k 为第 m 阶的系数，为经验值 16。

（5）对于某一 k 值，由式（5-31）计算补偿过的 ZCMT 特征，记为输出的训练声门特征补偿的人耳听觉模型特征（glottal compensation to zero crossings with maximal Teager energy operator，GCZCMT）。

（6）用声门特征补偿的人耳听觉模型特征 GCZCMT 的训练集训练 SVM 模型，得

到训练好的 SVM 模型。

测试过程如下：

（1）与训练过程相似，提取训练集的声门特征补偿的人耳听觉模型特征 GCZCMT。

（2）将提取的测试声门特征补偿的人耳听觉模型特征输入到训练好的 SVM 模型，得到识别结果。

5.4.6 实验结果及分析

1. 单独语音数据库的实验

实验条件：与上文中所有用于语音情感识别的特征完全相同。实验结果见表 5-11。

表 5-11　GCZCMT 特征与 ZCMT 特征在单独语音数据库实验中的识别率　（%）

情感状态	GCZCMT				ZCMT			
	TYUT1.0		EMO-DB	平均	TYUT1.0		EMO-DB	平均
	汉语	英语	德语		汉语	英语	德语	
高兴	90.00	83.33	75.28	82.87	86.67	76.67	73.91	79.08
生气	90.00	86.67	83.25	86.64	90.00	86.67	52.17	76.28
中性	96.67	90.00	86.96	91.21	96.67	90.00	86.96	91.21
平均	92.22	86.67	81.83	86.91	91.11	84.45	71.01	82.19

从表 5-11 中可以得出不论使用 TYUT 情感语音数据库还是 EMO-DB，GCZCMT 特征“高兴”“生气”情感的识别性能都比 ZCMT 有了提高，“高兴”情感提高了 3.79 个百分点，“生气”情感提高了 10.36 个百分点，“中性”情感没有变化。尤其是在德语“生气”的情感状态下，识别率提高了 31.08 个百分点。因此可以认为，这种声门对人耳听觉模型特征的补偿算法是一种较为合理的算法。这种算法既保留了 ZCMT 特征的基于人耳听觉模型建模的优点，又将声门特征的长处引入了算法。这种特征可以较好地抓住不同情感语音的声学实质，因此得到了较好的识别结果。

2. 混合情感语音数据库的实验

实验选用了 TYUT1.0 语音数据库和 EMO-DB 中的数据。情感类别分为“高兴”“生气”“中性”三种。为了与补偿前的算法相比较，选用的测试和训练语句完全相同。

实验结果见表 5-12。

表 5-12　GCZCMT 特征与 ZCMT 特征在混合语音数据库实验中的识别率　（%）

情感状态	GCZCMT				ZCMT			
	TYUT1.0		EMO-DB	平均	TYUT1.0		EMO-DB	平均
	汉语	英语	德语		汉语	英语	德语	
高兴	90.00	83.33	75.28	82.87	86.67	80.00	73.91	80.19
生气	90.00	83.33	80.04	84.46	90.00	83.33	39.13	70.82

续表

情感状态	GCZCMT				ZCMT			
	TYUT1.0		EMO-DB	平均	TYUT1.0		EMO-DB	平均
	汉语	英语	德语		汉语	英语	德语	
中性	90.00	90.00	81.71	87.24	93.33	93.33	86.96	91.21
平均	90.00	85.55	79.01	84.85	90.00	85.55	66.67	80.74

从表 5-11、表 5-12 中可以看出：第一，采用补偿算法后的 GCZCMT 特征，混合数据库实验比单独数据库实验平均识别率下降了 2.06 个百分点，其中，“生气”“中性”分别下降了 2.18 个百分点和 3.97 个百分点，“高兴”情感没有变化。在相同的实验条件下，补偿前 ZCMT 平均识别率只下降了 1.45 个百分点。通过前文的比较可知，补偿前的 ZCMT 特征数据库依赖性是最小的。补偿后的算法对数据库的依赖程度比补偿前的算法高。第二，虽然 GCZCMT 对数据库的依赖程度比 ZCMT 高，但 GCZCMT 在混合数据库的平均识别结果依然高于 ZCMT。

综合以上的实验结果，可以看出，ZCMT 特征由于结合了人耳的听觉特性及 Teager 能量算子的非线性特性，对语音数据库的依赖性最小。经过声门补偿后的 ZCMT（GCZCMT）特征，除了 ZCMT 的两种优点之外，又将语音信号的生成模型特性加入，虽然最终的数据库独立性不及补偿前的 ZCMT，但是在单独数据库的实验中，识别率有了很大的提高。可以认为声门补偿后的 ZCMT 特征，是一种比较优良的语音情感识别特征。在这里只选用了最简单的线性函数来描述声门特征与人耳听觉模型特征之间的关系，这样也取得了不错的效果。如果能够选用多种函数，分别实验，分析实验结果，将有可能对系统进一步优化。

小 结

本章研究了一种基于人耳听觉模型的特征，并将人的发音模型与听觉模型相结合，通过分析声门特征对人耳听觉模型特征的影响，提出了用声门特征补偿人耳听觉特征的新算法，并将补偿后的新算法用于情感识别实验，得到了较高的识别率。新算法表现出了优良的性能。

参考文献

[1] DAVID P M, LORRAINE D, BRUCKERT E D , et al. A Non-linear efferent-inspired model of the auditory system; matching human confusions in stationary noise[J]. Speech Communication, 2009, 51(8): 668-683.

[2] 焦志平. 改进的 ZCPA 语音识别特征提取算法研究[D]. 太原：太原理工大学，2005.

[3] KACUR J, VARGA M, ROZINAJ G. ZCPA features for speech recognition[C]// IX International Symposium on Telecommunications. IEEE, 2013.

[4] KIM D, LEE S, KIL R. Auditory processing of speech signal for robust speech recognition in real-world noisy environments[J]. IEEE Transactions Speech and Audio Processing, 1999, 7(1): 55-58.

[5] RAMACHANDRAN R P, MAMMONE R J. Modern methods of speech processing [M]. Dordrecht: Kluwer Academic

Publishers, 1994.

[6] FILLON T, PRADO J. Evaluation of an ERB frequency scale noise reduction for hearing aids: a comparative study [J]. Speech Communication, 2003, 39(1-2): 23-32.

[7] HAQUE S, TOGNERI R, ZAKNICH A. Perceptual features for automatic speech recognition in noisy environments [J]. Speech Communication, 2009, 51(1): 58-75.

[8] 孙颖. 噪音环境下语音特征提取前端处理及优化帧算法研究[D]. 太原：太原理工大学，2007.

[9] 孙文彦，熊璋，韩军. 语音信号实时传输中的动态变长帧算法[J]. 通信学报，2001，22（7）：80-86.

[10] LUGGER M, YANG B. On the relevant of high-level features for speaker independent emotion recognition of spontaneous speech[C]. 2009 Interspeech. Brighton, 2009: 1995-1998 .

[11] HE L, LECH M, MADDAGE N, et al. Emotion recognition in speech of parents of depressed adolescents[C]. 3rd International Conference on Bioinformation and Biomedical Engineering, Beijing, 2009: 1-4.

[12] LUGGER M, YANG B. On the relevant of high-level features for speaker independent emotion recognition of spontaneous Speech[C]. 2009 Interspeech. Brighton, 2009: 1995-1998 .

[13] SUN Y, ZHANG X Y. Characteristics of human auditory model based on compensation of glottal features in speech emotion recognition[J]. Future Generation Computer Systems, 2018,81:291-296.

[14] YANG B, LUGGER M. Emotion recognition from speech signals using new harmony features [J]. Signal Processing, 2010, 90(5): 1415-1423.

[15] VERVERIDIS D, KOTROPOULOS C. Emotional speech recognition: Resources, features, and methods [J]. Speech Communication, 2006, 48(9): 1162-1181.

[16] BATLINER A, STEIDL S, SCHULLER B, et al. Whodunnit - Searching for the most important feature types signalling emotion-related user states in speech [J]. Computer Speech and Language, 2011, 25(1): 4-28.

[17] SUN X J. Pitch determination and voice quality analysis using subharmonic-to-harmonic ratio[C]. IEEE International Conference on Acoustics, Speech, and Signal Processing, Orlando, 2002: 333-336.

[18] 杨璞. 基于声门特征的说话人识别研究[D]. 杭州：浙江大学，2005.

第 6 章　情感语音非线性特征分析研究

非线性特性是在确定性系统中由于非线性作用产生的随机行为的总称[1]，这些随机行为的无序性表现为运动的无规律以及无明显周期性，它是自然界中最常见的运动形式，是非线性科学中重要的理论成果。

已有研究证明了语音信号的产生和传播过程中存在非线性特性[2]。随着线性处理技术和非线性动力学理论的逐渐成熟，考虑到语音发声过程的非线性特性，研究学者运用非线性动力学理论对语音信号进行处理和分析，陆续得到了广泛认可并取得了一定的成果[3-7]，但是针对富含情感的自然语音信号分析还需要深入研究。本章首先介绍了非线性动力学与时间序列分析技术相关的概念与方法，然后采用时间序列分析技术验证了情感语音信号是具有非线性特性的，并提取了情感语音信号的多种非线性特征，为进一步开展非线性特性与语音的情感区分关联性研究提供思路。

6.1　语音的非线性特性

随着语音信号处理理论研究的深入以及非线性分析手段的日益成熟，研究学者发现仅仅使用线性手段分析语音信号时，存在着许多不足。为了对语音信号进行更为全面的解析和研究，必须考虑到语音从发声、传播以及接收的整个过程中的影响因素。因此，从非线性领域分析语音信号逐渐引起了研究学者广泛的关注和重视。实际中，语音在发声和传播过程中存在多种非线性模式，主要表现在以下两方面。①声门振荡模式。发浊音时，声门振动产生了非线性的振荡声门波。②湍流声源模式。发浊音时，声带处于松弛状态，肺部压缩气流受到声道官腔的约束，产生空气湍流现象，而这种语音气流在声学和空气动力学理论中已经被证明是高维的非线性现象[2]。

非线性动力学研究主要是针对某个系统或者时间序列，从定性和定量的角度分别研究系统或者时间序列的内部的运动状态及其变化规律。目前，非线性动力学分析时间序列的方法已经日渐成熟，有一套较为完整的理论研究体系，涵盖了各种非线性建模技术以及非线性表征量[1]，如分形维数、Lyapunov 指数以及 Kolmogorov 熵等。这些表征量不仅可以有效地区分信号是否具有非线性特性，还可以有效描述信号的运动状态和变化规律，这些优势正是传统线性分析方法所欠缺的。非线性时间序列分析分为两个步骤：①对时间序列信号进行高维空间重构；②对重构后的时间序列结构进行动态特性分析。非线性动力学理论认为一维时间序列就是一个动力系统，该序列是各影响因素相互作用之后的综合体现，包含了多维动力学信息。此外，单变量的时间序列下不能将非线性特性体现出来。因此，只有将单变量的时间序列相空间重构，从低维空间映射到高维空间后才能将序列中的多维动态信息提取出来，这些信息就是表征非线性特性的非线性特征，也是相空间重构的意义。

为了对语音信号的非线性特性进行研究，本文将采样后的语音信号看作一维离散语音信号，通过相空间重构将语音信号的内部结构扩展开来。图 6-1 给出了不同的时域语音信号波形图及其对应的三维相空间重构图。从图 6-1 中可以看出，当一维语音信号内部结构扩张开来时，该语音信号的运动轨迹也显露出来。图 6-1（a）语音与图 6-1（b）语音在时域波形中主要体现在峰值个数、峰值大小以及过零点个数方面有明显的区别，两段语音在分别进行三维相空间重构后，整体结构和运动轨道也有了显著性的差异。总而言之，相空间重构图直观地反映了语音信号产生过程中的非线性模式。

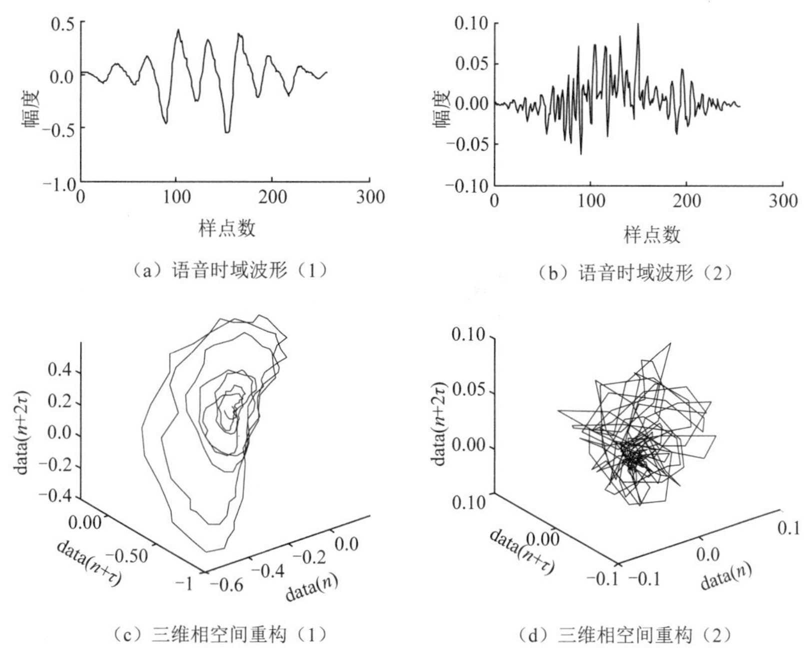

图 6-1　不同语音信号相空间重构

6.2　情感语音信号的非线性特性

若时间序列在高维相空间重构后的非线性吸引子自身结构具有分形维特征、初始条件对系统影响大这两种特征，则可以判断该时间序列本身是有非线性特性的。基于上述理论，本节分别从功率谱分析、主分量分析[8]、相空间重构[9]三个方面来研究情感语音信号的非线性特性。

6.2.1　功率谱分析

根据功率谱谱图判断时间序列是否具有非线性特性，主要从两个方面判断：峰值个数和宽谱特性。如果功率谱图中具有有限个峰值，则说明该时间序列是周期序列；谱图中无明显的峰，呈现出“宽谱”特性，则说明该时间序列是具有湍流或者非线性特性的。因此，功率谱分析可以作为判断信号是否具有非线性特性的理论依据[1]。

本节分别对 CASIA 情感语音数据库中发音为“国际进行合作”语音信号的“高兴”、“中性”、“悲伤”以及“害怕”四种情感进行功率谱分析，如图 6-2 所示。从图 6-2 可以看出，四种情感的语音信号功率谱均呈现出宽谱特性。因此，情感语音信号是具有非线性特性的。

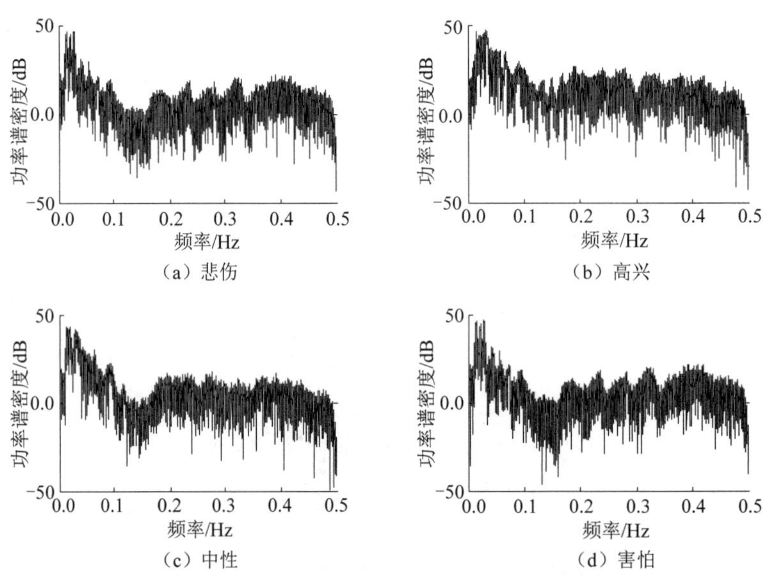

图 6-2 不同情感语音信号的功率谱仿真图

6.2.2 主分量分析

PCA 方法是目前已被证明的一种能够有效识别时间序列是否具有非线性特性的有效方法[8]。计算步骤如下：给定时间序列 $[x(1), x(2), \cdots, x(N)]$，选取合适的嵌入维数 m 后构造矩阵 $\boldsymbol{X}_{k\times m}[k = N-(m-1)]$，表达式为

$$\boldsymbol{X}_{k\times m} = \frac{1}{\sqrt{k}}\begin{bmatrix} x_1 & x_2 & \cdots & x_m \\ x_2 & x_3 & \cdots & x_{m+1} \\ \vdots & \vdots & & \vdots \\ x_k & x_{k+1} & \cdots & x_N \end{bmatrix} = \frac{1}{\sqrt{k}}\begin{bmatrix} X_1 \\ X_2 \\ \vdots \\ X_k \end{bmatrix} \tag{6-1}$$

通过计算得到轨线的协方差矩阵 $\boldsymbol{A}(\boldsymbol{A}\in \boldsymbol{R}^{m\times m})$，即

$$\boldsymbol{A}_{m\times m} = \frac{1}{k}\boldsymbol{X}^{\mathrm{T}}{}_{k\times m}\boldsymbol{X}_{k\times m} \tag{6-2}$$

然后求解协方差矩阵 $\boldsymbol{A}(\boldsymbol{A}\in \boldsymbol{R}^{m\times m})$ 的特征值可以得到 $\lambda_i (i=1,2,\cdots,m)$，求出所有特征值之和 λ 并将特征值 $\lambda_i (i=1,2,\cdots,m)$ 按照降序的顺序排序。以 $\ln(\lambda_i/\lambda)-i$ 为坐标作仿真图形，该图称为主分量谱图。如果主分量谱图显示的是一条斜率为负的近似直线，这说明该信号具有非线性特性。本节选用 CASIA 情感语音数据库中发音为“国际进行合作”语音信号，采用主分量分析法分析了“高兴”情感语音信号的主分量谱，仿真

结果如图 6-3 所示。

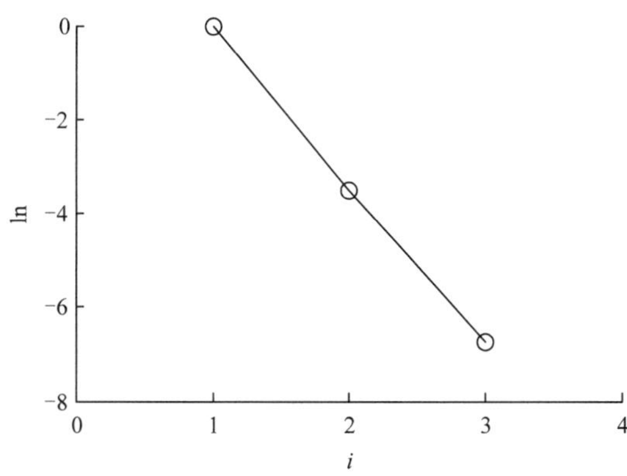

图 6-3　情感语音信号 PCA 谱分析

从图 6-3 中可以看出，该协方差矩阵计算得到三个特征向量（$i=1,2,3$），通过计算得到 $\ln(\lambda_i/\lambda)$ 值在图中呈现一条斜率为负的近似直线，因此可以说明情感语音信号是具有非线性特性的。

6.2.3　相空间重构

相空间重构又称动力学重建，即将一维的时间序列重构出原始系统对应的相空间结构。相是一种状态，即用来形容系统在某一时刻所对应的状态，而相空间是指决定该状态的几何空间。

“吸引子”一词于 1971 年被 Ruelle 和 Takens 首次提出，吸引子是建立在动力系统的运动轨迹基础之上，用来描述系统将其轨道吸引之后最终固定到某一终态或其对应模式的一种载体。吸引子具有如下特点：一切运动都倾向趋于吸引子，吸引子之间留有空隙，运动轨迹不具有周期性。

对于具有混沌特性的时间序列而言，可以根据一个变量的时间序列重构得到系统的相空间，即为相空间重构。这是因为其本身包含有整个系统中的全部变量信息。因此，相空间重构的目的是把决定时间序列的吸引子从低维空间映射至高维空间，从而恢复原系统的完整信息。

相空间重构[9]是计算具有非线性特性的时间序列特征量的前提，这些特征量包括最大 Lyapunov 指数、Kolmogorov 熵以及关联维数。给定一维时间序列 $[x(1),x(2),\cdots,x(N)]$，通过选取合适重构参数（时间延迟 τ 和嵌入维数 m），就可以实现高维空间重构。重构后的序列表达式为 $\boldsymbol{X}_i=[x(i),x(i+1),\cdots,x(i+(m-1)\times\tau)],i=1,2,\cdots,N-(m-1)\times\tau$。根据 Taken’s 嵌入定理[10]，只要嵌入维数 m 合适就可以使得重构的高维相空间与原始空间等价。高维相空间的意义在于可以将信号的内部结构扩张开来，在高维空间下通过对信号的演化轨迹进行测量和预测就可以得到该信号的定性性质。情感语音信号经过采样后变成了一维离散信号，将此离散信号看作一维时间序列，就可以采用非线性动力学模型来分析情感语音信号的非线性特性。下面将分别介绍时间延迟参数 τ 和嵌入维数 m 的求解方法。

1. 时间延迟参数 τ

关于延迟参数 τ 的选取常用的方法有自相关函数法和平均互信息量函数法。本章节将对上述两种方法的求解过程进行详细介绍。

1）自相关函数法

自相关函数法[1]主要是计算时间序列相邻时刻的线性相关性。给定一维的时间序列后，计算序列的自相关函数并作该函数关于时间函数的图形。当函数值下降到初始值的 $1-1/e$ 时，对应的时间 t 就是时间延迟 τ。其中自相关函数的定义如下：

对于连续变量 $x(t)$，其自相关函数定义为

$$C(\tau)=\lim_{T\to\infty}\frac{1}{T}\int_{-T/2}^{T/2}x(t)x(t+\tau)\mathrm{d}t \tag{6-3}$$

式中，τ 是时间的间隔值，表示两个离散时刻运动的相互关联程度。

对于非线性时间序列 $[x(1),x(2),\cdots,x(N)]$，其自相关函数为

$$R_{xx}(j\tau)=\frac{1}{N}\sum_{i=0}^{N-1}x_i x_{i+j\tau} \tag{6-4}$$

2）平均互信息量函数法

平均互信息量函数法[1]是由 Shaw 首次提出的用于计算相空间重构时间延迟参数的方法，主要通过计算时间序列在若干间隔时刻的互信息量来寻找合适的延迟时间参数值，当互信息量第一次达到最小值时，对应的时间间隔就是该序列最小延迟时间。

已知情感信号 $[x(1),x(2),\cdots,x(N)]$，利用互信息函数求解不同时间间隔时对应的情感语音信号 $x(i)$ 与 $x(j)$ 的互信息量。当互信息量达到最小时，两个变量之间的相关性最小，此时对应的时间间隔即为最小延迟时间 τ。选择平均互信息法（mutual information，MI）计算最小延迟时间 τ：

$$I(\tau)=-\sum_{i,j}p_{i,j}(\tau)\ln\left[\frac{p_{i,j}(\tau)}{p_i p_j(\tau)}\right] \tag{6-5}$$

式中，p_i 和 p_j 分别表示序列幅值分别落在第 i 和第 j 段内的概率；$p_{i,j}$ 表示间隔时间为 τ 的序列前后两点幅值分别同时落在第 i 和第 j 段内的联合概率。得到的互信息函数 $I(\tau)$ 曲线上第一个局部最小值所对应的时刻即为最小延迟时间，它量化了两个离散变量之间的无序性。

2. 嵌入维数 m

实际应用中计算最小嵌入维数的常用方法是邻接误差法（false nearest neighbors method，FNN）[7]，计算公式如下：

$$r_i=\frac{\left\|X_{j+1}-X_{i+1}\right\|}{\left\|X_j-X_i\right\|} \tag{6-6}$$

式中，X_i、X_j、X_{i+1} 和 X_{j+1} 分别表示相空间上的状态点；r_i 表示点 X_{j+1} 到 X_{i+1} 相对于 X_j 到 X_i 的距离比。如果 r_i 大于阈值 r，则点 X_j 就当作是 X_i 的一个相邻误差点。重复计算

所有的点，当嵌入维数合适时，相邻误差点的个数趋于零或者为零时，对应的 m 值就是嵌入维数。

本节选用 CASIA 情感语音数据库中发音为“国际进行合作”语音信号，采用邻接误差法对“高兴”情感语音信号实现仿真求解嵌入维数，图 6-4 给出了该情感语音信号最小嵌入维数 m 的选择。从图 6-4 中可以看出，当嵌入维数 $m \geqslant 3$ 时，相邻误差点数趋近于零，因此该语音信号的嵌入维数 $m=3$ 。

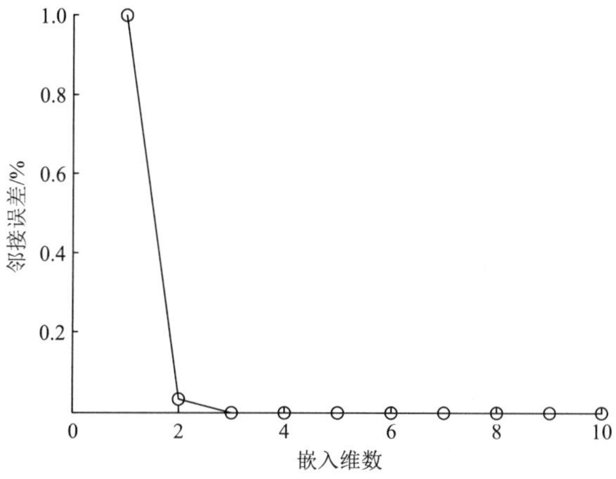

图 6-4　邻接误差法求最小嵌入维数

3. C-C 方法

实际中，由于互信息法计算量较大，因此，选择 C-C 方法[1]，计算量相对较小的同时，能更方便地计算两个参数并选择，该方法应用关联积分能同时算出 m 和 τ 。

（1）将时间序列 $\{x_i, i=1,2,\cdots,N\}$ 分成 t 个时间子序列，长度均为 $\frac{N}{t}$,形式为 $\{(x_i, x_{i+t}, x_{i+2t}, \cdots), i=1,2,\cdots,t\}$ 。

（2）定义每个子序列 $S_{(m,N,r,t)}$ ，即

$$S_{(m,N,r,t)} = \frac{1}{t}\sum_{s=1}^{t}\left[C(m,r)-C(1,r)\right] \tag{6-7}$$

式中， $C(m,r)$ 为关联积分函数。

$$C(m,r) = \frac{1}{M(M-1)} \times \sum_{i,j=1}^{M} H\left(r-\left\|X_i - X_j\right\|\right) \tag{6-8}$$

上式中 M 为相空间中的总点数，表示为： $M = N-(m-1)\tau$ ； $\left\|X_i - X_j\right\|$ 为相空间中两矢量距离的最大值，表示为： $\left\|X_i - X_j\right\| = \max\limits_{1\leqslant k\leqslant m}\left|x_{ik} - x_{jk}\right|$ ； H 为 Heaviside 阶跃函数： $H(r)=\begin{cases}1, r\geqslant 0\\ 0, r<0\end{cases}$ 。

（3）计算以下三个量：

$$S_t = \frac{1}{16}\sum_{m=2}^{5}\sum_{j=1}^{4} S_{(m,N,r_j,t)} \tag{6-9}$$

$$\Delta S_t = \frac{1}{4}\sum_{m=2}^{5} \Delta S_{(m,N,t)} \tag{6-10}$$

$$S_{\text{cor}}(t) = \Delta S_t + |S_t| \tag{6-11}$$

式中，$\Delta S_{(m,N,t)} = \max S_{(m,N,r_j,t)} - \min S_{(m,N,r_j,t)}$，$r_j = \frac{j\sigma}{2}$，$\sigma$ 为时间序列的标准方差。根据上面式子，找出第一个 S_t 零点值或第一个 ΔS_t 极小值对应的横坐标就是时间延迟 τ；寻找 $S_{\text{cor}}(t)$ 最小值即为窗口延迟时间 τ_W。由 $\tau_W = (m-1)\times\tau$ 得到嵌入维数 $m = \frac{\tau_w}{\tau} + 1$。

本节选用 CASIA 情感语音数据库中发音为“国际进行合作”语音信号，采用 C-C 法对“高兴”情感语音信号求解该情感语音信号相空间重构的参数，并最终求得嵌入维数。通过计算可得，$S(t)$ 的第一个零点对应的 t 值和 $\Delta S(t)$ 的第一个极小值对应的 t 值可以得到延迟时间 τ 为 2，$S_{\text{cor}}(t)$ 最小值对应的 t 值可以得到窗口延迟时间 t_w 为 3。由此可以得到嵌入维数为 3。

图 6-5 分别给出了不同情感语音信号的三维相空间重构示意图。语音信号选自 CASIA 情感语音数据库中发音为“国际进行合作”语音信号的“高兴”、“生气”、“悲伤”以及“害怕”四种情感。其中，延迟时间 τ 是根据 C-C 方法计算得到的。从图 6-5 中可以得到一些结论：

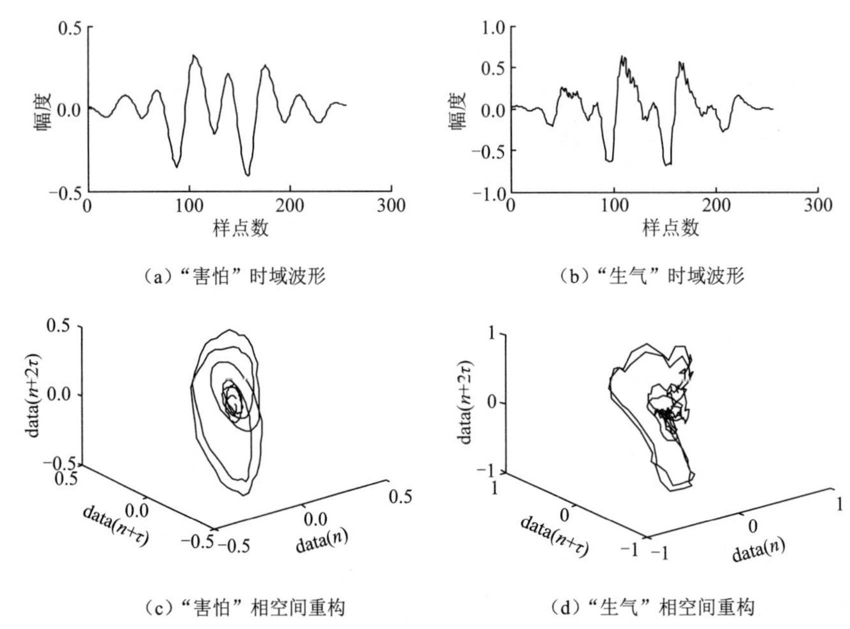

（a）“害怕”时域波形 （b）“生气”时域波形

（c）“害怕”相空间重构 （d）“生气”相空间重构

图 6-5 不同情感语音的时域波形和相空间重构

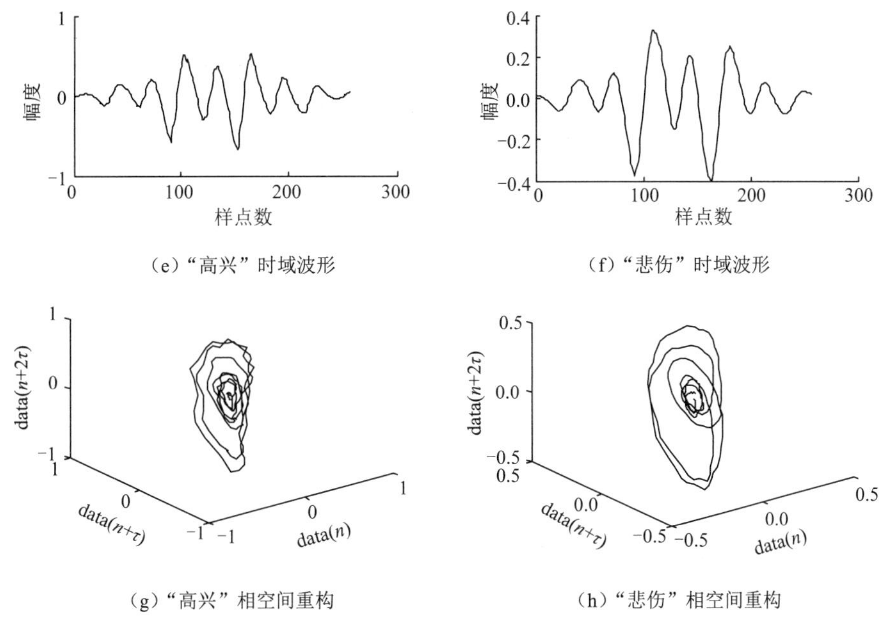

（e）“高兴”时域波形　（f）“悲伤”时域波形

（g）“高兴”相空间重构　（h）“悲伤”相空间重构

图 6-5（续）

（1）不同情感的语音信号在高维空间中具有不同的结构。

（2）“害怕”情感语音信号与“悲伤”情感语音信号在相空间中的结构相似性较高；“生气”情感语音信号在相空间中的结构与其他情感的结构具有较为明显的差异。

（3）所有情感语音信号在相空间的结构相较于一维时域波形图的结构呈现出更显著的差异。

通过上述不同方法计算一维情感语音信号相空间重构的两个参数仿真，可以看出由于情感语音信号的复杂性，不同情感语音信号经过相空间重构后，在高维空间中的结构也是不同的。在实际的语音信号处理中，需要先选择合适的空间重构参数，才可以将不同情感语音信号在高维空间中完整地扩展开来，也为进一步提取非线性特征提供了理论基础。

6.3　非线性属性特征分析研究

描述非线性属性特性的表征量从宏观层次上主要描述时间序列高维空间重构后的结构特性，主要体现在运动轨道特性和运动趋势方面。这些特征量主要包括 Lyapunov 指数、维数和熵等。本节着重研究了最大 Lyapunov 指数、关联维数、Hurst 指数和 Kolmogorov 熵的原理，并针对情感语音信号的上述四种特征进行了实验仿真，论证了关联维数、Kolmogorov 熵、最大 Lyapunov 指数和 Hurst 指数四个特征量可以有效地区分语音情感。

6.3.1　关联维数

关联维数是非线性动力学的一种非线性表征量，用来描述高维空间语音动力学模型系统自相似结构，对结构的复杂度可以给出定量的比较。结构越复杂，对应的关联维数值也越大。关联维数描述了高维空间下时间序列自身的结构相似性。本文使用 G-P 算法[11]实现关联维数的计算和仿真。算法计算过程如下：

（1）利用式（6-8）计算关联积分 $C(m,r)$ 获取 $C(m,r) \sim r$ 曲线。

（2）G-P 算法推算出可以通过关联积分函数来计算得到关联维数 $D(m)$，计算表达式为

$$D(m)=\frac{\ln C(m,r)}{\ln r} \tag{6-12}$$

作 $\ln C(m,r) \to \ln r$ 曲线图，取近似直线部分，通过最小二乘直线拟合计算直线部分的斜率就是关联维数 D。

本节选用 CASIA 情感语音数据库中发音为“国际进行合作”语音信号，采用 G-P 算法对“高兴”情感语音信号实现仿真得到该语音的关联维数，得到如图 6-6 所示的 $\ln C(m,r) \to \ln r$ 曲线图。从图 6-6 中可以看到，随着嵌入维数的递增（m 从 1 变化到 10），斜率逐渐不再变化。此时，对应的斜率即为关联维数。

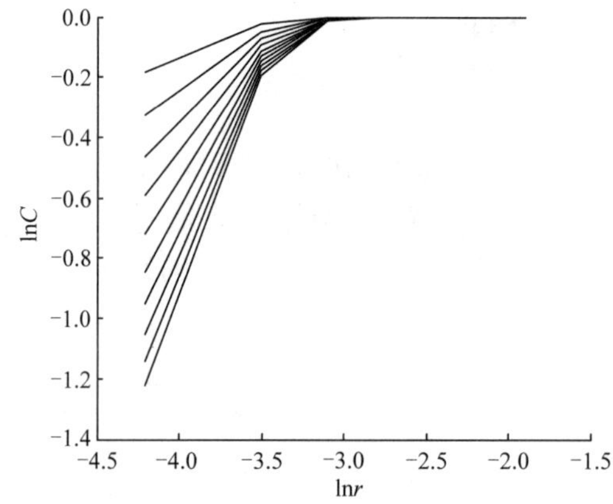

图 6-6 G-P 算法求解关联维数

6.3.2 Kolmogorov 熵

熵最早是由物理学家 Clausius 提出的概念，用于描述能量在状态空间中分布的均匀程度[1]。针对系统而言，熵可以当作一种表示物质系统状态的度量，描述系统的不确定性程度。熵值越大，说明系统的无序程度越高，以及系统的内部结构和运动状态是不确定、无规则的；反之，熵值越小，说明系统有序性高且具有规则的运动状态。其中，著名的香农熵就描述了一个信息系统的平均信息量，即系统的平均不确定程度。

Kolmogorov 熵（缩写为 K）是在香农熵的基础上，精确化的描述时间序列分布概率混乱程度的物理量。Grassberger 和 Procaccia 提出的 G-P 算法计算关联维数方法的同时，也论证了可以用 K_2 熵逼近 K 熵的思想来求得 K 熵[11]。K_2 熵与关联积分函数 $C(m,r)$ 存在关系为

$$K_2=\frac{1}{m\tau}\log_2\frac{C(m,r)}{C(m+1,r)} \tag{6-13}$$

由式（6-13）计算得到的 K_2 熵就是 Kolmogorov 熵。

6.3.3　最大 Lyapunov 指数

Lyapunov 指数量化了高维空间下时间序列内部的轨道运行状态。最大 Lyapunov 指数（largest Lyapunov exponent，LLE）λ_1 表示轨道收敛或者发散的快慢程度。当 $\lambda_1>0$ 且 λ_1 值越大意味着该时间序列在高维空间中轨道演化发散的速率越大，序列的非线性程度也越大。计算最大 Lyapunov 指数的方法主要有 Wolf 方法和小数据量方法。由于小数据量方法操作简单，计算复杂度低，也同样适用于无噪声时间序列，而且本书使用的情感语音信号均采用录制方式获得，音质纯净。综上原因，本节选用小数据量方法计算 LLE。其流程图如图 6-7 所示。小数据量方法[12]是 Rosenstein 等提出的用于计算单变量的时间序列 Lyapunov 指数的方法，仍然是以一维时间序列重构相空间的基础。

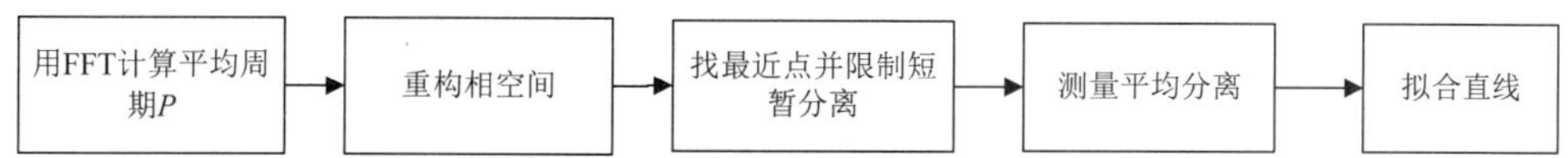

图 6-7　小数据量方法流程图

（1）给定时间序列 $\{x_i, i=1,2,3,\cdots,N\}$，先进行 FFT 变换得到平均周期 P;

（2）采用 C-C 法计算该时间序列的相空间重构的参数;

（3）对该时间序列 $\{x_i, i=1,2,3,\cdots,N\}$ 进行重构相空间，重构后得到高维空间下的时间序列表达式为 $\boldsymbol{X}_i=[x(i),x(i+1),\cdots,x(i+(m-1)\times t)], i=1,2,\cdots,N-(m-1)\times\tau$。寻找一个高维空间下的每个点 X_i 及其相对应的最近邻点 $X_{i'}$。定义 $d_i(0)$ 为第 i 点到与对应的最近点 $X_{i'}$ 的距离为

$$d_i(0)=\|X_i-X_{i'}\|, |i-i'|>P \tag{6-14}$$

（4）追踪相空间中每个点 X_i 及其对应的邻近点 $X_{i'}$ 的时间演化，并计算出在 n 个单位时间后的每对相邻点的距离：

$$d_i(n)=|\boldsymbol{X}_{i+n}-\boldsymbol{X}_{i'+n}|,\quad n=1,2,\cdots,\min(M-i,M-i') \tag{6-15}$$

（5）假设邻域最近点的运动轨道是以 λ_1 的指数倍的速率发散，可以得到：

$$d_i(n)=d_i(0)\exp(\lambda_1 nT_s) \tag{6-16}$$

式中，T_s 为采样周期。对式（6-16）两边同时取对数得到

$$\ln d_i(n)=\ln d_i(0)+(\lambda_1 nT_s) \tag{6-17}$$

计算高维空间中时间序列的所有相邻点对的点间距离，对点间距离进行对数差运算后取其平均值，可以得到：

$$\text{aver}\lambda(n)=\frac{1}{qT_s}\sum_{i=1}^{q}[\ln d_i(n)-\ln d_i(0)] \tag{6-18}$$

式中，q 是 $d_j(i)\neq 0$ 的个数。通过最小直线二乘法拟合近似得到

$$\lambda_1=\frac{1}{\sum_{n=1}^{\min(\mathrm{M}-i,M-i')} n^2}\sum_{n=1}^{\min(\mathrm{M}-i,M-i')}[n\lambda(n)] \tag{6-19}$$

6.3.4 Hurst 指数

Hurst 指数（缩写为 H ）最早是由水文学家 Hurst 提出的，它可以衡量时间序列的长期记忆性，被广泛用于数据的非线性分析中[13]。它可以通过计算时间序列前后离散时刻的相关性来预测演化趋势。Hurst 指数取值范围为 0～1，有三种形式：如果 $H>0.5$ 表示时间序列前后离散时刻的关联性较大；如果 $H<0.5$ 表示时间序列无自相关性，如果 $H=0.5$ 表示时间序列具有随机性。常用于计算 Hurst 指数的方法是重标极差法（the rescaled-range，R/S）[13]，计算方法如下：

（1）将一维时间序列 $\left[x(1),x(2),\cdots,x(N)\right]$ 分成长度为 n 相邻子序列 A ，即 $n\times A=N$ ；

（2）计算 n 个子序列的累积离差 $X_{r,A}$ 与标准差 S_n ：

$$X_{r,A}=\sum_{i=1}^{n}(x_{i,A}-x_m) \tag{6-20}$$

$$S_n=\sqrt{\sum_{i=1}^{n}(x_i-x_m)^2/n} \tag{6-21}$$

式中， $x_m=(x_1+\cdots+x_n)/n$ 为每个子序列的均值。

（3）计算 n 个子序列的重标极差 R_n/S_n 求得 Hurst 指数：

$$R_n/S_n=Cn^H \tag{6-22}$$

式中， $R_n=\max(X_{r,A})-\min(X_{r,A})$ ； H 为 Hurst 指数；C 为常数。

不同情感的离散语音信号前后时刻的变化也不相同。比如，表达“愤怒”情感时，说话人语句前后的情感变化起伏较大。表达“高兴”情感时，说话人的语句前后情感幅度差值小，相关性高。尤其是在用平静心态表达言语时，语句前后的变化性更低。因此，本节选用描述时间序列前后时刻相关性的 Hurst 指数特征作为语音信号的情感特征之一。

从图 6-8 的仿真结果可以得出，不同情感语音信号对应的 ln*n*-lnRS 曲线对应的 Hurst 指数不同。说明当语音信号的情感状态不同时，Hurst 指数也不相同。因此，可将 Hurst 指数作为区分情感的非线性属性特征之一。

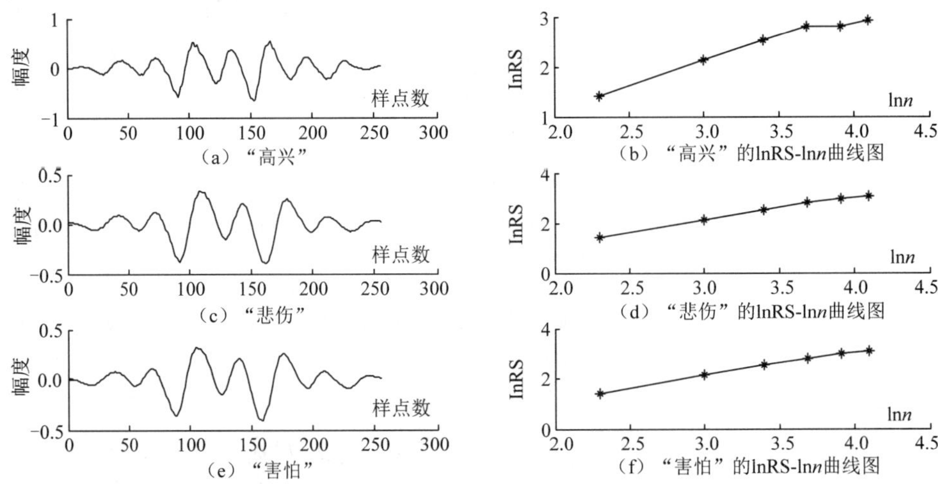

图 6-8 不同情感语音时域波形和 Hurst 指数

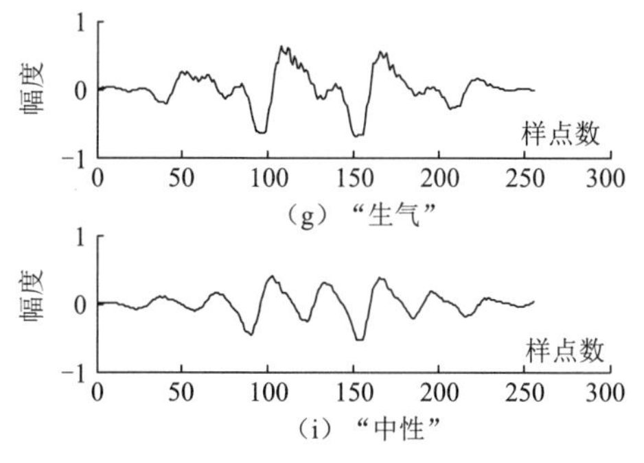

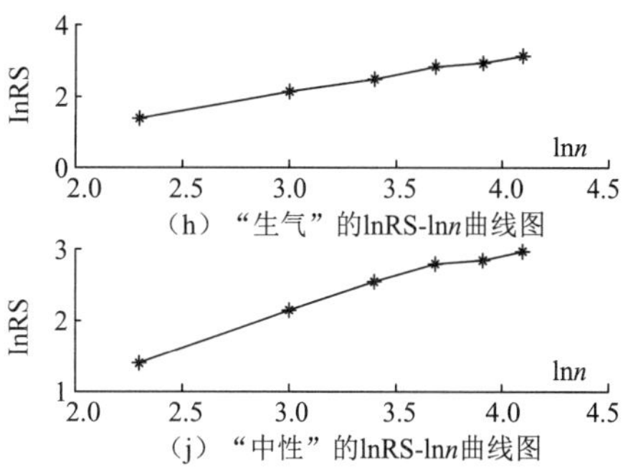

图 6-8（续）

6.3.5　基于非线性属性特征的语音情感识别实验

1. 最小延迟时间特征在语音情感识别中的应用

为了验证最小延迟时间特征是否可以区分语音情感，设计实验将最小延迟时间特征单独作为支持向量机的输入从而得到识别结果。识别结果见表 6-1。

表 6-1　最小延迟时间在 EMO-DB 中的识别率　（%）

情感状态	中性	愤怒	高兴	悲伤
中性	**76.92**	0.00	15.38	7.70
愤怒	0.00	**85.19**	14.81	0.00
高兴	4.17	37.50	**58.33**	0.00
悲伤	10.00	00.00	0.00	**90.00**

从表 6-1 可以看出，最小延迟时间特征针对 EMO-DB 中四种情感的平均识别率达到 77.61%，识别性能较好。从单独情感的识别率来看，“悲伤”情感的识别率为 90.00%，识别率最高；“高兴”情感的识别率最低，仅为 58.33%。从这两种情感的误判率可以看出，最小延迟时间特征针对“愤怒”和“高兴”两种情感之间的判别较为模糊。但是针对“中性”与“愤怒”、“愤怒”与“悲伤”的两两情感之间的判别效果明显。因此，最小延迟时间特征可以作为语音信号情感区分的特征。

2. 关联维数特征在语音情感识别中的应用

为了验证关联维数特征是否可以区分语音情感，设计实验将关联维数特征单独作为支持向量机的输入从而得到识别结果。识别结果见表 6-2。

表 6-2　关联维数在 EMO-DB 中的识别率　（%）

情感状态	中性	愤怒	高兴	悲伤
中性	**69.23**	11.54	19.23	0.00
愤怒	7.41	**77.78**	14.81	0.00

续表

情感状态	中性	愤怒	高兴	悲伤
高兴	12.50	20.83	**66.67**	0.00
悲伤	20.00	0.00	0.00	**80.00**

表 6-2 显示，关联维数特征针对 EMO-DB 四种情感的平均识别率为 73.42%。单独的语音情感识别中最低的“高兴”情感识别率达到 66.67%，最高的“悲伤”情感识别率达到 80.00%。从不同情感的误判率来看，关联维数可以明显区分“悲伤”与“愤怒”、“高兴”。但是从其他情感的误判率来看，仍没有达到最为理想的效果。从“愤怒”情感的误判率来看，27 句测试语句中有 4 句被判断为“高兴”情感；从“高兴”情感的误判率来看，24 句测试语句中有 5 句被判断为“愤怒”。因此可以发现，该特征在区分“愤怒”与“高兴”情感是存在一定的误差的。综合分析，关联维数特征可以作为语音信号情感区分的有效特征。

3. Kolmogorov 熵特征在语音情感识别中的应用

为了验证 Kolmogorov 熵特征是否可以区分语音情感，设计实验将 Kolmogorov 熵特征单独作为支持向量机的输入从而得到识别结果。识别结果见表 6-3。

表 6-3 Kolmogorov 熵在 EMO-DB 中的识别率 （%）

情感状态	中性	愤怒	高兴	悲伤
中性	**80.77**	7.69	11.54	0.00
愤怒	7.41	**81.48**	11.11	0.00
高兴	16.67	33.33	**50.00**	0.00
悲伤	25.00	0.00	0.00	**75.00**

从表 6-3 可以得到，Kolmogorov 熵特征针对 EMO-DB 中四种情感的平均识别率达到了 71.81%，识别性能较好。从单独情感的识别率来看，“愤怒”情感的识别率为 81.48%，识别结果最好；“高兴”情感的识别率仅为 50.00%，效果较差。此外，从不同情感的误判率来看，虽然“高兴”情感判断为“愤怒”的误判率没有得到改善，但是针对单独“愤怒”情感的识别率得到了提高。此外，Kolmogorov 熵特征针对“悲伤”情感与其他情感的判别仍旧体现出了较为明显的区分。综上可得，Kolmogorov 熵特征可以作为语音信号情感区分的特征。

4. 最大 Lyapunov 指数特征在语音情感识别中的应用

为了验证最大 Lyapunov 指数特征是否可以区分语音情感，设计实验将该特征单独作为支持向量机的输入从而得到识别结果。识别结果见表 6-4。

表 6-4 最大 Lyapunov 指数在 EMO-DB 中的识别率 （%）

情感状态	中性	愤怒	高兴	悲伤
中性	**84.62**	3.85	3.85	7.69

续表

情感状态	中性	愤怒	高兴	悲伤
愤怒	7.41	**81.48**	11.11	0.00
高兴	8.33	8.33	**83.33**	0.00
悲伤	15.00	0.00	0.00	**85.00**

从表 6-4 可以得到最大 Lyapunov 指数特征针对 EMO-DB 四种情感的平均识别率为 83.61%，识别性能相较于其他四类非线性属性特征达到最优。从不同情感的单独识别率来看，四类情感的识别率均在 80.00%以上，最低识别率为 81.48%。值得注意的是，针对“高兴”情感的正确识别率达到 83.33%。误判为“愤怒”情感的概率明显减小，仅为 8.33%。这说明了最大 Lyapunov 指数特征可以较为有效地区分“高兴”和“愤怒”两种情感。此外，针对“悲伤”情感与“愤怒”、“高兴”情感的区分，最大 Lyapunov 指数特征依旧体现出了优越性。因此，最大 Lyapunov 指数特征可以作为语音信号情感区分的特征。

5. Hurst 指数特征在语音情感识别中的应用

为了验证 Hurst 指数可以区分语音的不同情感，设计实验将 Hurst 指数特征单独作为识别网络的输入从而得到识别结果。识别结果见表 6-5。

表 6-5　Hurst 指数在 EMO-DB 中的识别率　（%）

情感状态	中性	愤怒	高兴	悲伤
中性	**65.38**	3.85	7.69	23.08
愤怒	0.00	**92.59**	7.41	0.00
高兴	16.67	37.50	**45.83**	0.00
悲伤	25.00	0.00	0.00	**75.00**

从表 6-5 可以得到，Hurst 指数特征针对 EMO-DB 四种情感的平均识别率达到 69.70%。从单独情感的识别率来看，“愤怒”情感的识别率为 92.59%，识别效果最好，但是“高兴”情感的识别率仅为 45.83%，性能不理想。从这两种情感的误判率可以看出，Hurst 指数针对“愤怒”和“高兴”两种情感的判别较为模糊。此外，需要值得注意的是，Hurst 指数针对“中性”和“悲伤”两种情感的判别也有一些模糊。总体来说，Hurst 指数可以作为语音信号情感区分的特征。

综上所述，五类特征针对四种情感的识别结果整体上较好。表 6-6 给出了五类特征整体的识别结果。总体来说，基于情感语音非线性特性提取的非线性属性特征均表现出了较好的识别结果。从平均识别结果来看，识别率最低为 69.70%，最高达到 83.61%，最大 Lyapunov 指数特征性能最优。从每个特征的识别结果来看，5 类特征针对“悲伤”情感与“愤怒”“高兴”情感的区分都体现出了优越性，说明非线性属性特征可以有效地区分“悲伤”情感。此外，最大 Lyapunov 指数特征作为情感识别特征可以对“高兴”与“愤怒”情感的误判情况明显改善，其他四类情感虽然整体的识别性能较好，但是将

“高兴”误判为“愤怒”的概率较大。基于以上的实验数据显示，非线性属性特征是区分不同情感的有效特征。

表 6-6 非线性属性特征在 EMO-DB 中的识别率 （%）

非线性属性特征	情感状态				平均
	中性	愤怒	高兴	悲伤	
最小延迟时间	76.92	85.19	58.33	90.00	77.61
关联维数	69.23	77.78	66.67	80.00	73.42
Kolmogorov 熵	80.77	81.48	50.00	75.00	71.81
最大 Lyapunov 指数	84.62	81.48	83.33	85.00	83.61
Hurst 指数	65.38	92.59	45.83	75.00	69.70

6. 非线性属性特征在语音情感识别中的应用

为了更好地验证非线性属性特征的识别性能，设计实验分别对 TYUT2.0 数据库和 EMO-DB 分别提取非线性属性特征、韵律特征和 MFCC 特征，使用 SVM 作为识别网络。选用上述三类特征的静态全局统计特征作为 SVM 的输入。构造特征向量时，首先提取上述特征及其相应的一阶差分，然后对这些特征进行统计函数计算。统计函数包括偏度（skewness）、峰度（kurtosis）、均值（mean）、方差（std）和中值（median）。因此，非线性属性特征、韵律特征和 MFCC 特征各自构成的特征向量分别是 50 维、48 维和 60 维。识别网络选用支持向量机，参数设定采用十倍交叉验证的方法寻优得到。表 6-7 为三类特征在单独语音库下的识别率。

表 6-7 三类特征在单独语音库下的识别率 （%）

情感状态	MFCC		韵律特征		非线性属性特征	
	TYUT2.0	EMO-DB	TYUT2.0	EMO-DB	TYUT2.0	EMO-DB
高兴	42.10	75.00	57.89	66.67	73.68	66.67
悲伤	80.00	100	50.00	95.00	60.00	95.00
愤怒	65.00	88.89	65.00	81.48	70.00	96.29
平均	62.37	87.96	57.63	81.05	67.89	85.99

从表 6-7 可以得出以下结论：

（1）针对 EMO-DB 的语音情感识别，从三类特征的平均识别率来看，非线性属性特征、韵律特征和 MFCC 特征在 EMO-DB 中的平均识别率依次为 85.99%、81.05%和 87.96%。此外，非线性属性特征的识别性能无论从平均识别结果还是单独情感识别结果方面都优于韵律特征，平均识别率高出韵律特征识别率 4.94 个百分点。但是相较于 MFCC 特征，非线性属性特征识别结果略低，识别率比 MFCC 特征低 1.97 个百分点。值得注意的是，针对“愤怒”的情感识别，非线性属性特征的识别率反而高出了 MFCC 识别率 7.40 个百分点。图 6-9 更加直观地描述了三类特征在 EMO-DB 下针对不同情感识别率对比。

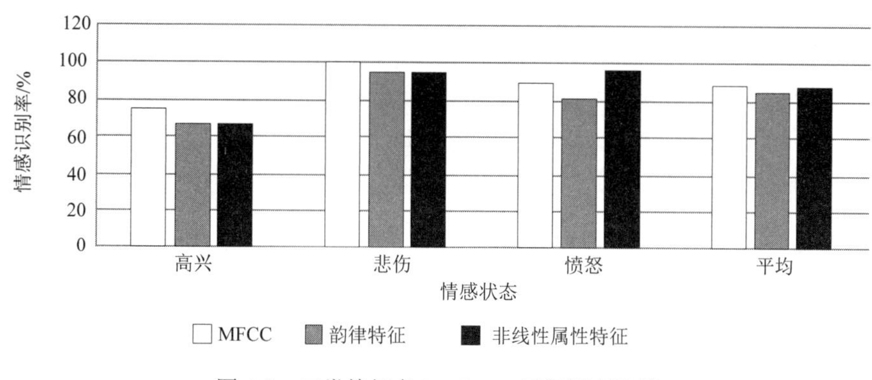

图 6-9 三类特征在 EMO-DB 下识别率比较

（2）针对 TYUT2.0 语音库的语音情感识别，非线性属性特征表现出的优势更为明显。平均识别率均高出了韵律特征和 MFCC 的识别率。具体来说，非线性属性特征的平均识别率为 67.89%，比 MFCC 特征和韵律特征的识别率分别高出了 5.52 个百分点和 10.26 个百分点，但是三类特征在 TYUT2.0 的识别率整体低于在 EMO-DB 的识别率。这与数据库建库方式的不同有关。EMO-DB 是基于表演录制型语音库，而 TYUT2.0 语音库是以截取广播剧的方式建立的，属于摘引型数据库。除此之外，EMO-DB 是定量人员的语音录制，而 TYUT2.0 语音库所截取的语音片段来自不定量人员的表达。所以，TYUT2.0 语音库相比较而言情感真实度比表演型数据库更高，表述方式更贴近现实生活中的语音。虽然两类数据库整体识别率有差距，但是三类特征在两类数据库下表现出的趋势是大致相同的。图 6-10 更加直观地描述了三类特征在 TYUT2.0 数据库中针对不同情感识别率对比。

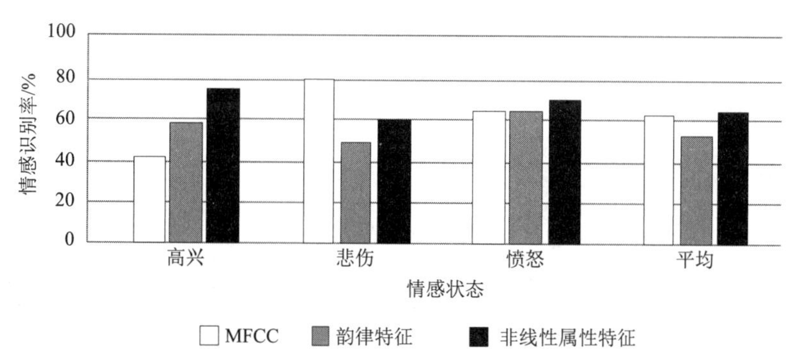

图 6-10 三类特征在 TUYUT2.0 数据库下识别率比较

（3）图 6-11 单独描述了非线性属性特征在两类数据库下的识别率对比。针对“高兴”情感识别中，非线性属性特征在 TYUT2.0 数据库中的识别结果高出 EMO-DB 的识别结果。此外，在 TYUT2.0 数据库中的三种情感识别的波动趋势较 EMO-DB 的趋势更加平稳一些，说明非线性属性特征在对实际语音的情感识别鲁棒性较好。

综上可得，非线性属性特征相较于韵律特征和 MFCC 特征具有一定的优势，得到了较为理想的识别结果。本节提出的非线性属性特征是一组区分情感的有效特征。此外，非线性属性特征在 TYUT2.0 语音库中表现出的优势更明显，而 TYUT2.0 说明该类特征对语音情感识别具有更为实际的意义。

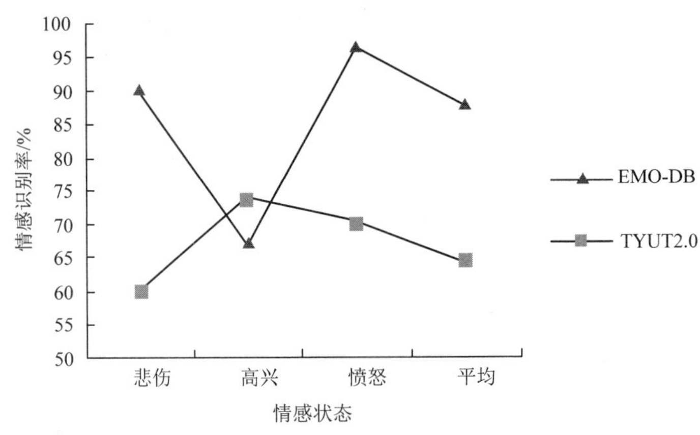

图 6-11　非线性属性特征在两类数据库下识别率比较

6.4　基于相空间重构的非线性几何特征

上节内容中主要集中于对系统状态变量进行的宏观描述，而忽略了对构成吸引子[14]运动轨迹的微观描述。为了估计嵌入维数，需要预先知道系统的分形维度。这种困难通常是通过采用假近邻技术（通过自相关函数的第一个零来估计延迟时间）或者连续嵌入更高维来解决，这在以前的研究中已经被证明是可行的[15]。因此，本节选择嵌入维数 $m=3$ 和延迟时间 $\tau=1$，并将此应用于相同的嵌入过程，从“微观”层次入手分析构成吸引子运动轨迹结构的几何指标及其变量，从而描述一维情感语音信号时间序列在重构高维相空间的非线性几何特性。

6.4.1　非线性几何特征参数提取

通过相空间重构将一维情感语音信号映射至高维空间，然后在对应的高维空间中分析相空间中吸引子运动轨迹的几何性质，从而提取该空间下基于轨迹的描述符轮廓的非线性几何特征来表征语音信号的情感差异性[16]。图 6-12 展示了“高兴”情感语音中第十帧信号时域波形及其相空间重构的三维分布图，从图 6-12（b）中任取三个连续吸引子 $\overrightarrow{a_i}$，$\overrightarrow{a_{i+1}}$，$\overrightarrow{a_{i+2}}$（$i=1,2,\cdots,N-2$，i 表示吸引子的数目）的形成轨迹来构成图 6-12（c），通过分析图 6-12（c）中的三个吸引子的形成轨迹几何分布图来直观展示相空间重构下基于轨迹的五种描述符轮廓。

通过分析基于轨迹的描述符轮廓来描述在状态空间和重构相空间内产生的吸引子图形的几何特性，其中描述符轮廓包括吸引子到形心的距离 a、吸引子形成轨迹的长度 l、吸引子形成连续轨迹之间的当前角度 θ、吸引子到标识线的距离 d 以及所有吸引子连续轨迹的总长度 S[17]。最后可以通过计算时间函数来捕获轮廓的时间信息，从而表征一维时间语音信号中的情感信息，该方法的优点是改进了在语音样本中对较小单位和较大单位的贡献建模能力。使用的 19 个时域函数从基本统计函数中得到，图 6-13 为非线性几何特征的提取过程框图。

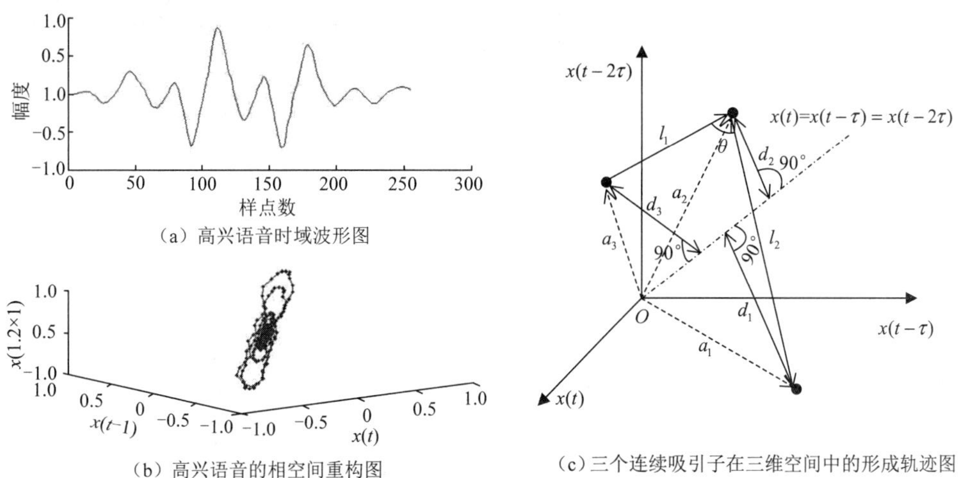

（a）高兴语音时域波形图

（b）高兴语音的相空间重构图

（c）三个连续吸引子在三维空间中的形成轨迹图

图 6-12　连续吸引子在三维空间中的形成轨迹图

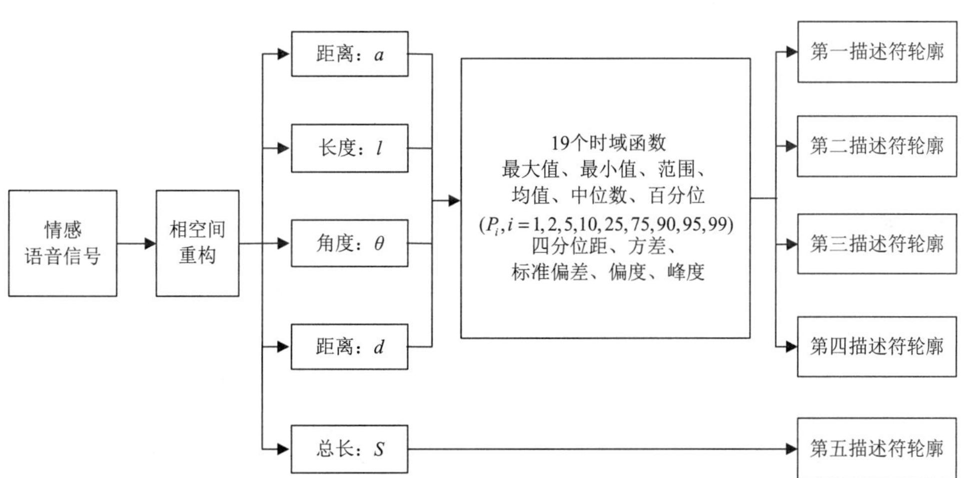

图 6-13　非线几何特征的提取过程框图

（1）第一描述符轮廓：吸引子到圆心的距离表示为 $\overline{a}=\left[\left|\overrightarrow{a_1}\right|,\left|\overrightarrow{a_2}\right|,\cdots,\left|\overrightarrow{a_N}\right|\right]$。

$$\left|\overrightarrow{a_i}\right|=\sqrt{a_i^{\ 2}+\left(a_i+\tau_i\right)^2+\left(a_i+2\tau_i\right)^2} \tag{6-23}$$

式中，三维空间下吸引子 $\overrightarrow{a_i}=\left(a_i,a_i+\tau_i,a_i+2\tau_i\right)$。

（2）第二描述符轮廓：吸引子之间的连续轨迹长度表示为 $\overline{l}=\left[\left|\overrightarrow{l_1}\right|,\left|\overrightarrow{l_2}\right|,\cdots,\left|\overrightarrow{l_{N-1}}\right|\right]$。

$$\left|\overrightarrow{l_i}\right|=\left|\overrightarrow{a_{i+1}}-\overrightarrow{a_i}\right| \tag{6-24}$$

（3）第三描述符轮廓：吸引子之间的连续轨迹夹角表示为 $\overline{\theta}=\left[\theta_1,\theta_2,\cdots,\theta_{N-2}\right]$。

$$\theta_i = \frac{\left(\overrightarrow{a_i} - \overrightarrow{a_{i+1}}\right) \cdot \left(\overrightarrow{a_{i+1}} - \overrightarrow{a_{i+2}}\right)}{\left|\overrightarrow{l_i}\right|\left|\overrightarrow{l_{i+1}}\right|} \tag{6-25}$$

（4）第四描述符轮廓：吸引子到标识线的距离表示为$\overline{d} = \left[d_1, d_2, \cdots, d_N\right]$。

$$d_i = \frac{(1,1,1) \otimes \left(a_i, a_i + \tau_i, a_i + 2\tau_i\right)}{\sqrt{3}} \tag{6-26}$$

（5）第五描述符轮廓：吸引子连续轨迹总长度S。

$$S = \sum_{i=1}^{N} \left|a_i\right| \tag{6-27}$$

6.4.2 基于五种描述符轮廓的语音情感识别实验

1. 第一描述符轮廓特征参数的仿真实验

为了验证基于相空间重构下第一描述符轮廓在区分情感状态上的有效性，设计实验将第一描述符轮廓单独用于 EMO-DB 中四种典型情感的识别，识别结果见表 6-8。

表 6-8 基于第一描述符轮廓的 EMO-DB 语音情感识别混淆矩阵 （%）

情感状态	高兴	悲伤	中性	生气
高兴	**50.00**	0.00	20.83	29.17
悲伤	10.00	**65.00**	25.00	0.00
中性	15.38	11.54	**57.69**	15.38
生气	14.81	0.00	3.71	**81.48**

由表 6-8 的情感混淆矩阵可以看出，第一描述符轮廓在 EMO-DB 中四种基本情感平均识别率达到 63.54%。从单一的情感识别结果来看，“生气”的识别率最高，达 81.48%，而“高兴”的识别率只有 50.00%。从误判的角度分析，被误判为“悲伤”的概率极小，其中“悲伤”与“生气”之间不会存在误判。因此可以发现，该特征可以较好地区分出“生气”情感，这是因为“生气”情感的吸引子分布较发散，表征特征信息较明显。综合分析，第一描述符轮廓可以作为区分语音情感状态的有效特征。

2. 第二描述符轮廓特征参数的仿真实验

为了验证基于相空间重构下第二描述符轮廓在区分情感状态上的有效性，设计实验将第二描述符轮廓单独用于 EMO-DB 中四种典型情感的识别，识别结果见表 6-9。

表 6-9 基于第二描述符轮廓的 EMO-DB 语音情感识别混淆矩阵 （%）

情感状态	高兴	悲伤	中性	生气
高兴	**33.34**	0.00	20.83	45.83
悲伤	10.00	**70.00**	20.00	0.00
中性	11.54	3.85	**80.77**	3.85
生气	11.11	7.41	0.00	**81.48**

由表 6-9 的情感混淆矩阵可以看出，第二描述符轮廓在 EMO-DB 中四种基本情感平均识别率达到 66.40%。从单一情感识别的效果来看，“中性”与“生气”两类情感状态的识别效果都较好，均在 80.00%以上，但“高兴”的识别率只有 33.34%。从误判的角度分析，24 句“高兴”测试语句中只有 8 句正确识别，而有 11 句被误判为“生气”，这是因为这两类情感都属于情感强度较强的情感，其表征的吸引子轨迹相对较发散进而吸引子之间的连续轨迹长度较相似造成的。“生气”与“中性”、“悲伤”与“生气”情感之间的误判率较低，可以做到较好的区分。因此，第二描述符轮廓能够作为区分语音信号的有效情感特征。

3. 第三描述符轮廓特征参数的仿真实验

为了验证基于相空间重构下第三描述符轮廓在区分情感状态上的有效性，设计实验将第三描述符轮廓单独用于 EMO-DB 中四种典型情感的识别，识别结果见表 6-10。

表 6-10　基于第三描述符轮廓的 EMO-DB 语音情感混淆矩阵　(%)

情感状态	高兴	悲伤	中性	生气
高兴	**58.33**	0.00	16.67	25.00
悲伤	5.00	**60.00**	25.00	10.00
中性	11.54	0.00	**73.08**	15.38
生气	7.41	0.00	18.52	**74.07**

由表 6-10 的情感混淆矩阵可以看出，第三描述符轮廓在 EMO-DB 中四种基本情感平均识别率达 66.37%。从单一情感识别的效果来看，“生气”情感状态的识别效果最好，达到 74.07%，而“高兴”的识别率仅有 58.33%。从误判的层次分析，“悲伤”的大多数误判发生在“中性”情感状态上，高达 25%，这是因为“悲伤”与“中性”情感重构相空间下的吸引子分布相对收缩，连续轨迹之间的夹角较小，彰显的信息相类似，但“高兴”、“中性”和“生气”都不会被误判为“悲伤”。综合分析，第三描述符轮廓能够作为区分语音信号的有效情感特征。

4. 第四描述符轮廓特征参数的仿真实验

为了验证基于相空间重构下第四描述符轮廓在区分情感状态上的有效性，设计实验将第四描述符轮廓单独用于 EMO-DB 中四种典型情感的识别，识别结果见表 6-11。

表 6-11　基于第四描述符轮廓的 EMO-DB 语音情感识别混淆矩阵　(%)

情感状态	高兴	悲伤	中性	生气
高兴	**37.50**	0.00	29.17	33.33
悲伤	5.00	**90.00**	0.00	5.00
中性	19.23	0.00	**76.92**	3.85
生气	33.33	0.00	0.00	**66.67**

由表 6-11 的情感混淆矩阵可以看出，第四描述符轮廓在 EMO-DB 中四种基本情感平均识别率达到 67.77%。从单一情感识别的效果来看，“悲伤”情感状态的识别效果最

好，识别率达到 90.00%，但“高兴”的识别率只有 37.50%。从误判的层次分析，“高兴”与“生气”两类情感之间容易存在较高的误判概率，原因是这两种情感重构相空间下吸引子分布较发散，其吸引子到标识线的距离表征的信息相类似。“高兴”、“中性”和“生气”这三种情感在“悲伤”情感上的误判率均为零，并且“悲伤”与“中性”两类情感状态之间均不会发生误判，即两者可以较好地区分开来。综合分析，第四描述符轮廓能够作为区分语音信号的有效情感特征。

5. 第五描述符轮廓特征参数的仿真实验

为了验证基于相空间重构下第五描述符轮廓在区分情感状态上的有效性，设计实验将第五描述符轮廓单独用于 EMO-DB 中四种典型情感的识别，识别结果见表 6-12。

表 6-12　基于第五描述符轮廓的 EMO-DB 语音情感识别混淆矩阵　（%）

情感状态	高兴	悲伤	中性	生气
高兴	**37.50**	8.33	25.00	29.17
悲伤	0.00	**65.00**	20.00	15.00
中性	0.00	3.85	**65.38**	30.77
生气	0.00	7.41	22.22	**70.37**

由表 6-12 的情感混淆矩阵可以看出，第五描述符轮廓在 EMO-DB 中四种基本情感平均识别率达到 59.56%。从单一情感识别的效果来看，“生气”情感状态的识别效果最好，识别率为 70.37%，而“高兴”的识别率只有 37.50%。从误判的角度分析，“中性”与“生气”两类情感状态多被误判，这是因为第五描述符轮廓是对吸引子运动轨迹的路线的描述，该类特征在几何结构上稍显不足，但“悲伤”“中性”“生气”三类情感的误判均不会发生在“高兴”上，因此可以在“悲伤”情感中区分出这三类情感。综合分析，第五描述符轮廓能够作为区分语音信号的情感特征。

综上所述，五种描述符轮廓单独对 EMO-DB 中的四种基本情感进行识别时，均表现出了不同的优势。图 6-14 直观地展示了上述五种描述符轮廓的识别效果。从情感类

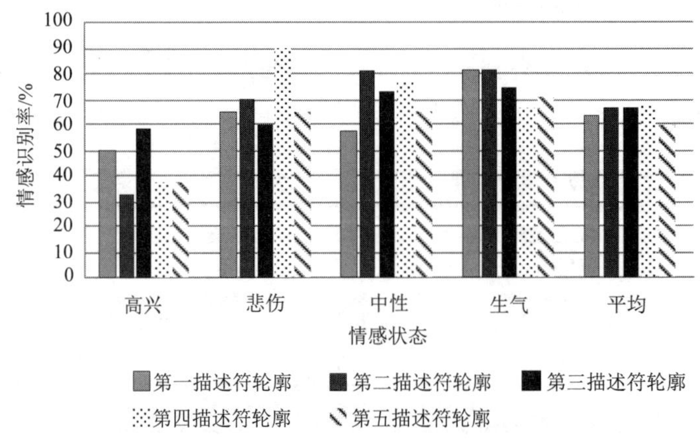

图 6-14　基于五种描述符轮廓的 EMO-DB 语音识别对比图

别的角度来看，基于轨迹的五种描述符轮廓在“生气”情感上的识别都取得了较为理想的效果，而对“高兴”情感的识别则还稍显不足，这与情感语音对应的重构相空间分布存在一定的关系。从特征的角度来看，第二描述符轮廓与第三描述符轮廓特征表征的情感信息较丰富，取得了较好的识别效果，而第五描述符轮廓特征的识别性能相对较差，这与特征维数和特征表征属性有一定的关系，吸引子轨迹总长只是对吸引子运动轨迹路程的描述，且维数较少，但该特征却能很好地区分“生气”情感。综合分析，非线性几何特征可以作为表征语音信号情感信息的有效特征。

6.4.3 基于非线性几何特征的语音情感识别实验

为了验证基于相空间重构下非线性几何特征在区分情感状态上的有效性，设计实验将非线性几何特征用于 EMO-DB 中四种典型情感的识别，识别结果见表 6-13。

表 6-13 基于非线性几何特征的 EMO-DB 语音情感识别结果 （%）

情感状态	高兴	悲伤	中性	生气
高兴	**54.17**	0.00	8.33	37.50
悲伤	0.00	**85.00**	15.00	0.00
中性	0.00	11.54	**84.62**	3.85
生气	14.82	0.00	0.00	**85.18**

由表 6-13 的情感混淆矩阵可以得出，非线性几何特征对 EMO-DB 中四种基本情感平均识别率为 77.24%。从单独情感的识别结果来看，“生气”的情感识别最高，达到 85.18%，而“高兴”的识别率只有 54.17%，其中“高兴”的误判多发生在“生气”的情感状态上，这是因为“高兴”和“生气”都属于情感强度较高的情感，其中这两类情感的重构相空间分布存在相似之处。从误判的角度来看，“高兴”与“生气”之间容易发生误判，“悲伤”与“中性”之间容易发生误判，除此之外的情感两两之间却很少发生误判。因此，非线性几何特征在情感强度差异较大的情感上有较好的区别度。

综合五种描述符轮廓特征和非线性几何特征的识别结果，见表 6-14。

表 6-14 基于非线性几何特征及其子集的 EMO-DB 语音情感识别结果 （%）

实验编号	情感特征参数	EMO-DB				平均识别率
		高兴	悲伤	中性	生气	
1	第一描述符轮廓	50.00	65.00	57.69	81.48	63.54
2	第二描述符轮廓	33.34	70.00	80.77	81.48	66.40
3	第三描述符轮廓	**58.33**	60.00	73.08	74.07	66.37
4	第四描述符轮廓	37.50	**90.00**	76.92	66.67	67.77
5	第五描述符轮廓	37.50	65.00	65.38	70.37	59.56
6	非线性几何特征	54.17	85.00	**84.62**	**85.18**	77.24

从表 6-14 可以看出，从单一情感的识别结果来看，第三描述符轮廓对“高兴”情

感识别效果最好，识别率达到 58.33%，第四描述符轮廓对“悲伤”的识别效果最好，识别率达到 90.00%，而非线性几何分别在“中性”和“生气”上达到了最优识别效果，识别率分别是 84.61%和 85.18%。从平均识别率来看，非线性几何特征的识别率最高，可达 77.24%。由此，可以发现，五种描述符轮廓进行线性特征集融合之后，原先单一描述符轮廓在单一情感识别上表现的优势会被削弱，但平均识别率会有所提高。

为对非线性几何特征在区分情感状态能力的优劣做出进一步的判断，选取与 6.4 节所述的非线性几何特征相同的训练与测试语句，采用上文中提取的韵律特征、音质特征、MFCC 特征、非线性属性特征与非线性几何特征进行五组对比实验，对比结果见表 6-15。

表 6-15　基于五种不同特征的 EMO-DB 语音情感识别结果对比　（%）

实验编号	情感特征参数	EMO-DB				平均识别率
		高兴	悲伤	中性	生气	
1	韵律特征	62.50	60.00	61.54	74.07	64.53
2	音质特征	50.00	40.00	57.69	70.37	54.52
3	MFCC 特征	54.17	85.00	92.31	88.89	80.09
4	非线性属性特征	62.50	55.00	88.46	81.48	71.86
5	非线性几何特征	54.17	85.00	84.62	85.18	77.24

由表 6-15 可以得出，从单一情感状态的识别结果来看，非线性几何特征对“悲伤”情感的识别效果与 MFCC 特征相一致，但都明显高于韵律特征、音质特征和非线性属性特征，分别高出 25 个百分点、45 个百分点和 30 个百分点。非线性几何特征在“中性”和“生气”两类情感上也取得了不错的识别效果，均在 85%左右。从平均识别率的角度来看，非线性几何特征的识别效果仅次于 MFCC，却高于其余三类特征。对应于表 6-15 绘制基于五种不同特征的 EMO-DB 语音情感识别结果柱状分布图 6-15，从图中可以更加直观地展示出各类情感状态上的识别结果分布。综合表 6-15 与图 6-15 的分布对比，由此可以判定非线性几何特征可以有效表征语音信号中的情感信息。

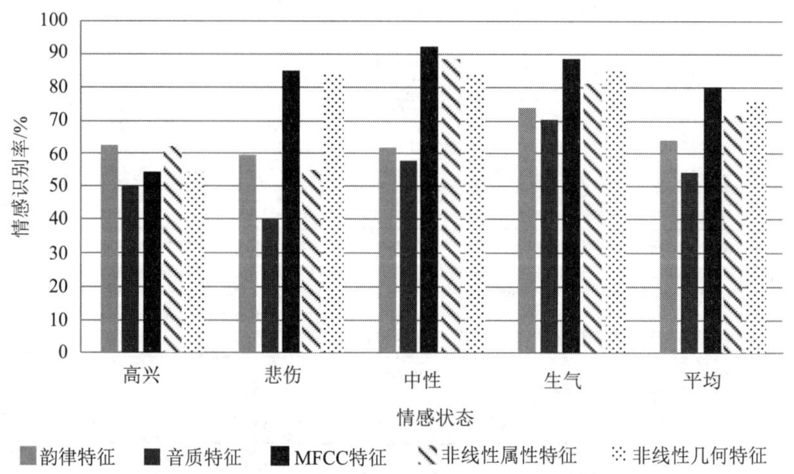

图 6-15　基于五种不同特征的 EMO-DB 语音情感识别结果对比图

6.5　基于特征级融合的情感语音特征参数优化

不同的情感特征参数可以表征不同成分的情感信息，在传统语音情感识别系统中，研究者多是通过将不同性质特征的维数简单叠加作为识别网络的输入，该特征集不仅可以表征较为全面的情感信息，还可以提高系统的整体识别性能。纯粹的特征维数的累加对识别效果不具有积极作用，相反特征维数的增多会造成数据冗余，反而对单一情感的识别效果造成干扰，由上一节中采用非线性几何特征及单一描述符轮廓在 EMO-DB 情感语音库中的对比实验结果可知。针对该问题，后续通过分析特征级融合、特征选择方法在语音情感识别中的应用，然后综合考虑这两类的方法局限性，提出了基于维度空间模型的特征优化方法，并设计实验对特征优化进行了可行性和有效性的分析。

6.5.1　特征级融合在语音情感识别中的应用

特征级融合是处在特征提取与识别网络的中间环节，目的是将携带有多元目标信息的特征量经过某种融合算法之后获得一个融合目标特征向量并输入到识别网络，最后经识别网络的判决输出识别结果。图 6-16 为基于特征级融合的语音情感识别系统框图。

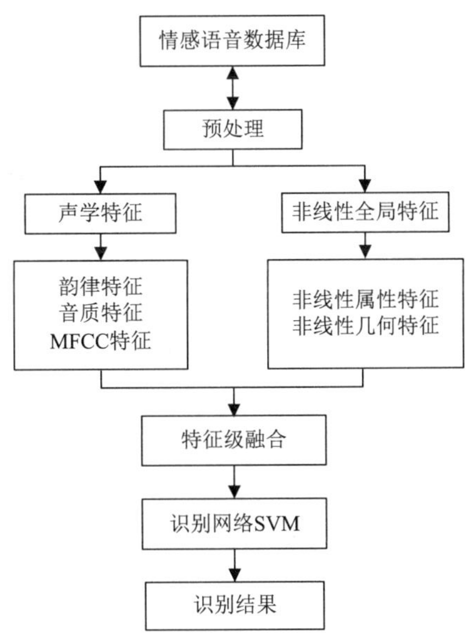

图 6-16　基于特征级融合的语音情感识别系统框图

语音情感识别中常用的融合算法是对特征加权的方法，提取情感语音库的 N 种不同种类的情感特征参数输入融合中心，对此进行特征加权融合进而获得目标特征向量 $\boldsymbol{D}$，并输入到识别网络进行学习最终输出对应情感状态的识别结果。由此可以看出，融合算法对融合获得的目标特征向量的优劣起决定性作用，也是影响识别网络性能的关键性因素。本节以线性加权的融合算法为例介绍特征级融合，假设提取情感语音信号的 N 种情感特征参数 f，其中，每类特征的维数为 d_i 维，$i=1,2,\cdots,N$ 。如图 6-17 所示，N 种情

感特征参数 f 经过融合中心之后得到目标特征向量 $\boldsymbol{D}$：

$$\boldsymbol{D}=\left\{w_1 f_1, w_2 f_2, \cdots, w_i f_i, \cdots, w_N f_N\right\} \tag{6-28}$$

式中，$f_i=\left\{f_{i1}, f_{i2}, \cdots, f_{id_i}\right\}$，$w_i$ 表示第 i 类特征的融合权值。

$$\boldsymbol{D}_{\text{sum}}=\sum_{i=1}^{N} d_i \tag{6-29}$$

式中，$\boldsymbol{D}_{\text{sum}}$ 表示融合特征的维数。该方法简单直观，但选择的融合权值没有将各类特征之间的互补性与冗余性考虑进去，另外，各类特征之间也会存在不满足线性可分的情况，因此还需要将各类特征映射至特征空间中进行分析[18]。

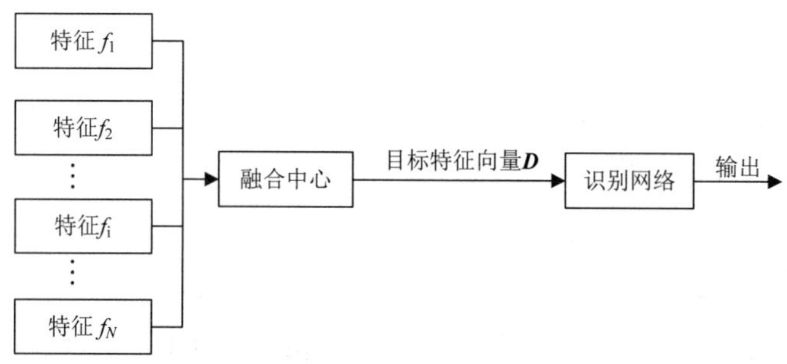

图 6-17　特征级融合的基本结构框图

6.5.2　基于特征级融合的语音情感识别实验

从非线性属性特征与非线性几何特征对语音情感的识别效果来看，非线性特征可以描述情感语音信号中的非线性情感信息。为获取情感信息完整的情感特征集合，本节考虑将韵律特征、音质特征、MFCC 特征、非线性属性特征和非线性几何特征按照本质属性分为三个组合进行语音情感识别实验，结果可见图 6-18 和表 6-16。

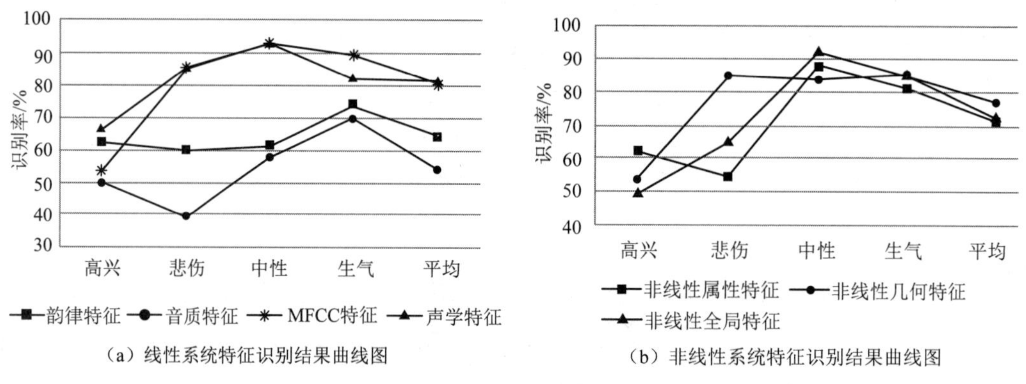

图 6-18　两种系统下特征融合的识别结果曲线图

组合一：将属性为线性系统的韵律特征、音质特征与 MFCC 特征相融合，即为声学特征；

组合二：将属性为非线性系统的非线性属性特征与非线性几何特征相融合，即为非线性全局特征；

组合三：将上述两种不同属性、五种类型的特征相融合，即为特征全集。

表 6-16　三种特征组合下的语音情感识别结果

（%）

实验编号	情感特征参数	EMO-DB				平均识别率
		高兴	悲伤	中性	生气	
1	声学特征	66.67	85.00	92.31	81.48	81.37
2	非线性全局特征	50.00	65.00	92.31	85.19	73.13
3	特征全集	83.33	80.00	96.15	88.89	87.09

对图 6-18 和表 6-16 进行分析得出结论如下：

（1）从图 6-18（a）的识别结果曲线图来看，在单一情感的识别结果上，韵律特征、音质特征和 MFCC 特征相融合的声学特征在这四种情感的识别效果上要明显优于单独使用韵律特征和音质特征，而单独使用 MFCC 特征对“生气”的识别要明显优于特征级融合的识别结果。在平均识别结果上，融合之后获得的声学特征的识别结果均优于单独使用这三类特征。由此说明，不同种类特征的累加会提高识别性能，但单纯地累加特征量对单一情感识别并非只有积极作用。

（2）从图 6-18（b）的识别走势来看，在单一情感识别的结果上，将属性为非线性系统的两类非线性特征融合之后，“中性”与“生气”两种情感的识别率都得到了明显的改善，而“高兴”情感的识别却不及单独使用非线性属性特征和非线性几何特征。在平均识别结果上，融合之后获得的非线性全局特征的结果优于非线性属性特征，而落后于非线性几何特征。由此说明，不同种类特征的累加对特征起着相互补充的作用，但也会有相互制约的影响。

（3）从表 6-16 同样可以得到：对比声学特征与非线性全局的实验结果来看，在单一情感的识别结果上，“高兴”和“悲伤”的识别结果在线性系统上的识别性能明显优于非线性系统，“中性”在两种属性系统上的识别性能持平，而在“生气”情感状态上的识别性能却在非线性系统上表现较优，达到 85.19%。由此说明，在表征语音信号的情感信息时，语音信号产生机制的非线性与语音信号的分段线性的特点缺一不可。从平均识别率的角度来分析，线性系统的识别率却高于非线性系统 8.24 个百分点；在特征全集中将线性与非线性两种不同属性、五种类型特征相融合之后，“高兴”、“中性”和“生气”的识别效果都得到了明显的改善，识别率均在 83%以上，而“悲伤”的识别率却相比于声学特征降低了 5 个百分点。因此说明纯粹地进行特征维数的累加对识别率并非只起积极作用，反而会对单一情感的识别效果造成干扰，这种干扰一定程度上是由非线性特征对局部表征情感状态的线性系统的削弱造成的。从平均识别率的角度来分析，特征全集的识别率明显优于声学特征与非线性全局特征，分别高出 5.72 个百分点与 13.96 个百分点。由此可以说明，特征级融合一定程度上可以通过维数的叠加来获取表征情感信息较完整的特征向量。

6.6 基于特征选择的情感语音特征参数优化

针对上述特征级融合造成数据冗余以及对识别结果造成的干扰等问题，考虑采用特征选择的方法来降低特征维数叠加造成的冗余和计算复杂度，进而提高特征提取的效率和识别精度。特征选择的初衷是构建最优特征子集，即将与类别关联性较强、特征之间关联性较弱的特征挑选出来构建特征子集。本节采用的特征选择的语音情感识别系统如图 6-19 所示。

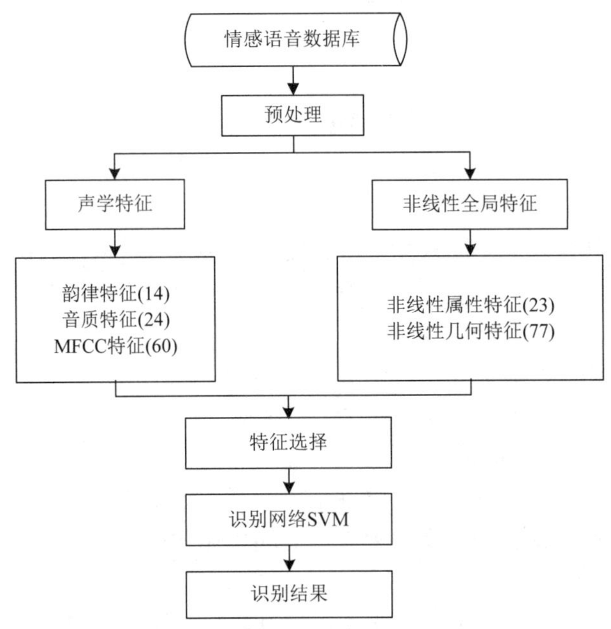

图 6-19 基于特征选择的语音情感识别系统框图

6.6.1 特征选择在语音情感识别中的应用

特征选择是指对各类情感特征参数进行有效性分析，选择出情感类别相关性较强、分辨性能较优的特征子集从而降低特征集维度的过程，是一种有效提高学习算法识别速度和精度的方法，也可理解为特征优选。一般而言，特征选择是通过遍历搜索来寻取最优特征子集，但是如果特征维数较大时，遍历搜索会因其计算复杂度较大而无法使用[19]。因此，本节主要介绍基于 Wrapper 方法的特征选择算法，算法流程如图 6-20 所示。

首先使用的启发式搜索中的序列浮动前向选择（sequential floating forward selection，SFFS）产生函数 generate($\boldsymbol{D}$) 将融合特征 D 生成特征子集 S；然后根据评价函数 $\text{Eval}(S,\boldsymbol{D},M)$ 对 S 进行评估并返回评价函数值 γ，其中，M 表示独立于分类器的评价函数；接着根据 $\text{Build}(\text{TrD},S_{\text{best}})$ 建立分类器 C，其中，TrD 表示训练数据集，S_{best} 表示最优特征子集；最后提取测试集的最优特征子集 $\text{TeD}_{S_{\text{best}}}$ 输入分类器 C 进行识别 $C_{\text{cla}}=\{C_1,C_2,\cdots,C_k\}$，其中 k 表示类别数量。

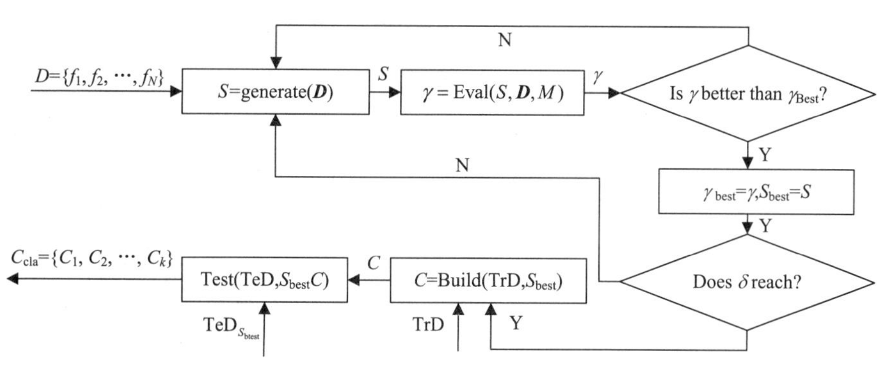

图 6-20 特征选择的基本流程结构图

6.6.2 基于特征选择的语音情感识别实验

从特征级融合的识别效果来看，线性系统特征与非线性系统特征的融合可以有效地表征语音信号中相对完整的情感信息，但是特征级融合在提高整体识别性能的同时，还会造成信息冗余的问题。为获得情感信息完整区分情感状态最优且冗余度最小的特征集合，设计实验将上述 198 维融合的特征集合经过特征选择之后获得的特征子集输入到支持向量机用于 EMO-DB 中四种典型情感的识别。与上述特征级融合的实验结果进行实验对比结果如图 6-21 和图 6-22 所示。

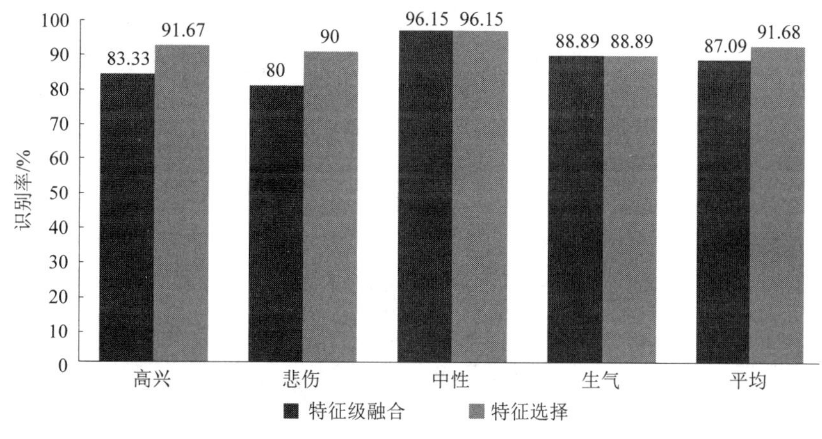

图 6-21 特征级融合与特征选择的识别结果对比图

对图 6-21 和图 6-22 进行分析得出结论如下：

（1）由图 6-21 可以看见，从单一情感识别结果角度来看，特征选择对应的“高兴”与“悲伤”两类情感状态的识别结果都得到了明显的提高，分别提高了 8.34 个百分点和 10 个百分点，而“中性”与“生气”两类情感状态的识别结果保持不变。从平均识别结果角度来看，特征选择的识别结果比特征级融合的识别结果高出 4.59 个百分点。由此可见，对特征进行有效性分析后挑选出的特征子集不仅可以对单一情感的识别效果起积极作用，还可以提高整体的识别精度。

（2）从图 6-22 的特征选择识别结果走势图来看，识别结果的高低与特征维数不存在正比例关系，相反，特征维数过多会造成一定的冗余现象使得识别率下降。在98维传统声学线性特征加入100维非线性特征之后，识别结果提高了5.72个百分点，这说明非线性特征的加入有效地弥补了传统声学线性特征的不足，即不同性质的特征融合可以获得情感信息更加完整的特征集合。当特征维数为176维时取得最高的识别率，获得了情感信息完整且区分情感状态最优特征子集。相较198维特征参数识别率提高了4.59个百分点，特征维数减少了22维，说明经过特征选择不仅可以剔除不相关特征、消除特征维数叠加造成的冗余，还可以减少空间计算复杂度，进而提高识别的速度和准确度。

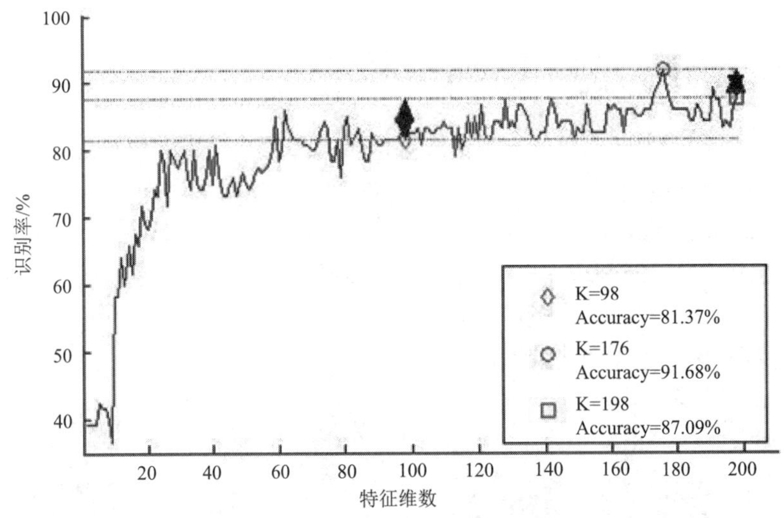

图 6-22 基于不同特征维数的语音情感识别结果走势图

6.7 基于特征优化的情感语音特征参数优化

针对以上特征级融合和特征选择方法多是根据单一特征对分类的贡献率来评价特征的优劣性，却忽视了特征之间的关联性。为此，本节综合考虑了特征级融合和特征选择存在的不足，提出了基于维度空间模型的特征优化方法。

6.7.1 特征分析

情感空间是直观地表示情感状态与维度之间关联性的有效工具，而维度是用来描述情感空间的本质属性的空间向量。文献[20]和[21]通过研究语音情感特征参数与情感空间的关联性，有效地改善了语音情感的识别性能。文献[22]通过分析韵律、频谱、倒谱等区分情感状态的有效特征参数与情感维度空间之间的关联性提出了一种二维倒谱系数方法并在激励维（arousal）-控制维（dominance）-效价维（valence）构成的情感维度空间模型上表现出了较好的识别性能。由于在6.4节和6.5节中已经对非线性属性特征和非线性几何特征区分情感状态的能力进行了有效性验证。因此，本节使用线性判别分析（linear discriminant analysis，LDA）的方法对非线性属性特征、非线性几何特征及其二者组合而成的非线性全局特征三组特征与维度空间模型的映射关系进行分析如图 6-23 所示。

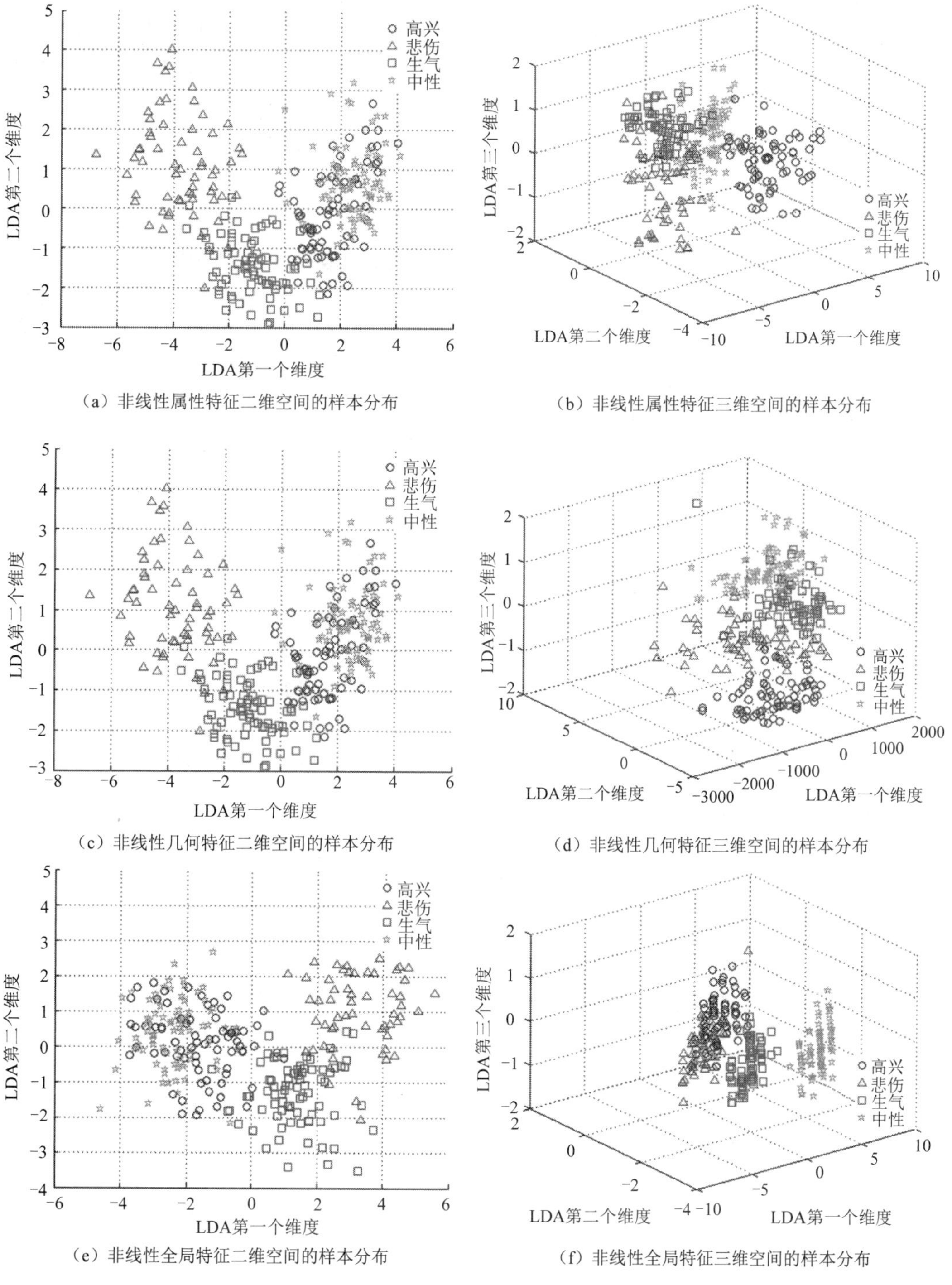

（a）非线性属性特征二维空间的样本分布

（b）非线性属性特征三维空间的样本分布

（c）非线性几何特征二维空间的样本分布

（d）非线性几何特征三维空间的样本分布

（e）非线性全局特征二维空间的样本分布

（f）非线性全局特征三维空间的样本分布

图 6-23　基于非线性系统的非线性特征空间的样本分布图

从图 6-23 中可以看出，在二维样本分布空间中，三组特征都可以较好地将“悲伤”和“生气”两种情感区分出来，而“高兴”与“中性”两种情感之间会产生部分的混淆效应。在三维样本分布空间中，单独使用非线性属性特征时，“高兴”与“中性”两种情感之间的区分效果较为明显，而且也可以很好地独立于另外两种情感；单独使用非线性几何特征时，四种情感状态的区分效果较好，在空间上纵向依次分层排列；使用非线性全局特征时，四种情感状态的区分效果较明显，在空间上横向依次分列排序，但在“高兴”与“悲伤”两种情感之间也存在部分的混淆效应。

6.7.2 特征优化算法

通过上述基于维度空间模型的特征分析，可知情感在维度空间模型的分布距离越小，则对应的情感特征参数值就越接近。基于此考虑对特征参数进行优化，该算法综合考虑了特征级融合的特征维数叠加带来的数据冗余以及特征选择忽略了特征之间关联性的思想，通过选择识别性能较好的情感特征作为参考去优化其他性质特征参数，从而获得表征信息完整且冗余最小的特征集。算法的具体步骤如下。

（1）根据聚类方法寻找各类情感对应参考特征向量 H_i 的聚类中心，即为构建的参考情感点 $O=\{O_1,O_2,\cdots,O_k\}$，其中，O_i 表示第 i 类情感的中心点，其表达式为 $O_i=(x_1,x_2,\cdots,x_d)$，d 表示特征维数。

（2）计算待修正特征向量到参考情感点的距离度量函数 S_{R_j-i}，维度空间模型中情感之间的距离与情感数据的均值和方差都有较大关系[23]。因此，度量函数的设定需要将情感数据方差带来的影响考虑在内，定义式如下：

$$S_{R_j-i}=\frac{\left\|R_j^{\ 2}-O_i^2\right\|}{\sqrt{\sigma_{R_j}^{\ \ 2}+\sigma_{O_i}^{\ \ 2}}} \tag{6-30}$$

式中，S_{R_j-i} 表示修正特征向量 $\boldsymbol{R}_j=(y_1,y_2,\cdots,y_d)$ 到第 i 类参考情感点的距离。

（3）构建距离矩阵 $\boldsymbol{D}=[S_1,S_2,\cdots,S_k]$。

（4）计算待修正特征向量与参考情感点之间的权重 $W_{d,i}$：

$$W_{d,S_{\min}}=\frac{S_{\max}}{\sum_{i=1}^{k}S_i} \tag{6-31}$$

通过式（6-31）可知，权重 $W_{d,i}$ 与距离度量函数 S_i 成反比，即与 $S_{\max}$ 对应的权重为 $W_{d,S_{\min}}$，可见，当待修正特征向量与参考情感点之间的距离越近，其权重占比越大。

（5）构建权重矩阵 $\boldsymbol{W}$：

$$\boldsymbol{W}=\begin{bmatrix} W_{1,1} & W_{1,2} & \cdots & W_{1,k} \\ W_{2,1} & W_{2,2} & \cdots & W_{2,k} \\ \vdots & \vdots & & \vdots \\ W_{d,1} & W_{d,2} & \cdots & W_{d,k} \end{bmatrix} \tag{6-32}$$

（6）求解参数校正量 H'：

$$H' = \left(\sum_{i=1}^{k} W_{d,i} \cdot H_i \right) - H \tag{6-33}$$

式中，H 是由待修正特征向量 R_j^{T} 组成的矩阵；H_i 为参考情感特征参数。

6.7.3　基于非线性全局特征的特征优化预实验

设计基于非线性全局特征的特征优化预实验来对特征优化方法进行可行性的判断，将非线性系统的非线性属性特征与非线性几何特征组合成非线性全局特征分别进行特征级融合、特征选择及特征优化之后分别输入支持向量机用于 EMO-DB 中四种典型情感的识别，识别对比结果见表 6-17。

表 6-17　非线性全局特征在三种不同算法下的识别结果　（%）

实验编号	情感特征类型	EMO-DB				平均识别率
		高兴	悲伤	中性	生气	
1	非线性全局特征融合	50.00	65.00	92.31	85.19	73.13
2	非线性全局特征选择	58.33	65.00	96.15	85.19	76.17
3	非线性全局特征优化	62.50	65.00	96.15	88.89	78.14

对表 6-17 进行分析得出结论如下。

（1）对比前两组实验结果可以发现：从单一情感的识别角度来看，非线性全局特征选择相比于非线性全局特征融合在“高兴”和“中性”两种情感上的识别结果都得到了改善，分别提高了 8.33 个百分点和 3.84 个百分点，其余两类情感的识别率保持不变。从平均识别率的角度来看，非线性全局特征选择的平均识别率高出非线性全局特征融合 3.04 个百分点。因此，特征选择相比于特征融合不仅可以提高整体识别率，对单一情感的识别也起积极作用。

（2）对比后两组实验结果可以发现：从单一情感的识别角度来看，非线性全局特征优化相比于非线性全局特征选择在“高兴”和“生气”两种情感上的识别率都得到了提高，分别高出了 4.17 个百分点和 3.70 个百分点，而“悲伤”和“中性”两类情感的识别结果保持一致。从平均的识别角度来看，非线性全局特征优化相比于非线性特征选择提高了 1.97 个百分点。因此，说明特征参数优化方法不仅改善了语音情感的识别性能，还对非线性特征进行了修正，从而更好地刻画了语音信号的非线性特性。综合分析，以上三种方法的优势度排序如下：特征参数优化最好，特征选择次之，最后为特征融合，由此可以说明特征优化的方法对于改进特征是可行的。

6.7.4　基于特征全集的特征优化语音情感识别实验

在 6.7.3 节已经验证了特征优化方法的可行性，本节选择识别性能较好的 MFCC 特征去修正韵律特征、音质特征、非线性属性特征和非线性几何特征，从而得到既包含声学线性特征、又包含产生机制非线性特性的特征集，并将此特征集输入到支持向量机中对 EMO-DB 中四种典型情感进行识别，识别结果见表 6-18，其中实验 1 为 6.5.2 节中的特征全集的特征融合，实验 2 为 6.6.2 节中的特征全集的特征选择。

表 6-18　基于特征全集在三种不同算法下的识别结果对比　（%）

实验编号	情感特征类型	情感状态				平均识别率
		高兴	悲伤	中性	生气	
1	特征全集-特征融合	83.33	80.00	96.15	88.89	87.09
2	特征全集-特征选择	91.67	90.00	96.15	88.89	91.68
3	特征全集-特征优化	91.67	90.00	100.00	88.89	92.64

对表 6-18 进行分析得出结论如下。

（1）对比实验 1 与实验 3 的实验结果可以发现：从单一情感识别角度来看，特征优化的方法相较于特征融合在“高兴”、“悲伤”与“中性”三种情感上的识别效果都有相应的提高，分别提高了 8.34 个百分点、10 个百分点和 3.85 个百分点，其中“生气”的识别率保持不变。从平均识别率的角度来看，特征优化要明显优于特征融合，识别率提高了 5.55 个百分点。由此说明，特征优化方法不仅可以消除特征融合造成的数据冗余，还可以让传统声学线性特征与产生机制的非线性特征互相补充，从而对情感信息进行更加完整的描述。

（2）对比实验 2 与实验 3 的实验结果可以发现：特征优化之后在单一情感识别中，除“中性”情感的识别率提高了 3.85 个百分点以外，其余三种情感的识别结果均与特征选择保持一致。在平均识别率上，特征优化高于特征选择 0.96 个百分点，由此可以说明，特征优化不仅较好地弥补了特征维数累加造成的不足，而且还对特征选择中没有考虑特征之间关联性以及特征与类别之间关联性进行了有效补充。

小　结

本章基于语音信号产生机制中存在的非线性特性，对语音信号进行了非线性属性特征和非线性几何特征的参数提取。首先，通过功率谱分析、主分量分析和相空间重构三种方法验证了情感语音的非线性特性；然后，根据时间序列高维空间重构后的结构特性，提取了情感语音的五种非线性属性特征（最小延迟时间、最大 Lyapunov 指数、关联维数、Kolmogorov 熵和 Hurst 指数）并通过实验验证了它们在区分情感状态上的有效性；其次，根据相空间下吸引子的运动轨迹提取了基于轨迹的五种描述符轮廓，即非线性几何特征，并设计实验验证了其区分情感状态的有效性；接着，设计五组实验验证了非线性属性特征、非线性几何特征相较于传统韵律特征、音质特征和 MFCC 特征在语音情感识别上的优势；最后，针对本书提取的情感语音特征，通过特征融合、特征选择以及特征优化三种方法进行情感语音特征参数优化，结果表明特征优化通过修正参数能够更好地改善语音情感识别的结果。本章通过对非线性特征的提取，弥补了情感语音信号在非线性特性方面研究的不足，为情感语音信号的分析提供了新的研究手段。

参 考 文 献

[1]　吕金虎，陆君安，陈士华. 混沌时间序列分析及其应用[M]. 武汉：武汉大学出版社，2002.
[2]　闫润强. 语音信号动力学特性递归分析[D]. 上海：上海交通大学，2006.

[3] BANBROOK M, MCLAUGHLIN S, MANN I. Speech characterization and synthesis by nonlinear methods [J]. IEEE Transactions on Speech and Audio Processing, 1999, 7(1): 1-17.
[4] GÓMEZ-GARCÍA J A, GODINO-LLORENTE J I, CASTELLANOS-DOMINGUEZ G. Non uniform embedding based on relevance analysis with reduced computational complexity: application to the detection of pathologies from biosignal recording [J]. Neurocomputing, 2014, 132: 148-158.
[5] HENRIQUEZ P, ALONSO J B, FERRER M A, et al. Application of nonlinear dynamics characterization to emotional speech [J]. Neurocomputing, 2014, 132: 126-135.
[6] LÓPEZ-de-IPINA K, SOLÉ-CASALS J, EGUIRAUN H, et al. Feature selection for spontaneous speech analysis to aid in Alzheimer's disease diagnosis: a fractal dimension approach [J]. Computer Speech and Language, 2015, 30(1): 43-60.
[7] LOPEZ-de-IPIÑA K, ALONSO-HERNÁNDEZ J B, SOLÉ-CASALS J, et al. Feature selection for automatic analysis of emotional response based on nonlinear speech modeling suitable for diagnosis of Alzheimer's disease [J]. Neurocomputing, 2015, 150: 392-401.
[8] 韩贵丞，李锋. 股票指数信号的似混沌特性研究[J]. 计算机工程与设计，2011，32（2）：711-715.
[9] 陈鑫.相空间重构在语音情感识别中的研究[D]. 长沙：长沙理工大学，2014.
[10] TAKENS F. Detecting strange attractors in turbulence [C]. Lecture notes in math. New York: Springer, 1981: 366-381.
[11] 赵贵兵，石炎福.从混沌时间序列同时计算关联维和 Kolmogorov 熵[J]. 计算物理，1999，16（3）：310-315.
[12] ZBANCIOC M D. Using the Lyapunov exponent from cepstral coefficients for automatic emotion recognition[C]. Proceedings of the 2014 International Conference and Exposition on Electrical and Power Engineering. Iasi: IEEE, 2014: 110-113.
[13] HURST H E. Long-term Storage: an experimental study[J]. Journal of the Royal Statistical Society, 1965, 129(4): 591-593.
[14] KRAJEWSKI J, SCHNIEDER S, SOMMER D, et al. Applying multiple classifiers and non-linear dynamics features for detecting sleepiness from speech[J]. Neurocomputing, 2012, 84(3):65-75.
[15] PAI P F, LIN C S. A hybrid ARIMA and support vector machines model in stock price forecasting[J]. Omega, 2005, 33(6):497-505.
[16] 孙颖，马江河，张雪英. 结合非线性全局特征和谱特征的脑电情感识别[J]. 计算机工程与应用，2018，54（17）：116-121.
[17] 马江河，孙颖，张雪英. 融合语音信号和脑电信号的多模态情感识别[J]. 西安电子科技大学学报，2019，46（1）：143-150.
[18] 张文博. 多类别智能分类器方法研究[D]. 西安：西安电子科技大学，2014.
[19] 毛勇，周晓波，夏铮，等. 特征选择算法研究综述[J]. 模式识别与人工智能，2007，20（2）：211-218.
[20] PÉREZ-ESPINOSA H, REYES-GARCÍA C A, VILLASEÑOR-PINEDA L. Acoustic feature selection and classification of emotions in speech using a 3d continuous emotion model[J]. Biomedical Signal Processing & Control, 2012, 7(1):79-87.
[21] DOUGLAS-COWIE E, COWIE R, SCHRÖDER M. A new emotion database: considerations, sources and scope[C]// ISCA Workshop on Speech and Emotion. 2000:39-44.
[22] GUOTH I, CHMULÍK M, POLACKÝ J, et al. Two-dimensional cepstrum analysis approach in emotion recognition from speech[c]// International Conference on Telecommunications and Signal Processing. IEEE, 2016:335-339.
[23] SUN PEIHONG, TAO LINMI. Emotion measuring method in PAD emotional space[C]// Proc of the 4th Joint Conference on Harmonious Human Machine Environment. Kunming, China, 2008: 638-645.

第 7 章　语音情感识别建模

现在主要的语音情感识别方法有 HMM、ANN、SVM 等。ANN 是从数学和物理方法以及信息处理的角度对人脑神经网络进行抽象，并建立某种简化模型，且需要不断寻优，时间较长。HMM、SVM 是基于数学方法的机器学习模型，而且将这些网络用于语音情感识别，尤其是识别的情感类别中同时包括两种或两种以上相似的情感时，识别率就较低。对语音信号的分析和处理属于信号处理范畴，而对人的情感的感知则更多地属于认知心理学范畴。因此，本章基于 HMM、核函数极限学习机（extreme learning machine with kernel，KELM）和模糊认知图（fuzzy cognitive maps，FCM）将语音信号处理方法和认知心理学知识相结合，用于语音情感识别，有望获得更好的结果。

KELM 具有性能稳定和速度快的优点，同时网络特性类似于 SVM，而传统的网格寻优需要遍历网格中所有的参数组合点，若搜索范围较大，需要耗费较长时间，而采用优化算法则不需要遍历网格中所有点就可以快速搜索到全局最优值，本章采用人工蜂群算法优化 KELM 网络参数，实现对 KELM 性能的进一步提升。

FCM 是一种软计算方法，它提供了一种强有力的进行知识表示和推理的架构方法，是模拟和研究动态系统非常灵活和方便的工具。FCM 作为一种因果知识表示的图方法，近年来受到许多研究者的关注，并将其应用于预测、分类等领域取得了一些成果。所以本章结合 PAD 三维情感模型，提出了基于 FCM 的语音情感识别网络。将 PAD 三维情感模型加入 FCM 网络中构造了一个语音情感识别系统来模拟人脑的感知过程，使模型更接近于人脑对语音情感的感知过程。与传统的识别网络相比，FCM 是通过更新概念节点状态值和概念间的因果关系来模拟系统动态行为的。概念间的权值的学习算法尤为重要。现在有一些权值学习方法，如基于 Hebbian 技术的 FCM 学习法，遗传算法和群体智能优化算法。部分算法需要专家指定 FCM 的初始关联矩阵，而遗传算法和群体智能优化算法运行速度较慢，并且存在不稳定性。为了克服以上缺点，本章提出了一种新的权值学习方法，并引入了 MP 广义逆矩阵理论使网络学习速度更快，结构更稳定。

7.1　基于 CHMM 语音情感识别系统的建立与实现

7.1.1　HMM 建模的语音情感识别系统

在语音识别系统中，HMM 模型大量应用在大词汇量、连续语音的语音情感识别系统中，它能很好地描述语音信号的整体非平稳性和局部平稳性，因此，采用 HMM 进行的语音情感识别可以取得比较理想的结果。

语音情感识别系统主要是对声学模型和语言模型的应用研究，识别过程必须以语言感知、声学和语言学为基础。本节采用了以 HMM 的声学模型为主的连续语音情感识别系统，情感识别系统是基于统计模式识别原理，把人的语音信号转换成离散的特征参数矢量，使用一种模型描述出语音的各种信息，以达到识别的效果。识别系统需要完成的工作就是在给定观察矢量的情况下，寻找出最大概率的情感即为识别出的语音情感。实验在 MATLAB 实现环境中进行，并在今后的工作中进一步应用到其他系统中，为语音情感识别的实用化打下基础。图 7-1 为 HMM 建模的语音情感识别的系统整体框架图。在系统的实现中，主要工作分为两个部分：

（1）前期语音信号的预处理及情感特征参数的提取。

（2）HMM 模型的建立及训练和识别工作。

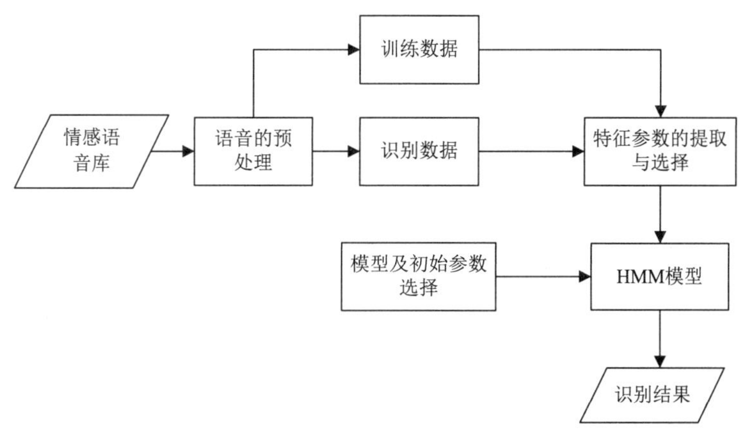

图 7-1　HMM 建模的语音情感识别的系统整体框架图

7.1.2　CHMM 语音情感识别系统的设计与实现

本节的语音情感识别系统由前期语音信号的预处理及情感特征参数的提取和模型的初始化及训练识别两部分组成。其中，语音情感的特征参数选用包括九维特征参数的矢量组和单独使用 MFCC 特征参数、ZCPA 特征参数进行语音情感识别相对比。本节将详细阐述语音情感识别系统的设计与实现过程。图 7-2 描述了语音情感识别系统的主要结构和组成。

本节采用基频、能量、共振峰和 MFCC 特征参数及 ZCPA 特征参数。对每一句语音情感，分别计算基频 F_0 及 F_0 的一阶、二阶导数，能量 E 的一阶、二阶、三阶导数，第一共振峰 F_1 和 MFCC 特征参数 c_{MFCC} 及 ZCPA 特征参数 c_{ZCPA}，这样对于每帧语音就得到了一个九维的特征矢量 m_i，其中，F_0 代表基音频率，E 代表能量，F_1 代表第一共振峰，c_{MFCC} 和 c_{ZCPA} 分别代表 MFCC 特征参数和 ZCPA 特征参数，i 表示第 i 帧。

基于 HMM 模型的语音情感识别系统对应算法的基本步骤如下：

（1）对每一种语音情感建立对应的 HMM 的初始化参数模型 $\lambda = \{\pi, A, B\}$，其中参数 A 决定了 HMM 模型的状态选择与转移方式，参数 B 决定了 HMM 模型中每个状态的输出。

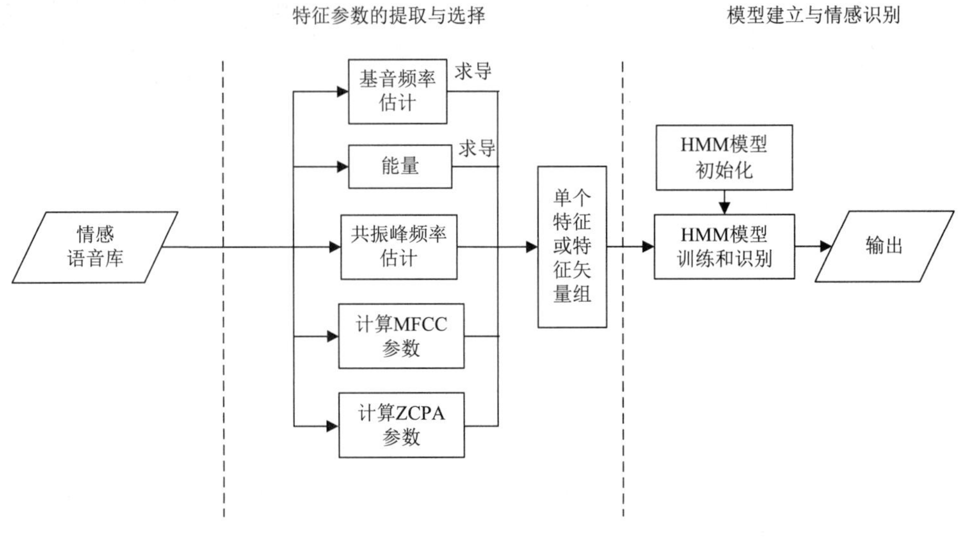

图 7-2 语音情感识别系统

（2）语音情感特征参数矢量按照 Baum-Welch 算法进行训练，由该算法得到输出为最佳序列对应的参数模型 $\overline{\lambda}$ 来代替初始化参数模型 λ。

（3）对每个待识别的语音情感样本，输入到每个已训练好的模型中，计算出 $\arg\max\limits_{i}\{P(O/\lambda_i)\}$，则识别该语音的情感为对应模型所标注的高兴、生气、中性中的一种。

在语音情感识别系统的 CHMM 模型的建立前，必须解决三个问题：第一个问题是 CHMM 模型使用离散模型还是连续模型；第二个问题是 CHMM 模型的状态数 N 的选取；第三个问题是得到的 CHMM 模型对应的参数 $\lambda=\{\pi, A, B\}$ 的初始值选择。

对于第一个问题，基于离散 CHMM 模型的识别需要事先对语音的特征参数进行矢量量化，然后再用模型描述出量化后的特征码本，在本文中需要针对连续的情感语音进行识别，通过矢量量化引起的量化误差必然会影响到模型的识别性能。为了提高系统的识别率，这里采用从左到右跳转型 CHMM 模型，CHMM 的输出值可以使用多元高斯概率密度函数来表示，针对训练和识别的数据，选择采用全协方差矩阵 CHMM 还是对角协方差矩阵 CHMM，这是由训练数据的多少和所要达到的识别效果决定的。

对于第二个问题，状态数 N 的选择，理论上 CHMM 模型的状态数越多，得到的识别错误率就会越小，但是在训练数据有限的情况下，随着状态数 N 的增加，识别率的效果没有明显改善。当 $N>7$ 时，由于参数模型 $\lambda=\{\pi, A, B\}$ 中的很多值的求值很小或者趋近于 0，对系统的识别影响贡献度不大，这样会造成很大冗余，进而影响系统的识别率。从国外文献的实验来看，在语音识别过程中选取状态数为 6 时的效果为最佳。实验中 CHMM 模型选取状态 N 为 6 个，每个状态的高斯混合密度为 5。

对于第三个问题，由于 CHMM 模型描述的是随时间变化的语音信号，所以模型选用从左到右的 CHMM 模型，即观测符号数 M 为从左到右的模型。确定状态 N 和观测符号数 M 后，只需要选择合适的初始参数，保证局部最大值能接近全局最优值和训练结果为从左到右模型即可。

1. 模型的参数初始化

实验在 MATLAB 环境下进行，CHMM 模型的初始化参数都存放在以 MAT 文件存储的构造数组 Init 中。Init 数组中存放决定模型的状态数、状态转移矩阵和每个状态中的混合高斯参数及高斯概率密度的均值和方差矩阵。Init 数组内的参数对象、值及定义见表 7-1。

表 7-1　Init 数组内的参数对象、值及定义

数组对象名	值	定义
Init.Numberstats	6	模型的状态数
Init.state	5	每个状态中混合高斯密度函数的个数
Init.P	[1.0, 0.0, 0.0, 0.0, 0.0, 0.0]	每个状态的初始化概率
Init.mean	[0.0, 0.0, 0.0, 0.0, 0.0, 0.0]	状态对应的高斯密度的均值向量
Init.variance	[0.0, 0.0, 0.0, 0.0, 0.0, 0.0]	状态对应的高斯密度的方差向量
Init.TransP	0.0, 1.0, 0.0, 0.0, 0.0, 0.0 0.0, 0.6, 0.4, 0.0, 0.0, 0.0 0.0, 0.0, 0.6, 0.4, 0.0, 0.0 0.0, 0.0, 0.0, 0.7, 0.3, 0.0 0.0, 0.0, 0.0, 0.0, 0.7, 0.3 0.0, 0.0, 0.0, 0.0, 0.0, 0.0	状态转移矩阵

在 Init 数组中，语音情感识别系统定义为状态为 6 的从左到右的可跳转 CHMM 模型，其中状态 1 和 6 为非发射状态，2～5 为发射状态。其中状态 2～5 有观测概率分布，对应的初始化高斯概率密度的均值 mean 和方差 variance 值都为[0.0,0.0,0.0,0.0,0.0,0.0]的数组。三种情感的各模型都采用相同的结构。

实验中的 CHMM 模型的训练过程实际就是通过输入训练数据计算调整表 7-1 中数值的各种参数的过程。所以还需要构建一个数组 samples，用来存放训练和识别用到的语料库提取出的各特征参数，其中包括 MFCC 特征参数，ZCPA 特征参数和九维的特征参数矢量组。

2. CHMM 的训练和识别

1）CHMM 模型的训练

该问题实际就是由输出序列 O 来确定系统的参数和概率密度函数。即当 CHMM 模型只有一个输出序列 O 时求解 CHMM 模型 λ，使得 λ 生成学习样本 O 的概率最大化。

在 CHMM 模型应用 Baum-Welch 算法进行训练前，必须对 CHMM 模型进行初始模型估计。CHMM 模型的初始化关系到 CHMM 模型能否收敛到全局最大值。初始化 CHMM 模型的估计和参数的训练，这里使用了分段 K 均值算法，如图 7-3 所示。

① 对输入的原型 CHMM 模型参数的观测的特征矢量序列 O 进行均匀分段，每个分段数据作为一个训练数据，进行初始化 CHMM 模型参数 $\lambda=\{\pi, A, B\}$。

② 根据当前的 CHMM 模型参数 $\lambda=\{\pi,A,B\}$，使用 Viterbi 算法确定最有可能的状态序列，然后重新对特征矢量序列 O 进行分段，得到各状态的特征矢量组。

③ 使用分段 K 均值算法对 λ 中的各高斯密度函数 B 进行重新估计，得到新的结果 λ'。其中，使用分段 K 均值算法将特征矢量序列 O 中状态号 j 的所有矢量聚类成 M 类。计算每个类中的均值矢量 mean 和方差 variance 分别作为 M 个高斯密度函数的均值估计和方差估计。其中高斯密度函数的混合权重的计算公式为

$$c_{jm}=\frac{\text{状态}j\text{中属于类}\ m\ \text{的特征矢量数}}{\text{状态}j\text{中的全部特征矢量数}} \tag{7-1}$$

④ 根据步骤③中的 λ' 作为 Baum-Welch 参数估计算法的初始模型再次进行 CHMM 模型参数的重新估计，得到新的模型 λ''。

⑤ 比较参数 λ 和 λ'' 是否收敛。如果不收敛，则将 λ'' 作为 CHMM 模型参数 λ 跳转到步骤②进行重新训练。如果收敛，则将 λ'' 输出，作为训练好的 CHMM 模型参数输出。

在 CHMM 模型的参数训练中，本文使用 Baum-Welch 算法进行模型参数训练，该算法的训练流程如图 7-4 所示。它是一种最大似然估计法，主要采用迭代方法进行调节 CHMM 模型参数的值，使得模型能产生观测的特征矢量序列 O 概率不断增大，直到一个极大值。需要注意的是，当使用 Baum-Welch 算法进行模型参数训练时，从不同的初始化模型进行训练将会得到不同的极大值，所以模型参数的训练结果很大程度上取决于模型参数的初始化的结果。

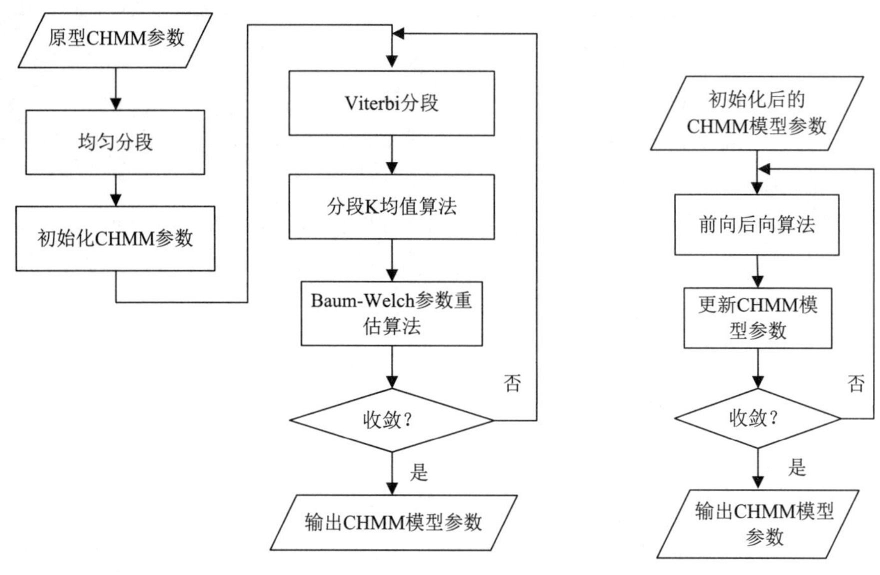

图 7-3 CHMM 模型的参数初始化　　图 7-4 CHMM 模型参数训练流程图

其中，Baum-Welch 算法实现过程如下：

设初始化后的模型参数是 λ，CHMM 模型从 t 时刻位于状态 S_t 到 $(t+1)$ 时刻位于状态 S_{t+1} 产生观察序列 O 的概率为 $\xi_t(i,j)$。

本文利用前向后向算法对 CHMM 模型参数进行更新。其中各参数的重估公式如下：

$$\hat{\alpha}_{ij}=\frac{\sum_{t=1}^{T_r-1}\xi_t(i,j)}{\sum_{r=1}^{R}\sum_{t=1}^{T_r-1}\gamma(i)}=\frac{\sum_{t=1}^{T_r-1}\alpha_1(j)a_{ij}b_j(o_{t+1})\beta_{t+1}(i)/P(O|\lambda)}{\sum_{t=1}^{T_r-1}\alpha_t(j)\beta_t(i)/P(O|\lambda)} \tag{7-2}$$

$$\hat{\pi}=\gamma_1(i)=\sum_{j=2}^{N-1}\xi_1(i,j)=\frac{\alpha_1(i)\beta_1(i)}{P(O|\lambda)} \tag{7-3}$$

$$\hat{b}_j(o_k)=\frac{\sum_{t=1}^{T}\gamma_t(j)_{o_k=v_k}}{\sum_{t=1}^{T}\gamma_t(j)_k}=\frac{\sum_{\substack{t=1\\o_k=v_k}}^{T_r}\alpha_t(i)\beta_t(i)/P(O|\lambda)}{\sum_{t=1}^{T_r}\alpha_t(i)\beta_t(i)/P(O|\lambda)} \tag{7-4}$$

最后判断更新后的 CHMM 模型是否收敛。如果不收敛，则将计算后的 CHMM 模型参数重新利用前向后向算法进行训练。如果收敛，则将训练好的 CHMM 模型参数输出。

2）CHMM 模型的识别

本系统的模型识别部分使用了 Viterbi 算法，这里用到了对数形式。识别程序要求输入待识别语音的观察序列及训练好的各 CHMM 模型的参数，最后计算出它对该模型的输出概率。情感识别的过程就是模型匹配的过程，在识别过程中，从待识别的语音信号提取的各特征参数，把情感语音特征参数作为观察矢量序列 $O_1,O_2,\cdots,O_N$，依次输入到已训练好的各情感语音的 CHMM 模型中。语音识别过程就是计算矢量序列 $O_1,O_2,\cdots,O_N$ 通过每个 CHMM 模型产生的后验概率 $P(O|\lambda_i)$，其中最大的后验概率对应的 CHMM 模型所标注的情感就是所识别出的语音的情感状态。其具体识别流程如图 7-5 所示。

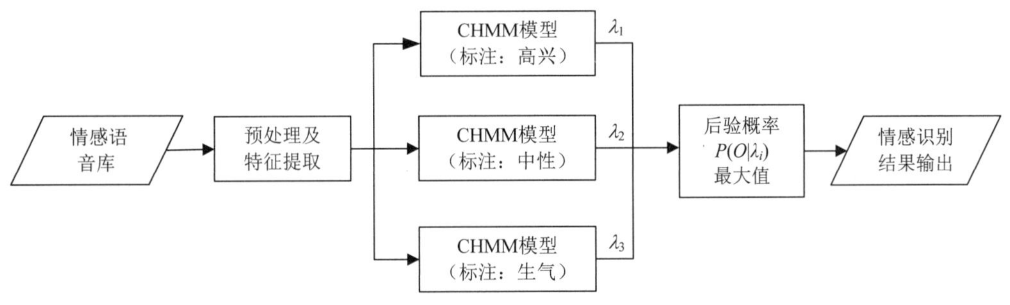

图 7-5　语音情感识别流程图

7.1.3　实验结果与分析

从 TYUT1.0 情感语音数据库中的 630 句情感语音样本随机选取训练样本和测试样本，首先进行模型的训练，再将待识别语音输入到已经训练好的 CHMM 模型中进行情感识别实验。其中，语音情感识别系统将用不同信噪比的语音数据来做实验（包括无噪声、15dB、20dB、25dB、30dB 的数据）。表 7-2 为单独使用提取的 MFCC 特征参数进行语音情感识别的识别结果。

表 7-2　MFCC 的情感识别率　（%）

信噪比	生气	高兴	中性
15dB	39.4	36.6	43.1
20dB	66.3	62.0	70.2
25dB	70.5	69.2	73.1
30dB	72.9	72.4	76.5
无噪声	77.6	74.4	77.9

表 7-3 为单独使用提取的 ZCPA 特征参数进行语音情感识别的识别结果。从表 7-3 中可以看出，在本系统中采用 ZCPA 特征参数在安静和有噪声的环境（15dB 和 20dB）下识别率没有明显的下降，三种情感的识别率总体在 74%以上，说明了这种特征在情感识别中有良好的抗噪性和鲁棒性。

表 7-3　ZCPA 的情感识别率　（%）

信噪比	生气	高兴	中性
15dB	60.9	60.2	63.2
20dB	62.3	61.5	64.5
25dB	68.5	68.6	69.7
30dB	73.9	72.6	75.9
无噪声	76.6	74.7	77.6

表 7-4 为单独使用提取基频及其一阶、二阶导数，能量的一阶、二阶、三阶导数，第一共振峰和 MFCC 特征参数及 ZCPA 特征参数的综合特征参数进行语音情感识别的识别结果。

表 7-4　综合特征的情感识别率　（%）

信噪比	生气	高兴	中性
15dB	66.2	66.7	69
20dB	68.1	67.3	70.2
25dB	73.5	72.9	75.7
30dB	74.2	75.2	76.8
无噪声	78.6	78.4	80.6

图 7-6 显示了通过使用不同的特征参数，得到的综合的识别效果的比较。从中可以看出，三种不同特征参数得到的识别结果中，“中性”的识别率最好，“生气”和“高兴”的识别率要略低。使用综合的特征参数对语音情感进行识别，总体来说，无论是在安静还是有噪声的环境下，三种不同情感的识别率都要比单独使用 MFCC 和 ZCPA 特征参数的识别率高。这是因为综合的特征参数里面，不仅包含了 MFCC 和 ZCPA 特征参数，而且包含了能量、基频等韵律特征。通过实验进一步表明，在语音情感识别中，特征参数的选取虽然增加了识别研究中的工作量，但在很大程度上能提高识别系统的识别率。

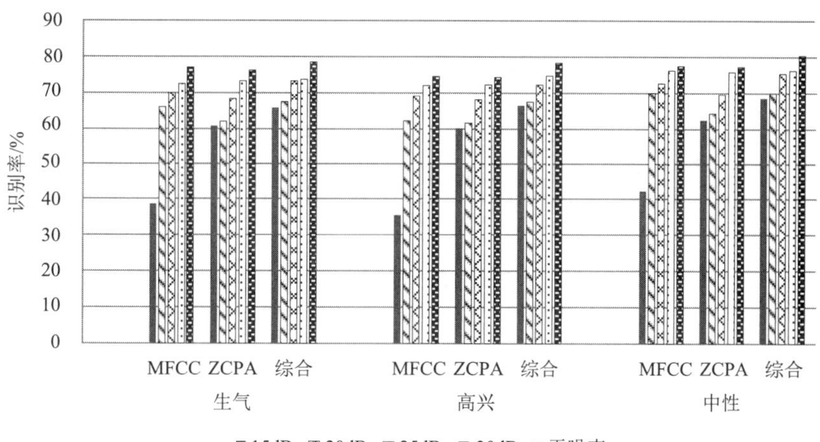

图 7-6　MFCC、ZCPA、综合特征的对比

7.2　基于极限学习机的情感识别模型

7.2.1　核函数 ELM 基本理论

极限学习机（extreme learning machine，ELM）是由新加坡南洋理工大学的 Huang 等[1]依据摩尔—彭罗斯（MP）广义逆矩阵理论[2]提出的一种用于单隐层前馈神经网络的新的学习算法，随着算法的深入研究，它的应用也可延伸至广义单隐层前馈神经网络[3]。同 BP 神经网络相比，基于 ELM 的网络模型能够极大地提高网络的泛化性能和学习速度[4]。

1. 基于 ELM 的单隐层前馈神经网络模型

单隐层前馈神经网络是目前模式识别广泛采用的一种网络模型，网络具有较优的泛化性能，在语音识别、图像识别、文字识别及医疗诊断等领域都得到了专家的认可。在单隐层前馈神经网络中，设网络隐层神经元个数为 L，激励函数为 $g(x)$，对于任意 N 个不同的样本 $(\boldsymbol{x}_i,\boldsymbol{t}_i)$，其中，$\boldsymbol{x}_i=[x_{i1},x_{i2},\cdots,x_{in}]^{\mathrm{T}}\in\mathbf{R}^n,\boldsymbol{t}_i=[t_{i1},t_{i2},\cdots,t_{im}]^{\mathrm{T}}\in\mathbf{R}^m$，网络输出的表达式为

$$\sum_{i=1}^{L}\boldsymbol{\beta}_i g(\boldsymbol{a}_i\boldsymbol{x}_j+\boldsymbol{b}_i)=\boldsymbol{o}_j, j=1,2,\cdots,N \tag{7-5}$$

式中，$\boldsymbol{a}_i=[a_{i1},a_{i2},\cdots,a_{in}]$ 是连接第 i 个隐层神经元和输入层神经元间的权值向量，b_i 是第 i 个隐层神经元阈值；$\boldsymbol{\beta}_i=[\beta_{i1},\beta_{i2},\cdots,\beta_{im}]^{\mathrm{T}}$ 是连接第 i 个隐层神经元与输出层神经元间的权值向量，$\boldsymbol{o}_j=[o_{j1},o_{j2},\cdots,o_{jm}]^{\mathrm{T}}$ 表示网络输出层实际值，激励函数 $g(x)$ 可以是 sigmoid、sine 或 RBF 等。

上述 N 个方程的矩阵形式可写为

$$\boldsymbol{H\beta} = \boldsymbol{T} \tag{7-6}$$

式中，

$$\begin{aligned}&\boldsymbol{H}\left(\boldsymbol{a}_1,\boldsymbol{a}_2,\cdots,\boldsymbol{a}_L,b_1,b_2,\cdots,b_L,\boldsymbol{x}_1,\boldsymbol{x}_2,\cdots,\boldsymbol{x}_N\right)\\&=\begin{bmatrix} g\left(\boldsymbol{a}_1\boldsymbol{x}_1+b_1\right) & \cdots & g\left(\boldsymbol{a}_L\boldsymbol{x}_1+b_L\right)\\ \vdots & & \vdots \\ g\left(\boldsymbol{a}_1\boldsymbol{x}_N+b_1\right) & \cdots & g\left(\boldsymbol{a}_L\boldsymbol{x}_N+b_L\right)\end{bmatrix}_{N\times L}\end{aligned} \tag{7-7}$$

$$\boldsymbol{\beta}=\begin{bmatrix}\boldsymbol{\beta}_1^{\mathrm{T}}\\ \vdots \\ \boldsymbol{\beta}_L^{\mathrm{T}}\end{bmatrix}_{L\times M} \qquad \boldsymbol{T}=\begin{bmatrix}\boldsymbol{t}_1^{\mathrm{T}}\\ \vdots \\ \boldsymbol{t}_N^{\mathrm{T}}\end{bmatrix}_{N\times M}$$

其中，$\boldsymbol{H}$ 表示网络关于样本的隐层输出矩阵；$\boldsymbol{\beta}$ 表示输出权值矩阵；$\boldsymbol{T}$ 表示样本集的目标矩阵。

网络的代价函数用 E 表示为

$$E(\boldsymbol{a},\boldsymbol{b},\boldsymbol{\beta})=\sum_{j=1}^{N}\left\|\boldsymbol{o}_j-\boldsymbol{t}_j\right\| \tag{7-8}$$

式中，E 表示训练数据期望值和实际值间的误差平方和，网络训练就是寻找最优的 $(\boldsymbol{a},\boldsymbol{b},\boldsymbol{\beta})$ 最终满足 $\min\{E(\boldsymbol{a},\boldsymbol{b},\boldsymbol{\beta})\}$，$\boldsymbol{b}=[b_1,b_2,\cdots,b_L]$ 表示阈值向量，进一步写为

$$\min\{E(\boldsymbol{a},\boldsymbol{b},\boldsymbol{\beta})\}=\min_{W(\boldsymbol{a},\boldsymbol{b},\boldsymbol{\beta})}\left\|\boldsymbol{H\beta}-\boldsymbol{T}\right\| \tag{7-9}$$

传统的网络训练算法通常采用梯度下降法调整权值 $W(\boldsymbol{a},\boldsymbol{b},\boldsymbol{\beta})$，即

$$\boldsymbol{W}_k=\boldsymbol{W}_{k-1}-\eta\frac{\partial E(\boldsymbol{W})}{\partial \boldsymbol{W}} \tag{7-10}$$

式中，η 为学习速率。

但是传统网络的学习训练算法 BP 非常复杂，不断的迭代过程耗费大量的时间，严重阻碍了网络在实时领域的应用。

基于以下定理 1 和定理 2，Huang 为单隐层前馈神经网络的训练提出一种新的训练算法——极限学习机，训练开始时，输入层到隐层的连接权值 $\boldsymbol{a}_i$ 和隐层节点阈值 b_i 随机生成并保持固定，在此基础上网络的隐层输出矩阵 $\boldsymbol{H}$ 为一个已知矩阵，网络仅需调整输出权值矩阵 $\boldsymbol{\beta}$ [5]，此时训练单隐层前馈神经网络就等价于求取线性系统 $\boldsymbol{H\beta}=\boldsymbol{T}$ 最小范数的最小二乘解 $\hat{\boldsymbol{\beta}}$，其计算式为

$$\hat{\boldsymbol{\beta}}=\boldsymbol{H}^{+}\boldsymbol{T} \tag{7-11}$$

式中，$\boldsymbol{H}^{+}=\boldsymbol{H}^{\mathrm{T}}(\boldsymbol{HH}^{\mathrm{T}})^{-1}$ 是隐层输出矩阵 $\boldsymbol{H}$ 的广义逆矩阵。

定理 1[1]：训练集含有 N 个样本 $(\boldsymbol{x}_i,\boldsymbol{t}_i),\boldsymbol{x}_i=[x_{i1},x_{i2},\cdots,x_{in}]^{\mathrm{T}}\in\mathbf{R}^n,\boldsymbol{t}_i=[t_{i1},t_{i2},\cdots,t_{im}]^{\mathrm{T}}\in\mathbf{R}^m$，网络隐层节点数为 N，隐层激活函数 g 无限可导，则将单隐层神经网络的输入到隐层随机赋值后，所形成的隐层输出矩阵 $\boldsymbol{H}$ 可逆，从而输出权值矩阵 $\boldsymbol{\beta}$ 就有精确解，网络的代价函数 $E(\boldsymbol{a},\boldsymbol{b},\boldsymbol{\beta})=0$。

定理 2[1]：训练集包括 N 个不同样本，误差 e 任意小，激活函数 g 无限可导，则总存在一个包含 $\overline{N}(\overline{N}\leqslant N)$ 个隐层节点的单隐层神经网络，使得在网络输入到隐层随机赋

值情况下，网络的代价函数$E(\boldsymbol{a},\boldsymbol{b},\boldsymbol{\beta})\leqslant e$。

基于 ELM 的单隐层前馈神经网络既能使网络训练误差最小化，也能使网络输出权值最小化。根据 Bartlett 理论，当训练误差最小时，输出权值范数最小的网络为具有最优泛化性能的网络。

对于解$\hat{\boldsymbol{\beta}}$，根据岭回归理论[6]，$\boldsymbol{H}^{+}$中对$\boldsymbol{H}\boldsymbol{H}^{\mathrm{T}}$增加一个对角矩阵$\boldsymbol{I}/C$（$C$为岭参数）可使得网络识别结果更稳定，泛化性能更好。

$$\hat{\boldsymbol{\beta}}=\boldsymbol{H}^{+}\boldsymbol{T}=\boldsymbol{H}^{\mathrm{T}}\left(\frac{\boldsymbol{I}}{C}+\boldsymbol{H}\boldsymbol{H}^{\mathrm{T}}\right)^{-1}\boldsymbol{T} \tag{7-12}$$

网络需要确定的参数包括参数C和隐层节点数L。极限学习机算法框图如图 7-7 所示。

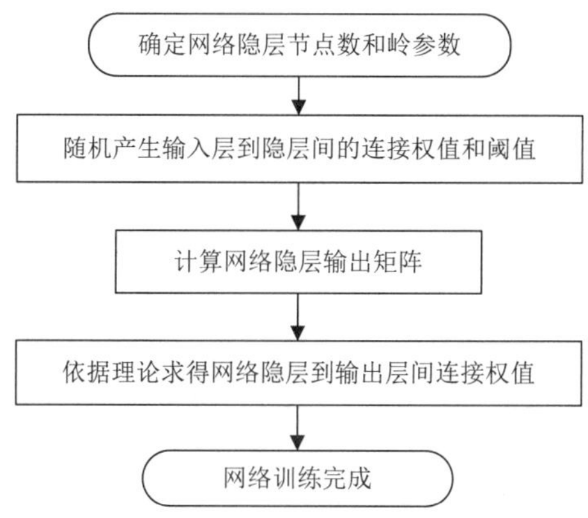

图 7-7　极限学习机算法框图

与网络的传统的 BP 训练算法相比，ELM 算法有如下优点：

（1）它能够有效避免局部最小和样本过学习的问题。

（2）训练方法简单，有着较快的学习速度和较优的泛化性能。

（3）它的激活函数可以使用不连续的函数。

基于以上优点，将 ELM 算法用于实时领域有着重要的意义。

2. 基于核函数 ELM 的广义单隐层前馈神经网络模型

广义单隐层前馈神经网络的输出函数为$f(\boldsymbol{x})=h(\boldsymbol{x})\beta=\sum_{i=1}^{L}\boldsymbol{\beta}_i G(\boldsymbol{a}_i,\boldsymbol{b}_i,\boldsymbol{x})$，其中，网络隐层输出函数为$h(\boldsymbol{x})=\left[G(\boldsymbol{a}_1,\boldsymbol{b}_1,\boldsymbol{x}),\cdots,G(\boldsymbol{a}_L,\boldsymbol{b}_L,\boldsymbol{x})\right]$，这里的广义体现在输入层到隐层的连接可以是 sigmoid 型、RBF 型或类似于 SVM 的核函数映射型[7]。

依据 ELM 算法本质，将其从优化理论分析如下[7-8]：

$$\begin{cases}\text{Minimize} & : \ \dfrac{1}{2}\|\boldsymbol{\beta}\|^2+C\dfrac{1}{2}\sum_{i=1}^{N}\|\boldsymbol{\varepsilon}_i\|^2 \\ \text{subject to} & : \ h(\boldsymbol{x}_i)\boldsymbol{\beta}=\boldsymbol{t}_i^{\mathrm{T}}-\boldsymbol{\varepsilon}_i^{\mathrm{T}}, i=1,2,\cdots,N\end{cases} \tag{7-13}$$

式中，C称为正则化系数，类似于 SVM 中的C（惩罚因子），$\boldsymbol{\varepsilon}_i=[\varepsilon_{i1},\cdots,\varepsilon_{im}]^{\mathrm{T}}$是输出层$\boldsymbol{m}$个神经元节点的训练误差，这里与 SVM 不同体现在以下两方面：①从训练误差向

量$\boldsymbol{\varepsilon}_i$可知基于ELM算法的网络模型可直接用于解决多分类问题；②ELM算法约束条件较SVM约束宽松，原因主要是SVM的超平面不过坐标原点，而ELM算法对任意问题都是线性可分的，它的超平面经过坐标原点，这样进一步使得基于ELM算法建立网络较SVM简单和快速[9]。

上述优化问题可以通过求解对偶问题求解：

$$L_{\text{ELM}}=\frac{1}{2}\|\beta\|^2+C\frac{1}{2}\sum_{i=1}^{N}\|\boldsymbol{\varepsilon}_i\|^2-\sum_{i=1}^{N}\sum_{j=1}^{m}\alpha_{ij}[h(\boldsymbol{x}_i)\boldsymbol{\beta}_j-t_{ij}+\varepsilon_{ij}] \tag{7-14}$$

$$\frac{\partial L_{\text{ELM}}}{\partial \boldsymbol{\beta}_j}=0\rightarrow\boldsymbol{\beta}_j=\sum_{i=1}^{N}\alpha_j[h(\boldsymbol{x}_i)]^{\mathrm{T}}\rightarrow\boldsymbol{\beta}=\boldsymbol{H}^{\mathrm{T}}\alpha \tag{7-15}$$

$$\frac{\partial L_{\text{ELM}}}{\partial \boldsymbol{\varepsilon}_i}=0\rightarrow\boldsymbol{\alpha}_i=C\boldsymbol{\varepsilon}_i,i=1,2,\cdots,N \tag{7-16}$$

$$\frac{\partial L_{\text{ELM}}}{\partial \boldsymbol{\alpha}_i}=0\rightarrow h(\boldsymbol{x}_i)\boldsymbol{\beta}-\boldsymbol{t}_i^{\mathrm{T}}+\boldsymbol{\varepsilon}_i^{\mathrm{T}}=0,i=1,2,\cdots,N \tag{7-17}$$

式中，α_{ij}是拉格朗日乘子，$\boldsymbol{\alpha}=[\boldsymbol{\alpha}_1,\boldsymbol{\alpha}_2,\cdots,\boldsymbol{\alpha}_N]^{\mathrm{T}}$。

将式（7-15）和式（7-16）代入式（7-17）得

$$\left(\frac{\boldsymbol{I}}{C}+\boldsymbol{H}\boldsymbol{H}^{\mathrm{T}}\right)\boldsymbol{\alpha}=\boldsymbol{T} \tag{7-18}$$

将式（7-17）代入式（7-15）得

$$\boldsymbol{\beta}=\boldsymbol{H}^{\mathrm{T}}\left(\frac{\boldsymbol{I}}{C}+\boldsymbol{H}\boldsymbol{H}^{\mathrm{T}}\right)^{-1}\boldsymbol{T} \tag{7-19}$$

则基于ELM的广义单隐层前馈神经网络模型的输出函数为

$$f(\boldsymbol{x})=h(\boldsymbol{x})\boldsymbol{\beta}=h(\boldsymbol{x})\boldsymbol{H}^{\mathrm{T}}\left(\frac{\boldsymbol{I}}{C}+\boldsymbol{H}\boldsymbol{H}^{\mathrm{T}}\right)^{-1}\boldsymbol{T} \tag{7-20}$$

3. 特征映射和核函数

在基于ELM的广义单隐层前馈神经网络模型中，隐层输出函数$h(x)$的作用是将样本x由n维输入空间映射到L维的特征空间[10]。如果$h(x)$未知，将Mercer条件用于网络模型中[8]，从而定义如下的核函数矩阵：

$$\boldsymbol{\Omega}_{\text{ELM}}=\boldsymbol{H}\boldsymbol{H}^{\mathrm{T}};\boldsymbol{\Omega}_{\text{ELM}_{ij}}=h(\boldsymbol{x}_i)h(\boldsymbol{x}_j)=K(\boldsymbol{x}_i,\boldsymbol{x}_j) \tag{7-21}$$

则基于核函数ELM的广义单隐层前馈神经网络模型的输出函数数学表达为

$$f(\boldsymbol{x})=h(\boldsymbol{x})\boldsymbol{H}^{\mathrm{T}}\left(\frac{\boldsymbol{I}}{C}+\boldsymbol{H}\boldsymbol{H}^{\mathrm{T}}\right)^{-1}\boldsymbol{T}=\begin{bmatrix}K(\boldsymbol{x},\boldsymbol{x}_1)\\ \vdots\\ K(\boldsymbol{x},\boldsymbol{x}_N)\end{bmatrix}^{\mathrm{T}}\left(\frac{\boldsymbol{I}}{C}+\boldsymbol{\Omega}_{\text{ELM}}\right)^{-1}\boldsymbol{T} \tag{7-22}$$

网络需要确定的参数包括核函数和正则化系数C。

7.2.2　基于核函数 ELM 的情感识别

基于 TYUT1.0 和 EMO-DB 两种情感语音数据库，对三种识别模型 ELM（基于 ELM 的单隐层前馈神经网络模型简称），核函数 ELM（基于核函数 ELM 的广义单隐层前馈神经网络模型简称，也简称为 KELM）和 SVM 的识别性能进行比较。ELM、KELM 执行环境均是 MATLAB 2012a，ELM 激励函数选择 sigmoid 函数；KELM 选取径向基核函数 $K(\mu,\upsilon)=\exp(-\gamma\|\mu-\upsilon\|^2)$；SVM 执行环境 MATLAB 2012a，采用 SVM 包：Libsvm3.1。实验的输入数据统一归一化到 $[-1,1]$ 范围内，输出为语音的情感类别。

SVM 采用网格搜索选择最优的参数 γ 和 C，其中 $\gamma=\{2^{-10},2^{-9.5},\cdots,2^{9.5},2^{10}\}$，$C=\{2^{-10},2^{-9.5},\cdots,2^{9.5},2^{10}\}$；KELM 也采用网格搜索方式选择最优参数组合 (C,γ)；对于 ELM 根据 Huang 的研究，随着隐层节点数 L 的增加，网络模型的泛化性能趋于越来越好，在实验的基础上选择 $L=500$ 既可以保证 ELM 快速的学习速度，又可以保证模型较高的识别效果，岭参数 $C=\{2^{-10},2^{-9.5},\cdots,2^{9.5},2^{10}\}$，文中侧重于对网络较优性能时结果的研究。

TYUT1.0 情感语音库包括 600 句语句，三种情感：高兴、生气和中性，每种情感各 200 句。对每种情感均选取 120 句，共 360 句组成情感语音的训练样本，其余的 240 句作为情感语音测试样本。将三种情感高兴、生气和中性的类别分别标注为，高兴“1”，生气“2”，中性“3”。

为了更好地验证基于 KELM 网络的识别模型，也选用了 EMO-DB 中的三种情感（高兴、生气和中性）进行情感识别实验。总的情感语句为 243 句，三种情感各 71 句，每种情感均选取 48 句共 144 句组成情感语音训练样本，其余 69 句作为情感语音测试样本，情感类别的标注等同于 TYUT1.0 语音库。

表 7-5 为 TYUT1.0 情感语音库，实验中三种识别模型 SVM、ELM 和 KELM 具体网络参数值。

表 7-5　TYUT1.0 语音库三种识别模型对应网络参数

模型	参数	参数值
SVM	C,γ	8, 1/256
ELM	C,L	1/64, 500
KELM	C,γ	16, 512

表 7-6 和图 7-8 为 TYUT1.0 情感语音库下三种模型具体情感识别结果，对于三种情感的平均识别效果，模型 SVM 为 91.25%，模型 ELM 为 92.08%，模型 KELM 为 92.50%，模型 KELM 和 ELM 识别效果均略高于 SVM 识别模型；且对于每种情感的识别率，模型 KELM 均能达到 90%的较优效果；对于训练时间，时间由长到短依次是：模型 SVM 为 0.3588s，模型 ELM 为 0.0936s，模型 KELM 为 0.0510s，模型 SVM 训练时间分别约是模型 KELM 的 7 倍，模型 ELM 的 4 倍。综合 TYUT1.0 语音库，三种模型的情感效

果可得，建立的基于 ELM 的广义单隐层神经网络（ELM 和 KELM）在训练时间和泛化性能上均优于识别模型 SVM，且模型 KELM 效果更优一些。

表 7-6 TYUT1.0 语音库下三种模型识别率对比

模型	高兴/%	生气/%	中性/%	平均识别率/%	训练时间/s
SVM	87.50	88.75	97.50	91.25	0.3588
ELM	85.00	92.50	98.75	92.08	0.0936
KELM	90.00	91.25	96.25	92.50	0.0510

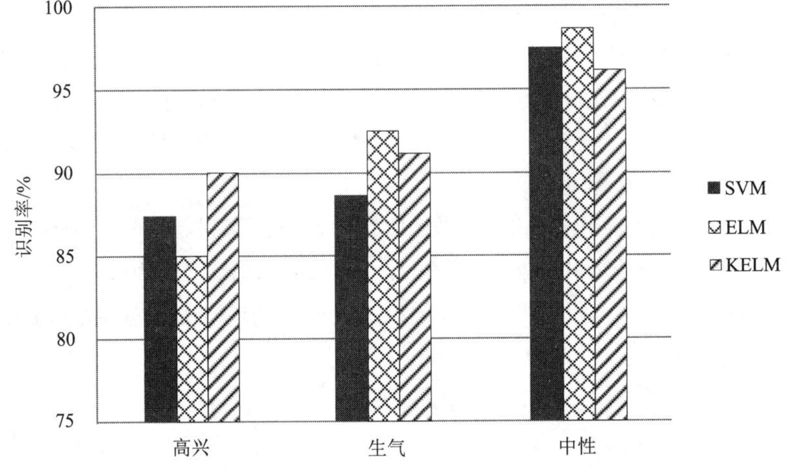

图 7-8 TYUT1.0 语音库下三种模型识别率对比

表 7-7 为 TYUT1.0 情感语音库下三种情感间的误判结果，其中“高兴-生气”，包括将生气判为高兴和将高兴判为生气的结果，由实验结果可得，对于三种模型，情感间的误判均主要表现在高兴与生气两种情感间，究其原因，一方面是中性情感本身易于与其他情感进行区分，另一方面也与本节所选的情感特征 MFCC 有关，它是基于人耳听觉特性的参数，高兴和生气两种情感在 MFCC 特征上可能较接近，后续可以通过融合能区分这两种情感的其他特征来进一步提高识别率。

表 7-7 TYUT1.0 语音库下不同识别模型情感间误判率统计 （%）

模型	高兴-生气	高兴-中性	生气-中性
SVM	18.75	3.75	3.75
ELM	12.50	6.25	6.25
KELM	11.25	2.50	8.75

表 7-8 为 EMO-DB 下，实验中三种识别模型 SVM、ELM 和 KELM 具体网络参数值。

表 7-8　EMO-DB 下三种识别模型对应的网络参数

模型	参数	参数值
SVM	C,γ	0.7071, 0.0078
ELM	C,L	1/64, 500
KELM	C,γ	4, 90

表 7-9 和图 7-9 为 EMO-DB 下三种模型具体情感识别结果，对于三种情感的平均识别效果，模型 SVM 为 84.06%，模型 ELM 为 88.41%，模型 KELM 为 85.51%，模型 KELM 和 ELM 识别效果均略高于 SVM 识别模型。对于每种情感的识别效果，模型 ELM 效果均优于模型 KELM，虽然模型 SVM 对高兴情感有较高的识别效果，但是对负性情感的高识别才有着更重要的价值[11-13]；在训练时间上，时间由长到短依次是：模型 SVM 为 0.780s，模型 ELM 为 0.0448s，模型 KELM 为 0.0082s，模型 SVM 需要的时间大约为模型 KELM 的 10 倍，模型 ELM 的 2 倍；综合 EMO-DB 下三种模型的情感效果可知基于 ELM 的广义单隐层神经网络（ELM 和 KELM）在训练时间和泛化性能上均优于识别模型 SVM，在 EMO-DB 下模型 ELM 效果更优一些。

表 7-9　EMO-DB 下三种模型识别率对比

模型	高兴/%	生气/%	中性/%	平均/%	训练时间/s
SVM	86.96	69.57	95.65	84.06	0.0780
ELM	78.26	86.96	100.0	88.41	0.0448
KELM	73.91	82.61	100.0	85.51	0.0082

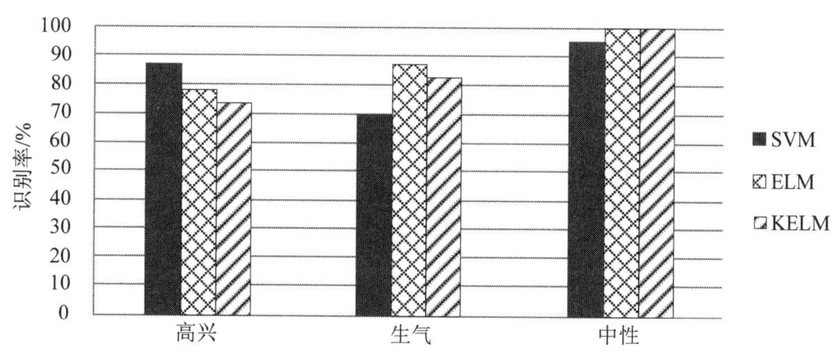

图 7-9　EMO-DB 下三种模型识别率对比

表 7-10 为 EMO-DB 下三种情感间的误判结果，与 TYUT1.0 语音库一样，对于三种情感间误判的情况，误判主要表现在高兴和生气两情感间。

表 7-10　EMO-DB 下不同识别模型三种情感间误判率统计　（%）

模型	高兴-生气	高兴-中性	生气-中性
SVM	39.1	8.60	0

续表

模型	高兴-生气	高兴-中性	生气-中性
ELM	30.4	4.30	0
KELM	30.4	13.0	0

7.2.3 Im-ABC 优化 KELM 识别网络

核函数极限学习机（extreme learning machine with kernel，KELM）具有性能稳定和速度快的优点，同时网络特性类似于支持向量 SVM，不同的参数组合对 KELM 模型的分类性能有着重要的影响[8]，而传统的网格寻优需要遍历网格中所有的参数组合点，若搜索范围较大，则需要耗费较长时间，而采用优化算法则会省去很多的时间，不需要遍历网格中所有点就可以实现快速搜索到全局最优值，因此本节主要采用人工蜂群算法优化核函数极限学习机 KELM 网络参数，从而实现对 KELM 性能的进一步分析研究。

1. 人工蜂群算法

人工蜂群算法（artificial bee colony，ABC）是由 Karaboga[14]提出的一种群体智能优化算法。算法简单、参数设置少，较遗传算法和粒子群算法均有着更好的寻优性能[15]。

人工蜂群算法建立在对蜜蜂采蜜过程的模拟来处理实际中的问题，对于指定问题的最优解求解。食物源对应着该问题可能存在的所有解，它的位置表示解的空间坐标，通过坐标位置建立解的评判函数，函数值表示食物源花蜜信息的丰富程度。具体采用蜂群机制对问题求解过程如下：

假设存在一个 2×SN 规模的群体（其中雇佣蜂=跟随蜂=SN），食物源与雇佣蜂一一对应，目标求取具有最大花蜜量的食物源，则人工蜂群算法的搜索过程如下：

（1）对求解问题的解空间进行分析，确定蜂群食物源的搜索范围，随机初始 SN 个该范围的解 $X_i(i=1,2,\cdots,\mathrm{SN})$，解的维数对应问题维数用 D 表示，解对应蜂群中的雇佣蜂。

（2）雇佣蜂在当前食物源的邻域进行新食物源的搜索开采，计算新旧食物源对应的适应度值，贪婪法选择新旧食物源中的花蜜量较大的食物源。

（3）跟随蜂通过观察雇佣蜂的舞蹈强度和时间长度等信息，综合评估后，从中选择一个食物源，进行对该食物源邻域附近的新食物源的开采，计算新旧食物源对应适应度值，贪婪选择新旧食物源中花蜜量较大的食物源。

（4）当某一雇佣蜂对应的食物源在新旧食物源数次贪婪选择后仍不变，则雇佣蜂将选择舍弃该食物源，转变身份成侦察蜂，在搜索空间范围内随机搜索新的食物源。

雇佣蜂和跟随蜂对食物源的邻域搜索机制公式如下：

$$\gamma_{ij}=x_{ij}+r(x_{ij}-x_{kj}) \tag{7-23}$$

式中，k 是一个随机整数，$k\in[1,2,\cdots,\mathrm{SN}]$；$k\neq i$；$j=1,2,\cdots,D$；$r\in[-1,1]$ 区间产生的随机数。

跟随蜂对雇佣蜂食物源信息综合评估判断是采用轮盘赌注的方式，蜜源被选择概率为

$$Pf_i = \frac{\text{fit}_i}{\sum_{n=1}^{\text{SN}} \text{fit}_n} \tag{7-24}$$

式中，fit_i 表示第 i 只雇佣蜂对应的食物源在求解问题中的适应度值。

侦察蜂在问题搜索空间随机搜索新蜜源的方式如下：

$$x_{ij} = l_j + \text{rand}(0,1)(u_j - l_j) \tag{7-25}$$

式中，l_j 和 u_j 分别是变量 x_{ij} 的下界和上界，图 7-10 为人工蜂群算法的流程图。

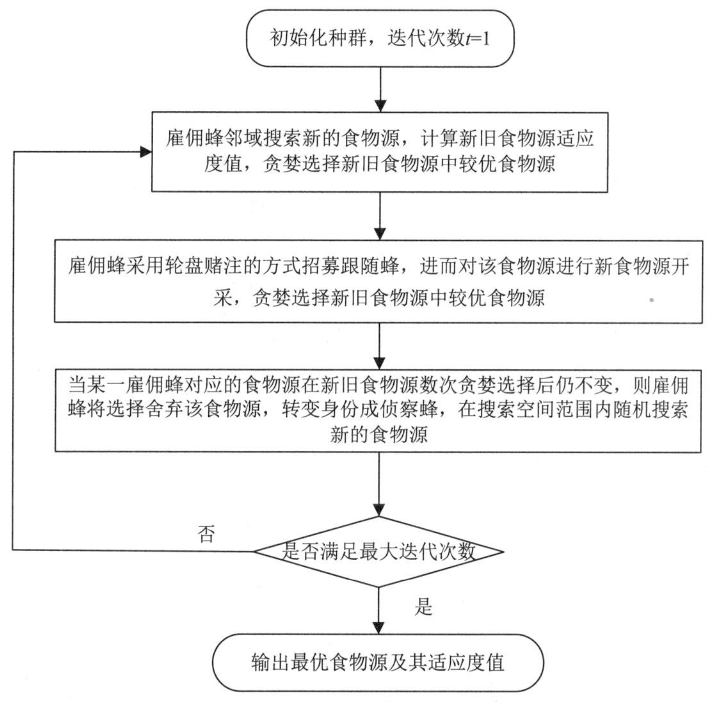

图 7-10　人工蜂群算法流程图

2. 改进的人工蜂群算法

人工蜂群算法因其参数设置少、结构简单、易于实现，受到了研究者们的关注且得到了成功的应用，但其跟随蜂阶段的食物源更新机制，存在着种群多样性遭到破坏，易于陷入局部最优和收敛速度变慢的缺点。具体是跟随蜂对雇佣蜂所分享的食物源信息采用轮盘赌注法进行开采，使具有较高适应度值的食物源被选择的概率较大，能得到较好的开采，但忽视了较差食物源所隐含的有用信息，从而使得迭代初期超常个体就控制了整个搜索过程，种群多样性遭到破坏，且依赖适应度的选择也使迭代后期由于食物源的适应度值趋于一致，较优食物源被选择的概率也较小，从而降低种群的收敛速度。

基于基本的人工蜂群算法 ABC 寻优过程存在的种群多样性较低和收敛速度变慢的缺点，提出改进的人工蜂群算法（improve ABC，简称 Im-ABC）分别采用以下几种策

略对其进行改进：

（1）采用基于排序的选择概率代替直接依赖适应度的选择概率，避免了超常个体对选择过程的控制，陷入局部最优，同时在迭代后期，避免基于轮盘赌注的选择方式使得种群个体间差异性变小，种群陷入停滞状态，收敛速度变慢的缺点。

（2）跟随蜂阶段的蜜源更新引入基于模拟退火的思想，若新蜜源的收益度高于之前蜜源，则进行蜜源更新，否则，仍可以以概率 $P\{\exp[(\text{fit}_{\text{new}}-\text{fit}_{\text{old}})/T_i]\}$ 接受新蜜源，其中 fit 表示蜜源的收益度，T_i 表示当前的退火温度，$T=T_0\cdot\gamma^{\text{cycle}}$，其中 T_0 为初始温度，γ 为退火系数，cycle 为种群迭代次数，这种机制保证了当新蜜源为较差解时，仍能以一定概率接受，从而一定程度上增加了种群间个体差异性，扩大了种群搜索空间，使种群不会陷入局部解；且模拟固体的退火过程，在迭代初期，温度比较高，活性比较大，从而接受较差蜜源概率也大，一定程度上保证了种群的多样性，有利于跳出局部极小区域，随着迭代进行，温度逐渐降低，系统活性降低，接受较差蜜源概率也降低，最终使种群能够以概率 1 稳定在全局最小区域。

（3）针对跟随蜂阶段的新旧蜜源的模拟退火前期可能存在的最优蜜源丢失情况，引入精英保留策略，以保证最优蜜源不会丢失。

（4）人工蜂群中雇佣蜂、跟随蜂的搜索都具有全局性、共享性和随机性的特点[16]，而侦察蜂阶段的随机搜索，又进一步增强了蜂群随机性，不利于个体对可行域进行有效搜索，且跟随蜂阶段对蜜源引入的模拟退火思想，也有效地增加了蜂群的全局性和多样性，所以这里引入高斯变异算子 $x_i=x_i\cdot[1+N(0,1)]$ 代替侦察蜂的随机搜索，不但有利于对可行域的深度搜索，而且在蜂群迭代后期提高种群的收敛速度。

3. 性能对比

为了验证算法的有效性，选择常用的标准测试函数进行测试，见表 7-11。

表 7-11 常用的标准测试函数

函数名称	函数表达式	范围
Sphere	$f_1(x)=\sum_{i=1}^{n}x_i^2$	[−100,100]
Rosenbrock	$f_2(x)=\sum_{i=1}^{n-1}\left[100(x_{i+1}-x_i^2)^2+(x_i-1)^2\right]$	[−30,30]
Rastrigin	$f_3(x)=\sum_{i=1}^{n}(x_i^2-10\cos(2\pi x_i)+10)$	[−5.12,5.12]
Ackley	$f_5(x)=-20\exp\left[-0.2\sqrt{\frac{1}{n}\sum_{i=1}^{n}x_i^2}\right]-\exp\left(\frac{1}{n}\sum_{i=1}^{n}\cos 2\pi x_i\right)+20+\mathrm{e}$	[−32,32]

Sphere 函数是一个单峰函数，函数二维图形如图 7-11 所示；Rosenbrock 是一个病态的二次函数，用来评价优化算法执行能力，函数二维图形如图 7-12 所示；Rastrigin 函数是一个复杂的多峰函数，整个搜索空间都包含大量的局部最优点，函数二维图形如图 7-13 所示；Ackley 函数是多峰函数，具有大量局部最优点，函数二维图形如图 7-14 所示。

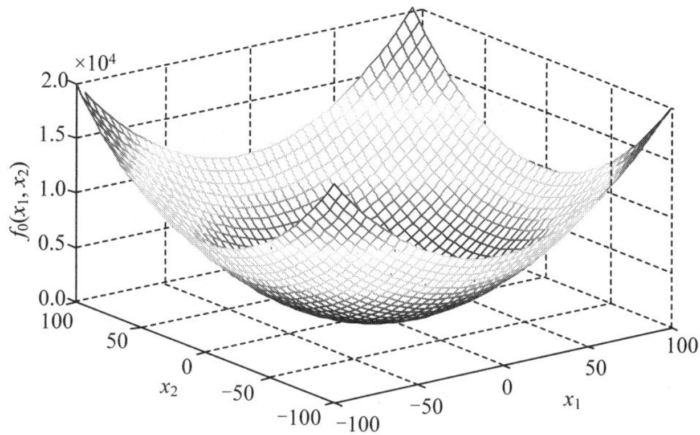

图 7-11　Sphere 函数

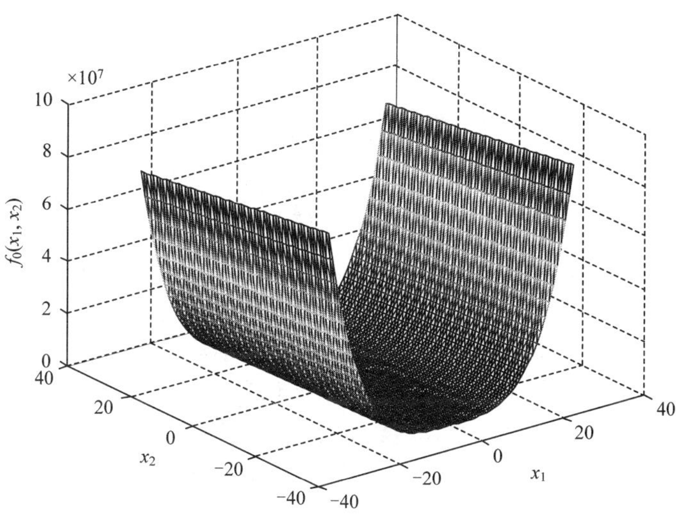

图 7-12　Rosenbrock 函数

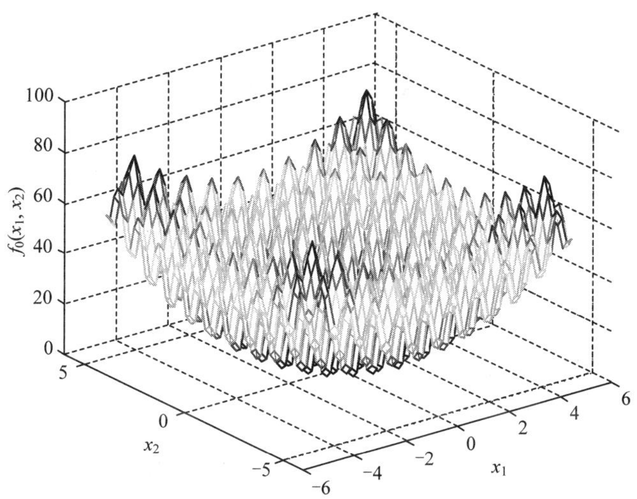

图 7-13　Rastrigin 函数

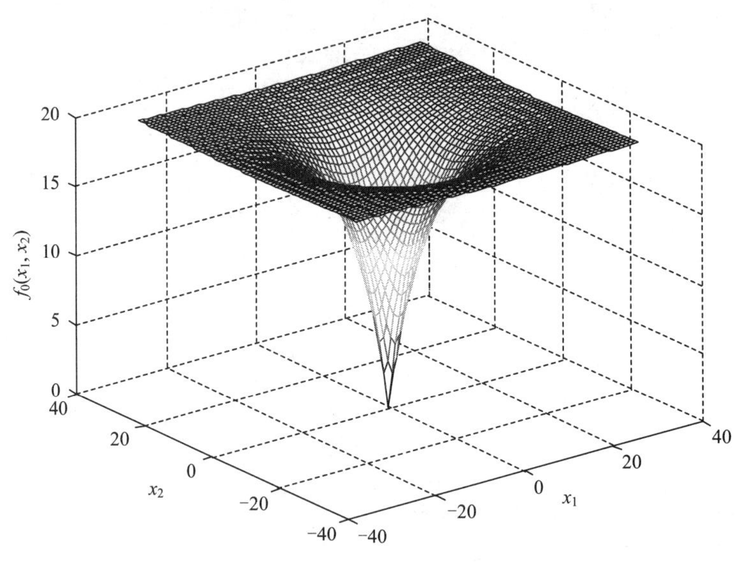

图 7-14 Ackley 函数

为了体现仿真测试公平性，改进前后人工蜂群算法选取一致的参数，蜂群规模 60，最大迭代次数 300，测试函数维数取 2，内循环次数 6，退火的初始温度为 10，降温系数为 0.9。对每个测试函数，均运行 50 次，选取测试函数寻优结果的最大值、均值、最小值、方差和平均时间来对改进前后算法性能进行分析。由表 7-12 的实验结果看出，对于 4 个标准测试函数，算法 Im-ABC 的寻优时间明显低于算法 ABC 的寻优时间，算法 ABC 寻优时间为算法 Im-ABC 寻优时间的 8 倍左右，究其主要原因是改进后的算法采用基于排序的选择策略代替轮盘赌注法和采用高斯变异代替了随机搜索；无论是单峰还是包含多个局部最优解的多峰函数，算法 Im-ABC 得到的寻优结果最大值、最小值、均值和方差均优于基本算法 ABC，算法 Im-ABC 的寻优精度明显优于基本算法 ABC 的寻优精度；综合结果表明：改进的 Im-ABC 算法在寻优精度和寻优时间上皆优于基本算法 ABC。

表 7-12 改进前后算法的测试结果对比

函数	算法	最大值（max）	最小值（min）	均值（mean）	方差（std）	平均时间/s
Sphere	ABC	2.532e-13	7.247e-20	1.597e-14	4.740e-14	3.2121
	Im-ABC	1.0506e-16	1.899e-23	4.618e-18	1.891e-17	0.4090
Rosenbrock	ABC	0.2785	5.767e-05	0.0473	0.063	1.0624
	Im-ABC	0.0399	5.504e-07	0.0014	0.0058	0.1516
Rastrigin	ABC	3.699e-10	4.862e-18	1.512e-11	5.383e-11	2.7138
	Im-ABC	2.504e-18	2.118e-26	4.478e-20	3.872e-19	0.4193
Ackley	ABC	2.577e-06	7.736e-10	4.519e-07	5.375e-07	2.4679
	Im-ABC	2.515e-08	2.637e-12	1.168e-09	3.780e-09	0.5126

4. 基于 Im-ABC 的 KELM 参数优化

在 KELM 模型中，仅需要确定正则化系数和核函数类型参数，核函数采用径向基核函数 RBF $K(u,v)=\exp\left(-\gamma\|u-v\|^2\right)$，需要优化的参数为$(C,\gamma)$，利用改进的人工蜂群算法 Im-ABC 来搜索 5 折交叉验证意义下的最优 KELM 模型中参数组合，适应度函数选择为对训练集进行 5 折交叉验证的平均识别率。具体步骤如下：

（1）确定蜂群规模，搜索空间范围，随机初始化雇佣蜂，每只雇佣蜂对应一处蜜源(C,γ)。

（2）计算每处蜜源对应的适应度值，采用 Im-ABC 的寻优步骤对每处蜜源进行选择和开采。

（3）若满足最大的迭代次数，则输出全局最优蜜源(C_g,γ_g)，此时C_g和γ_g分别为最佳的正则化系数和核参数，优化结束；否则，转向步骤（2）。

在完成参数优化后，建立基于 Im-ABC 的 KELM 模型，将 Im-ABC 算法找到的最优蜜源(C_g,γ_g)，用于 KELM 模型的训练中，建立最佳训练模型，并用该模型完成对测试样本进行识别，如图 7-15 所示。

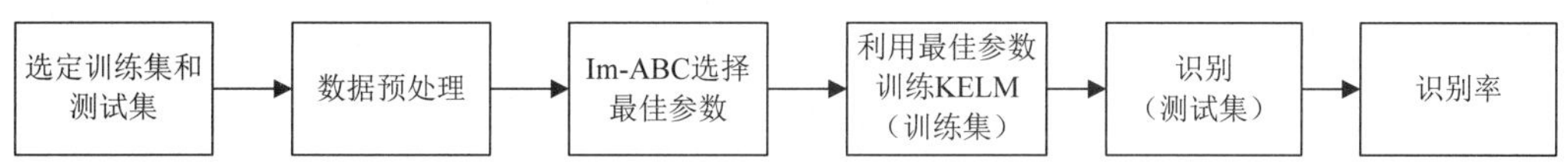

图 7-15　基于 Im-ABC 方法的 KELM 识别模型

5. 语音情感识别应用

情感语音数据库采用国际上有代表性的柏林情感语音库 EMO-DB，情感类别选取了常见的四种情感：生气、高兴、悲伤和中性。

实验中选取基于情感语句数量相同的识别研究，四种情感语句生气、高兴、悲伤、中性分别选取 81、71、62、79 句组成本节的情感语音数据库，对应的每种情感语句各选 2/3 作为训练，共 197 句训练样本，剩余的 1/3 样本组成 96 句测试样本。此处选用 MFCC 作为情感识别模型的输入参数，所有情感语句特征参数均统一为 1024 维 MFCC，并对其进行归一化，将此作为识别模型 KELM 和 SVM 的输入参数。

为了验证基于 Im-ABC 优化的 KELM 模型的优越性，分别设置了以下模型进行实验：ABC 优化 KELM、Im-ABC 优化 KELM、ABC 优化 SVM 和 Im-ABC 优化 SVM。实验执行环境为 MATLAB R2012a，运行环境为 Windows 7，其中的 SVM 采用 Libsvm3.1 工具箱。

经过多次的仿真实验，参数设置如下：蜂群规模 60，最大迭代次数 300，维数 2，内循环次数 $\text{Limit}=0.1\cdot D\cdot SN=6$ [17]，适应度函数为对训练样本进行 5 折交叉验证所得平均识别率，退火的初始温度为 10，降温系数为 0.9。KELM 和 SVM 核函数均采用径向基核 RBF，KELM 模型中正则化系数 C 搜索范围[0.1,1000]，核参数γ搜索范围[0.001,1000]；SVM 模型惩罚系数C搜索范围[0.1,1000]，核参数γ搜索范围[0.001,1000]。

表 7-13 为对网络取参数固定时，模型 SVM 和 KELM 进行 10 次实验训练时间和测试时间得到的运行时间平均值，从中看出模型 SVM 的训练时间和测试时间均达到模型 KELM 的 10 倍左右，模型 KELM 表现出快速学习的特点。分析其原因应是模型 SVM 的构建中需要确定训练样本的支持向量，而 KELM 直接利用训练样本数据；且 SVM 需要多个组合来完成多分类问题，而单个 KELM 就可以完成多分类问题。

表 7-13 固定参数组合两模型训练和测试时间对比

模型	训练时间/s	测试时间/s
SVM	0.1586	0.0962
KELM	0.0151	0.0109

表 7-14、表 7-15、表 7-16 和图 7-16 分别为采用 Im-ABC-KELM、ABC-KELM、Im-ABC-SVM 方法对本节所选择的 EMO-DB 中四种情感的识别结果。

表 7-14 Im-ABC-KELM 方法的识别结果 （%）

测试样本	识别结果			
	生气	高兴	悲伤	中性
生气	84.62	15.38	0	0
高兴	41.67	54.17	0	4.17
悲伤	0	0	70.00	30.00
中性	3.85	0	0	96.15

表 7-15 ABC-KELM 方法的识别结果 （%）

测试样本	识别结果			
	生气	高兴	悲伤	中性
生气	80.77	19.23	0	0
高兴	41.67	54.17	0	4.17
悲伤	0	0	70.00	30.00
中性	0	0	7.69	92.31

表 7-16 Im-ABC-SVM 方法识别结果 （%）

测试样本	识别结果			
	生气	高兴	悲伤	中性
生气	76.92	23.08	0	0
高兴	37.50	58.33	0	4.17
悲伤	0	0	65.00	35.00
中性	7.69	0	3.85	88.46

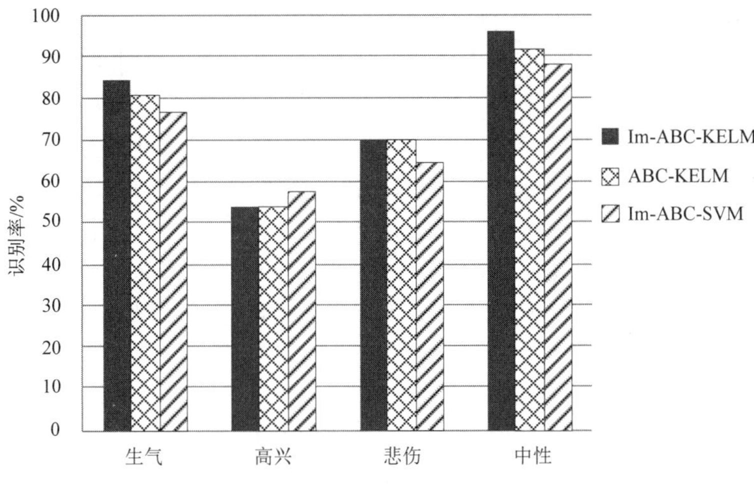

图 7-16　不同模型的识别率对比

（1）这里仅列出 Im-ABC-SVM，原因是 Im-ABC-SVM 和 ABC-SVM 得到的最优结果基本类似，区别只在于改进后的蜂群算法较 ABC-SVM 结果中避免了局部最优点。

（2）Im-ABC-SVM 的平均识别率为 72.18%，ABC-KELM 的平均识别率为 74.31%，而 Im-ABC-KELM 的平均识别率达 76.24%，较模型 Im-ABC-SVM 提高 4.06 个百分点，较模型 ABC-KELM 提高 1.93 个百分点，且模型识别效果提高集中在“生气”“悲伤”等情感上。

（3）在所选择的四种情感中，误判主要发生在“高兴”与“生气”间，从 PAD 三维情感模型分析[18]，两种情感在 A（激活度 arousal）维度上坐标接近，D（优势度 dominance）存在稍许差异，P（愉悦度 pleasure）上距离较远，因此识别这两类情感需要融合合适的 P 维度特征参数；而“悲伤”与“高兴”和“生气”两种情感间不存在误判，因为它们的 PAD 维度上均存在差异。“悲伤”的误判发生在“中性”情感；“中性”情感识别率均较高。

（4）采用 ABC-KELM，在“生气”和“中性”情感的识别率上有所降低，其余情感与 Im-ABC-KELM 相比均没有变化，Im-ABC-SVM 较 Im-ABC-KELM 在“生气”、“悲伤”和“中性”情感的识别上均有所下降，虽然 Im-ABC-SVM 对“高兴”情感的识别率最高，但是一般对负性情感的较高判别更有利于实际应用。例如，在诸如智能计算机交互中，识别用户的这些情感有助于提高服务质量和改善用户体验。

（5）从实验结果看出，对于模型 SVM 和模型 KELM 参数寻优，算法 Im-ABC 寻优结果均优于算法 ABC，算法 Im-ABC 能避免局部最优，增加了寻找到全局最优解的可能性，全局寻优能力优于 ABC，且基于 Im-ABC-KELM 方法的在测试样本上的识别率最高。

7.2.4　选择性集成极限学习机的研究

极限学习机网络训练方法简单、快速，泛化性能也优于支持向量机，因此得到广大研究者们的青睐。然而，极限学习机虽然能够取得好的效果，但网络训练中因其随机选取输入层到隐层间的权值和隐层节点阈值，网络稳定性一般。为了克服这一问题，本节引入了集成思想，不仅能改善单个分类器的稳定问题，更能进一步提高分类器的泛化性能。集成是综合考虑了所有的分类器，而分类器中可能存在一些性能较差的分类器从而影响了全部的集成效果，因此还需利用选择性集成的概念对集成中的分类器进一步选择，所谓选择性集成，就是通过一些规则对集成中的基分类器再筛选的过程，对一些性能不好和作用不大的分类器进行剔除，只挑选剩余分类器进行集成，这样同时达到了算法时间和空间复杂度的改善，且性能类似或优于全部的集成效果。

1. 选择性集成算法

集成算法利用多个分类器获取比单个分类器更好的稳定性和泛化性，但集成中产生的每个随机分类器不都是一定有效的，而这些分类器的存在不仅增加了计算时间，同时对存储空间的需要也增大。因此研究者们开始思考：能否进一步研究集成后的分类器性能，进而得到对集成更深入的研究。选择性集成的概念应运而生，它于 2002 年由周志华[19]等提出，其基本思想是：对集成后的分类器性能进行深入研究，采用某种策略将一些作用不大且影响整体性能的基学习机进行剔除，利用剩余的基学习机构成集成，则所得性能类似于甚至更优于全部的基学习机，周志华等进一步提出算法 GASEN（genetic algorithm based selective ensemble）对该理论的操作性进行验证，结果证明该方法优于传统的 Boosting 和 Bagging 方法。

GASEN 算法描述如下：

对给定的数据集随机划分得到初始的训练集 $L_{\text{tr}}=\{(x_i,y_i)\}_{i=1}^{N_{\text{tr}}}$ 、验证集 L_{val} 和测试集 N_{ts} ，这里验证集和测试集容量分别为 L_{val} 和 L_{ts} ，基于训练集的基分类器组合设为 $T=\{C_1,C_2,\cdots,C_r\}$ ，基分类器训练算法用 C 表示，对基分类器组合进一步选择的算法用 M 表示，最终的基分类器组合设为 $S=\{C_1^*,C_2^*,\cdots,C_s^*\}$ 。

选择性集成学习算法步骤如下：

（1）采用某种方法对训练集进行处理获得一系列新的训练集 $L_{\text{tr}}^{(t)},t=1,2,\cdots,T$ ，每个新的训练集结合训练算法得到相应的基分类器 $C_t,t=1,2,\cdots,T$ 。

（2）将验证集输入到每个基分类器中，得到输出 $O_t,t=1,2,\cdots,T$ ，基于输出 O_t 和选择算法对分类器的输出进行评判，通过算法 M 选择其中性能较好的分类器 $C_1^*,C_2^*,\cdots,C_s^*$ 作为最终分类器组合。

这里依据方法 M 的不同，可将选择性集成学习方法分为以下几类[20]：聚类评判的选择性集成、排序评判的选择性集成、优化评判的选择性集成等，这些方法均是依据集成最终的泛化性能决定于每个分类器自身泛化性能及分类器彼此间的差异性。

2. 基于优化的选择性集成

优化算法通过种群、种群更新方法、适应度值来寻找某种规则下的最优个体，算法简单且方便，这里可以将其用于选择性集成学习中。

优化算法的主要思想是将所有基分类器对应的权值组成的向量作为种群中的个体，根据适应度值进一步得到最优个体，将最优个体得到的每个分类器的权重与预设的阈值进行比较，剔除对应权重小于阈值的分类器，将剩余分类器组合作为选出的最优基分类器子集[21]。

算法主要步骤如下：

（1）将基分类器组合的权重向量作为优化算法的种群个体 w_t；

（2）基于验证集及评判标准建立优化算法的适应度函数 f;

（3）通过优化算法寻找最优适应度函数值对应的个体，作为最优的权重向量 $\boldsymbol{w}^*=\left(w_1,w_2,\cdots,w_T\right)$，将权重向量与预设阈值比较，得到大于预设阈值的权重向量对应分类器组合 $C_1^*,C_2^*,\cdots,C_s^*$。

3. 选择性集成极限学习机网络

将给定的数据集划分为训练集 L_{tr} 和测试集 L_{te}，分类器算法为极限学习机 ELM，基分类器个数为 T，选择后的分类器个数为 S，基于之前对人工蜂群算法的研究这里优化选择方法选取人工蜂群算法，预设阈值 λ。

算法步骤如下：

（1）对训练集进行 Bootstrap 抽样得到一系列新的训练集 $L_{\mathrm{tr}}^{(t)},t=1,2,\cdots,T$，将新的训练集用于极限学习机分类器训练中，得到 T 个极限学习机基分类器组合 $\left\{C_1,C_2,\cdots,C_T\right\}$。

（2）基于训练集 L_{tr} 和 T 个新的训练集 $L_{\mathrm{tr}}^{(t)}\left(t=1,2,\cdots,T\right)$ 得到 Bagging 集成中 Bootstrap 抽样所产生的 out-of-bag 样本。

（3）将极限学习机分类器组合的权重向量 $W=(w_i)_{T\times 1}$ 作为人工蜂群算法中的种群个体，适应度函数值选择为基于 out-of-bag 样本得到的 Bagging 分类器组合的泛化误差，采用人工蜂群算法的最优蜜源寻优机制，得到蜂群种群中的最优个体，即最优的权重向量 $\boldsymbol{W}_{\mathrm{opt}}=\underset{\boldsymbol{W}}{\arg\min}\,\hat{E}$，最优权重向量所对应的网络泛化误差最小，通过设置的阈值 λ 对 $\boldsymbol{W}_{\mathrm{opt}}$ 的分量进行筛选，剔除小于阈值 λ 的权重所对应的极限学习机基分类器，将剩余的极限学习机分类器采用多数投票进行集成，从而实现极限学习机的选择性集成。

算法框图如图 7-17 所示。

4. 语音情感识别应用

情感数据库采用柏林情感数据库 EMO-DB 中的四种情感（生气、高兴、悲伤和中性）组成的情感数据库，情感特征选取梅尔倒谱滤波系数 MFCC，所有情感语句特征参数均统一为 1024 维 MFCC，并对其进行归一化，将此作为识别模型的输入参数。

数据库所包含的数据集总数小于 500，具体每种情感语句分别为生气 81 句、高兴 71 句、悲伤 62 句、中性 79 句，对应的每种情感语句各选 2/3 作为训练，共 197 句训练样本，剩余的 1/3 样本组成 96 句测试样本；样本数据集属于小样本数据集，数据量较少，因此采用 out-of-bag 样本，一方面达到对训练数据集的充分利用，另一方面避免了训练集、验证集和测试集划分方式不同对实验产生的影响。

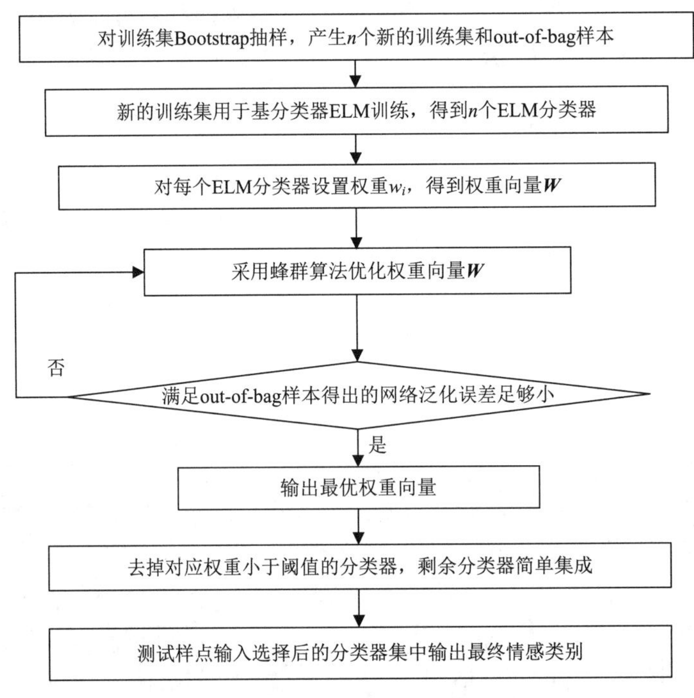

图 7-17 选择性集成极限学习机网络框图

本节所选模型包括：单个极限学习机模型 ELM、V-ELM 模型[21]（采用 7 个极限学习简单集成）、Bagging 集成极限学习机模型和选择性集成极限学习机模型，这里选择性集成模型，依据其所包含算法，模型简写为 B-OA-ELM（bagging out-of-bag artificial bee algorithm ELM），基于 EMO-DB 中的四种情感的识别结果对不同模型所具有的泛化性能和稳定性进行分析比较。

实验运行次数设置为 30 次，在实验的基础上综合考虑算法的训练时间和泛化性能本节的 ELM 网络隐层节点参数 L 统一设置为 300，网络的岭参数 C 通过对训练数据集进行 5 折交叉验证，选取 5 折交叉验证的平均识别结果最优时对应的值，作为岭参数 C 值。

选择性集成极限学习机 B-OA-ELM 模型相关算法参数设置如下：Bagging 算法网络规模参数为 B，蜂群种群个数为 60，最大迭代次数为 100，维数为 B，内循环次数设为 10，适应度函数 out-of-bag 样本估计 Bagging 集成极限学习机网络泛化误差，阈值默认值为 $1/B$，m 表示采用人工蜂群算法选择后最终得到的集成极限学习机网络个数。

对于 Bagging 网络规模，表 7-17 具体描述了当取不同网络个数 B 时，30 次实验所得的 Bagging 极限学习机 Bagging-ELM 网络的情感平均识别率，具体包括平均值、最大值和方差，从中可以得到随着网络个数 B 的增加，情感识别结果的方差由 $B=10$ 时的 2.712 逐渐减小到 $B=100$ 时的 1.987，识别结果的方差呈下降趋势，即网络的稳定性有所提高；而随着网络个数 B 的增加，网络识别结果的均值呈先上升后轻微下降的趋势，即网络的泛化性能先提高后又有轻微的下降趋势，究其原因可能是集成的性能好坏取决于单个网络的泛化性能和网络之间的差异性[20]，刚开始增加网络个数，得到彼此间具有差异性的网络，所以识别结果有所提高；当网络规模太大时，继续增加网络个数，反而使得到的网络彼此间差异逐渐变小，同时可能会出现性能较差的单个网络，这样不仅降低了集成后的网络的泛化性能，且进一步也增加了网络空间的复杂程度。

表 7-17　Bagging 网络集成规模变化时情感识别率对比

识别结果	网络总数 *B*									
	B=10	*B*=20	*B*=30	*B*=40	*B*=50	*B*=60	*B*=70	*B*=80	*B*=90	*B*=100
平均值/%	72.56	73.19	74.74	75.17	75.21	75.25	75.31	75.14	75.04	74.71
最大值/%	76.04	77.08	78.13	78.13	78.13	79.16	79.16	79.16	78.13	78.13
方差	2.712	2.521	2.241	2.184	2.114	2.110	2.096	2.004	1.995	1.987

表 7-18 描述了对于不同规模的 Bagging-ELM 网络，本章建立的选择性集成极限学习机网络 B-OA-ELM，30 次实验得到的情感识别率的平均值、最大值和方差，这里 m 表示 B-OA-ELM 网络的个数。从表 7-17 和表 7-18 的识别结果平均值和最大值结果可以看出，对于固定的网络规模参数 B，B-OA-ELM 网络对情感的识别效果均优于 Bagging-ELM 网络，从中可以得出选择后的网络有着更优的泛化性能；从识别结果的方差值可以看出，对于固定的网络规模参数 B，B-OA-ELM 网络方差也小于 Bagging-ELM 网络，从中可以得出 B-OA-ELM 网络稳定性也优于 Bagging-ELM 网络的稳定性；同时从实验结果 m 看出，B-OA-ELM 集成的网络个数 m 大致为 Bagging-ELM 集成网络个数 B 的一半，选择集成后的网络空间复杂程度也明显降低。

表 7-18　Bagging 集成规模变化时 B-OA-ELM 网络情感识别率对比

识别结果	网络总数 *B*									
	B=10	*B*=20	*B*=30	*B*=40	*B*=50	*B*=60	*B*=70	*B*=80	*B*=90	*B*=100
平均值/%	71.66	73.07	75.08	75.18	75.24	75.31	75.33	75.21	75.23	75.25
最大值/%	76.04	77.08	78.13	78.13	78.13	79.16	79.16	79.16	79.16	79.16
方差	2.112	2.030	1.871	1.839	1.813	1.796	1.783	1.744	1.698	1.688
m	6	12	16	22	28	33	39	41	52	57

表 7-19 描述了四种网络模型 ELM、V-ELM、Bagging-ELM 和 B-OA-ELM，30 次实验所得的情感识别率的平均值、最大值和方差，其中 Bagging-ELM 选取网络规模 B=30，B-OA-ELM 为对该规模下的 Bagging-ELM 优化选择后的集成网络。四种网络模型 30 次实验所得的情感平均识别结果的平均值从大到小依次为：B-OA-ELM 网络 75.08%，

表 7-19　四种网络模型情感识别率对比

识别结果	网络模型			
	ELM	V-ELM	Bagging-ELM	B-OA-ELM
平均值/%	69	72.92	74.74	75.08
最大值/%	75.00	76.04	78.13	78.13
方差	2.770	2.250	2.241	1.871

Bagging-ELM 网络 74.74%，V-ELM 网络 72.92%，ELM 网络 69%，从而得出本节建立的 B-OA-ELM 网络有着优于其他三种网络的泛化性能；同时从情感平均识别结果的方差看出，B-OA-ELM 网络的方差为 1.871，也低于其他三种网络模型，B-OA-ELM 网络稳定性最好；综合结果表明：本节建立的 B-OA-ELM 网络是有效的，从情感语音库的识别结果得出 B-OA-ELM 网络的泛化性能和稳定性同时优于网络 ELM，网络 V-ELM 和网络 Bagging-ELM。

7.3 基于 FCM 的语音情感识别

7.3.1 FCM 基本理论概述

1986 年，Kosko [22]等在认知图（cognitive maps，CM）的基础上结合模糊集和神经网络理论提出了模糊认知图（fuzzy cognitive maps，FCM）的概念，它是分析复杂系统内相关变量动态行为的一种人工智能技术。FCM 的主要优点是结构简单、表达清晰、运行方便，其知识表达和推理能力更强。

FCM 是用图形的结构来表示因果关系的，所以 FCM 又被称为带边权的模糊有向图，其中，它包括节点和连接节点的有向边。节点表示概念，其实是从实际问题中抽象出来的一种状态，用来反映问题的属性、特征、质量等。有向边表示概念与概念之间的因果关系。

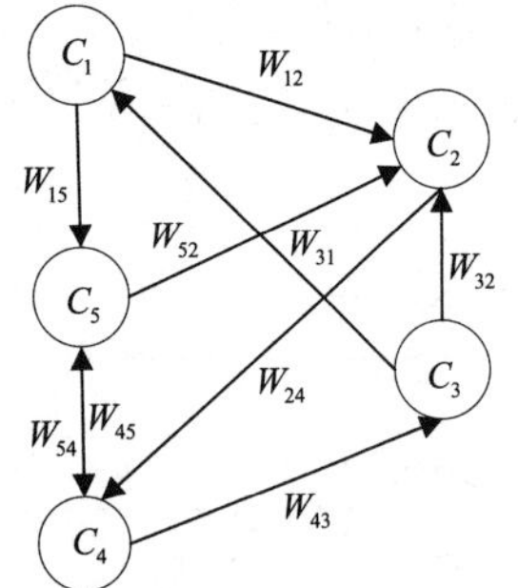

图 7-18 一个简单的 FCM

图 7-18 描述了一个带有 5 个节点和 9 条带边权的简单 FCM。其中，节点 C 是概念，具有一定的状态值，状态值是 [−1,1]区间上的模糊值，表示概念状态存在的程度。概念 C_i 和 C_j 之间因果关系由 $W_{i,j}$ 值表示（即边权值），有三种类型的因果关系，即

$$\begin{cases} W_{ij} > 0, & C_i\text{对}C_j\text{为正向因果关系} \\ W_{ij} < 0, & C_i\text{对}C_j\text{为负向因果关系} \\ W_{ij} = 0, & C_i\text{对}C_j\text{没有关系} \end{cases} \tag{7-26}$$

模糊认知图概念之间的权 W_{ij} 的集合可以由矩阵 $\boldsymbol{W}$ 来表示，如图 7-18 所描述的 FCM 的边权矩阵 $\boldsymbol{W}$ 为

$$\boldsymbol{W} = \begin{bmatrix} 0 & W_{12} & 0 & 0 & W_{15} \\ 0 & 0 & 0 & W_{24} & 0 \\ W_{31} & W_{32} & 0 & W_{34} & 0 \\ 0 & 0 & 0 & 0 & W_{45} \\ 0 & W_{52} & 0 & W_{54} & 0 \end{bmatrix} \tag{7-27}$$

推理过程如下。

FCM 是一个动态系统，是通过更新节点间的状态值和节点间的因果关系即权值来模拟系统的动态行为的。在 t 时刻，FCM 系统的状态可用一个向量函数来表示：

$$\vec{C}(t)=(C_1(t),C_2(t),\cdots,C_n(t)) \tag{7-28}$$

式中，$C_1(t),C_2(t),\cdots,C_n(t)$ 分别表示 FCM 系统的 n 个节点在 t 时刻的状态值。对于一个 FCM 系统，其初始状态值，即 $t=0$ 时，可定义初始状态矢量 $\vec{C}(0)$：

$$\vec{C}(0)=(C_1(0),C_2(0),\cdots,C_n(0)) \tag{7-29}$$

节点状态值的更新可通过式（7-30）计算得到：

$$C_j(t+1)=f\left(\sum_{\substack{i\neq j\\ i=1}}^{n} C_i(t)W_{ij}\right) \tag{7-30}$$

式中，t 为第 t 次迭代（第 t 时刻）；$C_i(t)$ 为概念节点 C_i 在 t 时刻的状态值；$C_j(t+1)$ 为概念节点 C_j 在 $(t+1)$ 时刻的状态值；W_{ij} 为在 t 时刻 C_i 对 C_j 的因果权值；$f(x)$ 为激活函数，它可以是 sigmoid 函数、双曲正切函数或是线性阈值函数；n 为特征序列长度。

当 $f(x)$ 选为线性函数时，即 $f(x)=1, x\in$ 任意值，则具有 n 个节点的 FCM 系统在 $(t+1)$ 时刻的节点状态值可表示为

$$\begin{aligned}C_j(t+1)&=(C_1(t+1),\cdots,C_n(t+1))\\&=(C_1(t),\cdots,C_n(t))\times W \qquad (j=1,2,\cdots,n)\end{aligned} \tag{7-31}$$

经过有限次迭代，FCM 网络可达到两种状态：

① 节点的状态值达到一个固定值，即所谓的隐藏模式或定点吸引子；

② 节点状态值在多个固定状态值之间保持循环，这个称为有限循环。

当 FCM 达到①/②状态时，系统达到稳态/平衡状态。

7.3.2 FCM 语音情感识别网络的架构

在 FCM 中，概念之间的联系是知识存储的基本单元，即知识以概念节点和概念节点之间的关系的形式存储。关联连接表达的是一种逻辑知识，逻辑知识的使用就是推理的过程。因此，建立概念之间的关系的过程可以被认为是在连接关系的基础上进行推理的过程。连接的作用就是表达关系，促进推理的实现。识别在数据挖掘中也算是一种预测推理，其目标是根据其属性的值来预测推理属性集所属的类，即基于已知的训练样本建立识别模型，来预测未知属性集所属的目标类。本章依据 FCM 的知识推理特点，研究其在语音情感识别中的应用。

目前，用于情感识别的方法主要基于离散情感划分，考虑连续情感变化的 PAD 维度空间模型使用较少，而 PAD 模型更接近人情感变化的实际情况。本节构建了一个基于模糊认知图的语音情感识别新模型（emotion FCM，简称 e-FCM）。此外，还提出了用于 e-FCM 语音情感识别网络的一种新的学习算法，其中包括使用 PAD 计算情绪之间的相互转化关系，即权重以及一些数学推导来确定网络结构。相比传统 FCM，本节所提出的算法对概念节点数量较大的 FCM 网络有较强的处理能力。

基于 FCM 的语音情感识别系统（e-FCM）的结构由输入层和输出层两层组成，如图 7-19 所示。输入层的作用是从情感语音特征中收集数据。它包括可以反映情绪状态的所有特征（线性或非线性）。输出层直接连接到输入层，它代表的是情感的类别。根

据 PAD 情感模型可知，情绪是连续的，它们之间存在相互联系，所以输出层的节点与节点之间是相互关联的，并由带有双箭头的定向边表示。输入层和输出层之间的连接是单向的，表示语音特征与情感类别之间的连接。

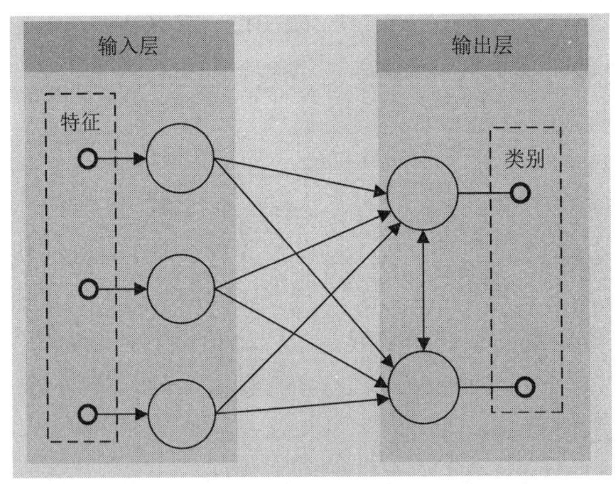

图 7-19 基于 FCM 的语音情感识别系统结构框图

整个情感识别系统是一个 FCM 网络，语音情感特征和情感类别是 FCM 模型的输入，它充分考虑了类之间以及类和特征之间的关系，从而形成一个权重矩阵来模拟其动态行为。假设 $F_i(i=1,2,\cdots,n)$ 表示情感语音特征，$C_j(j=1,2,\cdots,m)$ 表示情感类别。由特征和类之间的关系形成的权重矩阵由 $\boldsymbol{W}_i$（也称为输入权重矩阵）表示。由类之间的关系形成的权重矩阵由 $\boldsymbol{W}_o$（称为输出权重矩阵）表示。系统的权重矩阵可以简化为 $(n+m)\times m$ 矩阵：

$$\boldsymbol{W}=\begin{bmatrix} W_i \\ W_o \end{bmatrix} \tag{7-32}$$

e-FCM 系统在 $(t+1)$ 时刻的输出，由式（7-31）可得

$$\begin{aligned} C_j(t) &= (C_{(n+1)}(t+1),\cdots,C_{(n+m)}(t+1)) \\ &= (F_1(t),\cdots,F_n(t),C_{(n+1)}(t),\cdots,C_{(n+m)}(t))\times W \\ & (j=1,2,\cdots,m) \end{aligned} \tag{7-33}$$

因此，在 e-FCM 系统中，特征值是常数，我们只更新类的值。

在 PAD 情绪模型中，情绪是持续的，并且相互关联。因此，情绪之间的关系（也称为输出权重）由情绪 PAD 值决定。我们分别构建了三维情感空间 P、A 和 D 作为情感空间的坐标轴，将情绪 PAD 值映射到该空间，如图 7-20 所示。利用空间距离来映射类之间的关系，并最终确定情绪之间的权重。

两个情绪在三维 PAD 模型中的空间距离为

$$d_{12}=\sqrt{(x_1-x_2)^2+(y_1-y_2)^2+(z_1-z_2)^2} \tag{7-34}$$

式中，d_{12} 表示点 1 和点 2 之间的空间距离，即 (x_1,y_1,z_1) 和 (x_2,y_2,z_2) 分别代表点 1 和点 2 在三维 PAD 情绪空间中的坐标。通过计算任何两种情绪之间的空间距离的倒数来获得类之间的关系。

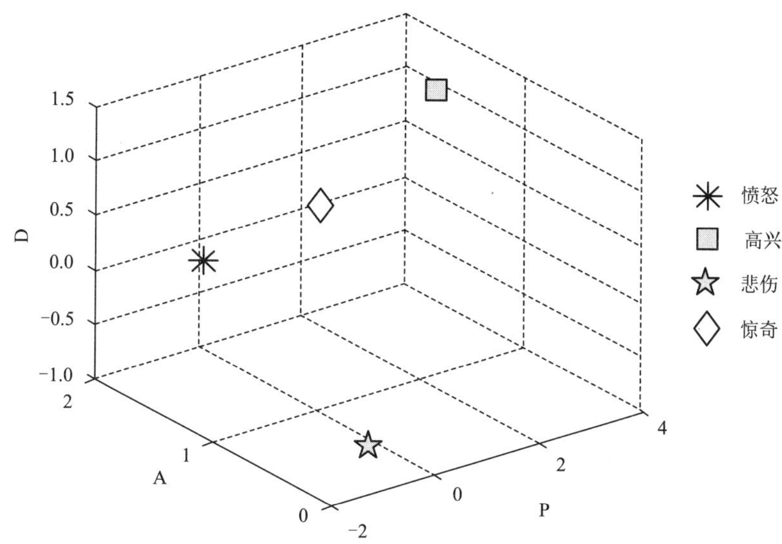

图 7-20　TYUT2.0 语音库中情感空间分布

7.3.3　e-FCM 语音情感识别网络的实现

在获得输出权重（$\boldsymbol{W}_o$）后，提出了一种简单有效的训练 e-FCM（即训练输入权值 W_i）的算法。图 7-21 表示基于 e-FCM 的语音情感识别系统。式（7-35）是这个系统所对应的连接矩阵。

$$\boldsymbol{W}=\begin{bmatrix} 0 & \cdots & 0 & W_{1(n+1)} & W_{1(n+2)} & W_{1(n+3)} & W_{1(n+4)} \\ \vdots & & \vdots & \vdots & \vdots & \vdots & \vdots \\ 0 & \cdots & 0 & W_{n(n+1)} & W_{n(n+2)} & W_{n(n+3)} & W_{n(n+4)} \\ 0 & \cdots & 0 & 0 & W_{(n+1)(n+2)} & W_{(n+1)(n+3)} & W_{(n+1)(n+4)} \\ 0 & \cdots & 0 & W_{(n+2)(n+1)} & 0 & W_{(n+2)(n+3)} & W_{(n+2)(n+4)} \\ 0 & \cdots & 0 & W_{(n+3)(n+1)} & W_{(n+3)(n+2)} & 0 & W_{(n+3)(n+4)} \\ 0 & \cdots & 0 & W_{(n+4)(n+1)} & W_{(n+4)(n+2)} & W_{(n+4)(n+3)} & 0 \end{bmatrix} \tag{7-35}$$

在情感识别过程中，系统分为两个步骤：训练和测试。首先，通过设计初始状态向量和学习算法来训练网络以获得输入权重（$\boldsymbol{W}_i$）。设输入层中含有 n 个节点，输出层中含有 4 个节点，则初始状态向量可表示为

$$\vec{C}(0)=(\overbrace{F_1,F_2,\cdots,F_n}^{\text{input}},\overbrace{C_1(0),C_2(0),C_3(0),C_4(0)}^{\text{output}}) \tag{7-36}$$

在 e-FCM 网络的训练过程中，节点状态值的变化根据式（7-32）和式（7-36）可得如下：

$$C(t)=[F,C(t-1)]\begin{bmatrix} W_i \\ W_o \end{bmatrix} \tag{7-37}$$

式中，t 时刻代表 e-FCM 网络的当前状态；$(t-1)$ 时刻代表网络的前一个状态；F 表示

情感语音训练样本的特征。

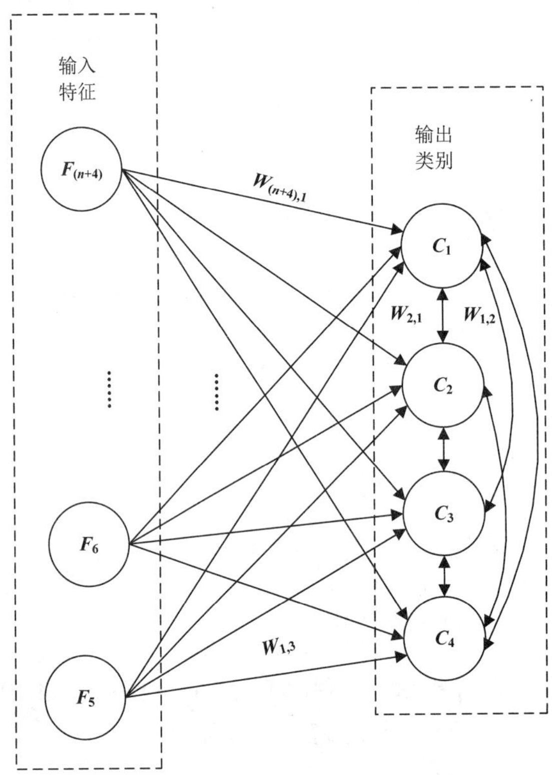

图 7-21　e-FCM 语音情感识别网络

当 $t=1$ 时，有

$$C(1)=\left[F,C(0)\right]\begin{bmatrix}W_i\\W_o\end{bmatrix}=FW_i+C(0)W_o \tag{7-38}$$

当 $t=2$ 时，有

$$\begin{aligned}C(2)&=\left[F,C(1)\right]\begin{bmatrix}W_i\\W_o\end{bmatrix}=FW_i+C(1)W_o\\&=FW_i+(FW_i+C(0)W_o)W_o\\&=FW_i+FW_iW_o+C(0)W_o^2\end{aligned} \tag{7-39}$$

当 $t=3$ 时，有

$$\begin{aligned}C(3)&=\left[F,C(2)\right]\begin{bmatrix}W_i\\W_o\end{bmatrix}=FW_i+C(2)W_o\\&=FW_i+(FW_i+(FW_i+C(0)W_o)W_o)W_o\\&=FW_i+FW_iW_o+FW_iW_o^2+C(0)W_o^3\end{aligned} \tag{7-40}$$

从 $t=1$ 到 $t=3$ 网络的节点状态值是有一定规律的。所以从以上总结可得到网络节点状态值的一般表达式。在 t 时刻，e-FCM 网络的节点状态值可表示为

$$
\begin{aligned}
C(t) &= FW_i + C(t-1)W_o \\
&= FW_i + FW_iW_o + FW_iW_o^2 + \cdots + FW_iW_o^{(t-1)} + C(0)W_i^t \\
&= FW_i\left(I + \sum_{i=1}^{t-1} W_o^{t-1}\right) + C(0)W_o^t
\end{aligned} \tag{7-41}
$$

由于网络最终训练要使得网络训练误差最小，即寻找一个 $\hat{C}(t)$ 使得网络最终输出节点状态值满足：

$$
\| \hat{C}(t) - T \| = \min \| C(t) - T \| \tag{7-42}
$$

式中，T 是指目标函数，在这里它表示网络输出节点的初始状态值，则式（7-42）也可表示为

$$
\| \hat{C}(t) - C(0) \| = \min \| C(t) - C(0) \| \tag{7-43}
$$

根据式（7-43）可知训练 e-FCM 网络等价于是求代价函数 E 的最小值：

$$
E = \left[FW_i\left(I + \sum_{t=1}^{t-1} W_o^{t-1}\right) + C(0)W_o^t - C(0) \right]^2 \tag{7-44}
$$

那么，令 $P = I + \sum_{t=1}^{t-1} W_o^{t-1}$ ，则有

$$
E = [FW_iP + C(0)(W_o^t - I)]^2 \tag{7-45}
$$

由式（7-43）和式（7-44）可知，一旦确定了特征训练集 F 和类别间的权值 W_o 后，训练网络就等价于寻找一个最小二乘解 $\hat{W}_i$ ：

$$
\boldsymbol{F}\hat{W}_i P = C(0)(\boldsymbol{I} - \boldsymbol{W}_o^t) \tag{7-46}
$$

式中，$\boldsymbol{I}$ 是单位矩阵；$\boldsymbol{W}_o$ 已确定并且是一个方阵；$\boldsymbol{F}$ 为情感语音的特征序列，往往是一个列向量，所以它是不可逆的。根据摩尔—彭罗斯（MP）广义逆矩阵理论[23]，可以求 $\boldsymbol{F}$ 的 MP 广义逆，此时就等价于求线性系统的最小范数的最小二乘解。

$$
\hat{W}_i = \boldsymbol{F}^+ P^{-1} C(0)(\boldsymbol{I} - \boldsymbol{W}_o^t) \tag{7-47}
$$

式中，$\boldsymbol{F}^+$ 是指矩阵 $\boldsymbol{F}$ 的 MP 广义逆矩阵。

给定一个情感语音特征训练集 F，e-FCM 语音情感识别网络的算法步骤如下：

（1）通过情感 PAD 值计算情感类别间的权值 W_o；

（2）将给定的特征训练集 F 和第一步计算得到的 $\boldsymbol{W}_o$ 输入 e-FCM 网络中；

（3）根据公式 $W_i = \boldsymbol{F}^+ P^{-1} C(0)(\boldsymbol{I} - \boldsymbol{W}_o^t)$ 计算得到情感特征与情感类别间的权值 W_i，则到此网络训练结束；

（4）将测试集输入训练好的网络，测试网络的识别性能。

7.3.4　实验及结果分析

实验选用 TYUT2.0 和 EMO-DB 两个语音库，包括原始数据库 TYUT2.0 的 245 个样本和来自 EMO-DB 的 294 个样本，具体见表 7-20。从数据库中随机选取样本，其中 75%用于训练集，其余 25%用于测试集。TYUT2.0 数据库包含四种情感。为了比较，同样从

EMO-DB 数据库中选出四种情感：愤怒、高兴、悲伤和无聊，见表 7-20。

表 7-20　实验数据分配

语音库	愤怒	高兴	悲伤	无聊	总数
TYUT2.0	62	59	62	-	183
EMO-DB	81	71	62	80	294

1. 单个特征对比实验

将选择的实验样本数据提取了特征 ETMC，HTMC 和 Hilbert 边际谱系数（提取方法见 4.4 节），利用提出的 e-FCM 分类模型对数据库 TYUT2.0 和 EMO-DB 的情感进行识别。

第一个实验为 TYUT2.0 语音库的实验。表 7-21 显示了所选的三个谱特征与其他传统特征在 TYUT2.0 语音库上四类情感的识别结果。图 7-22 直观地表示了各个特征对四类情感的识别率的对比。同样，图 7-23 直观地显示了各个特征的平均识别率的对比。从表 7-21 和图 7-22 可知，所提的三个谱特征在情感“愤怒”和“高兴”两个类别的识别率比其他四个特征都要高。在情感“悲伤”上，边际谱系数的识别率最高。

表 7-21　TYUT2.0 数据库的识别率 （%）

声学特征	情感状态				平均识别率
	愤怒	高兴	悲伤	无聊	
HTMC	71.43	66.67	66.67	75.00	69.94
边际谱系数	73.33	62.50	70.00	62.50	67.08
ETMC	75.00	75.00	60.00	58.33	67.08
韵律特征	50.00	66.67	50.00	33.33	50.00
共振峰	66.67	41.67	25.00	58.33	47.92
边际谱	50.00	35.71	50.00	50.00	46.43
MFCC	60.00	61.54	68.75	75.00	66.32

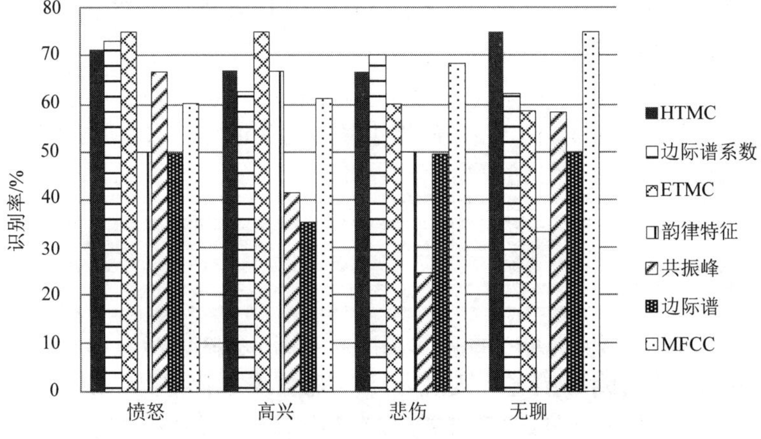

图 7-22　各特征在 TYUT2.0 数据库上的识别率

从表 7-21 和图 7-23 可以发现，韵律和共振峰特征平均识别率分别为 50%和 47.92%，边际谱和 MFCC 特征得到的平均识别率分别为 46.43%和 66.32%；谱特征 ETMC 和边际谱系数都达到 67.08%的识别率，比韵律特征提高了 17.08 个百分点，比共振峰特征获得的识别率高 19.16 个百分点；在这些特征中，HTMC 特征的识别率最高，为 69.94%，与边际谱和 MFCC 特征的平均识别率相比，提高了 23.51 个百分点和 3.62 个百分点，比其他两个新的谱特征还要高出 2.86 个百分点。通过分析可知所提的三个谱特征都取得了较好的结果。

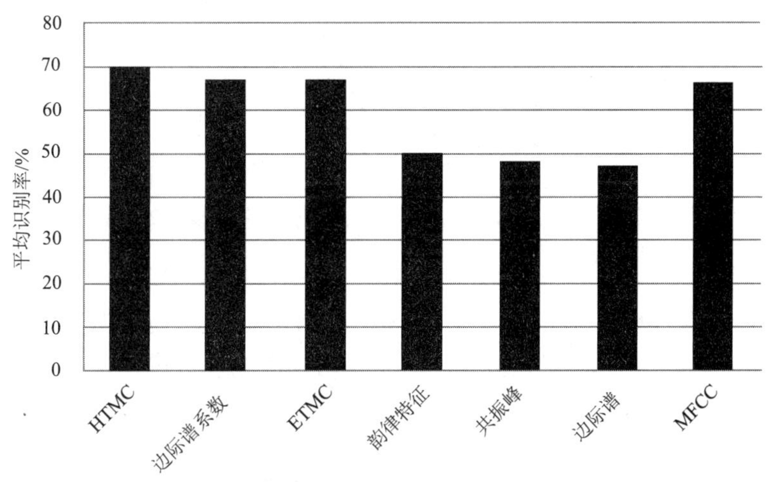

图 7-23　各特征在 TYUT2.0 数据库上的平均识别率

第二个实验为在 EMO-DB 上的实验。表 7-22 为 EMO-DB 的四种情感（愤怒、高兴、悲伤和无聊）的结果。图 7-24 和图 7-25 分别直观地表示了各个特征对四类情感的识别率的对比。从表 7-22 和图 7-24 可知 HTMC、边际谱系数和 ETMC 在情感“愤怒”和“悲伤”两个类别上都得到了较好的识别率。在“高兴”情感上所提出的特征 ETMC 得到的识别率最高，而对于“无聊”情感的识别，所提出的三个谱特征的识别率，比韵律特征、共振峰和边际谱特征高，但与 MFCC 相比识别率略低。

表 7-22　EMO-DB 的识别率　（%）

声学特征	情感状态				平均识别率
	愤怒	高兴	悲伤	无聊	
HTMC	88.46	41.67	85.00	74.07	72.30
边际谱系数	84.62	33.33	90.00	74.07	70.51
ETMC	76.92	66.67	85.00	66.67	73.82
韵律特征	80.77	37.50	65.00	66.67	62.49
共振峰	65.38	50.00	85.00	55.56	63.99
边际谱	34.62	45.83	45.00	62.96	47.10
MFCC	76.92	45.83	75.00	88.89	71.66

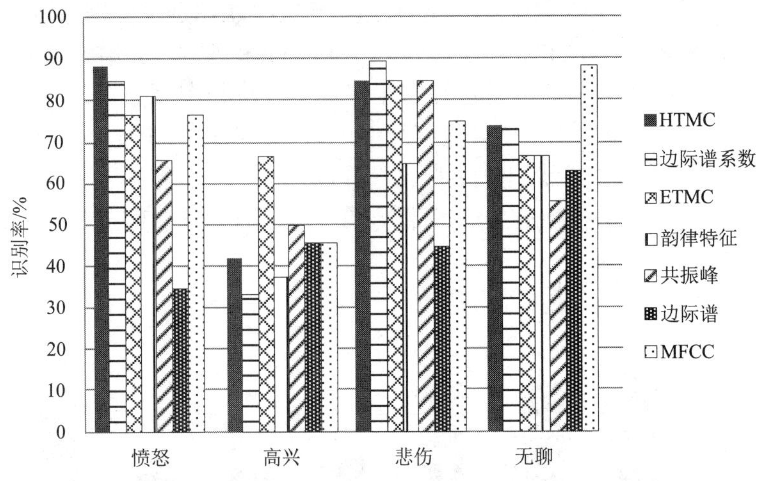

图 7-24　各特征在 EMO-DB 数据库上的识别率

从表 7-22 和图 7-25 的平均识别率来看，韵律特征的平均识别率为 62.49%，共振峰特征得到的识别率为 63.99%，边际谱的识别率为 47.10%。谱特征 HTMC、边际谱系数和 ETMC 识别率分别为 72.30%，70.51%和 73.82%，分别比韵律特征提高了 9.81 个百分点、8.02 个百分点和 11.33 个百分点，比共振峰和边际谱特征的平均识别率都要高。MFCC 特征的识别率为 71.66%，边际谱系数比 MFCC 特征的平均识别率略低，但是谱特征 HTMC 和 ETMC 特征的识别率都要高于 MFCC 特征的识别率，由此可以证明 HTMC 和 ETMC 特征在 EMO-DB 上取得较好的识别结果。

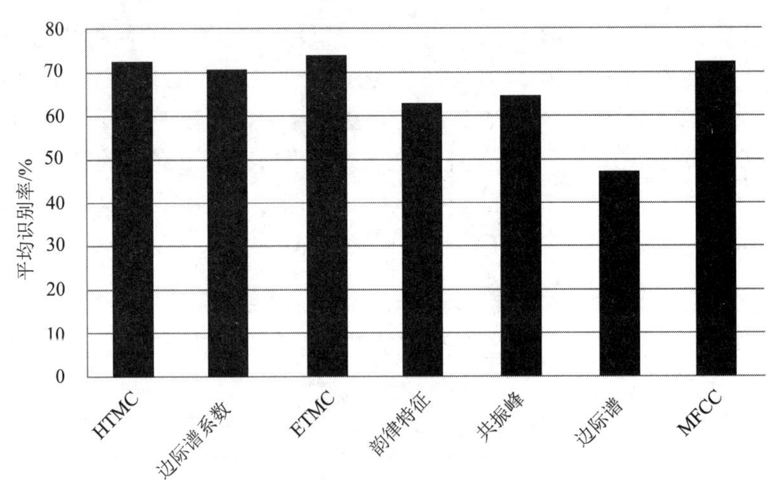

图 7-25　各特征在 EMO-DB 上的平均识别率

图 7-26 表示的是三个谱特征 HTMC、边际谱系数和 ETMC 在两个语音库上的平均识别率对比。图中可以直观地看到，对于 TYUT2.0 语音库来说，特征 HTMC 在这三个特征中识别率最高；对于 EMO-DB 来说，特征 ETMC 识别率最高；这说明三个谱特征

中，特征 HTMC 和 ETMC 表现出了较好的性能，为接下来的特征融合奠定了良好的基础。从两个数据库的识别率对比来看，发现 EMO-DB 的识别率普遍高于 TYUT2.0 的识别率，这种偏差归因于构建两个数据库的方法不同。EMO-DB 是由录音者在录音室通过朗读预先设定好的文本录制而成的数据库，情感状态都是录音者表演而来的。TYUT2.0 数据库是从广播剧中截取而来的数据库。另外，在前者中使用的是固定人员的录制，且人数少，但在后者中是不固定人员的语音，且数量庞大。因此，TYUT2.0 数据库中的情感比来自 EMO-DB 的情感更多样化，更为真实，更接近于现实生活中的情感表达习惯，所以识别难度也就更大。虽然两类数据库整体识别率有差距，但是三类特征在两类数据库上都表现出较好的识别结果。

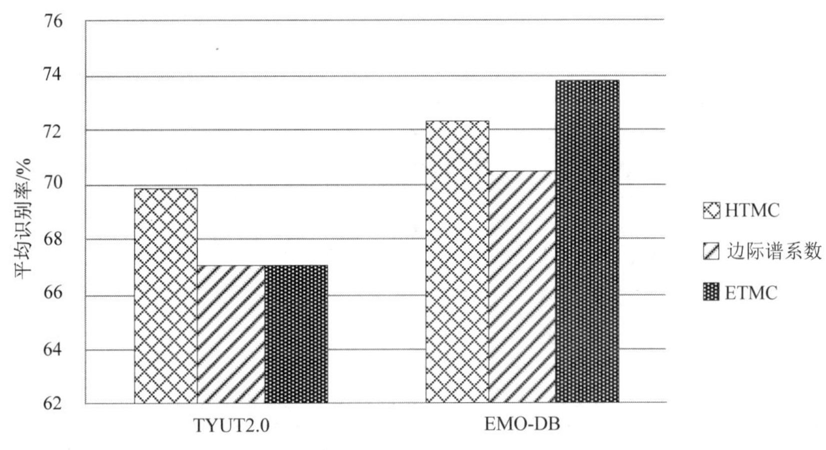

图 7-26　三个谱特征在两个数据库上的平均识别率

2. 融合特征实验及结果分析

对比单个特征的识别结果可以发现，不同特征对不同情感的识别存在一定的差异，因为这些特征均从不同角度反映了情感的信息。通过分析三个非线性谱特征得知，HTMC 和 ETMC 特征表现出良好的性能。基于以上结论，选择 HTMC、ETMC 特征分别与韵律特征和音质特征融合用于语音情感识别，并在 EMO-DB 和 TYUT2.0 两个数据库（实验数据见表 7-19）上进行评估，来检验非线性特征是否能够补偿传统的语音特征，进而提高识别网络的性能。融合特征识别框图如图 7-27 所示。

在第一个实验中，选择了 TYUT2.0 数据库来评估融合特征。实验结果见表 7-23。从平均识别率来看，HTMC、韵律和共振峰特征融合达到 73.71%，比单个特征识别分别提高了 3.77 个百分点、23.71 个百分点、25.79 个百分点。证明非线性谱特征 HTMC 对传统的声学特征起到了很好的补偿作用，三者融合的识别性能达到了最优。非线性特征 ETMC 与韵律和共振峰融合的平均识别率为 67.72%，我们发现，这三个特征融合，识别结果不但没有提高，反而还有所降低。非线性特征 ETMC 和传统特征融合并没有起到互补的作用。

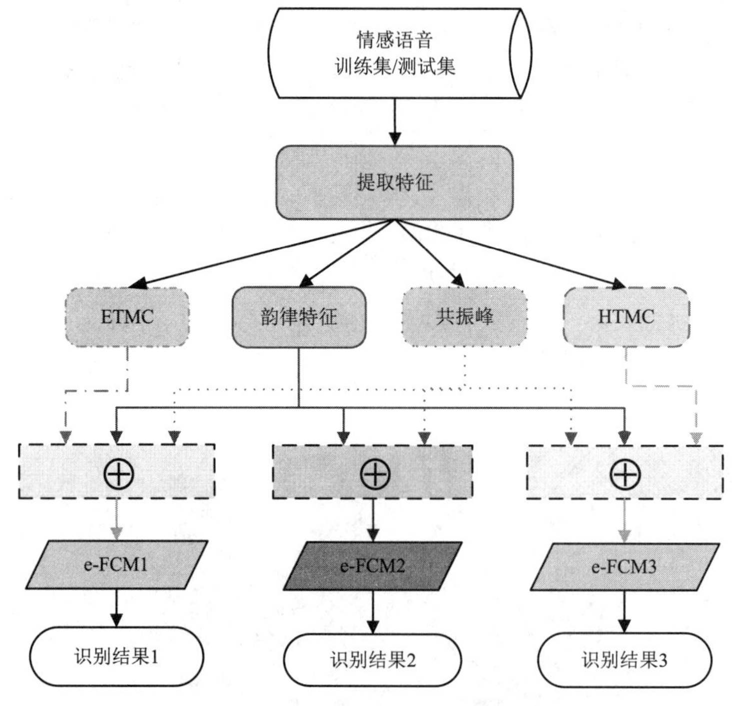

图 7-27 融合特征识别框图

表 7-23 TYUT2.0 数据库的识别率 (%)

声学特征	情感状态				平均识别率
	愤怒	高兴	悲伤	惊奇	
韵律特征	50.00	66.67	50.00	33.33	50.00
共振峰	66.67	41.67	25.00	58.33	47.92
HTMC	71.43	66.67	66.67	75.00	69.94
ETMC	75.00	75.00	60.00	58.33	67.08
韵律 + 共振峰	83.33	75.00	58.33	66.67	70.83
HTMC + 韵律 + 共振峰	63.64	62.50	77.78	90.91	73.71
ETMC+ 韵律 + 共振峰	70.59	71.43	53.85	75.00	67.72

图 7-28 更直观地显示了各个特征在不同情感类别的识别结果的对比结果。从表 7-23 和图 7-28 来看，TYUT2.0 语音库中情感“愤怒”和“高兴”的识别率在韵律和共振峰融合后达到了最高。情感“悲伤”和“惊奇”得到最高识别率时的特征是 HTMC、韵律和共振峰三个特征融合。通过这个分析可知，韵律和共振峰的融合提高了情感“愤怒”和“高兴”的识别率，而三个特征的融合对“悲伤”和“惊奇”这两个情感识别率的提高有一定帮助。

在第二个实验中，EMO-DB 的四种情感（愤怒、高兴、悲伤和无聊）被选择来评估融合特征。实验结果见表 7-24，韵律和共振峰特征融合达到 74.73%的平均识别率，比单个特征识别分别提高了 12.24 个百分点和 10.74 个百分点，而 HTMC 特征与韵律和共振峰融合的平均识别率为 81.73%，比两个传统特征融合获得的平均识别率高出 7 个百分点，比韵律、共振峰、HTMC 三个特征单独识别分别高出 19.24 个百分点、17.74 个百分点、9.43 个百分点。这表明非线性谱特征 HTMC 对传统的声学特征起到了很好的补偿作用，三者融合的识别性能达到了最优。非线性特征 ETMC 与韵律和共振峰融合的平均识别率为 70.19%，与单个特征的平均识别率相比，识别结果不但没有提高，反而还降低了。这说明非线性特征 ETMC 和传统特征融合并没有起到互补的作用。

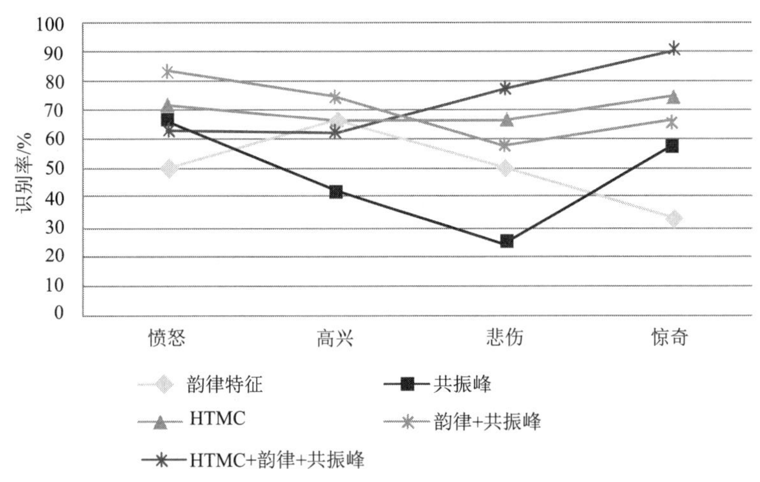

图 7-28　各特征对 TYUT2.0 语音库中四类情感的识别率

表 7-24　EMO-DB 的识别率　　（%）

声学特征	情感状态				平均识别率
	愤怒	高兴	悲伤	无聊	
韵律特征	80.77	37.50	65.00	66.67	62.49
共振峰	65.38	50.00	85.00	55.56	63.99
HTMC	88.46	41.67	85.00	74.07	72.30
ETMC	76.92	66.67	85.00	66.67	73.82
韵律 + 共振峰	73.08	79.17	80.00	66.67	74.73
HTMC+韵律 + 共振峰	84.62	54.17	90.00	98.11	81.73
ETMC+韵律 + 共振峰	73.08	70.83	85.00	51.85	70.19

图 7-29 更直观地显示了各个特征在不同情感类别的识别结果。从表 7-24 和图 7-29 来看，EMO-DB 中“悲伤”和“无聊”情感的识别率在 HTMC、韵律和共振峰融合后达到了最高。情感“愤怒”的识别率也接近于最高识别率。情感“高兴”的识别率与韵律、共振峰和 HTMC 三个特征单独的识别率相比都有所提高，但是与韵律和共振峰融合后的特征相比有所降低。对于情感“高兴”来说，韵律和共振峰融合时，识别率达到了最高。通过这个分析可知，韵律和共振峰的融合特征促进了“高兴”情感识别率的提高，三个特征的融合对“愤怒”、“悲伤”和“无聊”这三个情感识别率的提高有一定帮助。

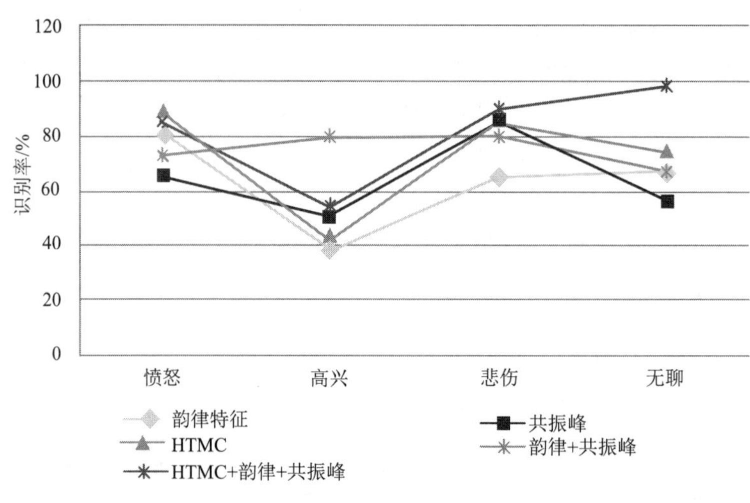

图 7-29　各特征对 EMO-DB 中 4 类情感的识别率

3. 识别网络对比实验

通过单个特征识别结果的分析和融合特征在语音情感识别结果的对比，可知非线性特征 HTMC 与传统的韵律特征、共振峰特征融合表现出的性能最优。因此，本节选用以上三个特征的融合特征，在 EMO-DB 和 TYUT2.0 两个数据库（实验样本见表 7-20）上对 e-FCM 与传统识别网络进行识别及实验结果对比分析。

本节选择传统的识别网络如 BP，KNN 和 SVM，进行了比较与结果分析，在语音库 TYUT2.0 上各个网络的平均识别率见表 7-25。

表 7-25　TYUT2.0 语音库上平均识别率　（%）

识别网络	平均识别率
BP	43.75
KNN	58.33
SVM	64.58
e-FCM	72.92

从表 7-25 可知，传统的识别网络 BP、KNN 和 SVM 的识别率分别为 43.75%、58.33% 和 64.58%。e-FCM 的识别率为 72.92%，比传统网络分别高出 29.17 个百分点、14.59 个百分点和 8.34 个百分点。图 7-30 更直观地显示了 e-FCM 网络的优势。

表 7-26 显示了 EMO-DB 实验中不同网络的平均识别结果。表 7-26 中的识别率表明，e-FCM 网络可以比大多数基于概率和统计方法的传统识别网络表现出更好的性能。e-FCM 的识别率为 85.37%，比 BP 高 20.33 个百分点，比 KNN 高 7.32 个百分点，比 SVM 高 4.15%。图 7-31 更直观地显示了 e-FCM 网络的优势。

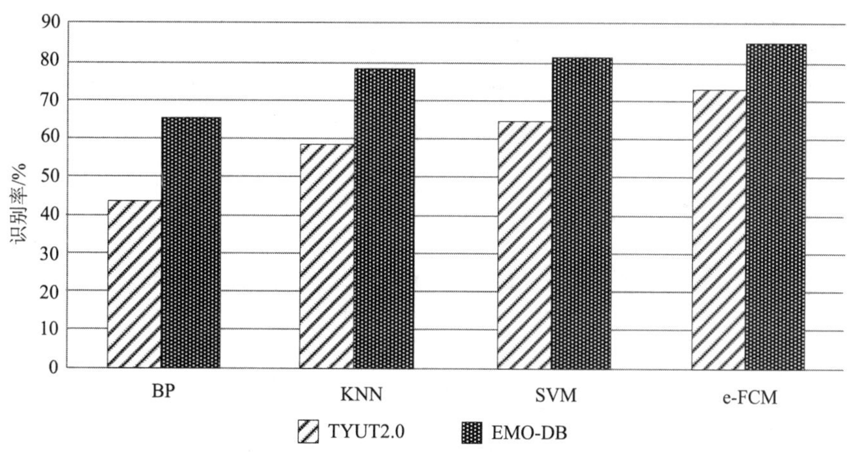

图 7-30　两个语音库的平均识别率直方图表示

表 7-26　EMO-DB 上的平均识别率　　（%）

识别网络	平均识别率
BP	65.04
KNN	78.05
SVM	81.22
e-FCM	85.37

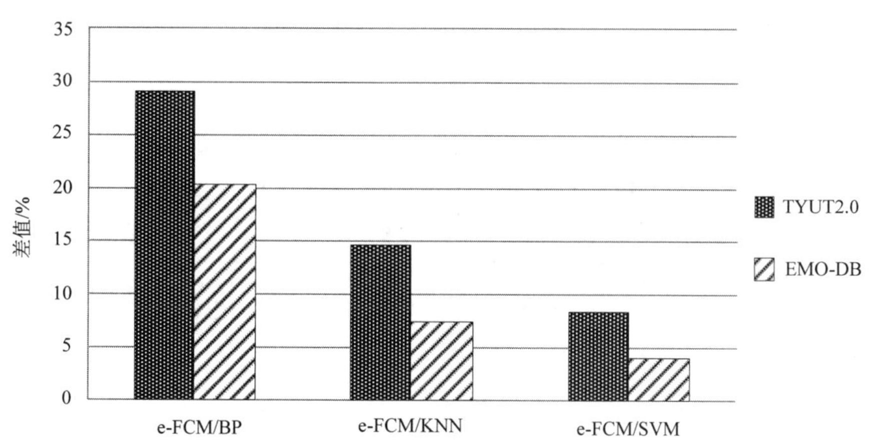

图 7-31　e-FCM 和传统网络识别率的差值

如图 7-31 所示为 e-FCM 网络与 BP、KNN、SVM 网络在两个数据库上的平均识别率的差值。对比这两个语音库，发现 e-FCM 网络与其余三个分类器的差值（即识别率的提高）在 TYUT2.0 数据库上提高的识别率都大于 EMO-DB，表明 e-FCM 网络在 TYUT2.0 数据库上比在 EMO-DB 上有更多的优势，这个结果表明 e-FCM 可以更好地处理自然的语音情感。

参见表 7-27，从分类器的训练时间来看，e-FCM 网络训练时间只需 0.0185s，而 SVM 需要 50.43s，BP 要 317.79s，SVM 和 BP 这两个网络训练过程复杂，耗时长，要训练样本确定参数，当在新的样本输入时，需要重新进行网络训练，确定参数，难以满足语音交互中实时识别自然情感的信息。KNN 网络虽然时间较短，但是网络的识别率比较低。本节提出的 e-FCM 网络方法只要一步计算就可以训练网络输出权重，大大提高了网络性能和学习速度及泛化性能。

表 7-27 不同分类器的训练和测试时间 （s）

分类器	时间		
	训练	测试	总时间
e-FCM	**0.0185**	**0.0102**	**0.0287**
BP	317.79	0.0810	317.871
KNN	—	0.2105	0.2105
SVM	50.43	0.0146	50.446

小 结

本章分别介绍了几种语音情感识别模型：CHMM、KELM 和基于 FCM 的语音情感识别新模型 e-FCM。

首先，分析了使用 CHMM 模型进行构建情感语音的识别系统。从模型的参数初始化、参数的训练和情感语音的识别等几个方面入手，通过解决 CHMM 模型的语音情感识别的三个问题：①模型的参数初始化问题；②K-mean 算法解决模型的训练问题；③Viterbi 算法解决情感语音的识别问题，最终建立了 CHMM 模型的语音情感识别系统。

其次，介绍了人工蜂群算法优化 KELM 参数在语音情感识别中的应用研究，提出了改进的人工蜂群算法用于优化核函数极限学习机 KELM 和 SVM 参数，建立了 ABC-KELM、ABC-SVM、Im-ABC-KELM 和 Im-ABC-SVM 模型，基于 EMO-DB 中的四种情感（生气、高兴、悲伤和中性）进行实验分析，结果证明了对于两模型 Im-ABC 有着更好的寻优效果，模型 Im-ABC-KELM 对测试样本识别结果最好，同时 KELM 模型的学习速度也明显优于 SVM，从而证实了本章提出的 Im-ABC-KELM 方法用于语音情感识别中效果是较优的。

再次，介绍了选择性集成极限学习机的研究及应用。首先介绍了各个集成算法的原理和特点，重点阐述了基于优化的选择性集成方法，最后提出了基于极限学习机的选择性集成的方法和步骤，并将该模型用于柏林情感语音库四种情感语音实验中，实验结果分别从网络稳定性和网络泛化性能上证明了本章建立的模型 B-OA-ELM 优于模型 ELM、模型 V-ELM 和模型 Bagging-ELM。

最后，针对语音情感具有连续变化这一特点构建了 e-FCM 网络的结构，包括输入层和输出层两层。输入层从语音特征中收集数据。输出层由情感类组成，提出了一种新的语音情感识别网络的 e-FCM 的学习算法。所构建的 e-FCM 系统由两个权值组成，即输入权值和输出权值。利用 PAD 情绪量表计算输出权值，并经过一些数学推导来确定输入权重。在 TYUT2.0 和 EMO-DB 的两个数据库上测试 e-FCM 系统，以验证其有效性。将 e-FCM 的结果与传统网络的结果进行比较发现，e-FCM 表现出良好的性能。此外，还从融合特征角度出发，分析了所提非线性特征对传统语音特征的补偿能力。

参考文献

[1] HUANG G B, ZHU Q Y, SIEW C K. Extreme learning machine: theory and applications[J]. Neurocomputing, 2006, 70(1):489-501.

[2] HUANG G B, CHEN L, SIEW C K. Universal approximation using incremental feedforward networks with arbitrary input weights[J]. Neural Networks, 2006, 17 (4): 879-892.

[3] HUANG G B, CHEN L. Convex incremental extreme learning machine [J]. Neurocomputing, 2007,70: 3056-3062.

[4] 邓万宇，郑庆华，陈琳，等. 神经网络极速学习方法研究[J]. 计算机学报，2010，33（2）：279-287.

[5] 韩敏，刘贲. 一种改进的旋转森林分类算法[J]. 电子与信息报，2013，35（12）：2896-2900.

[6] HOERL A E, KENNARD R W. Ridge regression: biased estimation for nonorthogonal problems[J]. Technometrics, 1970，12(1): 55-67.

[7] YANG J C, JIAO Y B, XIONG N X. Fast face gender recognition by using local t ernary pattern and extreme learning machine[J]. KSII Transactions on Internet and Information Systems, 2013, 7(7): 1705-1720.

[8] HUANG G B, DING X J, ZHOU H M, et al. Extreme learning machine for regression and multiclass classification [J].IEEE Transactions on Systems, Man, and Cybernetics – Part B: Cybernetics, 2012,42(2) :513-529.

[9] HUANG G B, DING X J, ZHOU H M. Optimization method based extreme learning machine for classification[J]. Neurocomputing, 2010, 74(1):155-163.

[10] 张文博，姬红兵. 融合极限学习机[J]. 电子与信息学报，2013，35（11）：2728-2732.

[11] BATLINER A, FISEHER K, HUBER R, et al. How to find trouble in communication [J].Speech Communication, 2003，40(1-2):117-143.

[12] JONES C, JONSSON M. Performance analysis of acoustic emotion recognition for in-car conversational interfaces [C]. Lecture Notes in Computer Science, 2007, 4555(6):411-420.

[13] FRANCE D J, SHIAVI R G, SILVERMAN S, et al. Acoustical properties of speech as indicators of depression and suicidal Risk [J]. IEEE Transactions on Biomedical Engineering, 2000, 47(7):829-837.

[14] KARABOGA D, BASTURK B. On the performance of artificial bee colony algorithm[J]. AppliedSoft Computing, 2008, 8(1):687-697.

[15] KARABOGA D, KAY B. A comparative study of artificial bee colony algorithm [J]. Applied Mathematics and Computation,2009,214(1):108-132.

[16] 杜振鑫，刘广钟，韩德志. 基于全局无偏搜索策略的精英人工蜂群算法[J]. 电子学报，2018，46（2）：308-314.

[17] 向万里，马寿峰. 基于轮盘赌反向选择机制的蜂群优化算法[J]. 计算机应用研究，2013，30（1）：86-89.

[18] TANG H, CHU S M, HASEGAWA-JOHNSON M, et al. Emotion recognition from speech via Boosted Gaussian mixture models [A]. Proc.of the 2009 IEEE Int'l Conf. on Ultimedia and Expo (ICME)[C]. Piscataway: IEEE Press, 2009: 294-297.

[19] ZHOU Z, WU J X, TANG W. Ensemble neural networks: many could be better than all [J]. Artificial Intelligence(S0004-3702), 2002, 137: 239-263.

[20] 张春霞，张讲社. 选择性集成学习算法的综述[J]. 计算机学报，2011，34（8）：1399-1413.

[21] CAO W, LIN Z P, HUANG G B, et al. Voting based extreme learning machine[J]. Information Science, 2012, 185:66-77.

[22] KOSKO BART. Fuzzy cognitive maps[J]. International Journal of Man-Machine Studies, 1986, 24(1): 65-75.

[23] MAYNE A J. Generalized inverse of matrices and its applications[M]. New York: Wiley, 1971.

第 8 章　融合算法应用于语音情感识别的研究

近年来，数据融合技术不断发展，引起越来越多研究者的关注，在模式识别领域也得到了广泛的应用。其主要思想就是通过一定的算法将多类数据进行融合处理来提高最后的识别率。现有的数据融合包括数据级融合、特征级融合和决策级融合这三种方式。融合方法与单一特征和单个分类器的识别相比，具有分类准确率高、系统稳健性好的优势。本章选用后两种方法用于语音情感识别的研究。

语音情感识别常见的声学特征有韵律特征、谱特征和音质特征。情感特征之间具有关联性和相似性，因此，仅使用一种类型的声学特征来识别情感是不完备的。为了实现更好的识别效果，本章将不同类型的声学特征进行融合，并在决策级融合提出了权值自适应决策融合 e-FCM 网络。将提出的决策融合 e-FCM 方法在 EMO-DB 和 TYUT2.0 语音库上进行验证，并设计了三组实验作了对比，通过分析证明了提出的融合 e-FCM 方法相较于单一特征，单一分类器和融合特征，具有更优的分类性能，同时大大降低了情感间的混淆程度。

8.1　数 据 融 合

8.1.1　数据融合的概念

数据融合概念最早是在军事领域提出的，后来随着技术的不断发展，数据融合技术已经成为一门独立的学科并且具有广泛的应用领域，比如，医学[1]、图像处理[2-3]、模式识别[4]等研究领域。虽然数据融合没有一个统一的定义，但是它是依据多个传感器数据按照某种算法进行计算，从而达到更适合某种应用目的而展开的一个研究方向。

从军事领域来说，数据融合的定义可归纳为三点：一是融合过程是多个信息源和多层次的处理；二是融合技术包括数据的检测、估计、联系和合并；三是融合输出包含低层次估计和高层次评估。从非军事领域来说，数据融合就是将多个传感器或是信息源提供的关于某一事物的信息数据进行整合，从而获得一个相对完整的描述这一事物特征的数据，在此基础上进行决策估计得到更为准确的判断结果。

数据融合其实是人类或是其他系统常见的一种本能反应。人非常自然地利用这种本能将人体的各个器官，如眼、耳、鼻感受到的信息（事物、声音、气味）组合起来，大脑就会根据先验知识去分析、感知周围环境，做出正确的识别判断。数据融合中的传感器就相当于人类的器官，融合的过程就相当于模仿人类大脑处理多信息融合的过程。

用于模式识别的数据融合又被称为属性级数据融合。根据融合数据抽象层次的不同，可以将属性级数据融合分为数据级融合、特征级融合、决策级融合三类。数据级融合属于最低层次的融合，它是将多源数据不经过处理直接融合，在融合数据的基础上再提出特征，根据特征信息做出最终的决策判断。这种融合方法处理时间长，抗干扰性差，冗余度高。本章并未涉及数据级融合方法，下文主要介绍特征级融合和决策级融合在语音情感识别中的应用。

8.1.2　特征级融合

特征级融合就是将数据的特征进行融合，即发生在特征层面上的融合属于中间层次的融合。首先，将原始数据提取不同的特征，这些特征应尽可能多，可以全面地反映原始数据信息。其次，将多个特征信息进行融合，融合算法一般采用加权融合。最后，识别网络对融合后的特征进行决策判断，得到最终识别结果。语音情感识别特征级融合的实现框图如图 8-1 所示。

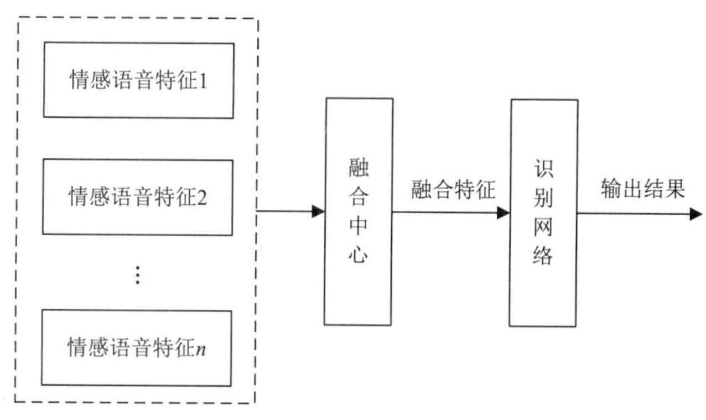

图 8-1　特征级融合的实现框图

首先将情感语音进行预处理，提出 n 种特征，然后根据制定的融合算法将这 n 个特征进行融合处理，得到最终的融合特征。将融合特征输出识别网络进行分类得到最后的结果。因此，融合算法是特征融合的关键技术，决定了特征识别性能的好坏。在我们的研究中，只讨论了特征的线性融合，即将提取的 n 种特征直接拼接为一个特征向量作为最终的融合特征。

假设所提取的语音特征用 X_{d_k} 来表示，d_k 代表第 k 类特征的维数，$k=1,2,\cdots,n$ 表示特征种类。将这 n 类特征进行融合后得到的特征向量为

$$\boldsymbol{T}=(w_1x_1,w_1x_2,\cdots,w_1x_{d_1},\cdots,w_kx_{d_k},\cdots,w_nx_{d_n})^{\mathrm{T}} \tag{8-1}$$

式中，w_k 代表第 k 种特征的融合权值，融合特征向量 $\boldsymbol{T}$ 的维数为

$$D=\sum_{k=1}^{n}d_k \tag{8-2}$$

这种融合方法比较简单，而且当特征权值设为 1 时，这种权值选择方法并没有考虑各个特征的贡献率和对各情感识别的差异，虽然方法简单，但是通过实验结果分析可知，线性融合特征并不是对每个情感的识别率都起到了积极的作用，所以寻找更好的特征融合算法也是未来的一项研究工作。

8.1.3 决策级融合

决策级融合是在特征输入识别网络后，对网络输出的判决，它是最高层次的融合。首先是从原始数据即情感语音库中提取不同的特征，然后将特征分别输入识别网络。随后通过一定的融合规则对各个网络的输出结果即网络的初级判决进行决策级融合，进而得到较好的识别结果。语音情感识别的决策级融合实现框图如图 8-2 所示。

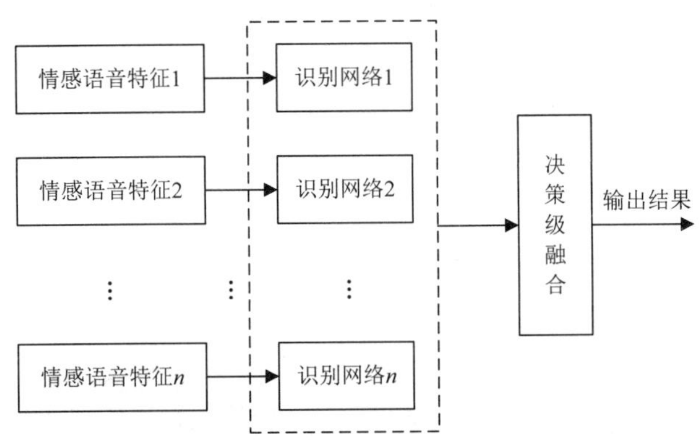

图 8-2 决策级融合实现框图

8.2 决策融合 e-FCM 算法介绍

线性加权的融合方法，原理简单，计算方便并且有较好的融合效果，广泛地应用在决策融合中。通过 8.1 节介绍可知决策融合就是对各个分类器的输出进行融合。分类器的输出大致可分为两种形式：硬判决输出和软判决输出。前一种形式是指分类器的输出被定义为一个标签值，即有规定的类别，比如"1"代表"高兴"情绪，"2"代表"悲伤"情绪等，然后再使用投票的方式计算各个分类器输出的每一个类别的数量，得到投票数最多的类别作为最终的结果输出；而后一种形式是指分类器的输出值是概率的形式，分给每个分类器一个合适的权重，然后对各个分类器的输出进行加权求和得到最后的决策输出结果。

相比这两种形式，软判决输出概率形式比硬判决输出类别标签更合理，效果也更好一些，所以本节选用软判决决策融合方法对 e-FCM 进行融合来提高识别结果，e-FCM 原理可参见 7.3 节。因为 e-FCM 网络的输出不是概率形式，所以先将其输出变换成概率输出，使每个网络的输出范围统一，为下一步决策融合做好准备。

8.2.1 概率矩阵

e-FCM 网络的输出是数值型，为了将其数值型转化为概率型[0,1]输出，利用式(8-3)将 e-FCM 模型的输出进行映射，再归一化作为网络的概率输出。其数学表达式为

$$P(f_i(x)) = \frac{1}{1+\exp[-f_i(x)]}, \quad i=1,2,\cdots,m \tag{8-3}$$

则输入样本 x 属于情感类别标签 i 的归一化概率输出为

$$p_i(x)=\frac{P(f_i(x))}{\sum_{i=1}^{m}P(f_i(x))} \tag{8-4}$$

根据式（8-4），e-FCM 网络的硬判决输出则为

$$\text{label}(x)=\underset{i\in\{1,2,\cdots,m\}}{\arg\max}\, p_i(x) \tag{8-5}$$

概率型 e-FCM 网络（probabilistic e-FCM，简称 Pe-FCM）的提出为决策融合提供了一个重要前提。假设有 m 类情感，采用 N 组分类器判决融合，则这 N 组分类器的输出概率矩阵为

$$\boldsymbol{P}(\boldsymbol{x})=\begin{bmatrix} p_{11}(\boldsymbol{x}) & \cdots & p_{1N}(\boldsymbol{x}) \\ \vdots & p_{ik}(\boldsymbol{x}) & \vdots \\ p_{m1}(\boldsymbol{x}) & \cdots & p_{mN}(\boldsymbol{x}) \end{bmatrix}_{m\times N} \tag{8-6}$$

矩阵的每列表示每个分类器对所有类别的概率输出。其中，$p_{ik}(x)$ 表示第 k 个 e-FCM 网络将输入样本 x 判为属于 i 类的概率。

8.2.2　决策方法制定

最简单的决策融合方法可表示为

$$\text{label}(x)=\underset{\substack{i\in\{1,\cdots,m\},\\ k\in\{1,\cdots,M\}}}{\arg\max}\, p_{ik}(x) \tag{8-7}$$

但是这同投票方法一样，决策时并没有考虑每个分类器所占的权重。每个分类器融合权重的确定是决定融合效果的关键，由于提取的情感语音特征不同，并且情感语音样本具有一定的随机性，因此需制定一个适合情感语音样本的决策方法使其获得一个最佳的权值，从而得到最优的识别结果。基于此本节提出一种自适应权值的决策级融合 e-FCM 的方法。

首先，从原始情感语音样本中提取特征，然后选用训练样本的各个特征训练对应的识别网络，网络训练好后再输入测试样本得到各个识别网络的权重，最后对每个网络的概率输出进行线性加权来决策融合，并输出最终识别结果，决策融合 e-FCM 的实现框图如图 8-3 所示。

决策融合 e-FCM 网络的具体步骤如下。

对于语音情感识别来说应分为两个部分，即训练部分和识别部分。

Step 1：训练网络。选择 1/3 原始情感样本作为训练集，首先对训练样本预处理，提取多种特征，然后将特征分别输入训练好的 e-FCM 网络中，假设提取了 n 种特征，对应 n 个识别网络。

Step 2：识别过程。

（1）选择剩余的情感语音库样本作为实验的测试集，同样对测试集进行预处理并提取 n 种特征，然后测试集提取的特征分别输入到在上一步训练好的识别网络中。

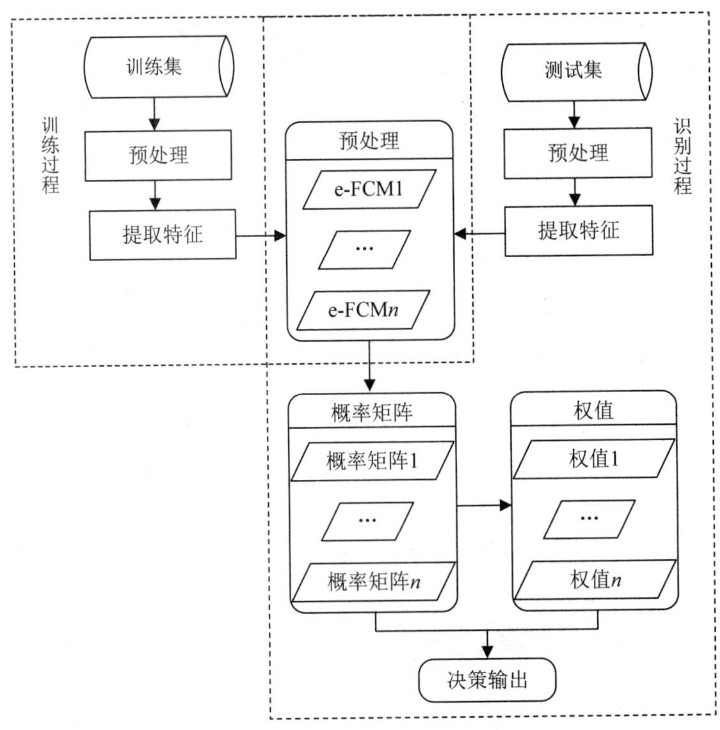

图 8-3 融合 e-FCM 算法实现框图

（2）求概率矩阵。根据式（8-6）计算每个识别网络的输出值的概率形式构成概率矩阵。

（3）确定融合权值。对于同一输入样本输入不同分类器，如果某一分类器将其分类至某一类标签的概率越大，则该分类器对该样本分类越准确，其融合权值就应该越大，反之亦然。根据式（8-5）可知，对于任意一个测试样本，第 k 个分类器输出结果所对应的概率，即为该分类器所有标签概率输出的最大值，记为

$$p_k = \max_{i=1,2,\cdots,m} [p_{ik}(x)] \tag{8-8}$$

p_k 越大，该分类器的融合权值应越大。因此，采用式（8-9）所示的融合权值计算方法：

$$u_k = \frac{p_k}{\sum_{k=1}^{M} p_k} \tag{8-9}$$

（4）加权决策融合。融合权值确定后，将每个分类器中每种标签的概率输出进行加权融合，加权结果最大的标签作为融合结果输出，该融合公式为

$$\text{label}(x) = \arg\max_{i=1,2,\cdots,m} \left[\sum_{k=1}^{M} \mu_k p_{ik}(x) \right] \tag{8-10}$$

该融合算法充分考虑了相同分类器针对不同输入样本识别性能不同的特性，确定较为合理的融合权值。同时解决了传统 e-FCM 对输出中出现过于接近的值进而造成误分类的问题。

8.3　实验结果与分析

8.3.1　语音特征的选择

决策融合 e-FCM 网络是将不同类型的特征输入到识别网络，对网络的输出结果进行决策融合。在特征的选择上尽量保证选择不同类型的特征，因此本节选用了韵律特征，音质特征中的共振峰特征以及本书所提出的非线性谱特征 HTMC，因为在特征融合实验中发现，特征 HTMC 和韵律、共振峰特征的融合效果最好。

基于 e-FCM 网络的决策级融合的语音情感识别的实验，如图 8-4 所示。决策级融合，将三类特征分别输入 e-FCM 网络，根据各个网络的输出计算自适应权值，然后加权融合得到最终的识别结果。该方法既继承了 e-FCM 训练时间短的优点，同时具有数据融合技术识别准确率高的优点。

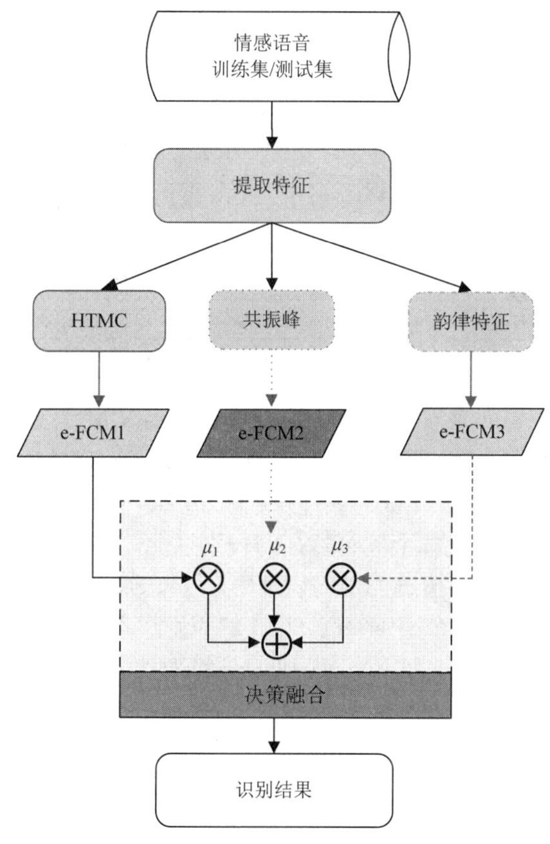

图 8-4　融合识别总体框图

8.3.2　决策融合 e-FCM 实验

将选择的三个特征在 EMO-DB 上验证了融合 e-FCM 网络的性能。识别结果见表 8-1。

从表 8-1 中可以看出，融合 e-FCM 对四种情感的识别率比 HTMC、共振峰和韵律特征三种特征融合的识别率（见表 7-23）都高，尤其是情感“高兴”的识别率，达 95.83%，比三种特征融合时的识别率（62.50%）提高了 33.33 个百分点。从误判率来看，除了“愤怒”的误判率（30.77%）比较高外，其余三种情感的误判率都比较低。通过实验结果分析，证明了融合 e-FCM 方法的有效性。

表 8-1 融合 e-FCM 在 EMO-DB 中的识别率 （%）

情感状态	愤怒	高兴	悲伤	无聊
愤怒	**69.23**	30.77	0	0
高兴	0	**95.83**	0	4.17
悲伤	0	0	**85.00**	15.00
无聊	0	0	1.89	**98.11**

（1）为了充分说明决策融合 e-FCM 方法（fusion e-FCM，简称 Fe-FCM）的优势，我们设计了三组对比实验，第一组实验是与单个特征所对应的单个分类器识别结果的对比，见表 8-2。

表 8-2 单分类器及融合 e-FCM 结果对比 （%）

实验	情感特征	情感状态				平均识别率
		愤怒	高兴	悲伤	无聊	
e-FCM1	韵律特征	80.77	37.50	65.00	66.67	62.49
e-FCM 2	共振峰	65.38	50.00	85.00	55.56	63.99
e-FCM 3	HTMC	88.46	41.67	85.00	74.07	72.30
Fe-FCM		69.23	95.83	85.00	98.11	87.04

从表 8-2 的平均识别率来看，韵律特征所对应的 e-FCM 识别率为 62.49%，共振峰为 63.99%，HTMC 为 72.30%，而融合 Fe-FCM 的识别率为 87.04%，比单个网络的识别率分别高出了 24.55 个百分点、23.05 个百分点和 14.74 个百分点。通过对比分析可知，融合 Fe-FCM 网络的识别性能优于单个特征的识别性能。

图 8-5 直观地表示了各个情感类别的识别率。从表 8-2 和图 8-5 观察来看，对于“高兴”、“悲伤”和“无聊”这三个情感，Fe-FCM 的识别率都比单个特征识别率有所提高，但是对于“愤怒”情感来说，识别率略有降低。通过对比分析可知，Fe-FCM 在情感“高兴”、“悲伤”和“无聊”的识别中表现出良好的性能优势。

（2）第二组实验是与特征融合结果的对比，将特征先进行融合再输入到不同分类器中，识别结果见表 8-3。

从表 8-3 的平均识别结果来看，Fe-FCM 网络的识别率为 87.04%，比 KNN 和 e-FCM 要高出 8.37 个百分点和 5.31 个百分点，比 SVM 和 BP 网络高 4.55 个百分点和 23.23 个百分点。通过对比分析可知，融合 Fe-FCM 网络的识别性能优于单个网络的识别性能。

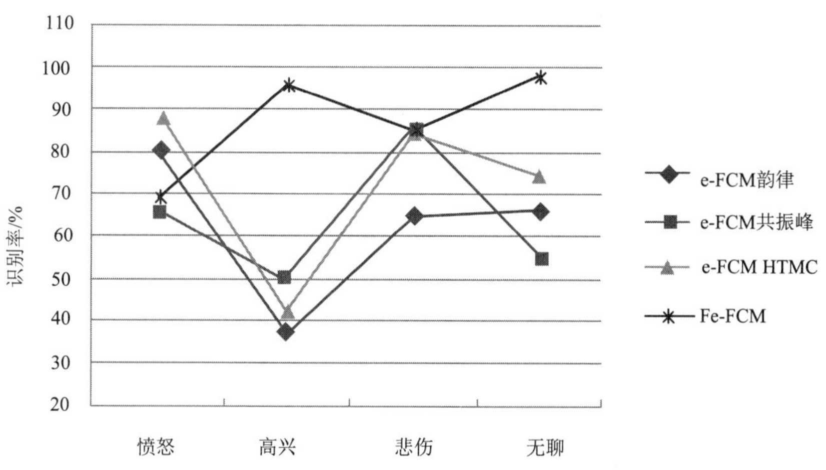

图 8-5　融合 e-FCM 与单个网络对比

表 8-3　决策融合 e-FCM 与特征融合结果对比　（%）

实验	情感状态				平均识别率
	愤怒	高兴	悲伤	无聊	
KNN	92.31	50.00	95.00	77.36	78.67
e-FCM	84.62	54.17	90.00	98.11	81.73
SVM	88.46	75.00	85.00	81.48	82.49
BP	57.69	45.83	80.00	71.70	63.81
Fe-FCM	69.23	95.83	85.00	98.11	87.04

图 8-6 直观地表示了不同网络对各个情感类别的识别率。从表 8-3 和图 8-6 可知，对于单个情感的识别率来说，Fe-FCM 在“高兴”和“无聊”两个情感上得到了较高的识别率，优于其他网络，但是对于情感“愤怒”和“悲伤”来说，除了 BP 外，Fe-FCM 的识别率要低于其他网络。通过对比分析可知，Fe-FCM 在情感“高兴”和“无聊”的识别中表现出良好的性能优势。

（3）第三组实验是与传统的决策方法进行对比，选择平均决策和多数投票法进行对比。实验结果见表 8-4。图 8-7 直观地显示了不同决策方法对不同情感类别的识别结果。从平均识别率来看，Fe-FCM 为 87.04%，比平均决策法的 78.72%高出了 8.32 个百分点，比多数投票法的 78.07%要高 8.97 个百分点。充分证明了本节提出的权值自适应融合 e-FCM 网络的优势。从单个情感类别的识别率来看，除“愤怒”的识别率低于其他决策方法，“悲伤”的识别率无变化，其余情感的识别率都有一定的提高。

通过三组对比实验的分析，证明了本章提出的权值自适应决策方法融合 e-FCM 的有效性，平均识别率优于单一特征对应的单个识别网络，优于融合特征，优于传统的决策方法。分析其原因主要有以下两点：一是特征的选择，选择了三个不同类型的特征，包括了韵律、音质和非线性谱特征，且三者的融合特征识别性能最优；二是决策方法的制定，权值自适应决策方法充分考虑了分类器对不同特征识别性能的差异，是一种自适应融合方法。基于以上原因使得 Fe-FCM 具有很大的优势，证明了 Fe-FCM 用于语音情感识别是有效的。

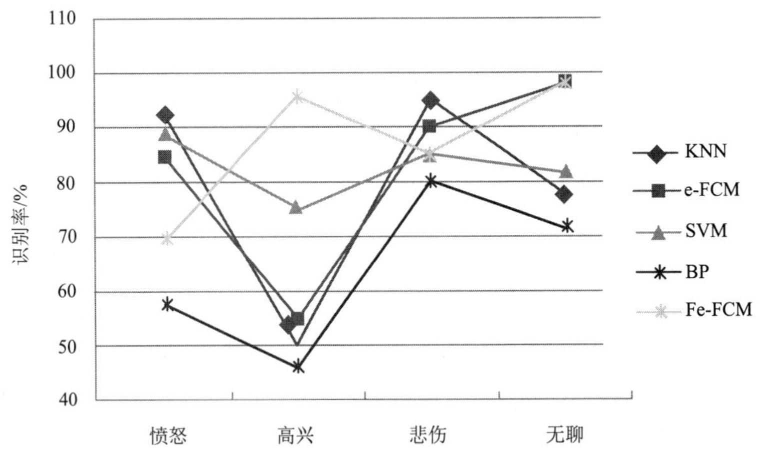

图 8-6 决策融合 e-FCM 与特征融合在 EMO-DB 上的对比

表 8-4 融合 e-FCM 与传统决策方法对比 （%）

实验方法	情感状态				平均识别率
	愤怒	高兴	悲伤	无聊	
平均决策法	96.15	37.50	85.00	96.23	78.72
多数投票法	88.46	45.83	85.00	92.98	78.07
Fe-FCM	69.23	95.83	85.00	98.11	87.04

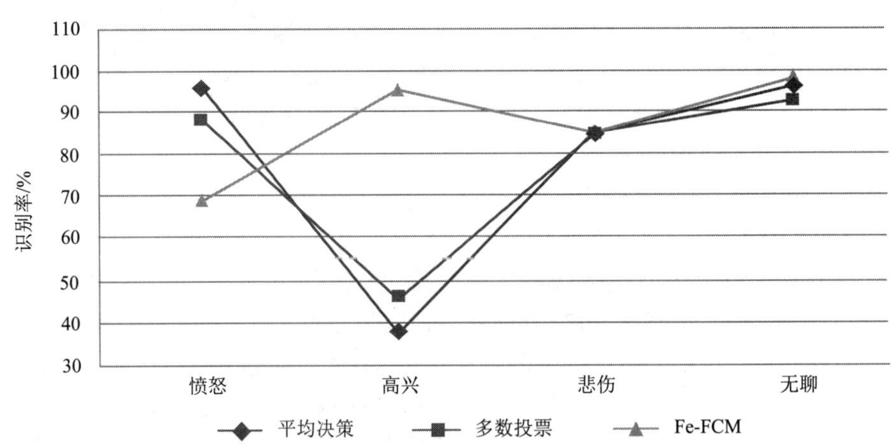

图 8-7 融合 e-FCM 与传统决策方法在 EMO-DB 上的对比

小　　结

针对现实语音情感识别中普遍存在的单一特征描述不完整而导致的分类器识别性能低的问题，提出了特征级融合方法及决策级融合 FCM 方法。首先，介绍了特征融合和决策融合方法的原理；其次，详细介绍了本章所提的决策级融合 e-FCM 网络算法的原理及步骤；最后，对其进行了实验验证，设计了三组对比实验，通过分析可得该决策级融合方法与单一分类器，单一特征和融合特征相比，识别率都有所提高。

参 考 文 献

[1] MA L, LIU X, SONG L, et al. A new classifier fusion method based on historical and on-line classification reliability for recognizing common CT imaging signs of lung diseases[J]. Computerized Medical Imaging & Graphics, 2015, 40:39-48.

[2] 刘帅师，田彦涛，万川. 基于 Gabor 多方向特征融合与分块直方图的人脸表情识别方法[J]. 自动化学报，2011，37（12）：1455-1463.

[3] 王忠民，王星，李刚. 基于特征脸-灰度变换融合的人脸识别方法[J]. 小型微型计算机系统，2019，40（2）：420-426.

[4] 张雪英，张乐，孙颖，等. 基于 KELM 决策融合的语音情感识别[J]. 电子技术应用，2017，43（8）：123-126.

第 9 章　连续维度语音情感识别研究

情感描述可以分为离散和连续两种形式。前者将情绪描述为离散的，形容词的形式，如高兴和悲伤，认为大多数人都可以明确区分生活中的一般情感。这种形式广泛应用于现在的情感研究领域。后者使用连续维度空间来描述情感状态，空间的每个维度代表情感的心理属性。广泛使用的维度情感描述模型是二维的效价-激励空间模型和三维效价-激励-控制空间理论，其中效价维描述了情感强度的程度；激励维评估情感的积极和消极方面；控制维描述个人意图控制情境的程度。离散和连续这两种形式都有其优点和缺点：离散模型比较简洁，表达的情感更具体，但这种方法忽略了人们生活中的大多数情感；相比之下，连续模型可以代表任何情感状态和微妙的情绪。

目前，研究者大多从离散分类的角度利用声学特征来分析语音情感，也有部分研究者开始进行连续模型探索。但是将两种方法结合的工作未见文献报道。事实上，这两种方法是密切相关的。本章将两种方法相结合，提出了基于声学特征和基本情感 PAD 值来预测语音库中语音情感的 PAD 值的方法，通过统计学分析和语音情感实验证明，本章所提出的方法是可行且有效的。

9.1　情感语音特征与 PAD 三维相关性分析

所谓情绪维度模型，就是假设情绪状态可以表示在连续的三个维度上，根据连续维度模型可知，情绪的表现不是离散的或具体的状态，而是模糊的，且它们之间存在相互作用关系。此外，不同的声学特征可以反映不同的情感语音信息。这一发现推进了语音情感识别的研究，基于此可以找出情感语音特征与情感维度模型之间的相关性。本节提出了一个新的思路——情感语音特征参数和 PAD 三个维度的相关分析。

9.1.1　原理介绍

相关性分析流程图如图 9-1 所示。首先，对情感语音提取四个不同类型的特征，如韵律特征，共振峰，MFCC 和 HTMC。其次，将其作为 e-FCM 网络和 SVM 网络的参数输入。网络的输出用函数 $f_i(x), i=1,2,\cdots,m$ 表示，再根据式（9-1）来获得情感类别的识别结果。

$$\text{label}(x)=\arg\max_{i\in\{1,2,\cdots,m\}} f_i(x) \tag{9-1}$$

式中，m 表示情感类别（或是标签）的数量；$f_i(x)$ 表示情感类别 i 所对应网络的输出。然后，将两个网络的识别结果映射到三维空间，以获得语音情感的 PAD 值。最后，与情感的基本 PAD 值进行相关分析。

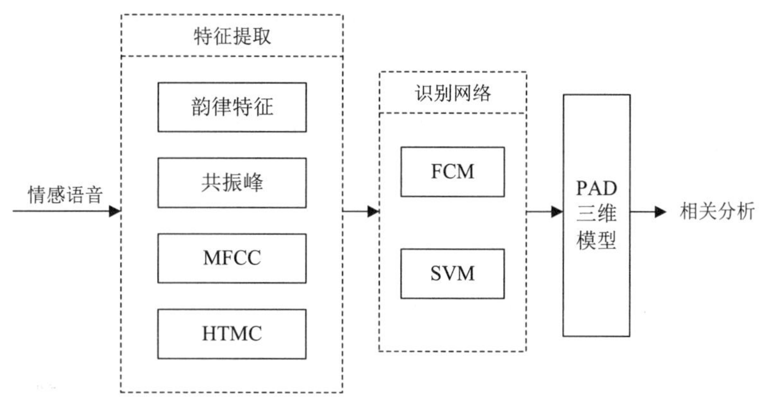

图 9-1　相关分析总体框图

9.1.2　Pearson 相关介绍

Pearson 相关，也称为 Pearson 积矩相关，它是分析两个变量之间的线性关系的一种方法，应用于样品分析时的 Pearson 相关系数，通常用 r 表示，r 可以称为样本相关系数或样本 Pearson 相关系数。假设有两个数据集，一个数据集中包含 n 个值，用 $x=\{x_1,x_2,\cdots,x_n\}$ 来表示，另一个数据集中同样也包含 n 个值，用 $y=\{y_1,y_2,\cdots,y_n\}$ 来表示，则 Pearson 相关系数 r 的公式为

$$r=\frac{\sum_{i=1}^{n}(x_i-\overline{x})(y_i-\overline{y})}{\sqrt{\sum_{i=1}^{n}(x_i-\overline{x})^2\sum_{i=1}^{n}(y_i-\overline{y})^2}} \tag{9-2}$$

式中，$\overline{x}$，$\overline{y}$ 代表样本 x，y 的平均值；x_i，y_i 分别表示数据集 $\overline{x}$，$\overline{y}$ 中第 i 个样本的值，样本相关系数 r 反映了关于变量 x 和 y 之间的线性关系的强度信息，强弱程度的取值范围在[−1,+1]，其中“+1”代表两个变量总是正相关，“0”表示没有相关，“−1”则代表总是负相关。Pearson 的相关性被广泛应用于多个领域，作为衡量两个变量之间的线性依赖程度的度量。

9.1.3　结果分析

本节实验中采用了 SPSS 软件中的 Pearson 相关方法，将识别网络输出的情感类别所对应的 PAD 值和语音数据库中情感语音的 PAD 值之间进行相关性分析。首先，将网络识别结果映射到 PAD 三维空间得到相应的 PAD 值；然后，将其与语音数据库的情感语音的 PAD 值通过 Pearson 相关计算相关系数，实现 PAD 值的相关分析。将获得的相关系数作为犹豫模糊信息融合预测情感 PAD 值时的特征权值。计算得到的相关系数见表 9-1 和表 9-2。

从相关分析结果来看，在 P、A 和 D 三个维度上显示：不同特征的相关系数是存在一定差异的。然而，两个识别网络显示出的规律却是相同的，分别从 P、A 和 D 三个维度来看，相关系数从大到小为：P 维：MFCC，HTMC，共振峰，韵律；A 维：MFCC，HTMC，韵律特征，共振峰。显而易见，D 维的顺序与 A 维的顺序相同。

表 9-1 识别网络为 SVM 的相关系数

声学特征	相关系数		
	pleasure (P)	arousal (A)	dominance (D)
韵律特征	0.388	0.764	0.771
共振峰	0.428	0.548	0.620
MFCC	0.765	0.956	0.951
HTMC	0.507	0.799	0.816

表 9-2 识别网络为 e-FCM 的相关系数

声学特征	相关系数		
	pleasure (P)	arousal (A)	dominance (D)
韵律特征	0.189	0.759	0.770
共振峰	0.370	0.523	0.602
MFCC	0.571	0.871	0.851
HTMC	0.403	0.713	0.750

此外，从表 9-1 和表 9-2 可以看出，特征 MFCC 与 PAD 三个维度的相关系数都很高，特征 HTMC 和韵律与 A、D 两个维度相关性较高，特征共振峰只与 D 维度有较大的相关系数，而与其他维度相关系数较小。

相关分析结果可以反映不同语音特征对连续维度空间情绪语音的影响。利用语音特征与 PAD 三个维度间的相关性分析不同的特征参数，可以对情感语音特征进行优化调整，为接下来的基于连续维度的情绪语音分析提供基础。

9.2 犹豫模糊集决策融合预测 PAD 值

9.2.1 犹豫模糊信息

2009 年，Torra[1-2]在模糊集的基础上进行扩展，提出了犹豫模糊集 HFS（hesitant fuzzy set）的概念，他指出，一个元素属于一个集合的隶属度可以是多个不同的值，并对 HFS 的理论和公式等作出了相关的定义和分析。他还分析了直觉模糊集[3]，2-型模糊集[4]，模糊多集[5]与 HFS 之间的关系及区别，指出直觉模糊集其实就是 HFS 的一个包络，2-型模糊集中的一个特例就是 HFS，模糊多集与 HFS 形式相同，运算规则不一样。当我们在进行群决策时出现不一致的情况，并且不能说服彼此，这时 HFS 是处理这种情况的很好方法。例如，多个评审者来评价一个方案满足某一属性的程度，可能出现的结果有 0.5，0.7，0.8，为了准确描述这一决策结果，我们用 HFS 来表示{0.5,0.7,0.8}，可以发现用 HFS 表示比用区间[0.5,0.8]表示更真实和客观。

由于 HFS 与其他模糊集相比，可以更加准确地描述评价者在隶属度上的不同意见，也可以更多地反映相关隶属度的信息，因此得到了更多的研究者对 HFS 的关注和研究。比如，Xia[6]为犹豫模糊信息开发一系列集成算子。她首先讨论了直觉模糊集和犹豫模糊集之间的关系；基于此，开发了一些聚合算子的犹豫模糊元素，并进一步讨论了聚合算子之间的相关性；最后，将其用到解决决策问题上。刘小弟[7]研究了犹豫模糊信息双向投影决策方法，定义了正负理想点的贴近度测算公式，构建了相关模型，并验证了所提方法的有效性和可行性。葛涛[8]提出了犹豫模糊三角函数值 Choquet 有序平均算子用在水利项目评价上，验证所提方法的可行性。Rodríguez[9]对目前的 HFS 的发展进行了讨论并给出了很多建议，包括 HFS 应该在哪些方面做出的改进和未来面临的一些挑战。

下面给出一些 HFS 的相关定义：

定义 1[1-2]：设 X 是一个非空集合，犹豫模糊集被定义为集合 X 上的一个子集函数，其取值范围是[0, 1]，其表示如下：

$$A=\{\langle x,h_A(x)\rangle \big| x\in X\} \tag{9-3}$$

式中，$h_A(x)$ 是[0,1]范围内几个可能数的集合，表示 $x\in X$ 属于集合 A 的可能程度。

定义 2[10]：给定集合 $X=\{x_1,x_2,\cdots,x_n\}$ 上的任意两个犹豫模糊集 M 和 N，那么它们的距离需满足以下条件：

（1）$0\leqslant d(M,N)\leqslant 1$；

（2）$d(M,N)=0$ 当且仅当 $M=N$；

（3）$d(M,N)=d(N,M)$。

定义 3 [10]：根据定义 2 和欧氏距离公式，犹豫模糊集 M 和 N 的距离可定义为

$$d(M,N)=\left[\frac{1}{n}\sum_{i=1}^{n}\left(\frac{1}{l_{x_i}}\sum_{j=1}^{l_{x_i}}\left|h_M^{\tau(j)}(x_i)-h_N^{\tau(j)}(x_i)\right|^2\right)\right]^{1/2} \tag{9-4}$$

式中，$h_M^{\tau(j)}(x_i)$、$h_N^{\tau(j)}(x_i)$ 分别表示 $h_M(x)$、$h_N(x)$ 中的第 j 个元素。

定义 4[10]：设 $h=h(x)$，并将其定义为犹豫模糊元素(HFE)，$\tau:(1,2,\cdots,n)\to(1,2,\cdots,n)$ 表示一个序列并且满足 $h^{\tau(i)}\leqslant h^{\tau(i+1)},i=1,2,\cdots,l-1$，其中 l 代表 HFE 的长度，若要 $h_1=h_2$ 当且仅当 $h_1^{\tau(i)}=h_2^{\tau(i)},i=1,2,\cdots,l$。

定义 5[10]：给定任意两个犹豫模糊元素 h_1 和 h_2，它们都满足定义 2 中的条件，则根据欧式距离可定义这两个犹豫模糊元素的犹豫模糊距离：

$$d(h_1,h_2)=\left(\frac{1}{l}\sum_{i=1}^{l}\left|h_1^{\sigma(i)}-h_2^{\sigma(i)}\right|^2\right)^{1/2} \tag{9-5}$$

通常计算 HFS 的距离时，需要考虑相关权重信息，下面给出加权犹豫模糊距离的定义。

定义 6[10]：假设权值向量为 $\boldsymbol{w}_i(i=1,2,\cdots,n)$，$\forall x_i\in X$，其中，$\boldsymbol{w}_i\in[0,1]$，$\sum_{i=1}^{n}w_i=1$，则 HFS 的加权距离为

$$d'(M,N)=\left[\sum_{i=1}^{n}\boldsymbol{w}_i\left(\frac{1}{l_{x_i}}\sum_{j=1}^{l_{x_i}}\left|h_M^{\tau(j)}(x_i)-h_N^{\tau(j)}(x_i)\right|^2\right)\right]^{1/2} \tag{9-6}$$

定义 7[10]：假设 M 和 N 是集合 $X=\{x_1,\cdots,x_n\}$ 上的两个 HFS，则它们的相似公式 $S(M,N)$ 必须满足以下准则：

（1）$0\leqslant S(M,N)\leqslant 1$；

（2）$S(M,N)=0$ 当且仅当 $M=N$；

（3）$S(M,N)=S(N,M)$。

通过分析定义 2 和定义 7 可知，犹豫模糊集 M 和 N 的相似公式可定义如下：

$$S(M,N)=1-d(M,N) \tag{9-7}$$

则加权相似公式为

$$S'(M,N)=1-d'(M,N) \tag{9-8}$$

9.2.2 加权融合预测 PAD 值

将犹豫模糊集应用到预测语音情感 PAD 值，具体方法描述如下：

设 $X=\{X_1,\cdots,X_m\}$ 表示语音情感数据，$Y=\{Y_1,\cdots,Y_n\}$ 代表语音情感特征，特征权值向量集合用 $\boldsymbol{w}=\{\boldsymbol{w}_1,\cdots,\boldsymbol{w}_j\}$ 表示，其中 $\boldsymbol{w}_j\in[0,1],(j=1,2,\cdots,n),\sum_{j=1}^{n}\boldsymbol{w}_j=1$。选用 FCM 和 SVM 作为识别模型，因为识别网络的传统输出值是数值型的，所以我们通过公式 $P(f_i(x))=1/[1+\exp(-f_i(x))]$，$i=1,2,\cdots,m$ 将网络的输出转化为概率型输出，并将其输出结果作为犹豫模糊集，最终构成犹豫模糊矩阵 $\boldsymbol{D}=(h_{ij})_{m\times n}$，其中，$h_{ij}$ 代表犹豫模糊集，$i=1,2,\cdots,m$，$j=1,2,\cdots,n$，$0\leqslant h_{ij}\leqslant 1$。它反映了一句语音属于情感 X_i 时，特征 Y_j 的贡献程度。

基于以上分析，可得预测语音情感 PAD 值的具体步骤如下：

（1）利用网络 e-FCM 和 SVM 分别识别所提取的语音特征，然后将网络的数值型输出转化为概率型输出，使不同特征输出的结果保持在同一范围内。

（2）将概率型输出作为犹豫模糊集，最终构成犹豫模糊矩阵 $\boldsymbol{D}=(h_{ij})_{m\times n}$。

（3）将计算得到特征的相关系数作为权值向量 $\boldsymbol{w}=\{\boldsymbol{w}_1,\cdots,\boldsymbol{w}_j\}$。

（4）假设期望概率输出为 $Y^*=\{1\}$，它可被看作一个特殊的犹豫模糊集。通过式（9-8）计算步骤（2）得到的模糊矩阵与期望输出的加权相似度值。

（5）加权融合预测语音情感 PAD 值。首先对相似度值归一化得到 S'，然后将其与基本情感所对应的 PAD 值加权融合得到语音情感预测的 P、A、D 三个值。

例如，来自数据库 TYUT2.0 中的一句语音情感信号，网络对其的识别结果可能为高兴、生气、悲伤、惊奇。我们利用四种特征输入两个识别网络对这句语音进行识别，则这两个网络的概率输出见表 9-3，其中（0.6031，0.6276）表示将韵律特征分别输入到这两个网络时，这句语音被判为高兴的概率，前一个概率值表示 FCM 网络的输出，后一个则是 SVM 网络的输出。通过上面步骤分析可得这句语音预测的 P 值的计算公式如下：

$$P=S_1'P_1+S_2'P_2+S_3'P_3+S_4'P_4 \tag{9-9}$$

式中，$S_1',\cdots,S_4'$ 均表示该句语音与这四种情感的相似度值；$P_1,\cdots,P_4$ 均代表四种基本情感所对应的 PAD 值。

表 9-3　犹豫模糊矩阵

(e-FCM, SVM)	韵律特征	共振峰	MFCC	HTMC
高兴	(0.6031, 0.6276)	(0.6265,0.6554)	(0.7523,0.7160)	(0.6527,0.7079)
生气	(0.5659,0.5972)	(0.5325,0.5731)	(0.4696,0.5441)	(0.5288,0.5045)
悲伤	(0.4676,0.4803)	(0.5094,0.4734)	(0.5607,0.4964)	(0.5467,0.5426)
惊奇	(0.5757,0.5449)	(0.6407,0.5488)	(0.4507,0.4801)	(0.4583,0.4837)

9.3　仿真实验及结果分析

本节从概率特性和空间分布两个方面对预测的语音情感的 PAD 值的性能进行了分析和验证，并计算和分析了预测数据与语音库情感语音的相关系数。

9.3.1　PAD 数据的概率特性验证

研究者已经证明情感 PAD 数据近似服从高斯分布。选用 MATLAB 中的 normplot()函数来检验预测的 EMO-DB 中的四种情感的 PAD 值是否服从高斯分布。normplot(X)代表对 X 中的数据进行 normplot()函数检验，若 $\boldsymbol{X}$ 是多维矩阵，则 normplot()函数输出矩阵 $\boldsymbol{X}$ 的每个维度上的数据分布。若检验的数据服从高斯分布，则 normplot()函数的输出呈直线形式，如果检验的数据不符合高斯分布，则函数的输出明显弯曲。图 9-2 表示四种情感的 normplot()函数输出，每个图中从左往右依次代表 P 维、A 维和 D 维。除了“悲伤”和“无聊”的 P 维度之外，其他数据近似线性分布。这表明四种情感在 P、A、D 三个维度都是大致服从高斯分布。心理学研究表明，P、A、D 三个维度是相互独立的，则 P、A、D 的联合即 PAD 数据也服从高斯分布。

这一结论表明，实验得到的情感 PAD 数据不仅具有传统心理学上所提的积极和消极的意义，其分布也服从一定的规律。根据这些数据建立三维情感空找到 PAD 空间中数据的特征有助于我们使用模式识别的方法来进一步研究语音情感。

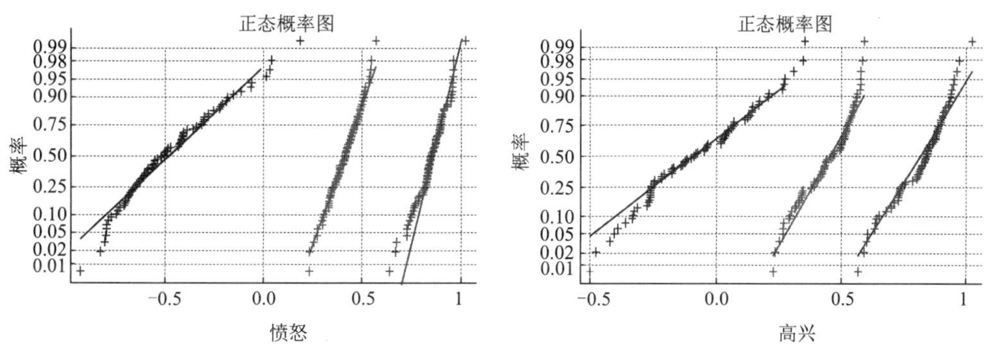

图 9-2　情感 PAD 数据的 normplot 输出

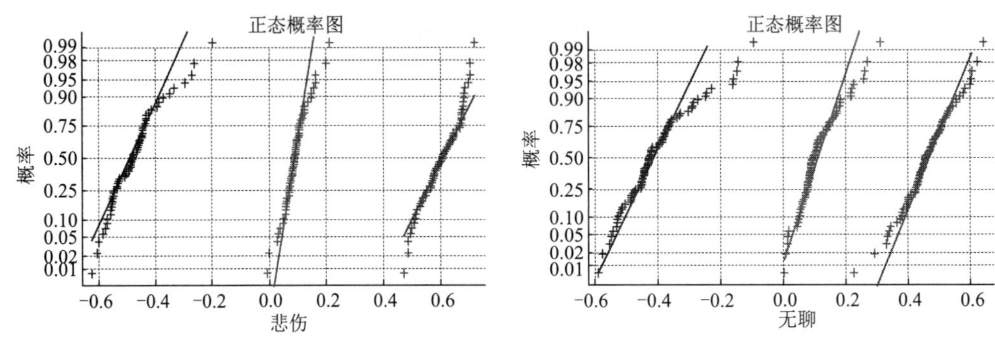

图 9-2（续）

9.3.2 情感 PAD 数据空间分布

情感 PAD 数据在三维空间中的分布如图 9-3 所示。表 9-4 给出了每种情感类别在 P、A、D 三个维度的均值和标准差。结果表明，“愤怒”在愉悦度上表现为负，而在激活度上表现很强烈，“悲伤”的 PAD 数据都是负的，而与其他情绪相比，“高兴”的 PAD 数据都是正的。还发现，在愉悦度上，情感“愤怒”和“高兴”的标准偏差值相对较高，这可能是其容易与另外两种情绪混淆的原因。

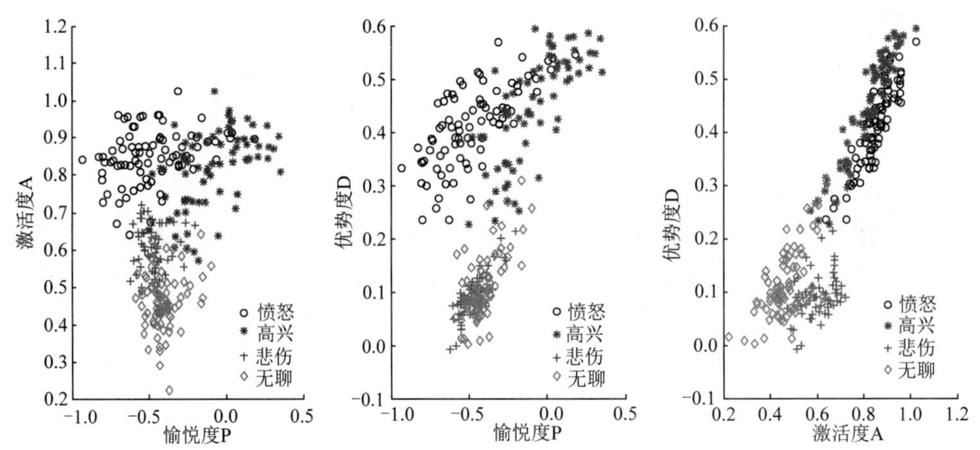

图 9-3 情感 PAD 值在情感空间的分布

表 9-4 预测 PAD 均值和标准差

情感类型	愉悦度 P		激活度 A		优势度 D	
	均值	标准差	均值	标准差	均值	标准差
愤怒	−0.7206	0.9860	0.9792	0.3036	0.7051	0.3101
高兴	1.0022	0.9007	0.8392	0.4295	0.8561	0.4279
悲伤	−0.6739	0.3578	−0.0351	0.2655	−0.6186	0.1704
无聊	−0.3766	0.4147	−0.6402	0.3277	−0.5372	0.2560

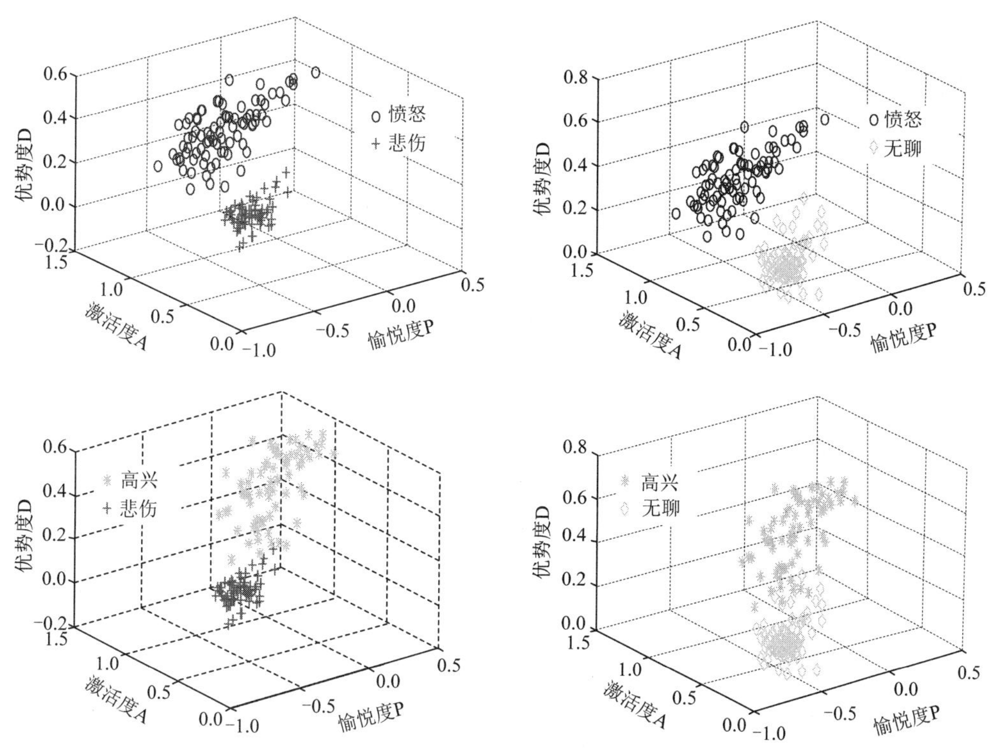

图 9-4　情感 PAD 数据在三维空间的分布

从空间分布图来看，情感“愤怒”与另外两种情绪“悲伤”和“无聊”可以有效区分；同样，情感“高兴”也可与这两种情绪很好地区分，如图 9-4 所示。通过情感 PAD 的空间分布，有助于我们使用模式识别的方法来进一步研究情感分类，为情感测量的研究打下了一个良好的基础。

表 9-5 是预测情感 PAD 值与基本情感 PAD 值的相关性分析，结果表明预测值与原情感值相关性较大，在 A 和 D 两个维度上的相关系数都在 80%以上。该结果表明所提出的 PAD 预测方法是可行且有效的。

表 9-5　相关分析结果

维度	愉悦度 P	激活度 A	优势度 D
相关系数	0.671	0.872	0.879

9.4　基于特征选择改进模型的 PAD 情感维度预测

对情感进行准确的维度量化是情感连续维度研究的基础，在维度的预测过程中，情感特征的优劣会直接影响 PAD 的预测结果，因此，对情感特征进行分析选择是保证维度准确性的重要前提。回归模型作为维度的预测途径，模型的特性对预测效果有直接的影响。因此，构造符合数据特点的合理模型对于维度量化研究具有重要的意义。

本节分别从特征选择和回归模型两个角度对 PAD 情感维度预测方法进行分析，并将这两种方法相结合，用于语音情感识别。

9.4.1 基于 GRA-PCA 特征选择的 PAD 维度预测

回归模型的预测效果与模型的输入有直接关系，输入特征的优劣、维数都会对预测效果产生影响，与预测对象无关的特征不仅会造成数据累积，而且会对预测效果产生干扰；而高维特征容易造成数据冗余，从计算复杂度上看不适宜[11]，甚至会对预测的效率和精度产生严重的负面影响。因此，特征降维是进行维度预测的关键环节。目前，特征降维的方法主要分为特征选择和特征抽取[12]。本节利用灰色关联分析（grey relation analysis，GRA）[13]算法计算了不同特征与 PAD 的关联度，去除低关联度特征，降低了特征的冗余性；通过主成分分析（principal component analysis，PCA）[14]算法抽取特征，降低了特征间的相关性。将二者相结合的 GRA-PCA 特征降维方法用于 PAD 维度预测，实验结果表明，该方法有效提高了 PAD 的预测精度。

1. 相关理论

1）特征选择与特征抽取

特征选择的目的是在去除特征集冗余或不相关特征的同时，挑选出最优特征[11]，同时降低特征空间维数，特征选择可以获得对学习模型有显著帮助的特征从而减少计算复杂度，提高学习模型的效率，改善模型的精确度。

特征选择一般是由选定的评价函数对每个特征项赋一个权值，该权值表征特征项与研究对象的关联度；并通过设置权值的阈值来选择特征，将权值大于阈值的特征归类到最优特征集中，否则就直接删除。特征选择主要从搜索方法和评价标准两个方面考虑。下面对这两个方面分别进行说明。

按照搜索方法分类：搜索方法指采用什么方式对特征空间进行搜索，主要分为完全搜索、启发式搜索、随机搜索[15]。

完全搜索是对特征的所有子集进行比较，在一定程度上考虑到了特征之间的相关性，所以能较好地找到最优特征子集，主要包括穷举法和非穷举法。穷举搜索是较常用的完全搜索法，是指在原始特征中，遍历所有的子集，根据回归结果从原始特征中选出最优特征子集。鉴于穷举搜索能对每一种特征组合进行验证，因此为避免产生太大的时间成本与较高的复杂度，该方法仅适用于具有较少维特征的样本数据。

启发式搜索通过迭代方式逐渐增加特征子集的大小，一般不考虑特征的相互影响作用，仅仅考虑单个特征对结果的影响。常用的启发式搜索包括序列前向搜索方法、序列后向搜索方法等，启发式搜索的实现过程比较简单、快速，因此被广泛应用于各个研究领域。但其缺点是现实中的数据间通常存在各种相关性，而该搜索方法忽略其相关性，因此并不能保证得到的特征子集是最优的。

随机搜索以随机采样为基础，通过随机采样[16]方式进行特征选择，不同次搜索到的特征子集间是无关的。该方法的随机性特点导致其搜索结果具有很大的不确定性，较难获得最优特征子集。常用随机搜索算法有遗传算法、蚁群优化算法等。

按照评价标准分类：特征选择可以看成是一个优化问题，其目的是根据某种特征评价标准来确定哪些特征是有效的、哪些特征是冗余的、哪些特征是与研究对象无关的[11]。根据评价函数不同，特征选择方法主要有过滤式（Filter）和封装式（Wrapper）。

Filter 选择方法是根据某种准则计算数据中的隐含信息，对每个特征的统计特性如发散性进行独立评分，通过设定阈值或待选择的特征个数实现特征选择[17]。该方法是利用数据的自身特性来评估特征的统计特性，其优点是计算复杂度低、速度快、对高维数据有很好的适应能力。但它完全独立于学习算法，忽略了特征间的依赖关系，导致学习算法的准确性较低。

Wrapper 选择方法是将特征选择过程融入学习算法中[17]。选择原理是特征集训练学习算法，不断根据评估结果对使用的特征子集进行更新，从而选择或者排除若干特征，直到选择出使算法运行效果最好的特征子集，同时利用训练算法中使用的特征在测试集上进行测试。训练集与测试集同时验证的方式保证了特征的鲁棒性。这种方式准确率高，但学习算法的性能会影响特征的选择，因此泛化能力较差。

特征抽取通过将原始特征空间进行变换，重新生成一个维数更小、各维之间更独立的特征空间[12]。从原始特征集到低维特征集，既降低了数据的复杂度，解决了“维数灾难”所带来的问题；又精炼了样本数据信息，能够更好地认识和理解数据，保证了原始特征的性能。

特征抽取的大致过程如下：初始状态下，原始特征空间包含表征样本特性的所有特征；将原始特征集中的特征向量化，构成向量矩阵；然后通过算法将原矩阵变换成一个较低维的矩阵，这个低维矩阵即为新的特征空间。

综上所述，特征抽取与特征选择有所不同，特征选择是指从原始特征空间 T 中筛选出主要特征组成新的低维特征空间 T_1，即 T_1 仅是 T 的子集，而不对原有数据进行修改，而特征抽取是由 T 经映射变换提取出可以代表原始特征性能的低维空间 T_2，即 T_2 是由 T 转换而来。这两类特征降维方法的着重点有所不同，因此应该按照需求选取。考虑到维度预测模型的输入特征会对预测效果产生直接影响，因此针对不同特征与维度的关联度不同以及特征间存在的相关性问题，本节采用将特征选择与特征抽取相结合的方法，不仅要经过特征选择去除冗余、无关特征得到主要特征子集，而且要对主要特征子集进行抽取从而得到具有原始特征性、特征间又相互独立的最优特征子集。

2）灰色关联分析介绍

客观世界中，很多因素间的关系是模糊的，并不能精准地分清哪些因素之间的关系是密切的，哪些因素之间的关系是疏远的，这导致很难在众多因素中找到具有代表性的主要因素，将这种信息部分明确部分不明确的系统称为灰色系统[18]。

邓聚龙教授于 1982 年提出灰色系统理论[19]，指通过特定方法描述灰色系统，研究如何利用已知信息去揭示未知信息，从而进行分析、预测。灰色关联分析方法是通过特定数学方法对灰色系统提供数理量化的描述方法，设法定量反映变量间的相对变化情况从而分析变量间的关联性。该方法通过将多变量综合统计，根据不同变量序列对应的曲线几何形状的相似程度计算得到灰色关联度，根据关联度判断变量序列之间的密切程度。

（1）灰色关联分析对情感语音系统分析的优势。传统相关性分析方法通常分为回归分析法与相关分析法[20]。回归分析法指通过对影响因素与研究对象的关系进行分析，从而对研究对象进行预测，该方法的应用前提是数据要满足马尔可夫假设，并且满足大样本数据。相关分析法是利用相关系数度量研究对象与其影响因素之间的相关性，主要是当研究对象与其影响因素间存在着不确定、不严格的依赖关系时，利用相关系数表征关联度，其缺点是系数仅可以表示样本序列间的线性关系、且仅仅表示序列在数值上的关系，并不能反映内在的因果联系。

灰色关联分析（grey relation analysis，GRA）[13]则是立足于事物的发展趋势，度量序列间的几何相近程度，不仅对样本量没有特殊要求，而且 GRA 对总体位移差、总体一阶斜率差等进行分析，考虑了序列发展趋势的一致性，可以解析序列间本质的因果关系。

情感语音系统颇为复杂，物理模型不确定，情感变量之间的关系呈不确定性，是较为典型的灰色系统。情感语音具有数据量相对较少、情感之间相互关联、语音信号非平稳等特性，很难满足回归分析法和相关分析法的条件。灰色关联分析可以很好地解决这一问题。首先，灰色关联分析适用于典型的灰色系统，对样本数据没有特殊要求；其次，此方法利用数据序列间的几何近似程度表示数据的关联性，可以体现变量间的非线性关系；最后，灰色关联分析法较传统的方法计算量相对较小、效率较高。因此，相对于传统的相关性分析方法，灰色关联分析非常适用于情感语音系统，适合于度量语音情感特征与情感维度的相关性。

（2）灰色关联度算法原理。GRA[13]是将影响因素与研究对象序列几何形状的相似程度作为关联度，曲线越相似，序列间的关联度就越大，反之越小。计算步骤如下：

① 确定影响因素和研究对象。设研究对象 $y_0=\{y_0(k)\,|\,k=1,2,\cdots,n\}$，影响因素 $y_i=\{y_i(k)\,|\,i=1,2,\cdots,m\}$。本节研究对象为语音情感维度 P、A、D，$n$ 为情感语音样本数；影响因素为语音情感特征，m 为情感特征维数。

② 原始数据的无量纲化。当被比较数据的量纲不同时，很难直接比较，因此需要对原始研究对象和影响因素进行无量纲化处理。本节采用初值化法对 $y_i=(i=0,1,\cdots,m)$ 作初值化处理得 x_i。

③ 计算关联系数。对研究对象 x_0 和影响因素 $x_1,x_2,\cdots,x_m$ 采用式（9-10）计算关联系数：

$$\xi_i(k)=\frac{\min_i\min_k|x_0(k)-x_i(k)|+\rho\max_i\max_k|x_0(k)-x_i(k)|}{|x_0(k)-x_i(k)|+\rho\max_i\max_k|x_0(k)-x_i(k)|} \tag{9 10}$$

式中，$\rho\in(0,1)$ 是分辨系数，当比较数据出现异常值时，分辨系数的合理取值可以减小异常值对分析效果的影响作用。在本节中 $\xi_i(k)$ 表示第 i 维情感特征与情感维度关联性；$x_0(k)$ 表示第 k 条语句的情感维度初值化结果；$x_i(k)$ 表示第 k 条语句第 i 维情感特征的初值化结果。

④ 计算关联度。GRA 本质是对数据的几何关系进行比较，两组数据的几何关系一般分为三类，完全重合、完全垂直、既不重合也不垂直。为对两列数据的关联性进行统一化描述，需要采用被比较数据在每个时刻的关联系数平均值来衡量，因此对关联系数

集求平均可得到关联度，公式为

$$\gamma_i = \frac{1}{n}\sum_{i=1}^{n}\xi_i(k) \tag{9-11}$$

式中，γ_i 为情感特征与情感维度的关联度，γ_i 越大，说明情感特征与情感维度的关联性越强。

3）PCA 算法理论

主成分分析（principal component analysis，PCA）[14]由 Hotellimg 提出，思想是对原始变量进行降维，将原本具有一定相关性的特征集重新组合，转换成一组新的互不相关的变量，同时保证降维后的数据仍秉承原始数据的特性。主要步骤如下：

① 建立原始样本矩阵 $\boldsymbol{X}_0=\begin{bmatrix} x_{11} & \cdots & x_{1m} \\ \vdots & & \vdots \\ x_{n1} & \cdots & x_{nm} \end{bmatrix}$，式中，$n$ 为语音条数；m 为影响因素个数，即特征的维数。

② 对原始样本矩阵 $\boldsymbol{X}_0$ 的数据进行标准化处理。

$$x_{ij}^* = \frac{x_{ij} - \overline{x}_j}{\sqrt{\mathrm{var}(x_j)}}, i = 1,2,\cdots,n; j = 1,2,\cdots,m \tag{9-12}$$

式中，x_{ij}^* 为标准化后的数值；$\overline{x}_j = \frac{1}{n}\sum_{i=1}^{n} x_{ij}$ 表示 $\boldsymbol{X}_0$ 的第 j 列均值，即第 j 维特征的平均值；$\mathrm{var}(x_j) = \frac{1}{n-1}\sum_{i=1}^{n}(x_{ij} - \overline{x}_j)^2 (j = 1,2,\cdots,m)$ 为矩阵 $\boldsymbol{X}_0$ 第 j 列的方差。记标准化处理后的矩阵为 $\boldsymbol{X}$。

③ 计算相关系数矩阵 $\boldsymbol{R}$。

$$\boldsymbol{R} = \begin{bmatrix} r_{11} & r_{12} & \cdots & r_{1m} \\ r_{21} & r_{22} & \cdots & r_{2m} \\ \vdots & \vdots & & \vdots \\ r_{n1} & r_{n2} & \cdots & r_{nm} \end{bmatrix} \tag{9-13}$$

式中，$r_{ij} = \mathrm{cov}(\mathrm{var}(x_i), \mathrm{var}(x_j)), i = 1,2,\cdots,n; j = 1,2,\cdots,m$ 为矩阵 $\boldsymbol{X}$ 第 i 列特征方差与第 j 列特征方差的协方差。

④ 计算 $\boldsymbol{R}$ 的特征值 $\boldsymbol{\lambda} = (\lambda_1, \lambda_2, \cdots, \lambda_m)$ 和相应特征向量 $\boldsymbol{a}_i = (a_1, a_2, \cdots, a_m)$。

⑤ 根据影响因素对研究对象的累积贡献选择前 p 个因素。累积贡献率公式为

$$\eta = \frac{\sum_{i=1}^{p}\lambda_i}{\sum_{i=1}^{m}\lambda_i} \tag{9-14}$$

式中，λ_i 为矩阵 $\boldsymbol{R}$ 的特征值；η 为累积贡献率。前 p 个特征向量组成的降维矩阵 $\boldsymbol{U} = (a_1, a_2, \cdots, a_p)$，则降维后的特征矩阵 $\boldsymbol{X}' = \boldsymbol{X} \cdot \boldsymbol{U}$。

4）最小二乘支持向量机理论

LSSVM 是通过对支持向量回归（support vector regression，SVR）[21]进行改进得来的，SVR 虽然可以解决小样本、非线性的数据问题，但其缺点是计算复杂性较大。LSSVM 通过将其进行改进，使二次规划问题转为线性方程组问题，降低了计算的复杂度[22]。LSSVM 算法原理如下：

设样本数据为$\{x_i, y_i\}, i=1,2,\cdots,n$，其中，$x_i$表示输入，$y_i$表示输出，$n$表示样本数目，$\varphi(x)$将样本数据映射到高维空间，则 LSSVM 的优化问题表示为

$$\min J(w,e)=\frac{1}{2}\boldsymbol{w}^{\mathrm{T}}\boldsymbol{w}+\frac{1}{2}C\sum_{i=1}^{n}e_i^2$$
$$\text{s.t.}\quad y_i=\boldsymbol{w}^{\mathrm{T}}\varphi(x_i)+b+e_i, i=1,2,\cdots,n \tag{9-15}$$

式中，$\boldsymbol{w}$为权向量；b为偏差；C为惩罚系数；$e_i \in R$为误差变量。用 Lagrange 法求解以上优化问题，转为以下线性问题：

$$\begin{bmatrix} 0 & \boldsymbol{I}^{\mathrm{T}} \\ \boldsymbol{I} & \boldsymbol{K}+\boldsymbol{I}/C \end{bmatrix}\begin{bmatrix} b \\ \boldsymbol{\alpha} \end{bmatrix}=\begin{bmatrix} 0 \\ \boldsymbol{y} \end{bmatrix} \tag{9-16}$$

式中，$\boldsymbol{I}=[1,1,\cdots,1]_{1\times n}^{\mathrm{T}}$；$\boldsymbol{y}=[y_1,y_2,\cdots,y_n]^{\mathrm{T}}$；$\boldsymbol{\alpha}=(\alpha_1,\alpha_2,\cdots,\alpha_n)^{\mathrm{T}}$为 Lagrange 乘子向量；$K(x_i,x_j)$为核函数。本文实验采用径向基（RBF）核函数，即

$$K(x,x_i)=\exp\left(-\frac{(x-x_i)^{\mathrm{T}}(x-x_i)}{2\sigma^2}\right)$$

最后得到 LSSVM 模型：

$$y(x)=\sum_{i=1}^{n}\alpha_i K(x,x_i)+b \tag{9-17}$$

在 LSSVM 模型中，x表示模型输入，$y(x)$表示模型输出。

2. 实验数据简述

情感语音数据库是进行语音情感分析的重要前提，为了用更全面的表征情感信息的特征参数实现对 P、A、D 维度的有效预测，提取的语音情感特征见表 9-6。实验从两个角度选择特征，针对语音信号的短时平稳特性提取声学特征，即韵律特征（14 维）、共振峰（24 维）和 MFCC 特征（60 维），以及针对语音的混沌特性提取非线性特征[23]（23 维），将它们融合后，得到 121 维的 FPFMN 特征集（fusion feature of prosodic feature, formant, MFCC feature and nonlinear feature，FPFMN）。

表 9-6 语音情感特征

特征类别	特征名称
韵律特征	语速； 平均过零率； 能量及其 1 阶差分的最大值、最小值、均值； 基频及其 1 阶差分的最大值、最小值、均值
音质特征	第一共振峰、第二共振峰、第三共振峰； 它们 1 阶差分的最大值、最小值、均值、方差

续表

特征类别	特征名称
MFCC 特征	MFCC 前 12 阶的偏度、峰度、均值、方差、中值
非线性特征	Hurst 指数的最大值、最小值、均值、中值、方差； 最小延迟时间的最大值、最小值、均值、中值、方差； 关联维数的最大值、最小值、均值、中值、方差； Kolmogorov 熵的最大值、最小值、均值、中值、方差； 最大 Lyapunov 指数的均值、中值、方差

为对模型的预测效果进行有效分析，采用平均绝对误差（mean absolute error，MAE）与模型决定系数（R^2）对预测效果进行评价，并引入 Pearson 相关系数（r）对预测值与标注值的变化趋势进行分析。MAE 越小越好，R^2 和 r 越接近 1 越好。其表达式分别为

$$\mathrm{MAE}=\frac{1}{n}\sum_{i=1}^{n}|\hat{y}_i-y_i| \tag{9-18}$$

$$R^2=\frac{\sum_{i=1}^{n}(\hat{y}_i-u)^2}{\sum_{i=1}^{n}(y_i-u)^2},u=\frac{1}{n}\sum_{i=1}^{n}y_i \tag{9-19}$$

$$r=\frac{\sum_{i=1}^{n}(y_i-\overline{y})(\hat{y}_i-\overline{\hat{y}})}{\sqrt{\sum_{i=1}^{n}(y_i-\overline{y})^2\sum_{i=1}^{n}(\hat{y}_i-\overline{\hat{y}})}} \tag{9-20}$$

式中，n 表示样本数；y_i 表示标注值；$\hat{y}_i$ 表示模型预测值。

3. 基于 GRA-PCA-LSSVM 的 PAD 预测流程

在利用 LSSVM 构建回归模型时，输入变量冗余或特征间的相互干扰作用都会影响模型的预测精度，因此本节以 FPFMN 特征为研究对象，将 GRA 与 PCA 相融合后引入到 LSSVM 的回归建模中构造 GRA-PCA-LSSVM 回归模型。图 9-5 所示为 GRA-PCA-LSSVM 模型预测 P、A、D 维度流程图。

具体过程如下：

（1）提取情感特征。将情感语音库中的语音按照训练集 1 与测试集 1 的样本数比例为 2∶1 的比例分类，并对其提取情感特征 FPFMN。

（2）GRA 关联度排序。由于 P、A、D 维度相互独立，故 P、A、D 维度的影响因素会有一定的差别，将训练集的人工标注 P、A、D 值分别和 FPFMN 特征进行 GRA 分析，得到特征与维度的关联度，并按关联度大小将特征进行排序。

（3）PCA 特征抽取。根据关联度分别筛选出与情感维度 P、A、D 相关性强的主要特征，并采用 PCA 对主要特征抽取主成分，消除特征间的相关性，从而得到最优特征。

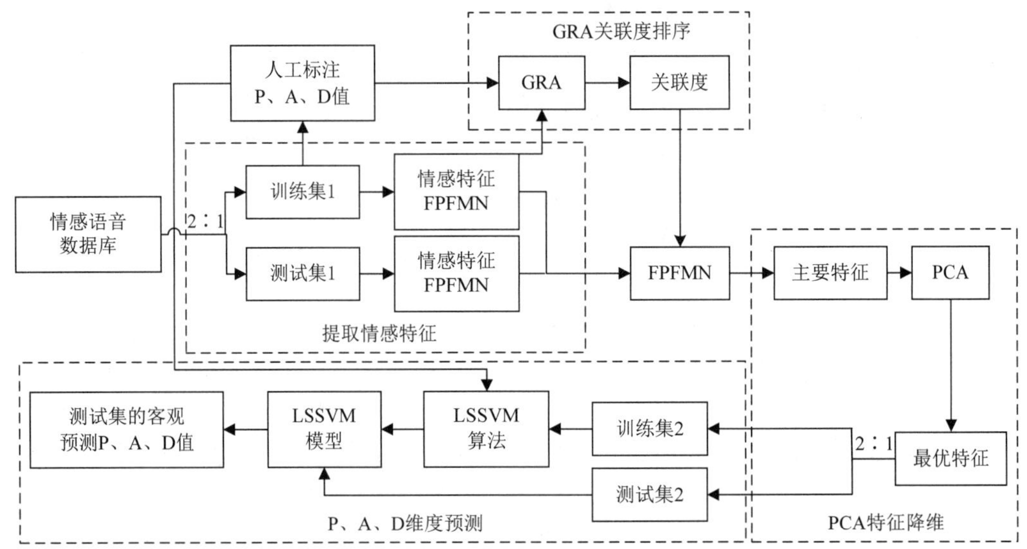

图 9-5 GRA-PCA-LSSVM 模型预测 P、A、D 流程图

（4）P、A、D 维度预测。首先，将最优特征依照首次对数据库训练集和测试集的分类原则区分，即训练集 2 与测试集 2 的样本数比例仍为 2∶1，训练集 2 的特征是训练集 1 的 FPFMN 特征经 GRA-PCA 优化后的最优特征；其次，由人工标注的 P、A、D 值（即训练集 1 的维度值）分别与训练集 2 中各维度对应的最优特征对 LSSVM 进行训练得到训练好的 LSSVM 模型；最后，将测试集的最优特征（即待测语音各维度对应的最优特征）作为训练好的 LSSVM 模型的输入得到待测语音的 P、A、D 值。

4. GRA-PCA-LSSVM 模型的 PAD 维度预测效果分析

为了全面、客观地评价模型对 P、A、D 的预测能力，同时考虑不同语种对于预测效果的影响，选用中文情感语音数据库 TYUT2.0 和德语情感语音数据库 EMO-DB 中共有的情感类型：悲伤（52 句）、愤怒（57 句）和高兴（52 句）作为实验样本，其中 67%作为训练样本，33%作为测试样本。

5. 情感维度影响因素的 GRA 和 PCA 分析

设情感维度 P(p_{01})、A（p_{02}）、D(p_{03})为研究对象，121 维特征 $p_i(i-1,2,\quad,121)$ 为影响因素。对研究对象及影响因素作初值化处理，取分辨系数 ρ=0.5，根据式（9-11）计算 $p_{0\alpha}(\alpha=1,2,3)$ 与 $p_i(i=1,2,\cdots,121)$ 的关联度，并将特征按照关联度由大至小排序。将排序后的特征从一维开始逐次增加一维特征作为 LSSVM 的输入变量对 P、A、D 维度进行预测，预测误差 MAE 如图 9-6 所示。确定最佳相关特征维数时，要遵循 MAE 最小原则，且在 MAE 相同时取维数最小的特征集作为影响维度的主要特征。图 9-6 所示为 FPFMN 根据 GRA 关联度由大到小排序后，采用逐一递增的特征维数预测 P、A、D 维度时的 MAE 趋势图。

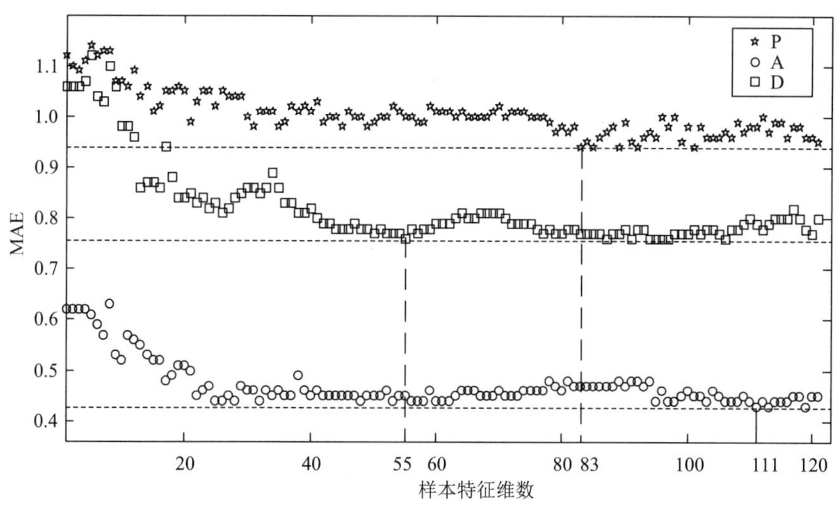

图 9-6 基于不同特征维数的 PAD 预测 MAE 趋势图

由图 9-6 可知，从预测误差整体来看，对维度 A 的预测误差最小，说明本节所选特征与 A 维度的关联度高于 P、D 维度。由于 P、A、D 维度相互独立，故其主要影响特征不尽相同，基于确定最佳相关特征维数原则，对维度 P 的预测，取关联度大于 0.663 的 83 维特征作为其主要特征；对维度 A 的预测，取关联度大于 0.565 的 111 维特征作为其主要特征；对维度 D 的预测，取关联度大于 0.744 的 55 维特征作为其主要特征。

PCA 分析时，累积贡献率越大，包含原始数据的信息越多，通常当累积贡献率达到 85%以上时，认为抽取的特征已包含数据的原始信息。本实验采用 PCA 抽取主要特征的主成分后，得到的最优特征维数见表 9-7。

表 9-7 GRA-PCA 特征维数

维度	GRA 选择后特征维数	GRA-PCA 降维后特征维数
P	83	57
A	111	69
D	55	43

根据 GRA-PCA 特征降维结果，GRA-PCA-LSSVM 回归模型预测 P、A、D 维度时，分别以 57 维、69 维、43 维最优特征作为 LSSVM 的输入，以 p_{01}、p_{02}、p_{03} 为输出构建 LSSVM 模型。

6. GRA-PCA-LSSVM 回归模型的实验结果分析

为验证 GRA-PCA-LSSVM 模型的预测效果，设计四组回归模型进行比较，四组模型分别为：模型一代表 LSSVM 模型；模型二代表 GRA-LSSVM 模型；模型三代表 PCA-LSSVM 模型；模型四代表 GRA-PCA-LSSVM 模型。其中，模型一、二、三的构建过程简要介绍如下：

模型一：将训练集的 121 维特征作为 LSSVM 的输入，P、A、D 维度分别作为输出构建模型一。

模型二：先对训练集 121 维特征进行 GRA 排序，再将由确定最佳相关特征维数原则选择后的主要特征作为 LSSVM 的输入，P、A、D 维度分别作为输出构建模型二。

模型三：先对训练集 121 维特征进行 PCA 降维，再将由降维后的特征作为 LSSVM 的输入，P、A、D 维度分别作为输出构建模型三。

四类回归模型对 TYUT2.0 数据库和 EMO-DB 的 PAD 维度预测结果性能指标见表 9-8。

表 9-8　四类回归模型在两类数据库的预测结果

维度	实验性能指标	TYUT2.0				EMO-DB			
		模型一	模型二	模型三	模型四	模型一	模型二	模型三	模型四
P	Person 系数	0.44	0.48	0.48	0.53	0.45	0.46	0.46	0.58
	模型决定系数	0.20	0.22	0.23	0.28	0.16	0.18	0.19	0.33
	MAE	0.95	0.94	0.92	0.89	0.93	0.91	0.94	0.87
A	Person 系数	0.68	0.70	0.69	0.73	0.67	0.68	0.69	0.74
	模型决定系数	0.45	0.49	0.45	0.53	0.33	0.38	0.41	0.50
	MAE	0.45	0.43	0.43	0.40	0.41	0.40	0.38	0.34
D	Person 系数	0.59	0.63	0.59	0.69	0.96	0.96	0.96	0.96
	模型决定系数	0.34	0.40	0.35	0.46	0.91	0.92	0.90	0.91
	MAE	0.80	0.76	0.78	0.74	0.29	0.28	0.31	0.25

综合表 9-8 对两类数据库 P、A、D 维度的预测效果可知：

(1)模型四的 Person 相关系数最大，说明该模型预测值与标注值的变化趋势最相似；模型四的模型决定系数都近乎最大，说明该模型对数据的拟合程度最优；模型四的 MAE 最小，说明该模型对情感维度 P、A、D 的预测误差最小。

(2) 从表 9-8 中还可以看出，两类数据库中对 P、A、D 的预测效果有所不同，在 EMO-DB 中对 D 维度的预测效果最优，在 TYUT2.0 中对 A 维度的预测效果最优，这主要是与数据库的语言、录制方式等因素有关，而且 P、A 维度更容易被人们理解和评价，而 D 维度的评价标准较为模糊[24]，但针对四类回归模型的预测效果对比可知，四类回归模型相互对比的总体规律在两类数据库中一致，即模型四的预测效果是最优的。

(3) 本节的结果与文献[25]对 P、A 预测结果相比较，模型四对 P、A 预测的决定系数分别高于文献中利用 KNN 对 P、A 维度预测时的模型决定系数 0.24 和 0.35，进一步说明模型四在维度预测中的有效性。

综上所述，3 项实验性能指标有力证明了 GRA-PCA-LSSVM 模型较 GRA-LSSVM 模型、PCA-LSSVM 模型和 LSSVM 模型在 PAD 维度预测方面的优越性。说明 GRA 可以对情感特征进行有效选择，而且 PCA 通过消除特征间的相关性，在一定程度上有益于预测效果的改善，由 GRA 结合 PCA 选取特征，不仅降低了特征维数，而且得到了与情感维度 P、A、D 相关性更强的情感特征，比单一 GRA 和单一 PCA 更能提高 LSSVM 对情感维度的预测精度。

7. 基于 GRA-PCA-LSSVM 模型的 PAD 维度情感识别

由文献[26]可知，同种情感在 PAD 维度空间不是以孤立点的形式存在的，而是占据一定的空间范围；而且不同情感在 PAD 维度空间所处的空间范围不同，即理论上可以通过 PAD 很好地区分情感，故本实验将 PAD 预测值应用于情感识别。为验证情感维度 PAD 识别情感的有效性以及普适性，设计情感识别实验。对 TYUT2.0 语音数据库和 EMO-DB 设计实验，实验方案如下：

方案 1：使用 FPFMN 特征进行语音情感识别。

方案 2：使用由 GRA-PCA-LSSVM 回归模型预测得到的 PAD 维度识别情感。

方案 3：将 FPFMN 和由 GRA-PCA-LSSVM 回归模型预测得到的 PAD 维度进行融合识别情感。

识别实验的评价指标选用识别率，即测试集经 SVM 得到正确分类的语音样本数与语音样本总数的比值。识别结果见表 9-9。

表 9-9 PAD 维度与 FPFMN 特征的识别率 （%）

情感状态	TYUT2.0			EMO-DB		
	方案 1	方案 2	方案 3	方案 1	方案 2	方案 3
悲伤	52.94	52.94	76.47	100	100	100
愤怒	73.68	100	84.21	68.42	84.21	73.68
高兴	47.06	47.06	58.82	52.94	52.94	64.71
平均识别率	57.89	66.67	73.17	73.79	79.05	79.46

从表 9-9 可以得出以下结论：

（1）针对 TYUT2.0 数据库的语音情感识别，从整体的平均识别结果来看，方案 1 和方案 2 在该数据库中的平均识别率依次为 57.89%和 66.67%，可以看出 PAD 维度的平均识别率高出 FPFMN 特征 8.78 个百分点；方案 2 对“愤怒”情感的识别结果最理想，识别率达到 100%；方案 3 对“愤怒”情感的识别率虽然低于方案 2，但高于方案 1，此外，方案 3 对“悲伤”和“高兴”情感的识别效果均优于方案 1、方案 2，且平均识别率也高于方案 1、方案 2，说明 PAD 与 FPFMN 特征在语音情感识别方面具有相互促进作用。

（2）针对 EMO-DB 的语音情感识别，方案 2 不仅维持了方案 1 在“悲伤”情感上 100%的识别率，而且从平均识别结果来看，方案 2 的识别率高出方案 1 的识别率 5.26 个百分点；此外，方案 2 对“愤怒”情感的识别能力明显增强，比方案 1 高 15.79 个百分点；方案 3 对“愤怒”情感的识别率虽然低于方案 2，但高于方案 1，而且方案 3 对“高兴”情感的识别率高于方案 1 和方案 2，说明 PAD 对 FPFMN 特征识别情感有一定的补充作用。

（3）针对 TYUT2.0 数据库和 EMO-DB 的语音情感识别，可以发现，PAD 维度对情感的平均识别性能优于 FPFMN 特征，并且 PAD 维度特征对“愤怒”情感的普适性最优、识别能力最强，达到 80%以上；FPFMN 与 PAD 的融合特征对语音情感的识别能力总体优于 FPFMN 或 PAD 单独识别，说明 PAD 维度在语音情感识别中对 FPFMN 具有补充作用，且在自然度更高的 TYUT2.0 数据库中补充作用更明显。

综上所述，由 PAD 维度在 TYUT2.0 数据库以及 EMO-DB 中的情感识别结果，可以发现 PAD 维度特征较 FPFMN 特征有更好的识别性能，普适性更强，而且 PAD 对 FPFMN 的语音情感识别性能具有一定的补充作用，也进一步证明本节采用的 GRA-PCA-LSSVM 模型对情感维度 PAD 预测的有效性。

9.4.2 基于聚类 PSO-LSSVM 模型的 PAD 维度预测

情感维度难以实时监测的特点，使得建立数学模型进而通过对数据进行拟合，成为预测的主要手段[27]。参数优化是预测模型的建立过程中的关键问题之一，本节利用 PSO（particle swarm optimization）算法的全局搜索特点优化了 LSSVM 的模型参数，削弱了模型参数选择的盲目性；并利用情感聚类分析对 PSO-LSSVM 模型进行改进，从而降低了不同情感间的相互影响，建立了聚类 PSO-LSSVM 回归模型。利用该模型预测 PAD，实验结果表明，该模型的预测误差更小，精度更高。

1. 相关理论

1）PSO 算法理论

粒子群算法（particle swarm optimization，PSO）[28]是由 Kennedy 和 Eberhart 通过鸟群的模型得到启示提出的，基本思想是假设一群鸟在某区域随机寻找食物，在知道与食物的距离但不知道食物位置的情况下，根据鸟群与食物间的距离，通过信息共享方式来找寻距离食物最近的鸟，从而得到最优解。PSO 算法中每个粒子在解空间中不断记录自己的最优位置，也不断追随着不同粒子间相较的最优位置进行运动调整，所以全局搜索能力强。算法原理如下：

设在 D 维空间包含 n 个粒子的粒子群为 $x=x_1,x_2,\cdots,x_n$，粒子在 D 维搜索空间内的位置为 $x_i=x_{i1},x_{i2},\cdots,x_{iD}$，粒子的速度为 $v_i=v_{i1},v_{i2},\cdots,v_{iD}$，粒子会不断根据 P_{best} 和 G_{best} 更新位置和速度，P_{best} 指粒子自身在运动轨迹中的最佳位置，G_{best} 指粒子群在运动轨迹中的最佳位置。粒子的速度和位置更新公式如下：

$$V_{\text{id}}^{k+1}=wV_{\text{id}}^{k}+c_1r_1(P_{\text{id}}-x_{\text{id}}^{k})+c_2r_2(P_{\text{gd}}-x_{\text{id}}^{k}) \tag{9-21}$$

$$x_{\text{id}}^{k+1}=x_{\text{id}}^{k}+v_{\text{id}}^{k+1} \tag{9-22}$$

式（9-21）、式（9-22）中，$d=1,2,\cdots,D;i=1,2,\cdots,n$；$w$ 为惯性权重；k 为迭代次数；v_{id} 为粒子速度；c_1 和 c_2 为实数；r_1 和 r_2 为[0,1]的随机数；p_i 和 p_g 分别为 P_{best} 和 G_{best} 中的元素。其算法流程图如图 9-7 所示。

PSO 算法的步骤如下：①生成粒子数为 n 的粒子群，对粒子赋予起始速度和位置；②确定适应度函数，依据该函数计算粒子的适应度；③通过比较步骤②中的粒子在 p_i 时的适应度与在 P_{best} 时的适应度值，不断更新粒子的 P_{best}；比较粒子在 p_i 时的适应度与在 G_{best} 时的适应度值，从而更新种群中的 G_{best}；④完成比较以后，根据式（9-21）、式（9-22）改变粒子的 x_i、v_i；⑤如果满足优化问题的条件则输出最优解，否则继续更新迭代，返回到步骤②继续进行 PSO 算法步骤。

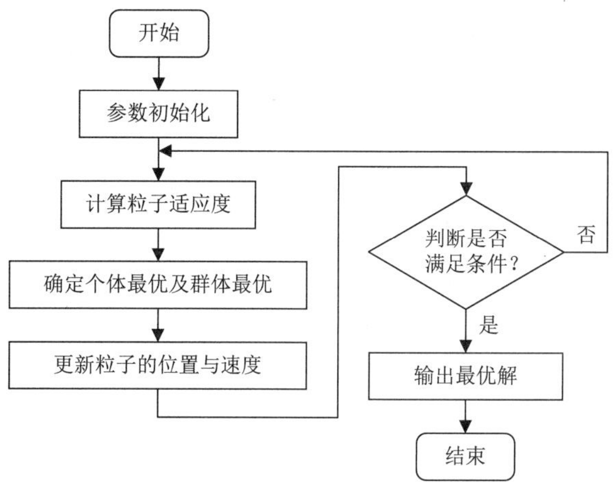

图 9-7　PSO 算法流程图

2）PSO 对 LSSVM 模型的参数优化

采用 LSSVM 模型进行维度预测时，由 LSSVM 的回归原理可知，有两类参数的选择是需要特别关注的，即惩罚参数 C 和核参数 σ 。为减少对两类参数主观选择的盲目性，本节采用 PSO 算法来选取 LSSVM 的 C 和 σ 。

定义目标函数：

$$\begin{aligned} \min \quad & f(\mathrm{C},\sigma)=\sum_{i=1}^{\mathrm{n}}(y_i-\hat{y})^2 \\ \text{s.t.} \quad & C\in[C_{\min,}C_{\max}],\sigma\in[\sigma_{\min},\sigma_{\max}] \end{aligned} \tag{9-23}$$

式中，y_i 是第 i 个情感样本的 P、A、D 维度标注值；$\hat{y}_i$ 是模型对样本的 P、A、D 预测输出值。PSO 对 LSSVM 模型的优化是通过迭代算法搜索参数 (C,σ)，使目标函数式(9-23)，即情感维度的主观标注值与模型对维度的客观预测值的误差达到最小。PSO 算法优化参数的流程图如图 9-8 所示。

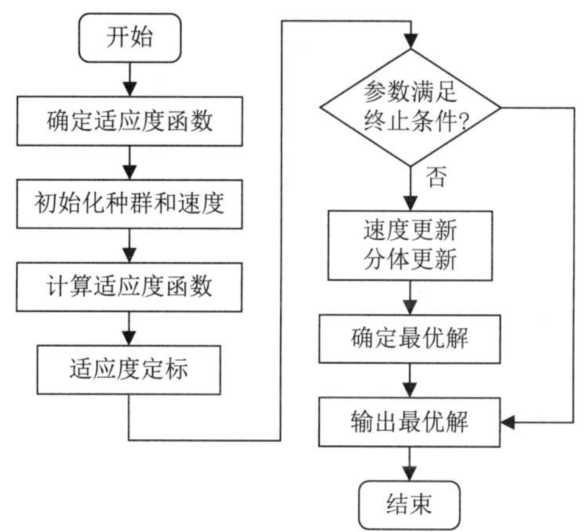

图 9-8　利用 PSO 算法优化 C 和 σ 的流程图[29]

3）模糊 C 均值聚类算法

模糊 C 均值聚类（Fuzzy C-Means，FCM）[30]将数据的聚类问题转变为非线性优化问题，通过对目标函数进行优化得到数据的聚类中心以及样本点对于聚类中心的隶属度，从而实现对数据进行分类的目的。其原理如下：

设数据集 $X=\{x_1,x_2,\cdots,x_n\}$，n 为样本数，k 为类别数，$m_i(i=1,2,\cdots,k)$ 为聚类中心，μ_{ij} 表示第 j 个数据属于第 i 个聚类中心的隶属度，则 FCM 的目标函数为

$$J=\sum_{i=1}^{k}\sum_{j=1}^{n}\left[\mu_{ij}\right]^{b}d_{ij}^{\ 2} \tag{9-24}$$

式中，$\sum_{i=1}^{k}\mu_{ij}=1$；b 为加权指数；d_{ij} 为第 i 个中心与第 j 个数据的距离。

求解目标函数得到：

$$\mu_{ij}=\left[\sum_{c=1}^{k}\left(\frac{d_{ij}}{d_{cj}}\right)^{\frac{2}{b-1}}\right]^{-1} \tag{9-25}$$

$$m_i=\frac{\sum_{j=1}^{n}\left[\mu_{ij}\right]^{b}x_i}{\sum_{j=1}^{n}\left[\mu_{ij}\right]^{b}} \tag{9-26}$$

采用迭代方法求解式（9-25）和式（9-26），当满足收敛条件，停止迭代。通过 FCM 聚类算法求得基本情感的维度聚类中心，以获得情感聚类分析中的基本情感中心 PAD 值。

4）情感聚类分析

在语音情感聚类中，传统的聚类方法是在特征空间上进行[31]，这种聚类结果产生的依据是信号，未必与情感相关。针对语音情感问题，对情感维度进行聚类，即通过分析语音的首次 PAD 预测值与基本情感中心 PAD 值的距离进行情感聚类。其流程如图 9-9 所示。

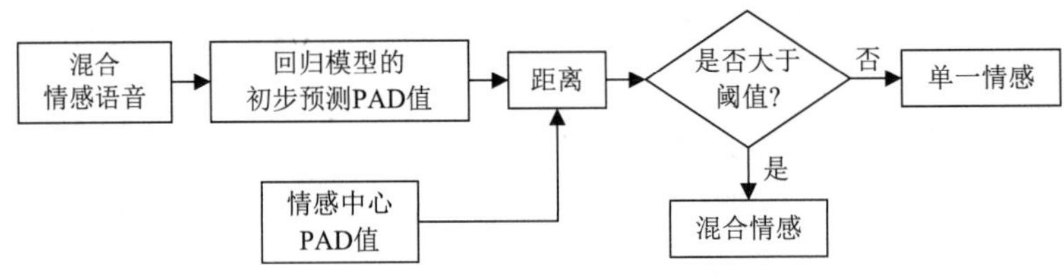

图 9-9　情感聚类分析流程图

情感聚类分析将对语音的首次 PAD 预测值与基本情感中心 PAD 值进行距离分析，根据距离与阈值的关系将语音区分为特定的单一情感和混合情感，在二次预测时将语音采用对应情感的 PAD 回归模型进行预测。

尽管聚类算法很多，但都没有可以直接确定聚类阈值的方法。为了直观地确定聚类阈值，阈值的确定是依据情感语音的首次 PAD 预测值与基本情感中心 PAD 值的欧氏距离[32]进行取值。欧氏距离的表达式为

$$\mathrm{dist}(Y,Z)=\sqrt{\sum_{i=1}^{n}(y_i-z_i)^2}=\sqrt{(\hat{y}_{\mathrm{P}}-z_{\mathrm{P}})^2+(\hat{y}_{\mathrm{A}}-z_{\mathrm{A}})^2+(\hat{y}_{\mathrm{D}}-z_{\mathrm{D}})^2} \tag{9-27}$$

式中，$\hat{y}_{\mathrm{P}}$、$\hat{y}_{\mathrm{A}}$、$\hat{y}_{\mathrm{D}}$ 分别为情感语音的 P、A、D 预测值；z_{P}、z_{A}、z_{D} 分别为基本情感的 P、A、D 值。

2. 基于聚类 PSO-LSSVM 的 PAD 预测流程

在情感语音样本中，情感本身之间的关联性使不同情感的语音情感特征之间也存在相关性，在预测 P、A、D 时会影响回归模型的预测效果，因此提出将 PSO-LSSVM 与情感聚类分析相结合的思想，即得到聚类 PSO-LSSVM 回归模型。聚类 PSO-LSSVM 回归模型的流程图如图 9-10 所示。

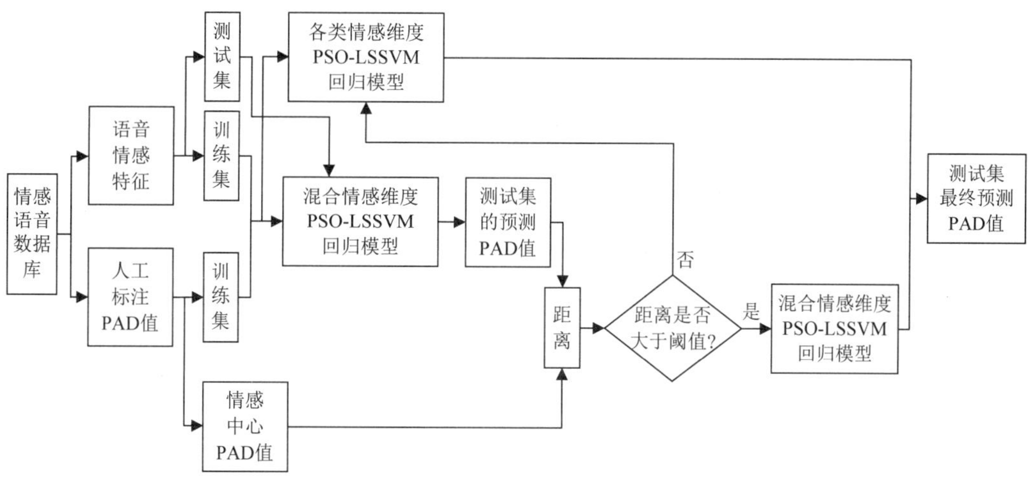

图 9-10　聚类 PSO-LSSVM 回归模型流程图

具体步骤如下。①对情感语音提取情感特征，基于训练集的情感特征和标注 P、A、D 值建立两类回归模型，一类称为各类情感维度 PSO-LSSVM 回归模型，此模型由单种情感的语音情感特征与人工标注 P、A、D 值对 PSO-LSSVM 训练得到；另一类称为混合情感维度 PSO-LSSVM 回归模型，此模型由多种情感的语音情感特征与人工标注 P、A、D 值对 PSO-LSSVM 训练得到。②将测试集的语音情感特征作为混合情感维度 PSO-LSSVM 模型的输入变量预测得到 PAD 值，并计算其与基本情感的中心 PAD 之间的距离，基本情感的中心 PAD 由对各类情感的 PAD 标注结果进行模糊 C 均值聚类得到，将距离大于阈值的情感聚类为混合情感，将距离小于阈值的情感聚类为与其距离最小的情感。③将聚类为混合情感的语音情感特征作为混合情感维度 PSO-LSSVM 回归模型的输入变量，该模型与由训练集训练得到的混合情感维度 PSO-LSSVM 回归模型是同一个回归模型，而将聚类为某种特定情感的语音情感特征作为由训练集训练得到的各类情感维度 PSO-LSSVM 模型中对应情感的模型输入变量预测其 PAD 值，该过程使得测试集的语音通过各自对应回归模型预测得到 PAD，降低了不同情感间的相关性对预测效果的影响。该回归模型由 PSO 优化的 LSSVM 与情感聚类分析相结合，不仅避免了回归过程参数选择的主观盲目性，而且降低了输入变量之间的相关性，可以对情感维度 P、A、D 实现更精确的预测。

3. 聚类 PSO-LSSVM 模型的 PAD 维度预测效果分析

为了全面、客观地评价改进模型对 P、A、D 的预测能力，选用中文情感语音数据库 TYUT2.0 和德语情感语音数据库 EMO-DB 中共有的情感类型：悲伤（52 句）、愤怒（57 句）和高兴（52 句）作为实验样本，其中 67%作为训练样本，33%作为测试样本。特征采用 9.4.1 节中介绍的 FPFMN 特征。

1）情感聚类分析结果

情感聚类分析的目的是提高对语音的 PAD 预测精度，为了保证情感聚类中距离阈值的取值不受单一数据库的影响，通过对 TYUT2.0 和 EMO-DB 两个数据库的语音 PAD 预测值与基本情感中心 PAD 进行聚类分析统计，选择使聚类效果较好的聚类距离作为阈值。根据情感聚类距离不同，不同聚类阈值区间内包含的情感语音数目见表 9-10，表中的 $dist^2$ 表示距离的平方值。

表 9-10　不同聚类阈值区间内的语音数目

$dist^2$	[0.0, 0.3]	[0.3, 0.6]	[0.6, 0.9]	[0.9, 1.2]	[1.2, 1.5]	[1.5, 1.8]
TYUT2.0 数据库	3	5	4	4	4	3
EMO-DB	10	8	10	5	2	2
$dist^2$	[1.8, 2.1]	[2.1, 2.4]	[2.4, 2.7]	[2.7, 3.0]	……	
TYUT2.0 数据库	2	4	6	1	……	
EMO-DB	1	3	0	0	……	

由表 9-10 中两个数据库在不同聚类阈值区间内的语音数目分布可以发现，当 $dist^2$ 分布于[0, 1.8]范围内时，两类数据库的语音数目基本上保持一致，但当大于 1.8 时，语音分布数目发生起伏，甚至在 EMO-DB 中，没有相应的语音分布。因此，本节的聚类距离阈值取 1.35。

2）聚类 PSO-LSSVM 回归模型的实验结果分析

为了验证聚类 PSO-LSSVM 回归模型在情感维度预测中的有效性，设计了三组回归模型进行对比，三组模型代表如下：模型一代表 LSSVM 模型；模型五代表 PSO-LSSVM 模型；模型六代表聚类 PSO-LSSVM 模型。实验流程如下：

① 对 TYUT2.0 数据库情感语音提取 FPFMN 情感特征。

② 基于提取的 FPFMN 特征和人工标注的 P、A、D 值，利用三组回归模型（模型一、模型五、模型六）预测测试集的情感维度 P、A、D。

③ 将不同回归模型对 P、A、D 的预测结果与人工标注结果进行对比分析，选择更加合理有效的回归模型。

表 9-11 为三类回归模型在 TYUT2.0 语音数据库和 EMO-DB 中的维度预测结果实验性能指标对比。

表 9-11 三类回归模型在两类数据库的预测结果

维度	实验性能指标	TYUT2.0			EMO-DB		
		模型一	模型五	模型六	模型一	模型五	模型六
P	Person 系数	0.44	0.51	0.63	0.45	0.48	0.63
	模型决定系数	0.20	0.26	0.40	0.16	0.21	0.39
	MAE	0.95	0.89	0.71	0.93	0.98	0.66
A	Person 系数	0.68	0.69	0.75	0.67	0.67	0.74
	模型决定系数	0.45	0.47	0.55	0.33	0.42	0.46
	MAE	0.45	0.42	0.36	0.41	0.40	0.36
D	Person 系数	0.59	0.62	0.74	0.96	0.96	0.98
	模型决定系数	0.34	0.39	0.53	0.91	0.92	0.96
	MAE	0.80	0.76	0.58	0.29	0.27	0.17

由表 9-11 可以得出以下结论：

a. 针对模型五与模型一对 P、A、D 维度的预测结果，从 Person 相关系数和模型决定系数可以看出，在两类数据库中模型五的相关系数大于或等于模型一的相关系数，说明模型五的预测值与标注值的变化趋势更相似，而且模型五的决定系数均比模型一有所提高，说明模型五相比模型一对实验数据的拟合效果更好；从 MAE 可以看出，在 TYUT2.0 数据库中，模型五的实验误差均有所减小，在 EMO-DB 中，对 A、D 的预测误差减小，但 P 的预测误差却增大。由此可知，模型五在对 A、D 维度的预测效果更稳定，说明 PSO 算法对 LSSVM 回归参数的优化使预测效果有一定程度的改善。

b. 针对模型六与模型五对 P、A、D 维度的预测结果，从 Person 相关系数可以看出，模型六对两类数据库的预测相关系数均比模型五有一定提高，说明模型六的预测结果变化趋势更加相近于标注值的变化趋势；从模型决定系数可以看出，模型六比模型五对数据的拟合作用更好；从 MAE 可以看出，在两类数据库中模型六的实验误差均比模型五的误差更小。由此可知，模型六较模型五对 PAD 维度的预测效果更优，验证了情感聚类分析可以通过降低不同情感间的相关性而提高预测精度。

c. 针对三类模型对两类数据库的 P、A、D 维度预测结果，可以看出，在 TYUT2.0 数据库中，三类回归模型对 A 维度的预测效果优于 P、D 维度；在 EMO-DB 中，三类回归模型对 D 维度的预测效果优于 P、A 维度；这与数据库的建立方式有关，EMO-DB 是基于表演而录制的语音库，而 TYUT2.0 是通过截取广播剧的方式获得，虽然两类数据库在情感表达方面各有侧重，使得预测效果有所差异，但模型六对 P、A、D 维度的预测效果一直保持最优，而且与文献[15]对 P、A 预测结果相比较，模型六在两类数据库中对 P、A 预测的决定系数分别高于文献中利用 KNN 对 P、A 维度预测模型的决定系数 0.24 和 0.35。由此说明模型六的预测效果更优。

综上所述，模型六对情感维度 P、A、D 的预测效果不仅有较大幅度的提高，而且还适用于不同类型的情感数据库，说明聚类 PSO-LSSVM 模型对 P、A、D 的预测能力较强，且对数据的普适性好。分析其原因，PSO 算法对 LSSVM 模型回归参数的优化避免了参数主观选择的盲目性，使得预测结果更加客观，并且有一定程度的改善；情感聚类分析通过将情感进行初步聚类，降低了情感间的相关性对预测精度的影响，使其对 P、A、D 维度的预测性能得到改善；因此，聚类 PSO-LSSVM 回归模型的提出，使得对 P、A、D 维度的预测更为准确。

4. 基于聚类 PSO-LSSVM 模型的 PAD 维度情感识别

为进一步验证模型的改进方法对情感维度 PAD 预测的准确性以及维度值与离散情感间的对应关系，对 TYUT2.0 语音数据库和 EMO-DB 的预测结果设计情感识别实验，实验方案如下：

方案 1：使用 FPFMN 特征进行语音情感识别。

方案 2：使用由聚类 PSO-LSSVM 回归模型预测得到的 PAD 维度识别情感。

方案 3：将 FPFMN 和由聚类 PSO-LSSVM 回归模型预测得到的 PAD 维度进行融合识别情感。

识别结果见表 9-12。

表 9-12　PAD 维度与 FPFMN 特征的识别率　（%）

情感类型	TYUT2.0			EMO-DB		
	方案 1	方案 2	方案 3	方案 1	方案 2	方案 3
悲伤	52.94	64.71	70.59	100	100	100
愤怒	73.68	94.74	78.95	68.42	84.21	63.16
高兴	47.06	64.71	76.47	52.94	47.06	58.82
平均识别率	57.89	74.72	75.34	73.79	77.09	73.99

从表 9-12 可以得出以下结论：

（1）针对 PAD 维度预测值在 TYUT2.0 和 EMO-DB 中的语音情感识别结果来看，在 TYUT2.0 数据库中，PAD 值对“悲伤”“愤怒”“高兴”情感的识别率分别为 64.71%、94.74%、64.71%，均高于 FPFMN 对各类情感的识别率；在 EMO-DB 中，PAD 值对“悲伤”情感的识别率仍保持 100%最优，对“愤怒”的识别率虽然比 FPFMN 提高 15.79 个百分点，但是对“高兴”情感的识别率降低了 5.88 个百分点，说明 PAD 维度对“高兴”情感的识别效果在自然度相对更好的数据库中更优。从 PAD 维度值在两类数据库中对情感识别的总体结果来看，识别率均高于 FPFMN 特征的识别结果，说明 PAD 维度值对情感的表征能力更强、对情感的区分效果更优。

（2）从 PAD 维度值与 FPFMN 的融合特征对情感的识别效果来看，在两类数据库中融合特征对“悲伤”“高兴”两类情感的识别效果比 PAD 维度值或 FPFMN 特征单独的识别效果好，但是对“愤怒”情感的识别率比较差，直接导致在 EMO-DB 融合特征的识别率低于 PAD 维度的单独识别率，因此可以发现，PAD 维度与 FPFMN 特征的融合并不一定会加强对情感的识别效果，甚至可能因为相互的影响作用而降低识别率。经 GRA-PCA-LSSVM 预测的 PAD 值与 FPFMN 的相互补充作用整体上优于经聚类 PSO-LSSVM 模型预测得到的 PAD 值与 FPFMN 的相互作用，说明 FPFMN 对经特征降维的 PAD 预测值的识别能力有一定的积极促进作用，但对经模型改进后的 PAD 预测值的识别性能有一定的抑制作用。

综上所述，可以发现在 TYUT2.0 数据库与 EMO-DB 中，PAD 维度预测值较 FPFMN 特征有更好的情感识别能力，普适性更强，也进一步证明本节的聚类 PSO-LSSVM 模型对情感维度 P、A、D 预测的有效性，但是也发现 PAD 预测值与 FPFMN 特征的融合并不一定会对情感的识别效果有积极的相互促进作用，甚至会因为融合特征的相互影响作用导致识别效果变差。

9.4.3 PAD 维度预测的综合模型研究

根据上文可知，情感维度的预测效果受情感特征、回归模型两方面的影响，而且单独从特征降维方面或者从模型的改进方面都可对 PAD 维度的预测精度有所提高，因此，提出将 GRA-PCA 特征降维方法与聚类 PSO-LSSVM 模型相融合的思想，构建 GRA-PCA-聚类 PSO-LSSVM 回归模型，该模型的流程图如图 9-11 所示。

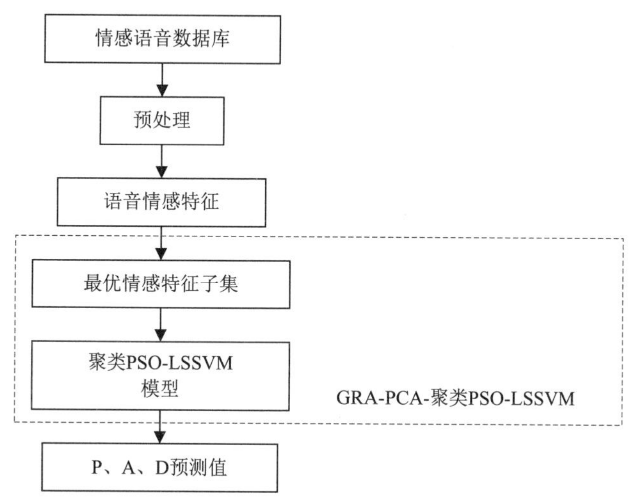

图 9-11 GRA-PCA-聚类 PSO-LSSVM 回归模型流程图

GRA-PCA-聚类 PSO-LSSVM 回归模型的流程如下：①利用 GRA-PCA 特征降维方法得到最优特征子集；②利用训练集的最优特征与情感维度 P、A、D 对聚类 PSO-LSSVM 模型进行训练；③将测试集的最优特征作为已训练好的聚类 PSO-LSSVM 模型的输入从而得到测试集语句的 P、A、D 维度值。

1. 综合模型的 PAD 维度预测效果分析

为了验证 GRA-PCA-聚类 PSO-LSSVM 回归模型对情感维度 PAD 预测的有效性，以 9.3 节介绍的两类数据库的三种情感语料为数据来源，FPFMN 特征作为语音情感特征，设计三组回归模型进行实验效果对比，三组回归模型分别代表如下：模型四代表 GRA-PCA-LSSVM 模型；模型六代表聚类 PSO-LSSVM 模型；模型七代表 GRA-PCA-聚类 PSO-LSSVM 模型。将三组回归模型的实验结果进行分析比较，根据预测值与标注值的数据分布以及实验性能指标来评价模型对 P、A、D 维度的预测能力。

1）数据分布

为更直观地比较三类回归模型的预测结果与标注值的数据分布，以对 TYUT2.0 数据库的预测结果为例，如图 9-12～图 9-14 所示分别为回归模型对 P、A、D 维度预测值与标注值的数据分布情况，横坐标代表不同类情感的语音数，即悲伤有 17 句，愤怒有 19 句，高兴有 17 句，纵坐标分别代表情感维度 P、A、D 值，标注值代表对情感语音维度的人工打分值。

从图 9-12 中可以看出，在“悲伤”和“愤怒”情感中，模型四的预测值比模型六的预测值更加分散，波动较大，在“高兴”情感中，模型四和模型六的预测值各有优势，模型四的波动范围较小，但是预测值整体偏离标注值，而模型六虽然波动范围大于模型四，预测值偏向两极化，但是其中一部分数据与标注值很相近，因此，模型六的预测效果优于模型四。将模型七与模型四和模型六相比较，模型七的预测值在“悲伤”和“愤怒”情感中，明显更接近于标注值，在“高兴”情感中，模型七的预测值精度明显优于模型四，与模型六相比，两类模型的数据分布情况类似。综合三类模型维度预测值与标注值的数据对比情况，模型七对 P 的预测结果优于模型四和模型六，整体上更加接近于标注值。

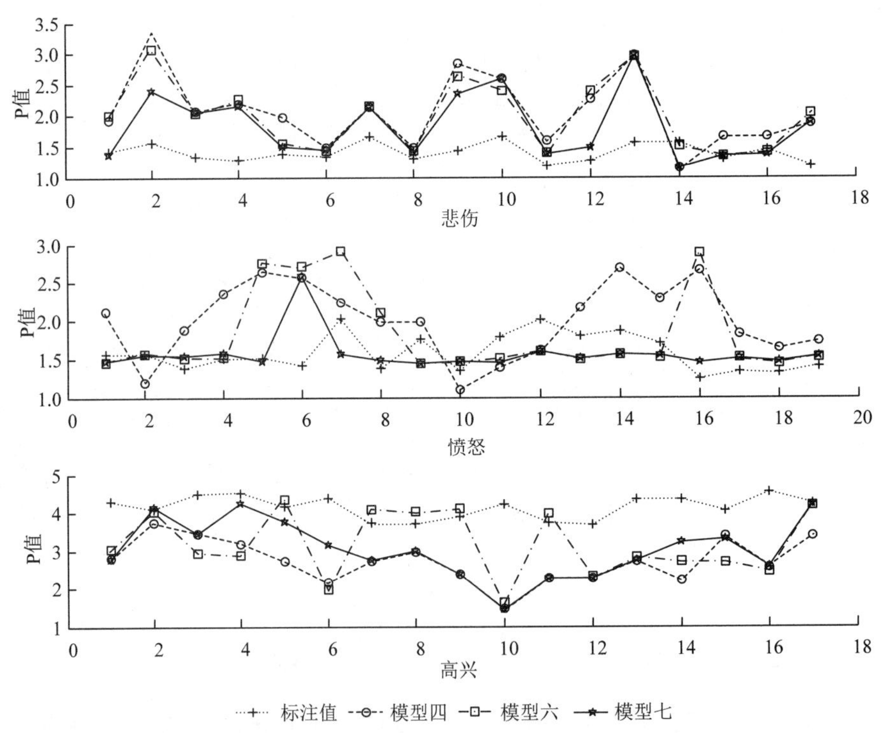

图 9-12　TYUT2.0 维度 P 的预测值与标注值对比

从图 9-13 中可以看出，在“悲伤”“愤怒”“高兴”情感中，模型四预测值的分散程度最大，模型六和模型七的预测值相比，它们的整体变化趋势与标注值的变化趋势较为一致，但是，很明显可以发现，模型七相较模型六对大多数语音的维度预测值与标注值的垂直距离更小，即误差更小。因此，说明模型七对维度 A 的预测更加准确。

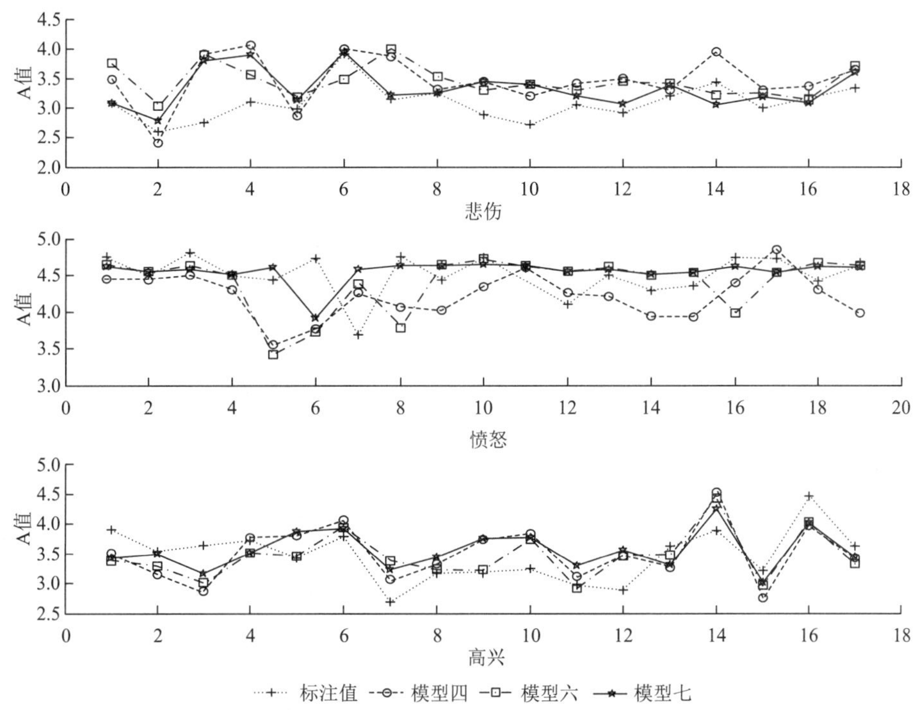

图 9-13 TYUT2.0 维度 A 的预测值与标注值对比

由图 9-14 可以看出，在“悲伤”“愤怒”“高兴”情感中，模型四与模型六相比较，模型四的数据更为集中，但是整体上偏离于标注值，模型六虽然分散范围较大，预测值偏向于两极分化，即有一部分预测值远偏离于标注值，但是有一部分预测值非常相近于标注值。对于模型七来说，在“悲伤”情感中，虽然预测值也比较分散，但是分散程度不及模型六，而且整体上比模型六更接近于标注值；在“愤怒”情感中，模型七的预测值相对较为集中，甚至比标注值的集中度更高，由不同语句的预测值与标注值的垂直距离可以发现，模型七的相对距离小于模型六，即模型七的误差更小；在“高兴”情感中，模型七与模型六在数据分布方面不易判断，但可以发现模型七的变化趋势比模型六更相似于标注值的变化趋势。因此，对三类情感来说，模型七对维度 D 的预测精度更高。

综上所述，可以发现，模型四和模型六对不同的维度或者不同的情感有不同的预测优势，但是模型七对 P、A、D 维度的预测效果始终优于模型四和模型六。说明由 GRA-PCA-LSSVM 回归模型（模型四）和聚类 PSO-LSSVM（模型六）融合得到的 GRA-PCA-聚类 PSO-LSSVM 回归模型对维度 P、A、D 的预测效果最好，精度最高。

2）实验性能指标对比

表 9-13 为三类回归模型对 TYUT2.0 情感语音数据库与 EMO-DB 的维度预测实验性

能指标结果。

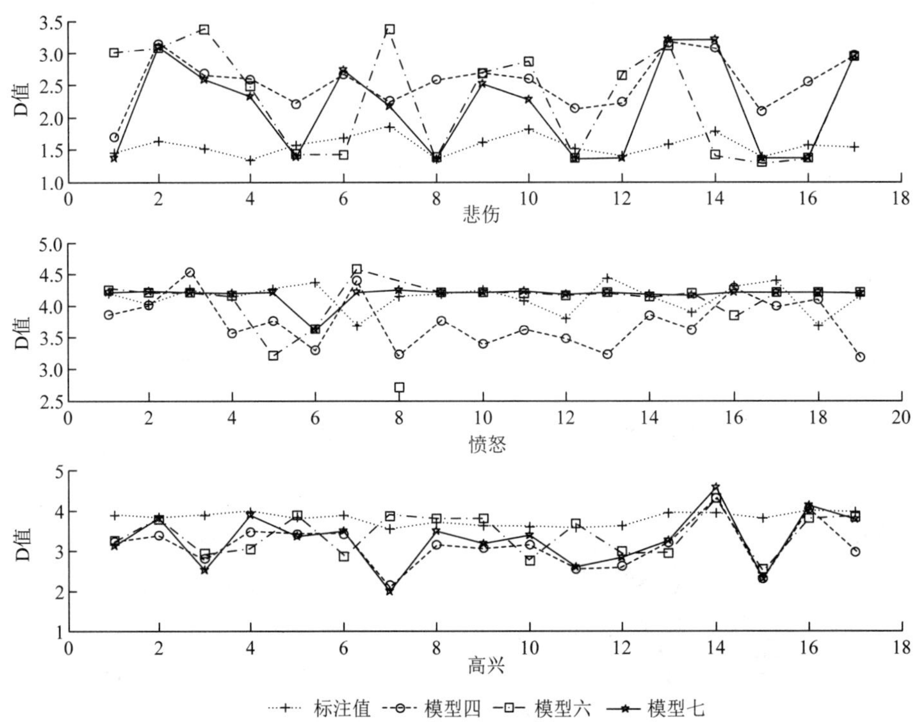

图 9-14　TYUT2.0 维度 D 的预测值与标注值对比

表 9-13　三类回归模型在两类数据库的预测结果

维度	实验性能指标	TYUT2.0			EMO-DB		
		模型四	模型六	模型七	模型四	模型六	模型七
P	Person 系数	0.53	0.63	0.77	0.58	0.63	0.87
	模型决定系数	0.28	0.40	0.55	0.33	0.39	0.75
	MAE	0.89	0.71	0.60	0.87	0.66	0.37
A	Person 系数	0.73	0.75	0.85	0.74	0.74	0.90
	模型决定系数	0.53	0.55	0.70	0.50	0.46	0.77
	MAE	0.40	0.36	0.29	0.34	0.36	0.21
D	Person 系数	0.69	0.74	0.80	0.96	0.98	0.98
	模型决定系数	0.46	0.53	0.64	0.91	0.96	0.96
	MAE	0.74	0.58	0.48	0.25	0.17	0.15

由表 9-13 中的实验性能指标可以得出以下结论：

综合在两类数据库中模型七与模型四、模型六对 P、A、D 维度的预测结果，从 Person 相关系数可以看出，模型七预测结果与原始数据的相关系数相比模型四、模型六均有提高，大部分系数在 0.8 以上，说明模型七对 P、A、D 的预测结果与原始数据的相关性很强；从模型决定系数可以看出，模型七的决定系数比模型四、模型六都高，且绝大多数在 0.6 以上，说明模型七对最优特征与情感维度的拟合效果很好；从 MAE 可以看出，模型七的实验误差是三类模型中最小的。由此可知，模型七对 P、A、D 维度的预测效果更稳定，说明将情感特征降维方法与回归模型的改进相融合可以很好地改善对 P、A、D 维度的预测效果。但是综合两个数据库的预测效果来看，仍可以发现，模型七在 TYUT2.0 数据库中对 A 维度的预测效果最好，而在 EMO-DB 中对 D 维度的预测效果最好，再次证实了对维度预测的准确性与数据库是相关的。

2. 基于综合模型的 PAD 维度情感识别

为了进一步验证模型七对情感维度 P、A、D 的预测准确性以及维度值与离散情感间的对应关系，对 TYUT2.0 语音数据库和 EMO-DB 的预测结果设计情感识别实验，实验方案如下：

方案 1：使用 FPFMN 特征进行语音情感识别，详见表 9-14、表 9-15 的实验 1。

方案 2：使用由 GRA-PCA-LSSVM 回归模型（模型四）、聚类 PSO-LSSVM（模型六）和 GRA-PCA-聚类 PSO-LSSVM（模型七）回归模型预测得到的 PAD 维度识别情感，分别见表 9-14、表 9-15 的实验 2、实验 3、实验 4。

方案 3：将 FPFMN 分别与由 GRA-PCA-LSSVM 回归模型（模型四）、聚类 PSO-LSSVM（模型六）、GRA-PCA-聚类 PSO-LSSVM（模型七）回归模型预测得到的 PAD 维度进行融合识别情感，识别结果分别见表 9-14、表 9-15 的实验 5、实验 6、实验 7。

对 TYUT2.0 数据库和 EMO-DB 的情感识别结果分别如表 9-14、表 9-15 所示。

表 9-14　TYUT2.0 数据库中 PAD 维度与 FPFMN 特征的识别率　（%）

情感状态	TYUT2.0						
	方案 1	方案 2			方案 3		
	实验 1	实验 2	实验 3	实验 4	实验 5	实验 6	实验 7
悲伤	52.94	52.94	64.71	82.35	76.47	70.59	88.24
愤怒	73.68	100	94.74	100	84.21	78.95	94.74
高兴	47.06	47.06	64.71	58.82	58.82	76.47	64.71
平均识别率	57.89	66.67	74.72	80.39	73.17	75.34	82.56

表 9-15　EMO-DB 中 PAD 维度与 FPFMN 特征的识别率　（%）

情感状态	EMO-DB						
	方案 1	方案 2			方案 3		
	实验 1	实验 2	实验 3	实验 4	实验 5	实验 6	实验 7
悲伤	100	100	100	100	100	100	100
愤怒	68.42	84.21	84.21	100	73.68	63.16	94.74
高兴	52.94	52.94	47.06	64.71	64.71	58.82	76.47
平均识别率	73.79	79.05	77.09	88.24	79.46	73.99	90.40

综合表 9-14 和表 9-15 可以得出以下结论：

（1）由实验 4 与实验 1 的情感识别效果可知，在两类数据库中由模型七预测得到的 PAD 维度值对“悲伤”“愤怒”“高兴”三类情感的识别效果均优于 FPFMN 特征的识别效果，从 PAD 预测值区分情感的能力方面说明了预测值的准确性。

（2）由实验 4 与实验 2、实验 3 的情感识别效果可知，在两类数据库中实验 4 的平均识别率最高，特别是在 EMO-DB 中，实验 4 对每种情感的识别率都最高。在 TYUT2.0 数据库中，模型七的 PAD 预测值虽然对“悲伤”“愤怒”情感的识别率达到最高，但是对“高兴”情感的识别率却低于模型六的预测值，结合表 9-13 中模型六与模型七对 PAD 预测的实验性能指标可知，PAD 预测精度的提高并不一定会对每种情感的识别效果都有积极作用，原因在于实验性能指标侧重于预测值与标注值的比较关系，但是情感的识别实验更依赖于不同情感维度预测值间的差异性。

（3）结合实验 7 与实验 1、实验 4 的识别效果可以发现，在两类数据库中，实验 7 对“悲伤”和“高兴”情感的识别效果均优于实验 1 和实验 4，均在 60%以上，对“愤怒”情感的识别效果虽然不及实验 4，但是识别率在 90%以上。并且可以发现，实验 7 的平均识别率均高于实验 1 和实验 4 的平均识别率，在 EMO-DB 中甚至在 90%以上，充分说明模型七的 PAD 预测值与 FPFMN 特征在情感的识别能力方面有积极的补充作用。

（4）由实验 7 与实验 5、实验 6 的识别结果可知，模型七的 PAD 预测值与 FPFMN 特征的融合对情感的识别能力高于模型四或模型六的 PAD 预测值与 FPFMN 融合，说明 GRA-PCA-聚类 PSO-LSSVM 模型的 PAD 预测结果对 FPFMN 特征在情感识别方面具有更好的完善作用。

综上所述，GRA-PCA-聚类 PSO-LSSVM 模型预测的 PAD 维度较 FPFMN 特征、GRA-PCA-LSSVM 模型预测的 PAD、聚类 PSO-LSSVM 模型预测的 PAD 对情感有更好的区分能力，普适性更强，而且对 FPFMN 特征在情感识别方面的补充促进作用更加明显。说明 GRA-PCA 特征降维方法与聚类 PSO-LSSVM 回归模型的融合，以更高精度的 PAD 预测值更有效地区分情感类别。

小　　结

本章提出了离散分类和连续维度结合的方法来预测情感 PAD 值的新思路，并用两种方法验证了这种新思路的可行性。第一种方法，首先计算特征与情感维度之间的相关系数，利用此相关系数作为 HFS 的权值向量，选用 e-FCM 和 SVM 用于预测情绪 PAD 值，并从统计学和空间分布两方面对所提方法进行评价，结果表明预测情绪 PAD 值的方法是有效的。第二种方法，分别从特征选择和回归模型两个角度对 PAD 情感维度预测方法进行分析，并将两个角度相结合，用于语音情感识别，实验结果证明这种预测方法是有效的。

参考文献

[1] TORRA V. Hesitant fuzzy sets[J]. International Journal of Intelligent Systems, 2010, 25(6): 529-539.

[2] TORRA V, NARUKAWA Y. On hesitant fuzzy sets and decision[C]//IEEE International Conference on Fuzzy Systems, 2009 Fuzz-Ieee. 2009. 1378-1382.

[3] ATANASSOV T K. Intuitionistic fuzzy sets[J]. Fuzzy Sets & Systems, 1986, 20(1): 87-96.

[4] DUBOIS B P, HENRI. Fuzzy sets and systems: theory and applications[M]. New York: Academic Press, 1980.

[5] MIYAMOTO S. Multisets and fuzzy multisets[M]. Tokyo: Springer Japan, 2000.

[6] XIA M, XU Z. Hesitant fuzzy information aggregation in decision making[J]. International Journal of Approximate Reasoning, 2011, 52(3): 395-407.

[7] 刘小弟，朱建军，刘思峰. 犹豫模糊信息下的双向投影决策方法[J]. 系统工程理论与实践，2014，34（10）：2637-2644.

[8] 葛涛，万昆，徐莉. 基于犹豫模糊三角函数的水利项目评价[J]. 技术经济，2014，33（9）：125-130.

[9] BEDREGAL B, BUSTINCE H, FARHADINIA B, et al. A position and perspective analysis of hesitant fuzzy sets on information fusion in decision making towards high quality progress[J]. Information Fusion, 2016, 29: 89-97.

[10] 夏梅梅. 模糊决策信息集成方式及测度研究[D]. 南京：东南大学，2012.

[11] 陈婧. 情感识别中的多模态信息融合方法研究[D]. 兰州：兰州大学，2016.

[12] 奉国和，郑伟. 文本分类特征降维研究综述[J]. 图书情报工作，2011，55（9）：109-113.

[13] CHEN L, LIN W, JI B, et al. Analysis and prediction of the discharge features of the lithium–ion battery based on the grey system theory[J]. Power Electronics Iet, 2015, 8(12):2361-2369.

[14] 王沛，欧阳传湘，陈宏生，等. 应用 PCA 和多元非线性回归快速预测储层敏感性[J]. 断块油气田，2018，25（2）：232-235.

[15] DAI Q, CHENG J H, SUN D W, et al. Advances in feature selection methods for hyperspectral image processing in food industry applications: a review[J]. Critical Reviews in Food Science and Nutrition, 2015, 55(10):1368-1382.

[16] WU B, ABBOTT T, FISHMAN D, et al. Comparison of statistical methods for classification of ovarian cancer using mass spectrometry data[J]. Bioinformatics. 2003, 19(13): 1636-1643.

[17] 陶勇森，王坤侠，杨静，等. 融合信息增益与和声搜索的语音情感特征选[J]. 小型微型计算机系统，2017，38（5）：1164-1168.

[18] 彭晖，沈亚军. 基于灰色理论的预测系统框架与实现[J]. 计算机科学，2002，29（9）：44-46.

[19] DAVID K W N, DENG J. Contrasting grey system theory to probability and fuzzy[J]. Acm Sigice Bulletin, 1995, 20(3):3-9.

[20] 王赟. 基于灰色关联分析的多因子选股模型研究[D]. 北京：北京交通大学，2017.

[21] YOO K H, BACK J H, NA M G, et al. Prediction of golden time using SVR for recovering SIS under severe accidents[J]. Annals of Nuclear Energy, 2016, 94:102-108.

[22] ARABLOO M, ZIAEE H, LEE M, et al. Prediction of the properties of brines using least squares support vector machine (LS-SVM) computational strategy[J]. Journal of the Taiwan Institute of Chemical Engineers, 2015, 50:123-130.

[23] 姚慧，孙颖，张雪英. 情感语音的非线性动力学特征[J]. 西安电子科技大学学报（自然科学版），2016，43（5）：167-172.

[24] 李幼军，钟宁，黄佳进，等. 基于高斯核函数支持向量机的脑电信号时频特征情感多类识别[J]. 北京工业大学学报，2018，44（2）：234-243.

[25] GIANNAKOPOULOS T, PIKRAKIS A, THEODORIDIS S. A dimensional approach to emotion recognition of speech from movies[C]// IEEE International Conference on Acoustics, Speech and Signal Processing. IEEE, 2009:65-68.

[26] VERMA G K, TIWARY U S. Affect representation and recognition in 3D continuous valence–arousal–dominance space[J]. Multimedia Tools & Applications, 2017, 76(2): 2159-2183.

[27] 李春祥，丁晓达，叶继红. 基于混合蚁群和粒子群优化 LSSVM 的脉动风速预测[J]. 振动与冲击，2016，35（21）：131-136.

[28] XUE B, ZHANG M, BROWNE W N. Particle swarm optimization for feature selection in classification: a multi-objective approach[J]. IEEE Transactions on Cybernetics, 2013, 43(6):1656-1671.

[29] 崔晴. 基于 PSO-LSSVM 的中小企业信用风险评价研究[D]. 邯郸：河北工程大学，2017.

[30] GONG M, LIANG Y, SHI J. Fuzzy C-means clustering with local information and kernel metric for image segmentation[J]. IEEE Transactions on Image Processing, 2012, 22(2):573-584.

[31] 褚玉伟，罗晓博，屈珂，等. DBSCAN 和 K-Means 混合聚类的牙齿特征自动识别[J]. 计算机辅助设计与图形学学报，2018，30（7）：1276-1283.

[32] CHEN PING, JI YIMU, WANG RUCHUAN, et al. A new privacy-preserving Euclid-distance protocol and its applications in WSNs[J]. 电子科学学刊（英文版），2013，30（2）：190-197.

第 10 章　情感语音诱发的脑电信号分析研究

21 世纪是脑科学研究的重要时期，美国、欧洲、日本和我国已经先后启动了脑研究计划。研究脑的神经认知机制对脑疾病的防治和治疗，对人工智能与类脑智能的发展具有重要意义。脑电信号（electro encephalo graph，EEG）的研究属于脑研究的一个重要技术领域。脑电信号所表达的是人脑细胞的电活动情况，人的一切心理和生理活动都是依靠生物电流的传输。实际上，人脑就像一台生物电脑，无时无刻不在产生和传输电流信号，而有电流产生就会有电磁辐射产生，大脑就会产生各种不同但有规律的脑电波反应。

在语音情感的认知研究中，脑电信号以其高时间分辨率的优势越来越引起神经科学领域的关注，而脑电技术也成为研究人脑对语音情感认知过程的重要技术手段。事件相关电位（event-related potentials，ERP/ERPs）是将特定事件刺激下的脑电信号进行叠加得到的，它能够对不同的情感刺激进行分类，从而得到不同的情感状态。分析由情感语音诱发出的脑电信号有助于了解语音情感的认知过程，为情感认知提供理论基础。

对于情感语音的分析和研究，目前主要集中在两个方面：一是从信号处理的角度出发，对情感语音信号本身或是所诱发出的脑电信号进行分析和识别，即让机器来识别情感语音信号读懂人脑对情感的感知状态；二是从生理心理及神经科学的角度出发，采用认知心理学方法研究情感语音的认知过程及认知机理，即研究人脑对真实情感语音的感知处理过程。

本章围绕情感语音诱发的脑电信号，从认知心理学角度，分别研究不同情感语音及不同言语之间的情感认知过程。

10.1　脑 电 信 号

10.1.1　脑电信号的概念

脑电信号一般由头皮表面记录得到，它通过记录脑细胞活动变化情况来揭示人类的心理活动。人从有生命开始，脑细胞的这种自发性的电活动都会伴随其左右直至死亡。在医学上，诊断死亡的主要指标之一就是脑电信号的消失。脑电信号具有很高的时间分辨率，它可以实时地反映出人的心理活动状态。根据不同的频率和幅值范围，脑电信号的频带范围可以分成 5 组，具体描述见表 10-1。α 波和 β 波的脑电示意图如图 10-1 所示。

表 10-1 脑电信号的不同频带描述

频带	幅值范围	描述
（α 波）8～13Hz	30~50 μV	清醒时闭眼后脑出现的波形，闭眼时增多，睁眼时减少
（β 波）14～25Hz	5~30 μV	病人休息时脑中央区域，闭眼时减少，睁眼时增多
（δ 波）0.5～4Hz	<100 μV	成年病人睡觉时脑中央区域
（γ 波）22～30Hz	<2 μV	感知刺激和注意
（θ 波）4～8Hz	<100 μV	成年病人睡觉时中央区域

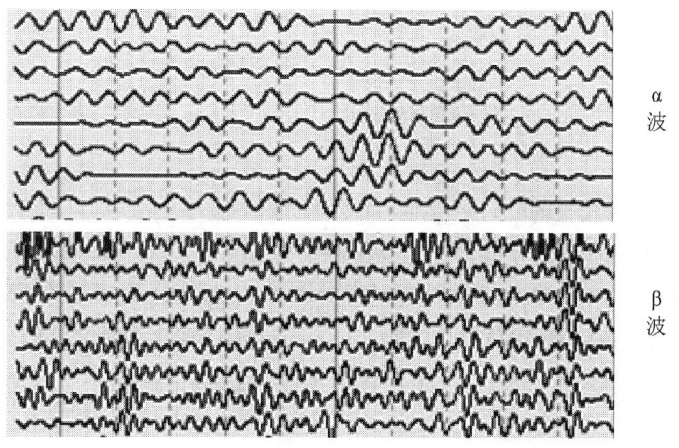

图 10-1 α 波和 β 波的脑电示意图

脑电信号的获取对脑功能状态检测和脑部疾病的诊断具有重要意义。通常由头皮表面记录到的脑电信号的频率范围是 0.5Hz 到 100Hz。正常状态下，脑电信号的电压幅值范围可从 1μV 到 100μV[1]，疾病状态下如癫痫等的脑电信号幅值可达 100mV[1-2]。在同样的频率范围下，大脑表面的信号幅值范围最高到 1mV，在脑干处，频率范围从 100Hz 到 3000Hz，信号幅值不到 0.25μV。因此，观测脑电信号需要使用高增益的前置放大器去对微弱信号进行放大。

10.1.2 脑电信号的电极导联

目前，常用的脑电电极导联有 16 导、32 导、64 导和 128 导。通常根据电极安放的位置所对应的脑部区域对电极进行命名，且在名字后用单号数字表示左脑，用双号数字表示右脑，用字母 Z 表示脑中央，例如，FP1 表示左前额，FP2 表示右前额，FZ 表示额中央。表 10-2 表示电极名称的中英文对照说明。图 10-2 为本实验用于采集脑电数据的 Neuroscan 64 导的电极分布图。

表 10-2 电极名称对照表

电极位置	英文名称	代表电极		
		左脑	中央	右脑
前额区	Frontal Pole	FP1	FPZ	FP2
额区	Frontal	F3、F1	FZ	F2、F4

续表

电极位置	英文名称	代表电极		
		左脑	中央	右脑
额中央区	Frontal Central	FC3、FC1	FCZ	FC2、FC8
颞区	Temporal	T7	无	T8
中央	Central	C3、C1	CZ	C2、C4
中央顶区	Central Pariental	CP3、CP1	CPZ	CP2、CP4
颞顶区	Temporal Pariental	TP7	无	TP8
顶区	Pariental	P3、P1	PZ	P2、P4
顶枕区	Pariental Occipital	PO5、PO3	POZ	PO4、PO6
枕区	Occipital	O1	OZ	O2

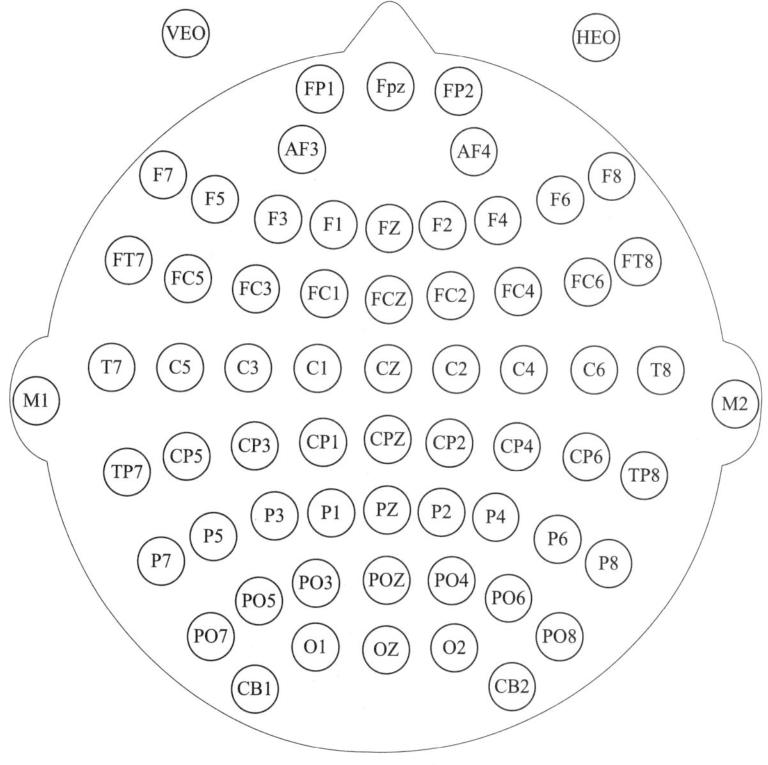

图 10-2　Neuroscan 64 导的电极分布图

在脑电信号的采集过程中除了需要通过电极与头皮的有效接触外，还需要连接接地电极和参考电极。接地电极是为了防止 50Hz 的市电干扰，通常放置于头前部的中点位置，参考电极需要放置在身体相对零点的电极位置。理论上讲，该零点电极的位置应该是与采集脑电数据电极的位置无限远才行，但在实际实验中若将其安放在身体的躯干或者四肢上又会获得比脑电信号更强的心电或皮肤电等运动伪迹，因此，参考电极的位置通常会选择耳垂、乳突或鼻尖。此外，通常还会记录眼电信号，以便去除眼电干扰。图 10-2 中的 M1 和 M2 为乳突位置处的电极，VEO 和 HEO 为水平眼电和垂直眼电处的电极。

10.1.3 事件相关电位

事件相关电位（ERP）技术是 Sutton[3]提出的为了研究脑认知过程的方法。事件相关电位从字面上理解就是与事件有关的脑活动电位，事实上，也的确如此，它是外加某种特定刺激时（如听觉、视觉或触觉）所获得的脑电波。通常，单独一次的事件相关电位其波形幅度很低，很难从单次事件的脑电波形中观察到事件相关电位，因而需要将多个相同事件在事件发生的起点处进行叠加才可以观测到它的波形。如图 10-3 所示，没有经过叠加的单次 ERP 信号称为单试次 ERP 波形，随着叠加次数的增加，与事件相关的波形就会越明显。

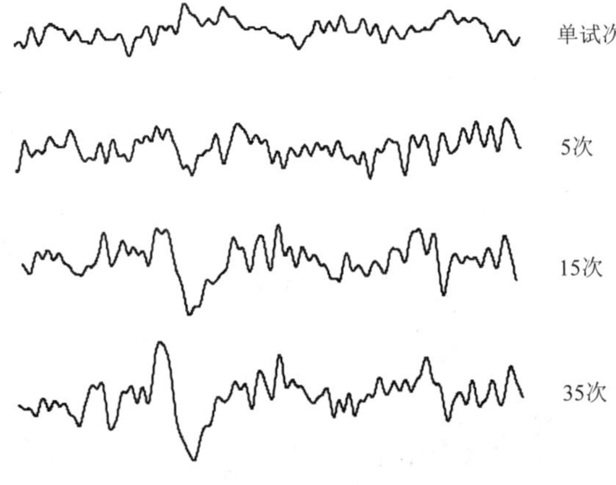

图 10-3　叠加次数不同所得到的 ERP 波形

ERP 有两个重要特性，即潜伏期恒定和波形恒定，潜伏期恒定指的是相同事件 ERP 波形成分出现的时间是恒定的，而波形恒定是指相同事件和相同实验模式下所获得的 ERP 波形是相同的。由于相同刺激诱发的 ERP 波形恒定和潜伏期恒定，因此通过叠加能使得该事件下的 ERP 波形得以增强，而与刺激无关的电位活动则会在叠加的过程中相互抵消，这就是 ERP 的叠加原理。

由于 ERP 具有波形和潜伏期恒定的特点，因此 ERP 成分的命名方式可根据其波峰和波谷出现的时间进行命名，一般用字母 P 代表正走向波形，N 代表负走向波形。如 P50 指的是潜伏期为 50ms 左右出现的正波，N100 代表潜伏期为 100ms 左右出现的负波。如图 10-4 所示的 N100、P200 和 N300 为听觉条件下所出现的 ERP 成分。值得注意的是，目前的坐标轴标注普遍为“上负下正”的标注形式。

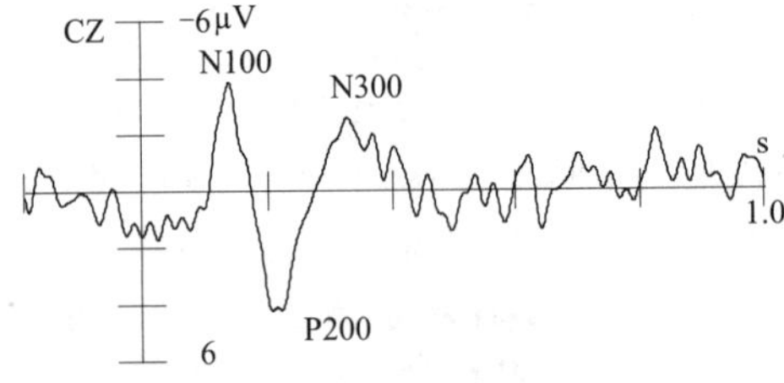

图 10-4　听觉条件下的 ERP 成分

表 10-3 介绍了目前科学研究中经常使用的 ERP 成分及其特点。

表 10-3　常用的 ERP 成分总结

ERP 成分	潜伏期时间	特点及获得方式
C1	80～100ms	与物理刺激的属性有关，正负不定
P50	50ms 左右	早期的听觉注意
P1/N1	100ms 左右	与物理刺激和注意有关，早期的听觉注意，受声音刺激影响
P2/P200	200～300ms	与面孔刺激、文字刺激或早期的语义加工有关
N170	170ms 左右	与面孔刺激或事物的熟悉程度有关
失匹配负波（mismatch negtivity，MMN）	100～250ms	听觉刺激和视觉刺激都可以得到，受刺激概率的影响
N250	250ms 左右	与面孔的熟悉程度有关
N270	270ms 左右	仅由存在差异的刺激所诱发，是大脑对冲突的加工
P300	300ms 左右	与刺激的概率、任务形式、情感、记忆等有关
N400	300～500ms	与语言加工相关
晚正成分（late positive component，LPC）	500～800ms	与认知加工相关

虽然通过叠加的方法可以获得 ERP 波形，但是这个 ERP 波形并不能完全反映出参与者在单次实验刺激下的生理和心理状态，因为在叠加的过程中隐含在 EEG 中的其他认知活动可能会因为出现的时间不同而相互抵消，且通过叠加所获得的 ERP 信号反映的是时域上的认知活动。因此，对于频域上的认知分析还需要借助其他方法，例如，可以借助事件相关同步（ERS）和事件相关去同步（ERD）技术[4]。另外，虽然 ERP 技术可以揭示人脑的认知过程，但就 ERP 成分而言，往往只能观察到其早期较短时间（大概 600ms）之内的成分，对于 600～800ms 之后的成分就很难通过叠加出的 ERP 波形观察到了。发生这种现象的原因之一是因为人脑的认知活动极为复杂，对于 600ms 以后的 ERP 成分的认知存在个体差异性，且相同刺激每次出现时其大脑活动也会存在差异。因此，对 600ms 以后的单试次 ERP 信号进行分析与识别是非常有必要的。

10.1.4　情感语音诱发的事件相关电位

情感语音的辨识和感知是一种重要的社会交往能力。通过 ERP 技术对情感语音的研究发现，情感语音在时间上的感知进程是多阶段的，且每个阶段的 ERP 成分与声学线索、效价或唤醒度有关。情感语音的脑认知过程如图 10-5 所示。

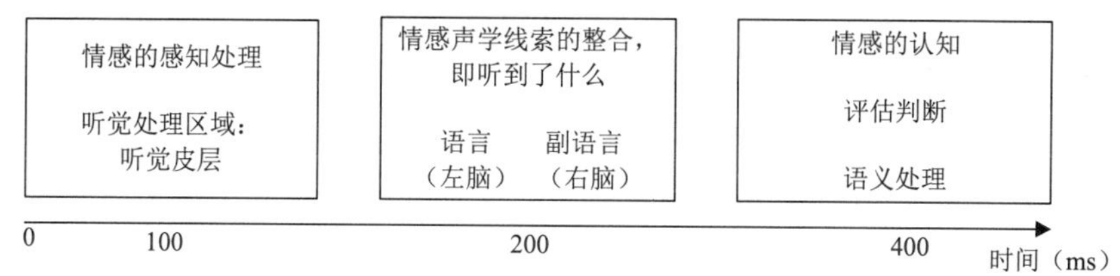

图 10-5　情感语音的脑认知过程

神经影像和神经科学研究指出，情感语音的认知过程需要经过三个阶段[5]：情感显著感知、相关语义处理及情感识别，且研究显示大脑对情感语音的处理过程是非常复杂的，它受额颞部、额顶部、杏仁核以及基底神经节调制。

在情感语音处理的认知过程中，第一阶段发生在声音刺激开始后 100ms 左右的时间段，该阶段是情感语音的早期处理阶段，主要对情感语音进行显著性探测，它的主要成分是一个负走向的波形 N100，其幅值受声学参数（如基频和能量）、物理刺激或注意资源的分配影响[6]。第二阶段发生在刺激开始后的 200ms 左右，该阶段是对情感声学线索的整合，其出现的主要位置为颞上回（superior temporal gyrus，STG）和前颞上钩（anterior superior temporal sulcus，aSTS），主要成分是一个正走向的波形 P200。对于 P200 成分，目前发现中性情感与其他情感之间有显著差异[7-8]，且对于情感语音唤醒度的高低之间也有显著性差异[9]。第三阶段发生在 300～400ms 以后的时间段，该阶段是对情感语义和韵律的整合与识别过程。根据不同的实验方法和实验任务，在该阶段中可以观察到主要的 ERP 成分有 N300/N3 波形[8,10]，P300 波形[11]，晚期正成分（late positive complex，LPC）[9,12]。虽然对情感语音的处理过程已经被反复证实，但目前还有许多问题尚不清楚，例如，很难确定是哪种声学参数驱动早期的情感评估。

另外，还有研究[13-14]指出大脑具有偏侧化效应，即左右脑对于情感语音信息的处理有所不同，左脑倾向于处理语义方面的信息，而右脑更倾向于处理情感韵律方面的信息。同时有研究指出[15]汉语说话人在脑的左半球额叶、顶叶和顶叶区域显示了激活，而英语说话人则在右下额叶皮层显示激活。

10.1.5 基于诱发脑电信号的认知心理学分析方法

认知心理学研究认为人的认知过程就是对信息的输入和输出过程，可归为感知、记忆、控制和反应四种模式系统，它采用信息加工的观点及术语，通过模拟、验证等实验方法对其进行研究[16-17]。通常在实验中需考虑认知活动发生的相关情境，也就是实验参与者的自身情况，如性别、年龄、文化水平、疲劳程度和相关病史等，且当代的认知心理学认为认知心理学与其他学科之间的交叉现象显著，尤其是神经生理学[17]，这个观点也正是本书研究工作的理论基础。

情感的认知心理学研究主要通过实验心理学[18]的方法来对其进行行为学和电生理学研究，分析的数据是行为数据和电生理数据。其中所采用的实验方法大多是通过情感诱发的方式使参与者产生某种特定的情感状态或是让参与者对所诱发的情感进行判别或其他操作。

在行为学研究中，Belin 等[19]发现人们能对不同的情感语音做出正确判断；Paulmann 等[20]发现不同年龄段的人对情感的正确识别会有所不同，年轻人的正确率普遍高于老人；Pell 和 Kotz[21]研究发现不同情感的正确识别结果会随着语音的展开而增加，并且估计了每种情感识别的“识别点”，结果表明愤怒、悲伤、恐惧和中性语音在短时间内比高兴和厌恶的识别更准，然而，随着语音的展开，高兴的识别结果会随着语音的结束而显著提升。

在情感的电生理研究中，最初研究者采用图片诱发的方式实现情感信号的采集，研究发现，负性图片诱发出的正走向 ERP 波幅较大，而这个效应发生在额部[22]；另有研究指出[23]，与中性图片相比，唤醒度高的情感图片能诱发更大的 P300 波幅[24]；我国罗跃嘉等[25]通过使用图片、面孔、汉字和声音进行 ERP 实验，发现威胁性刺激可影响注意资源的分配。在语音的脑认知研究中，有研究者采用视觉或听觉的方式对字音、字形和字义进行研究[26-28]；还有研究者采用听觉方式对语音的声学参数进行研究[29-32]。对于情感语音而言，研究发现情感刺激与中性刺激之间有显著差异[7,11,33-34]，它主要发生在声音感知过程的第一阶段和第二阶段[7,35]，对情感效价不同的语音其 N100 成分也有所区别，且高唤醒的 P200 幅值大于低唤醒的 P200 幅值[9]。另外，除了对情感语音研究外，还有基于非言语情感声音的研究，例如，无语义的韵律声音[36-37]、音乐[38-39]及自然界或影视音效等的非言语声音，这些声音通常也被人类赋予情感意义，例如，音乐有忧伤和欢快之分，自然界的声音如电闪雷鸣及和风细雨也会给人以不同的情感感受[40]。

与视觉条件下的情感认知研究相比，听觉情感认知研究目前较多集中在字词上，对于语句的研究并不多，这主要是由于视觉材料中的信息内容是同时呈现的且持续时间可以很短，而听觉材料的呈现方式是按照时间顺序依次出现，若为语音信号，必须使音频信息全部播完，人脑才可正确理解音频材料中的信息。由于听觉是人类的重要感官之一，因此，研究听觉条件下的情感脑认知过程也是很有必要的。表 10-4 给出了情感语音 ERP 研究的主要相关结果。

表 10-4 情感语音 ERP 研究的主要相关结果

作者	刺激材料	情感类型	声学分析：平均值±标准差			ERP 成分的幅值结果
			平均基频/Hz	平均强度/dB	平均时长	
Wambacq and Jerger [11]	女演员录制的英语情感词	高唤醒负性情感	338.85±62.56	49.07	761.69ms	N400（270～510ms）：语义>韵律 P3a（350～550ms）：韵律>语义，中性<情感
		中性情感	181.48±20.53	46.72	566.12ms	
Schirmer, Striano and Friederici [33]	女演员录制的无语义的音节 dada	生气/中性	无报告	67（生气） 56（中性）	557ms	MMN 幅值：生气/高兴>中性
		高兴/中性	无报告	72（生气） 64（中性）	573ms	
Schirmer, Kotz and Friederici [41]	女演员录制的情感词和伪词	高兴	无报告			与情感不一致的词相比情感一致的 N400 较小
		悲伤				
Paulmann, Ott and Kotz [7]	男性演员录制的德语语音（韵律匹配的情感语句）	生气	256.88±24.91	72.85±2.01	2.54s±0.2s	P200（180～280ms）：基底神经节病人>健康者 中性语句>情感语句 负波（280～480ms）：中性<情感
		厌恶	130.86±24.14	69.01±2.67	2.45s±0.24s	
		害怕	125.32±11.73	68.52±3.75	3.86s±0.12s	
		高兴	141.00±14.28	69.02±2.96	2.41s±0.25s	
		中性	126.74±9.60	70.65±3.57	2.43s±0.25s	
Paulmann and Kotz [34]	男女演员录制的德语有语义的情感语句	生气	286.30±32.90	66.5±2.30	2.90s±0.30s	P200： 女性声音>男性声音； 中性语句>情感语句
		厌恶	186.00±67.80	66.3±2.60	3.40s±0.60s	
		害怕	184.60±68.30	65.5±2.90	3.80s±1.10s	
		高兴	199.00±65.80	65.0±2.50	2.80s±0.20s	
		中性	159.20±40.10	65.9±2.50	3.10s±0.40s	
		惊奇	290.30±73.30	66.8±3.10	2.90s±0.30s	
		悲伤	159.60±33.60	65.9±2.40	3.10s±0.40s	

续表

作者	刺激材料	情感类型	声学分析：平均值±标准差			ERP 成分的幅值结果
			平均基频/Hz	平均强度/dB	平均时长	
Agrawal, Thorne, Viola, Timm, Debener, Buchner, Dengler and Wittfoth [42]	女性演员录制的中性语义的德语语音	中性	157.00±23.00	68.6±1.0	1.60s±0.30s	N100（100～200ms）：健康者>人工耳蜗 P200（200～300ms）：健康者>人工耳蜗
		生气	191.50±25.00	70.0±0.9	1.70s±0.30s	
		高兴	226.60±2/4.60	67.3±0.9	1.80s±0.40s	
Paulmann, Bleichner and Kotz [9]	一名男性和一名女性录制的无语义的伪语句	生气	264.40	71.20	2.90s	高唤醒>低唤醒； P200（170～230ms）：在前额和中央区：生气>害怕/悲伤，高兴>害怕/悲伤，惊奇>悲伤/害怕 LPC（450～750ms）：在顶区：生气<厌恶/悲伤，生气<害怕，厌恶>高兴，悲伤>高兴/惊奇
		厌恶	196.20	69.70	3.60s	
		害怕	195.70	68.30	3.70s	
		悲伤	184.60	69.20	3.10s	
		高兴	267.60	70.80	2.90s	
		惊奇	316.60	70.90	2.90s	
Pinheiro, Rezaii, Rauber, Liu, Nestor, McCarley, Goncalves and Niznikiewicz [43]	专业演员录制的中性词语音（SCC）和言语不可理解的纯韵律语音（PPC）	生气（SCC）	271.94±4.12	78.64±0.39	639.00ms±19.45ms	P50（30～150ms）：病人<健康人（PPC） N100（125～190ms）：生气>中性，生气>高兴 PPC：精神分裂组<健康组 SCC：精神分裂<健康组（中性语音） P200（220～230ms）：精神分裂组>健康组（高兴情感）
		高兴（SCC）	371.03±12.45	79.27±0.30	718.21ms±19.89ms	
		中性（SCC）	183.70±1.24	78.97±0.28	663.23ms±22.12ms	
		生气（PPC）	265.00±4.38	77.85±0.36	653.94ms±25.65ms	
		高兴（PPC）	377.73±10.01	78.73±0.28	722.27ms±24.34ms	
		中性（PPC）	181.55±1.52	77.82±0.35	629.24ms±28.83ms	
Pinheiro, Vasconcelos, Dias, Arrais and Goncalves [37]	专业演员录制的可理解的中性句子的语音（SCC）和不可理解的纯韵律语音（PPC）葡萄牙语	生气（SCC）	203±5.11	80±2.32	1.88s±0.78s	P50（40～150ms）：普通人>音乐家（SCC） SCC>PPC（普通人） N100（130～220ms）：PPC>SCC，高兴>生气 P200（220～380ms）：生气>高兴 PPC>SCC（中性） PPC：中性>高兴，生气>高兴
		高兴（SCC）	448±33.16	77±1.67	2.00s±0.16s	
		中性（SCC）	293±32.51	77±1.83	1.79s±0.13s	
		生气（PPC）		无报告		
		高兴（PPC）				
		中性（PPC）				
		中性（PPC）				

续表

作者	刺激材料	情感类型	声学分析：平均值±标准差			ERP 成分的幅值结果
			平均基频/Hz	平均强度/dB	平均时长	
Iredale, Rushby, McDonald, Dimoska-Di Marco and Swift[8]	男女两名演员录制的中性语义的英语名词语音	中性	277 基频范围：165～374	无报告	无报告	N1（50～100ms）：高兴/生气>中性 P2（100～200ms）：高兴/生气>中性 N300（400～650）：高兴>生气
		生气				
		高兴				

从表 10-4 中可以看出，基于以往的研究，在语音材料的选择上大多都将语音的内容与韵律分开研究，为了使情感语音不受语义的干扰，使用伪句子[9, 14, 37]或伪词[44]（无语义内容的语音）或是使用语义内容为中性的字或词作为情感语音的刺激材料[8]。也有研究采用语义有情感的句子来研究情感韵律和情感语义的动态时间整合过程[45]。在这些研究中，虽然刺激材料多数为演员录制且选择不同的实验任务，而研究发现情感语音的处理过程与说话人[9]和实验任务[11, 46]无关。虽然对于情感语音的 ERP 研究已经有一些文献报告，但值得注意的是，在一个正常的语音中，有时语义本身也具有情感色彩，且韵律和语义内容基本是相辅相成的。因此，把一个具有完整信息的情感语音（语义与韵律一致）作为研究材料也是有必要的。另外，汉语作为一种声调语言，它的脑处理过程与非声调语言不完全相同，有研究表明与英语说话人相比，汉语说话人在频率调制识别任务中表现更好[47]，且在脑的左半球额叶、顶叶和顶叶区域汉语说话人都显示了额外的激活，而英语说话人则在右下额叶皮层显示激活[15]。目前在情感语音的 ERP 研究中，用于实验的语音刺激材料也多为非声调语言，如英语和德语，由于实验的刺激材料大多为实验室自己录制，因此，在语音内容（有语义或无语义）、持续时长及情感类型的选择上都会有所不同。目前比较一致的结果是中性语音与情感语音存在显著性差异，而对于不同的情感语音而言，具体哪种情感语音的 ERP 成分之间存在显著差异其结果也不统一，例如，对于 P200 而言，在文献[37]中，生气的幅值大于高兴的幅值，而在文献[8-9]中，生气与高兴之间无显著差别，不同文献选用不同内容的情感语音，会使得这些情感刺激有不同的持续时长。虽然很多实验所选用的语音长度都尽可能最短，但仍然很难确定 ERP 成分受哪种声学参数的影响。此外，这些结论大多是基于非声调语言，而对于声调语言还有待进一步探索。

10.2 情感语音诱发的脑电信号采集与处理

在对脑电信号进行分析和研究时，首先需要采集有效的脑电信号，实验诱发材料的有效性往往会直接影响到所获取的脑电信号的可靠性，若诱发材料无效或诱发情感不显著，都会直接影响到信号的采集质量。图 10-6 为本章脑电数据的获取流程及 ERP 信号的提取及分析示意图，下面将分别对其进行具体介绍。

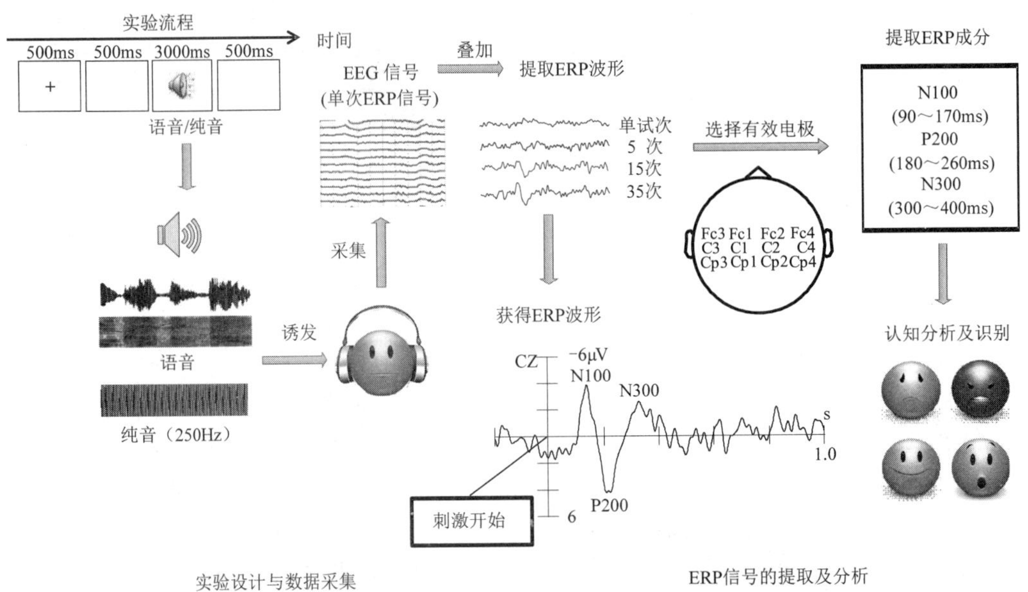

图 10-6 脑电信号的获取及 ERP 信号的提取与分析示意图

10.2.1 实验设计

ERP 数据的采集需要有事件（刺激：如听觉或视觉等）的诱发才可以获得。ERP 数据采集的实验设计过程如图 10-7 所示。首先，根据研究需要确定研究目标，对实验进行整体设计；其次，根据实验设计选择实验刺激材料并编写实验程序；然后，招募并选择适合参加实验的人员；最后，进行实验数据采集。其中，实验的整体设计就是要确定实验的编排方式，可根据经典的实验心理学范式进行实验编排，如 Oddball 和 Go-Nogo 范式[48]，在实验过程中，除了实验设计要尽量做到详细和完善以外，实验刺激的有效性也是实验能否成功的重中之重，它直接关系到实验结果的优劣。在实验开始之前需要选择合适的参与者，一般需考虑的因素有年龄、性别、学历、病史及左右利手等，另外，要求参与者在实验开始前洗净头皮以减小头皮电阻，实验人员在实验开始之前会向实验参与者介绍实验的内容及具体要求，并在参与者签署知情同意书的情况下开始实验。

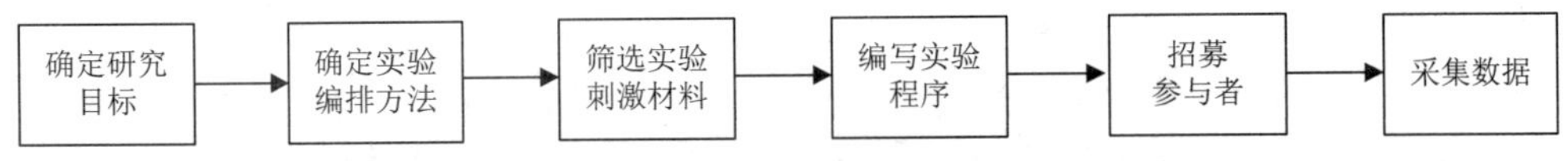

图 10-7 ERP 采集的实验设计过程

本章研究的内容都已经过中国科学院心理研究所伦理委员会批准（伦理审核批准号为：H16012），所获得的 EEG 信号都是在情感语音和声音诱发条件下采集的，根据不同的研究目的，选择 TYUT2.0、TYUT2.1（非言语情感声音库）、EMO-DB 中的情感语音和情感声音作为实验诱发材料；另外，选择 250Hz 的声音文件作为本次实验的靶刺激，它的主要作用是让参与者能够认真且有效地完成实验任务，且在采集过程中消除由于按键反应所带来的肌电伪迹，便于实验分析，所有实验诱发程序采用 E-prime 2.0 软件编写。

在情感语音的 ERP 研究中，语音信号与视觉信号不同，它是按照时间顺序依次呈现，具有时间顺序性，且不同情感的不同语音所持续的时间长度也不一样，根据 ERP 的高时间分辨率特性，刺激的出现必须从零时刻开始才能进行有效叠加，否则特定事件的波形和潜伏期就不能被有效地显示出来。因此，这就对听觉刺激下的 ERP 研究造成了困难。基于以上原因，若想获得有效的 ERP 信号，就需要对听觉诱发材料进行筛选和预处理，对此，根据研究需要，本章对 TYUT2.0 情感语音库进行了完善并建立了 TYUT2.1 非言语情感声音库。

10.2.2　实验准备

1. TYUT2.0 数据库的完善

在之前的研究中，已经对 TYUT2.0 数据库中的 837 句情感语音筛选出了符合要求的 678 句（悲伤 148 句、生气 160 句、高兴 71 句以及惊奇 299 句），按照 TYUT2.0 相同的建库方法，在原有基础上新增加了“中性”情感，以及对“高兴”等相关情感进行了扩充。并对新增加的情感语句进行了筛选（筛选方法同原有的 TYUT2.0），最终得到的 TYUT2.0 情感语音库中总共筛选出的情感语音数量为 909 句（悲伤 160 句、生气 180 句、高兴 111 句、惊奇 305 句以及中性 153 句）。表 10-5 为采用 Praat 软件对筛选后的 TYUT2.0 情感语音库进行的声学参数分析，其中数据呈现方式为“平均值±标准差”。

表 10-5　TYUT2.0 情感语音库的声学参数分析

声学参数	悲伤	生气	高兴	惊奇	中性
平均语速/（词/s）	3.81±1.08	5.25±1.58	4.75±1.13	5.18±1.48	5.44±1.93
平均基频/Hz	186.77±19.20	205.98±22.12	181.63±25.67	184.18±19.30	169.35±24.85
平均强度/dB	79.18±4.56	79.80±3.26	78.56±4.82	79.47±5.30	77.54±3.72
平均时长/s	1.72±0.23	1.62±0.25	1.73±0.24	1.67±0.27	1.79±0.34

2. TYUT2.1 非言语数据库的建立

在现实生活中，就听觉感知而言，除了语音被赋予了不同的情感外，人们也对自然界中的声音产生不同的情感状态，并根据它们的声音判断自身所处环境的安全性，比如，人们听到野兽的吼声或电闪雷鸣的声音时，会产生恐惧的感觉；听到小鸟的叫声或风铃声时，会产生愉悦的感觉[49]。这些情感声音在现实中客观存在，它被归为非言语情感声音，也就是它的产生与人无关。同时，音乐[38, 50-52] 也属于非言语情感声音，它也被人们赋予了丰富的情感信息，在关于音乐情感的脑电研究中，有研究发现在额叶电位处，音乐情感会导致大脑的偏侧化效应，当人们听到愉悦的音乐时，左脑比右脑的电极活动强，也就是说左脑对积极的情感更为敏感；反之，在听到消极的音乐时，右脑比左脑敏感。本章所要研究的非言语情感声音为与人无关的来自自然界的声音。

根据本章关于非言语情感声音的研究需要，建立了 TYUT2.1 非言语情感声音库，该语音库的建立同 TYUT2.0 情感语音库的建立一样，也是采用摘引型方法通过截取广播剧和其他影视特效[53]等声音文件中的声音片段来建立的。

由于非言语情感声音很难按照人的认知情感（高兴、生气、惊奇等）进行划分，因而只能将其进行正性情感和负性情感划分。正性情感声音主要选择悦耳的鸟叫声、蝉鸣声及风铃声等；负性情感声音主要选择刺耳的雷雨声、老虎叫声以及火山爆发声等。

最初截取了 72 句正性情感声音和 78 句负性情感声音，最后通过上述筛选方案对其进行主客观评价，挑选出 51 句正性情感和 53 句负性情感，最终从中主观挑出 50 句中性情感和 50 句负性情感用于实验研究。筛选后的非言语情感声音参数见表 10-6，数据呈现方式为“平均值±标准差”。

表 10-6 非言语情感声音参数

声音参数	情感状态	
	正性	负性
平均强度/dB	79.80±2.92	81.92±2.47
声音时长/s	1.76±0.45	1.51±0.39

10.2.3 实验材料的筛选与预处理

所用到的情感语音数据库有 TYUT2.0 情感语音数据库、TYUT2.1 非言语情感声音数据库和 EMO-DB。

在最初的情感语音 ERP 研究中，发现所得到的 ERP 波形并不明显，究其原因，是语音信号的起始端位置不一样，另外，有些语音信号中的无语音部分也较长，如图 10-8 所示。众所周知，脑电信号具有很高的时间分辨率，它可以实时反映出参与者的认知过程，而对于图 10-8 那样的语音刺激，必然会使所诱发的事件相关电位的潜伏期发生变化，从而影响脑电信号的叠加，无法获得有效的 ERP 波形。因此，为了使实验顺利且有效进行，需要对实验材料进行预处理，使其符合实验要求。

对于声音文件起始位置不一致的情况，本章采用端点检测方法对所有声音的起始位置作统一的调整，使声音信号在起始端处的无语音信息（无效信息）为零。另外，对于语音信号中间位置处较长时间（持续时间 50ms 以上）的无语音信息段，也选用端点检测方法对其进行删减和调整，将其间隔调整成 50ms。同时，对于语音文件而言，每个字词所持续的时间长度在 30～150ms，而 ERP 波形的主要成分会在 100ms、200ms、300ms 以及 400ms 等处出现，因此，为了得到有效的 ERP 波形成分，最理想的方式是使每个情感语句中的字词呈现方式在时间进程上同步。但基于实际情况，若使每个句子中的字词都按照固定的时间顺序出现，就会打破语句本身的韵律特征，使句子听起来生硬不自然。因此，本文还采用端点检测方法对情感语句的首个字进行时长的微调整，使其呈现的时间都控制在 150ms 内，也就是使情感语音中的首个单字对齐。

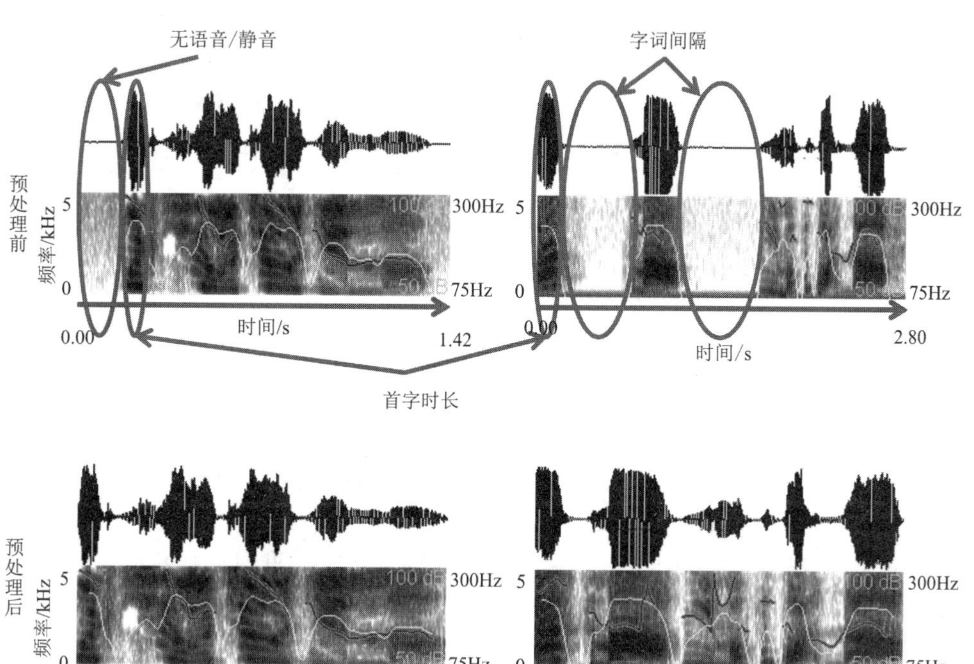

图 10-8 预处理前、后的语音信号和诱发的 ERP 信号

对所选实验材料的语音及声音文件的预处理过程如图 10-9 所示，整个预处理过程一共经历三次筛选和一次信号处理。第一次筛选是情感类别的筛选，主要目的是挑选出符合实验要求的情感语音及声音文件；第二次筛选是对经过端点检测算法处理以后的数据进行筛选，主要目的是为了检查处理后的语音及声音文件的语音质量是否具有连贯性、自然性以及情感有效性，在这个过程中，对于不符合实验要求的情感语音将在 Cool Edit Pro2.0 软件上进行手动调整，使其符合实验要求；第三次筛选是根据不同实验的不同目的进行筛选，如对语音信号的持续时长、基频及其他声音参数的筛选。

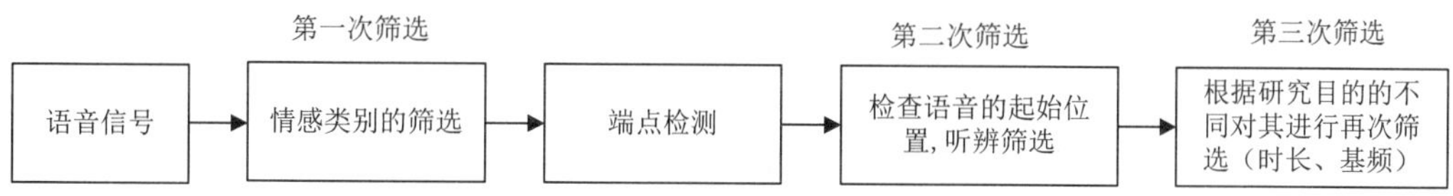

图 10-9 情感诱发材料的筛选与预处理过程

对于语音或声音信号的处理方面，首先，选用端点检测方法去除语音信号起始处的无语音部分；其次，判断相邻两个字之间的时长，若时长大于 50ms 则将其设置成 50ms，若时长小于 50ms，则对其不做任何处理；再次，采用端点检测算法对语音中的首个字进行微调整，若首字的时长大于 400ms，则说明它检测出的是两个字，若首字的时长大于 150ms 且小于 250ms 则对其进行时长调整，将其压缩成首字为 150ms 的声音信号。本节采用端点检测方法对其进行微调整，具体方法是对于大于 150ms 的语音信号随机地

删除其中的一帧信号。算法所使用的软件是 MATLAB。具体算法过程如下：

对语音信号的端点检测，采用能量和过零率双门限的两级判别方法。

（1）对语音信号 $x(n)$ 进行分帧，每帧语音记为 $s_i(n), n=1,2,\cdots,N$ ， n 为语音信号的离散时间序列， N 为帧长， i 为帧数。

（2）每帧语音的短时能量为

$$E_i = \sum_{n=1}^{N} s_i^2(n) \tag{10-1}$$

（3）每帧语音的过零率为

$$Z_i = \sum_{n=1}^{N} |\operatorname{sgn}[s_i(n)] - \operatorname{sgn}[s_i(n-1)]| \tag{10-2}$$

式中， $s_i(n) \geqslant 0$ 时， $\operatorname{sgn}[s_i(n)] = 1$ ； $s_i(n) < 0$ 时， $\operatorname{sgn}[s_i(n)] = 0$ 。

（4）进行两级判决。为确定语音开始时刻，先设置一个较高的平均能量门限值 T_1 ，用于初判语音起止点；然后再设置一个稍低的门限 T_2 ， $T_2 = \alpha_1 E_N$ ， E_N 为噪声段的平均能量， α_1 为经验参数， T_2 用以确定第一级中的语音结束点，此时，完成第一级判决。第二级判决根据噪声的过零率 Z_N ，设置一个门限 T_3 ，用于判断语音前端的清音和后端的尾音。通过调整门限 T （ T_1 ， T_2 ， T_3 ）可以实现语音的端点检测及首字提取。

（5）对提取出的首字信号 $x'(m)$ 进行时长判断，每帧信号为 $s_j'(m), m=1,2,\cdots,M$ ， M 为帧长， j 为帧数。若 $x'(m)$ 的时长小于 150ms，不做处理；若 $x'(m)$ 的时长大于 150ms，则需要对其进行时长调整，为保证语音的音质和韵律不变，本节在不影响语音完整性和流畅性的情况下，随机删掉首字中的一帧语音信号 $s_j'(m)$ ， $j=k$ ， k 为随机数，然后再检测该首字语音的时长，若还大于 150ms，则按照上述方法执行，否则退出循环，输出处理后的语音，完成语音信号的端点检测及首字时长的微调。图 10-10 为音频文件处理前后所得的 ERP 波形，从图中可以看出，经过预处理后所得到的 ERP 波形成分更明显。

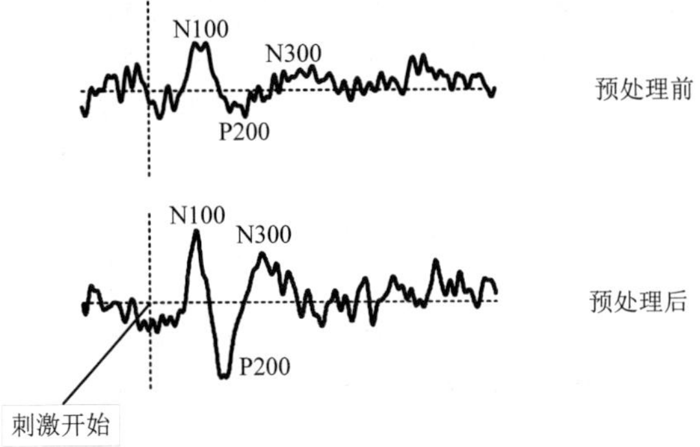

图 10-10　预处理前后所得到的 ERP 波形

10.2.4　实验任务和实验程序

在实验期间，每个刺激仅显示一次，且每个声音刺激将伪随机呈现给参与者。实验开始前提示参与者在听到纯音信号（250Hz）时要尽可能快地按下空格键，听到其他声音时，不需采取任何动作，这样做是为了使实验更简单、更容易，无须识别语音中情感，使参与者更有可能专注于任务，而不感到疲劳。此外，还可以减少肌电伪迹。一次试次的实验流程图如图 10-11 所示。

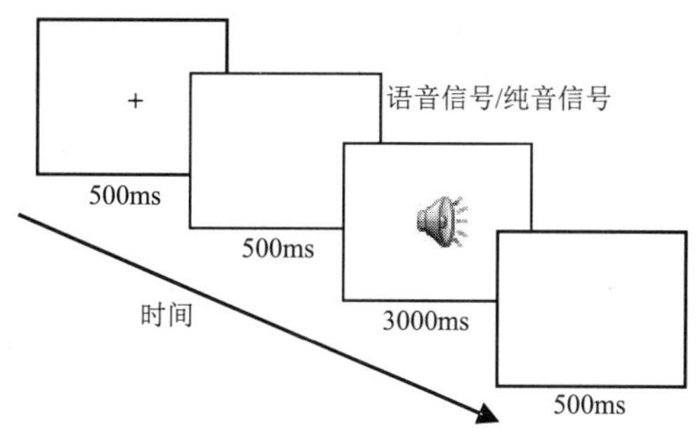

图 10-11　一个试次的实验流程图

10.2.5　ERP 的记录与预处理

用 64 通道的脑电记录仪记录脑电图，同时记录水平和垂直眼电用以去除伪迹。选择在 DC 和 200Hz 之间的带通记录连续脑电信号，并以 1000Hz 的采样率对模拟脑电信号进行数字化。此外，电极导的电阻需要保持在 5kΩ 以下。EEG 的参考电位为鼻尖位置并通过帽电极接地。

离线分析时，数据取平均参考，采用 0.5～30Hz 带通滤波器离线过滤。运动伪迹和眼电伪迹的运动范围是±100μV，ERP 波形的锁定时间是从刺激开始前的 200ms 到刺激开始后的 1000ms，其中，刺激开始前 200ms 的时间用于基线校正。图 10-12 为脑电信号的离线分析步骤，图 10-13 为原始的脑电信号，图 10-14 为经过预处理后的脑电信号。

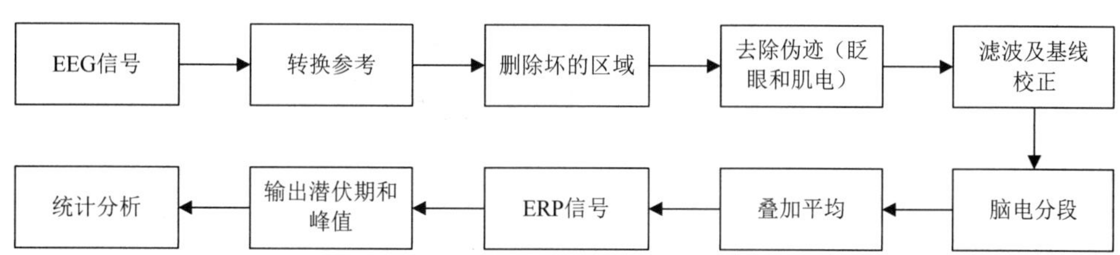

图 10-12　脑电信号的离线分析

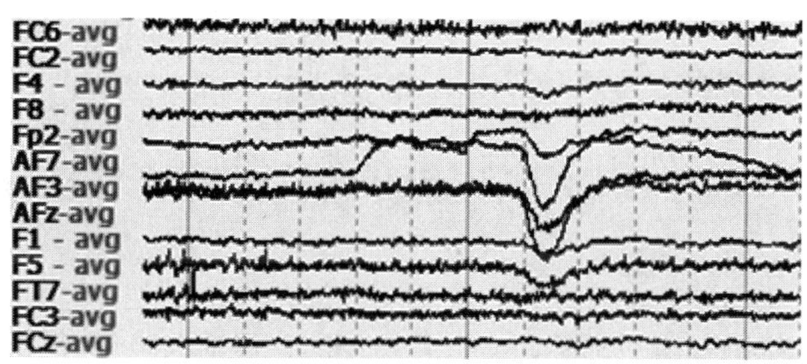

图 10-13　原始的脑电信号

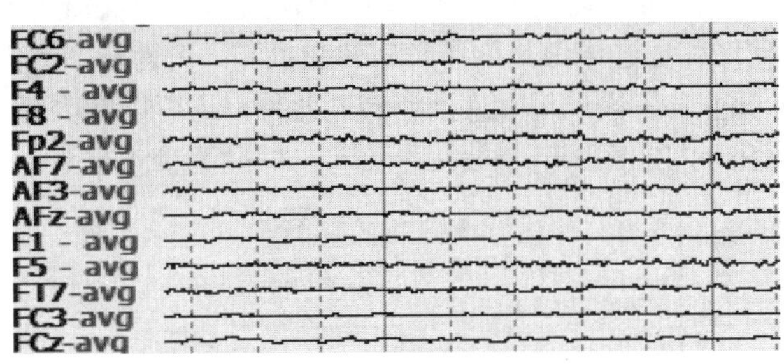

图 10-14 预处理后的脑电信号

需要说明的是，所用的脑电数据采集软件是 Neuroscan 公司的 Curry 软件和德国 Brain Products 公司的 Analyzer 2.0 软件，为了统一，本章中的数据均采用 Curry 软件进行分析，且采集的脑电信号为 64 导的脑电数据。

10.2.6 数据分析

本章研究的 ERP 成分的幅值是在刺激开始后的 90～170ms（N100 成分），180～260ms（P200 成分）和 300～400ms（N300 成分）。在实验中，使用 IBM SPSS Statistics 19.0 软件用于数据的统计分析，使用 Greenhouse-Geisser 方法进行实验校正，显著性 α 水平为 $p<0.05$，除此之外，使用多重比较的 Bonferroni 来进行事后检验。

本章所分析的脑电区域为六个 ROI（region of interest）区域，ROI 的定义来自参考文献[5]，它研究的是头皮位置的关键区域，如图 10-15 所示。左额中央区（LFC）：FC1，FC3；左中央区（LC）：C1，C3；左中央顶区（LCP）：CP1，CP3；右额中央区（RFC）：FC2，FC4；右中央区（RC）：C2，C4；右中央顶区（RCP）：CP2，CP4。

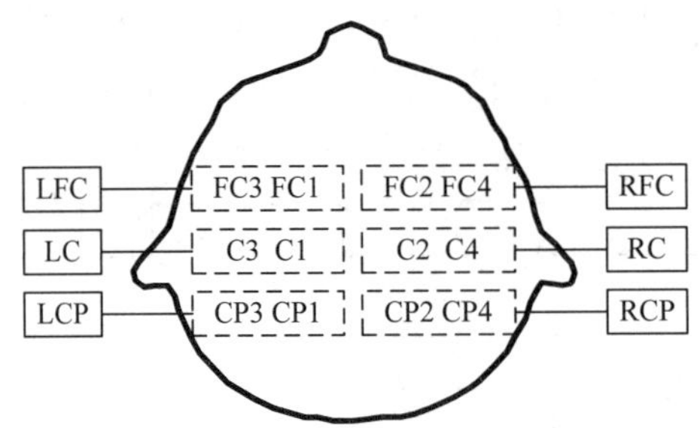

图 10-15 六个 ROI 的电极位置

根据现有的关于情感语音处理的 ERP 文献[8, 34]，分别对情感语音处理的三个阶段的 ERP 成分（N100、P200 和 N300）进行分析。

10.3 基于情感语音持续时长影响的 ERP 研究

语音的呈现方式与静态图片不同，静态图片的全部信息是通过视觉的方式在同一时刻全部呈现出来，而语音信号则不同，它是按照时间顺序依次呈现，不同时刻所呈现出的语义内容是不同的，这种不同主要表现在说话人的发音、音调和语气等。其中，音调是利用语音中音高的升降来表达情感和其他辅助语言信息（例如，强调和对比）以及区分词汇或语法意义。能够用音调区分词汇或语义的语言是音调语言（如汉语）；反之，就是非音调语言（如英语和德语等），其音调不能区分词汇的含义[54]。普通话是标准的汉语语言，有四种音调和一种中性音调，其发音通常使用汉语拼音标注。例如，中文音节“妈”（拼音：mā）、“麻”（拼音：má）、“马”（拼音：mǎ）、“骂”（拼音：mà）或者“吗”（拼音：ma）。汉语是一种典型的音调语言。一些研究人员发现，“厌恶”或“愤怒”情感可以通过连续的下降音调来表示，“快乐”或“惊奇”情感可以通过连续的上升音调来表示[54]。

中英双语者有不同的语言表达方式。英语说话人习惯于把结果放在前面，把内容和解释放在后面，而汉语说话人则正好相反。例如，“我非常喜欢它”被翻译成英文为“I like it very much”。在汉语中，如果没有听到最后一个字，就很难知道它想表达的意思。由于听众对话语的理解程度会随着时间的推移和话语的完整性而增加，因此，对于不同时长的情感语音信号而言，在同一个时间点，它们所表达情感信息的完整性也是不同的。例如，语音从开始到播放 500ms 时刻时，在 500ms 的这个时间点上，对于短时长语音来说，它所呈现的情感语音内容可能已经表达完整，而长时长情感语音可能只呈现 1/3 的情感内容，也就是说在语音呈现的相同时刻处，短时长语音所呈现的情感完整性可能就比长时长的语音呈现的情感完整性更高。因而，它们在相同时间对情感的认知程度应该是存在差异的。

然而，在情感语音的认知研究中，虽然几乎没有关于情感语音持续时长的电生理证据，但却有少数的行为学数据，例如，Dimitrieva 等[55]在研究中发现对不同时长的语音刺激，负性和中性情感的识别率最高且反应时间最快。此外，还发现年龄在 14～17 岁的人可以识别情感语音的最小时长为 500ms。此后，Pell 和 Kotz[21]也对语音情感识别所需的最短时间进行研究，实验结果指出“悲伤”、“生气”、“害怕”和中性情感的识别速度要高于“高兴”和“厌恶”情感，且“高兴”的识别结果随着语音的结束而迅速提升，他们认为这些数据可以揭示识别不同情感声音所需基础时间的差异。虽然目前还缺少不同时长情感语音的电生理学数据，但是基于行为学数据可以看出，情感语音的认知过程是随着时间的展开而逐步完整的。因此，本节内容将试图寻找关于不同时长情感语音认知的电生理差异证据。

基于上述原因，不同时长的情感语音对 ERP 成分是否产生影响是最关键的内容，为了获得有效的语音材料，本节选择 TYUT2.0 情感语音库中的语音作为实验的情感诱发材料，并根据语句的时长将其分为短时长、中时长和长时长三种，通过探讨 ERP 三个成分（N100、P200 和 N300）研究情感语音时长因素对 ERP 成分的影响。

10.3.1 实验方法

1. 实验的参与者

共有 20 名右手利且母语为汉语的在校研究生（10 名女性和 10 名男性，平均年龄：27 岁，年龄范围：22～35 岁）参加了实验。所有参与者都没有听力或神经障碍，且这些参与者的视力或矫正视力正常。本章的所有 ERP 实验研究都是由中国科学院心理研究所伦理委员会（伦理审核批准号为：H16012）批准，并且根据“赫尔辛基宣言”中的表述原则进行[56]，所有参与者都提供了书面知情同意书，下文中的实验将不再重复伦理问题。

2. 实验材料

听觉刺激材料是从广播剧中选取，所有刺激都是语义和韵律匹配的，选取四种情感（悲伤、生气、高兴、惊奇）作为实验诱发材料，并选择 250Hz 的纯音信号作为实验的靶刺激。

根据研究需要，针对情感语音的持续时间长度，本章对所选择的情感语音进行短时长、中时长和长时长分组，其中，短时长为 100ms 以内的情感语音，中时长为 150～200ms 的情感语音，长时长为 250～300ms 的情感语音，每种时长条件下的情感语句有 120 句（每种情感 30 句）。所有的语音刺激都使用 Praat 软件进行声学分析，表 10-7 采用 Praat 软件，分析了每种时长条件下情感的声学特征参数，数值呈现方式为“平均值±标准差”。表 10-8 为情感语音的语义内容，每种情况列举 5 个例子。

表 10-7　情感语音的声学特征分析

持续时间长度	参数	悲伤	生气	高兴	惊奇
短时长	语速/（词/s）	4.98±1.02	6.99±1.82	6.22±1.21	6.27±1.47
	平均基频/Hz	178.05±15.10	185.76±19.33	188.03±27.96	165.82±22.44
	平均强度/dB	76.93±5.72	81.12±3.21	80.26±5.17	76.05±3.98
	平均时长/s	0.76±0.16	0.70±0.20	0.73±0.19	0.73±0.17
中时长	语速/（词/s）	3.43±1.29	5.44±1.45	4.28±1.31	4.71±1.58
	平均基频/Hz	186.29±17.29	185.76±19.72	171.81±22.03	176.37±16.45
	平均强度/dB	78.38±4.89	79.43±2.85	77.97±4.23	78.01±5.32
	平均时长/s	1.76±0.17	1.67±0.14	1.82±0.17	1.67±0.25
长时长	语速/（词/s）	3.03±0.93	4.43±1.48	3.75±0.86	4.32±1.40
	平均基频/Hz	195.97±25.21	216.41±27.32	185.05±27.02	210.36±19.00
	平均强度/dB	82.22±3.06	78.86±3.71	77.44±5.07	84.35±6.60
	平均时长/s	2.63±0.36	2.50±0.40	2.63±0.37	2.61±0.39

表 10-8　情感语句

时间长度	悲伤	生气	高兴	惊奇
短时长	我知道错了。	你休想！	太棒了！	难道是他？
	我冤啊！	办不到！	我成功了！	你干吗呢？
	报应啊！	我跟你拼了！	我要结婚了！	还嫌少啊？
	求求你们！	我偏回去！	我们赢了！	这是什么？
	我恨你	别得意太早！	真是过瘾啊！	你怎么来了？

续表

时间长度	悲伤	生气	高兴	惊奇
中时长	我可怜的孩子。 我对不起你啊。 对我的打击太大了。 都是我的错。 我的命好苦啊。	这事办不到。 我还要打你呢。 还赶上我们家的门。 竟找我麻烦。 别说了，你严肃点。	你可是立大功了。 我还要谢谢你们呢。 这绝招还真的管用啊！ 太好了！太好了！ 言之有理。	你怎么还不吃饭？ 怎么这么快就看完了？ 你怎么什么都知道？ 难道他们有同伙？ 也没有亲戚好友吗？
长时长	苍天不长眼啊！ 我对不起儿子啊！ 这可叫我怎么活啊！ 我的命为什么这么苦！ 你怎么死得这么惨啊！	我想杀了你，我掐死你。 你们快给我放开她。 臭小子，你又出卖了我。 你这个禽兽不如的东西。 天还没塌下来，我还没死呢。	我就知道你是爱我的。 没错啊！这个人就是我。 我也对你刮目相看啊！ 我愿意！我当然愿意了！ 好的，好的，真是谢谢你们了。	你不是已经被抓到了吗？ 这孩子该不会出什么事吧？ 怎么可能有30万买房子呢？ 您进监牢去做什么？ 你怎么把车停在悬崖边上？

3. 实验程序

每个参与者都舒适地坐在距离计算机 110cm 左右的位置。实验分成三个块（块 1：短时长；块 2：中时长；块 3：长时长）。每个块由 150 个试次（刺激）组成，包括 30 个纯音信号和 120 个情感语音。每个声音刺激都是伪随机地呈现给参与者。在实验期间，每个刺激仅显示一次。参与者在听到纯音信号时尽可能快地按下“空格”，并且当听到任何其他声音时，不需采取任何动作。

4. 数据分析

ERP 信号的记录及预处理已经在前面进行了详细说明，这里则不再重复。本实验研究的 ERP 成分为刺激开始后的 90～170ms（N100 成分），180～260ms（P200 成分）和 300～400ms（N300 成分）。在实验中，使用 IBM SPSS Statistics 19.0 软件对数据进行统计分析，语音持续时间（短、中、长）和情感（悲伤、愤怒、快乐、惊奇）组内因素的平均幅值将采用重复测量 ANOVA 分析，六个 ROI 区域仅用于 ERP 分析。通过使用 Greenhouse-Geisser 方法进行实验校正。

在实验分析中，基于汉语不同情感语音的 ERP 成分，其潜伏期没有显著差异，因此，本实验只对 ERP 成分的幅值进行分析。首先，分析持续时长对情感及其相互作用的影响；然后，分析 ROI 并对其进行冠状面左右脑区 （左脑：LFC，LC，LCP；右脑：RFC，RC，RCP）和矢状面前后脑区的比较（额中央 FC：LFC，RFC；中央区 CN：LC，RC；中央顶区 CP：LCP，RCP）。

10.3.2　实验结果及分析

图 10-16 为 ROI 总平均下的 ERP 成分比较，如图 10-17、图 10-18、图 10-19 分别为三种时长条件下不同情感的 ERP 波形，下面对 ERP 实验结果做具体报告，其中数据的报告格式为“平均幅值（标准差）”的形式。

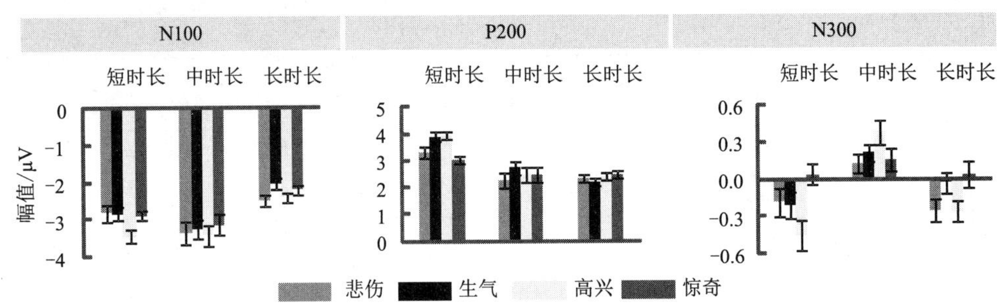

图 10-16 ROI 总平均下的 ERP 成分比较

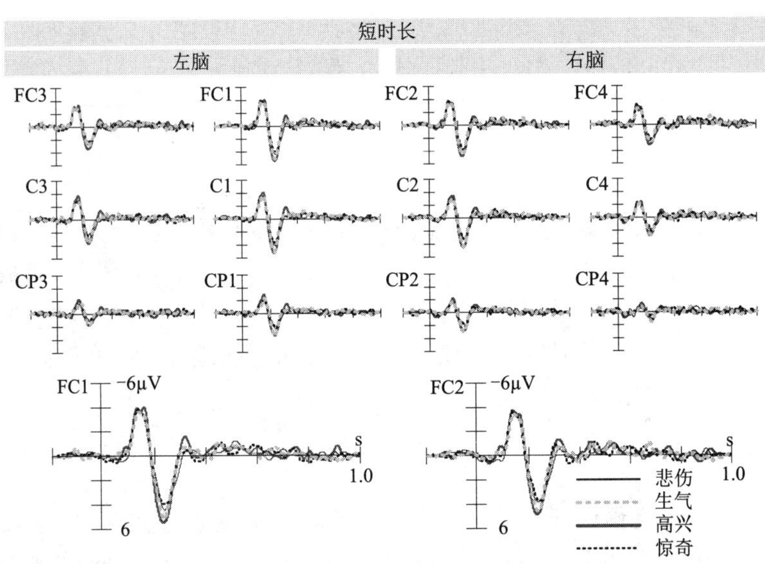

图 10-17 短时长条件下的 ERP 波形

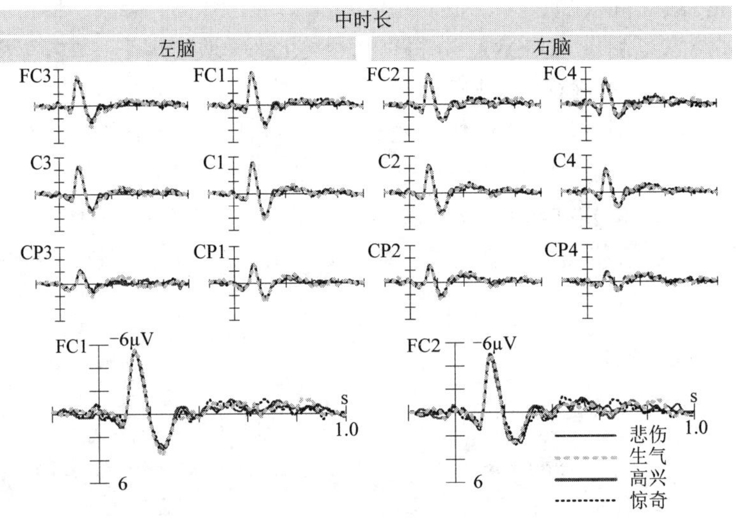

图 10-18 中时长条件下的 ERP 波形

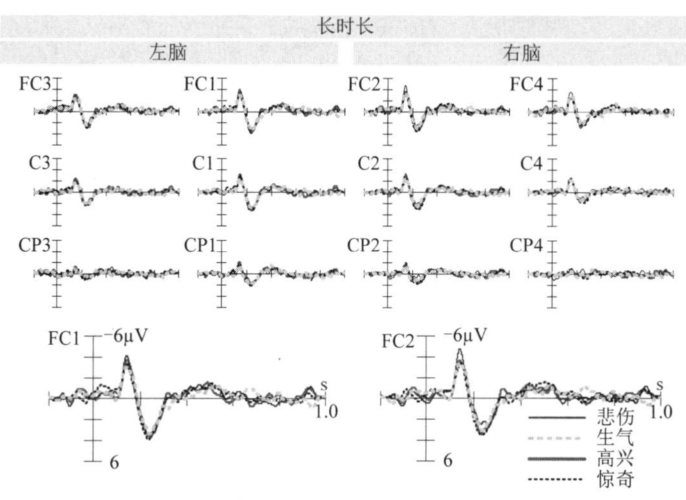

图 10-19　长时长条件下的 ERP 波形

1. N100 成分分析

持续时长的主效应显著[F(2，57)=22.64，p<0.001]。如图 10-16 所示，与短时长[−3.01(0.19)]和长时长[−2.29(0.15)]相比，中时长[−3.30(0.18)]的语音刺激显示出更强的 N100 幅值。此外，持续时长和情感的相互作用也显著[F(6，171)=3.70，p<0.01]。事后 Bonferroni 比较分析表明，短时长的“高兴”情感[−3.44(0.18)]其 N100 幅值比其他三种情感有更大的负走向（p<0.05），而中时长的四种情感[悲伤：−3.35(0.18)；生气：−3.25(0.18)；高兴：−3.44(0.18)，惊奇：−3.14(0.16)]之间没有显著性差异，对于长时长来说，比起“悲伤”[−2.51(0.18)]和“高兴”[−2.41(0.23)]情感，“生气”情感的 N100 幅值[−2.03(0.15)]最小，且“生气”情感与“悲伤”和“高兴”情感相比具有显著性差异（p<0.01）。ROI 的主效应显著[F(5，285)=202.67，p<0.001]。

ROI 的主效应显著[F(5，285)=202.67，p<0.001]。进一步比较发现，在冠状面上，中时长在左半球[−3.49(0.52)]比右半球[−3.09(0.68)]，[t(19)=4.148，p<0.01]有更大的 N100 幅值，且在其他两种时长条件下没有发现显著差异（p>0.05）；矢状面比较分析显示三个区域之间有显著差异，N100 幅值在 FC 区域中最高[短时长：−3.63(0.13)；中时长：−4.33(0.15)；长时长：−2.91(0.18)]，随后是 CN 区域[短时长：−3.27(0.16)；中时长：−3.62 0.13)；长时长：−2.46(0.08)]和 CP 区域[短时长：−2.10(0.10)；中时长：−1.92(0.13)；长时长：−1.54(0.08)]。图 10-20 为不同时长条件下 N100 成分的脑地形图和不同脑区 N100 成分的平均幅值。

N100 成分是情感声音的早期处理阶段，它主要是对情感韵律进行感知处理[57]，有证据指出该成分受刺激物理属性或注意资源分配[6]的影响，这点与本实验的研究结果一致。在本实验中，对于不同时长条件下的 N100 成分，情感之间均有显著性差异，特别是在短时长条件下，情感的主效应差异最为显著，相比于“生气”“悲伤”“惊奇”情感，“高兴”情感的 N100 成分不仅有更大的负走向波形且与其他情感之间的差异也最显著，它的情感差异结果与文献[8, 37]的结果相似。总的来说，不同时长条件下情感之间的N100成分都有显著差异，每种时长条件下相同情感的幅值有很大差异（中时长的幅值最大，长时长的幅值最小），且不同时长条件下每种情感N100幅值的大小趋势也不相同（在短时长条件下，“高兴”的幅值最大；在长时长条件下，“悲伤”的幅值最大）。产生这种结果的原因可能是由于不同情感条件下相同情感语音的声学参数存在差异或是其他因素，如注意、动机或是唤醒度等。

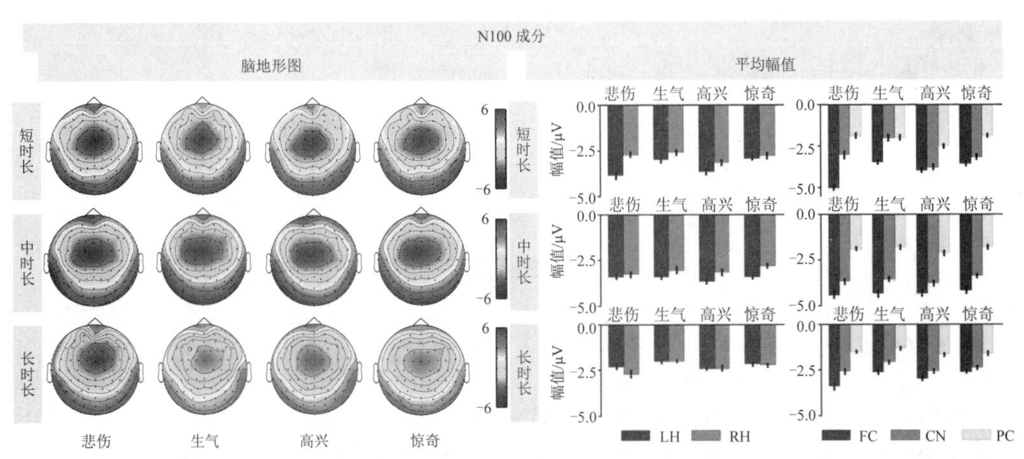

图 10-20　不同时长条件下 N100 成分的脑地形图和平均幅值

有报告指出左、右脑对语音信息的敏感程度不同，左脑更倾向于理解语义信息，而右脑对韵律信息则更敏感[58]。根据本实验的ROI结果，在三种持续时长条件下N100幅值在FC区域最高，并且仅在中时长发现左脑比右脑的敏感性更高，这就与之前的短持续时长的假设不一致，考虑到左脑和右脑对语义和韵律处理有不同的敏感性，一个合理的推测性解释就是N100成分在短时长语音刺激中的语义激活不足够强以致在左脑无显著性差异，而对于长时长的语音刺激而言，其语义处理超过了该时间内的时间容量。因此，只有中时长的语音刺激在左脑表现出更强的N100幅值。

2. P200成分分析

持续时长的主效应显著[F(2，57)=34.95，p<0.001]。如图 10-16 所示，相比于中时长[2.35(0.16)]和长时长[2.35(0.19)]，短时长[3.53(0.23)]的P200幅值最高。另外，持续时长和情感的相互作用也是显著的[F(6，171)=8.27，p<0.001]，只有在短时长条件下，四种情感的P200幅值存在显著差异，“快乐”[3.94(0.23)]和“生气”[3.88(0.21)]情感的P200幅值高于“悲伤”[3.29(0.25)]和“惊奇”[3.01(0.23)，p<0.01]的P200幅值，其他两种持续时长的情感语音无显著差异。

ROI 的主效应显著[F(2，57)=3.79，p<0.05]。对于冠状面的比较，发现在中时长（p<0.001）和长时长（p<0.05）的条件下，P200幅值在左半球比在右半球有更大的正走向波形，但在短时长条件下没有发现显著性差异；对于矢状面比较，在三种不同持续时长条件下[短：2.48(0.10)；中：2.01(0.10)；长：1.61(0.10)]，CP处的P200幅度最低，FC

和 CN 的比较显示出了一个混合结果，那就是在短时长条件下，它们之间没有显著差异[FC：4.12(0.20)；CN：3.99(0.12)]。在中时长和长时长条件下，它们之间存在显著差异，中间[FC：2.59(0.10)，CN：2.83(0.11)]；长[FC：2.92(0.18)，CN：2.52(0.13)]。图 10-21 为不同时长条件下 P200 成分的脑地形图和不同脑区 P200 成分的平均幅值。

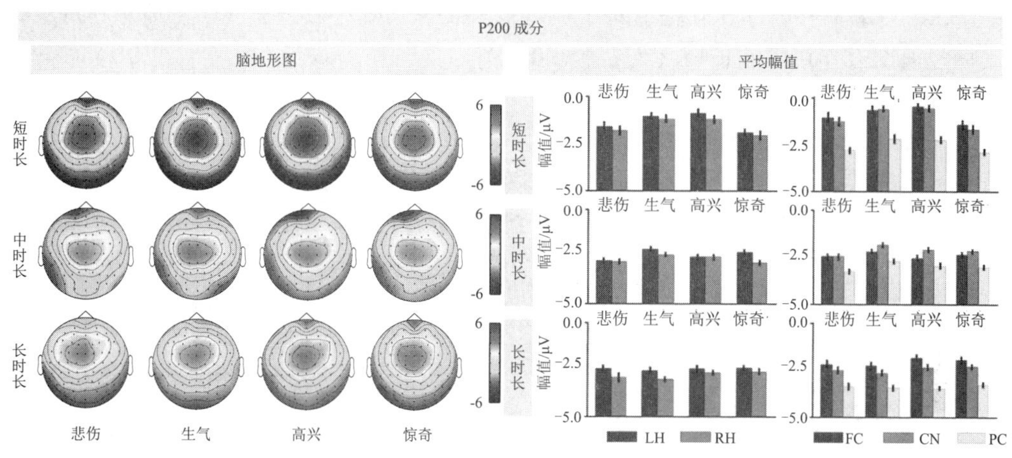

图 10-21 不同时长条件下 P200 成分的脑地形图和平均幅值

P200 是情感韵律处理的第二阶段，它反映了情感的初始编码和情感的显著性探测，不同的 P200 幅值可以反映出不同的情感状态，尤其是情感刺激与中性刺激之间具有显著差异，有研究指出，P200 成分与情感语音的基频[59]、效价和唤醒度有关[9]。在本实验中，短时长条件下不同情感之间有显著性差异，其中，“悲伤”与“生气”情感之间的差异显著，“高兴”与“惊奇”情感之间的差异显著，且“高兴”的 P200 幅值最大，其他情感之间的差异都不显著。比较三种时长的 ERP 结果发现，在短时长条件下情感差异最为显著，而在以往的研究中发现的情感显著性差异所使用的声音刺激材料的时长都在 300 ms 左右[8, 37]，这其中有的文献只发现情感语音与中性语音之间的显著差异，而也有文献发现在某些脑区，例如，左前额和左中央处，不同情感之间具有显著差异[9]。由此推测，在 200ms 处，短时长的情感语音比中时长和长时长的情感语音可能整合更多的情感信息，包括声学特征和语义内容，因而可以更容易观察到不同情感之间 P200 成分的差异。在长时长条件下，人脑对信息量的整合较少，使得它在此阶段的情感差异不大。总之，虽然不同时长在 P200 成分上都有显著的情感差异，但是时长越短，P200 成分的情感差异就会越显著。

P200 幅值的 ROI 分析结果与 N100 幅值的结果相似。与 FC 脑区域和 CN 脑区域相比，P200 幅值在 CP 脑区域中最小。然而，与 N100 幅值的 ROI 结果不同，左脑对右脑的优势不仅发生在中时长中，还发生在长时长中。根据脑半球的偏侧化效应[13]，即左脑侧重于言语韵律，右脑侧重于情感韵律，该实验的发现表明，在情感语音处理的第二阶段中能够更多地观察到语义处理效应。

3. N300 成分分析

N300 持续时长的主效应显著[F(2，57)=3.79，p<0.05]。如图 10-16 所示，事后比较发现 N300 成分的幅值在短时长条件下[−0.20(0.10)]显著高于中时长[−0.19(0.09)]和长时长[−1.35(0.09)]。另外，N300 幅值对于中时长和长时长没有显著差异，且情感和持续时长之间没有交互作用[F(6,171)=1.83，p>0.05]。

ROI 的主效应显著[F(5，285)=43.72，p<0.001]。对于冠状面的比较，在三种持续时长条件下左半球和右半球之间没有显著差异（p>0.05）；对于矢状面比较，三个区域之间存在显著差异，N300 幅值在 CP 区域[−3.33(0.06)]中最高，随后是 CN 区域[−0.25(0.09)]和 FC 区域[−0.03(0.11)]。图 10-22 为不同时长条件下 N300 成分的脑地形图和不同脑区 N300 成分的平均幅值。

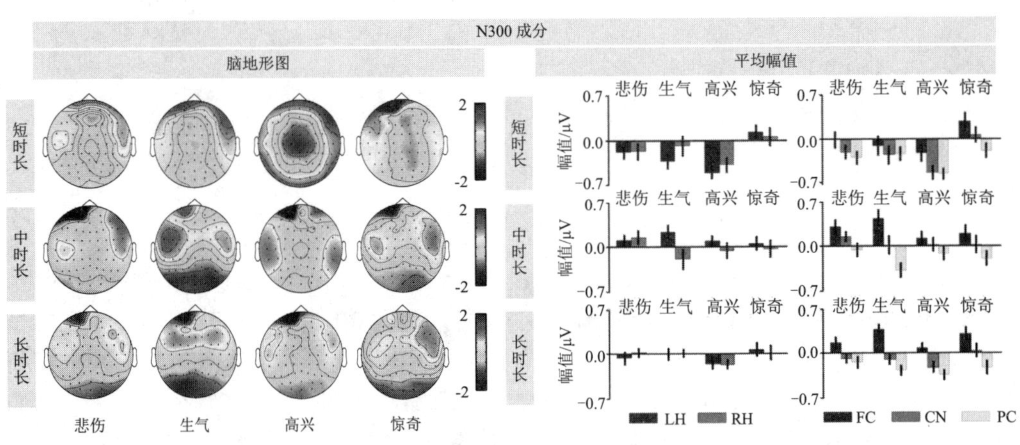

图 10-22　不同时长条件下 N300 成分的脑地形图和平均幅值

N300 成分是发生在 P200 成分后的一个负波，采用不同的实验方法和不同的实验条件会得到不同的波形，它类似于其他文献中所提到的 N400-like[60]、LPC 成分[9]或其他负成分[7]，它是大脑处理情感语音的第三阶段。本实验的 N300 成分发生在句子开始后的 300ms 到 400ms。虽然 N300 成分的幅值较小，但是仍然可以观察到明显的 N300 成分。在 CP 电极位置处提取出的 N300 成分明显大于 FC 和 CN 电极位置处的 N300 成分，研究发现比起在中时长和长时长条件下的情感主效应，短时长条件下的情感更具有显著性差异。在短时长情况下，比起“生气”和“悲伤”情感，“高兴”情感的 N300 幅值最大，其他情感之间的差异均不显著，而在中时长或长时长条件下，四种情感之间都无显著差异。总之，本节所发现的 N300 成分可以进一步说明情感处理的多阶段过程，但由于所获得 N300 幅值较小，所以仅在短时长条件下有较明显的情感差异[9]。但不管怎样，从本节的研究中可以推测出，情感刺激材料的时长因素能够影响 N300 的幅值，且时长越小，N300 成分中的情感差异越显著。

10.3.3 实验结论

本实验研究不同持续时长 ERP 成分对情感语音不同认知阶段的影响，这些研究结果表明情感语音的持续时长可能影响情感声音处理的各个阶段，特别是从情感语音信号中提取情感和语义等相关的信息。实验结果指出，短时长的语音能够有助于情感的区分，尤其是在 P200 成分和随后的 N300 成分上。情感语音刺激的持续时长越短，情感刺激的显著性差异也就越大，然而，这个结果也可能受到其他条件的影响，如声学特征和文献中提到的语义特征[61]。本实验可为情感语音的 ERP 研究提供部分理论支持。

10.4　基于情感语音基频影响的 ERP 研究

在声音的早期研究中，主要研究的 ERP 成分有 N100、P200 和 N300。有研究指出，N100 成分主要受声学参数（基频和能量）[62]、注意或动机的影响[6]；P200 成分与声音的情感类别相关，比如，情感刺激的效价和唤醒度[12,63]。另外，虽然也有研究指出该成分与声音刺激的基频有关[64]，但在情感语音条件下，P200 成分是否主要受其影响还不清楚。

虽然对情感语音的处理过程已经被反复证实，且也有研究指出，刺激材料的声学因素会对 ERP 成分的幅值产生影响，但仍有一些问题尚待研究。例如，虽然基频特征会对 ERP 波形的幅值产生影响，但对于情感相同语义不同的情感语句来说，由于说话人存在个体差异，因此，即便他们表达的是相同的情感语音，其声学特征尤其是基频特征也会有所不同。另外，不同研究所用的相同情感语音，其实验材料的声学参数也不完全相同，所得的实验结果也有所区别。因此，对于声学参数的研究虽多但还是很难确定驱动早期情感评估的声学参数，同时也很难从 P200 成分的显著性差异上来推测声音的情感类别。

基于上述问题，本节从情感语音（语义与韵律一致）角度考察平均基频是否对 ERP 波形成分 N100、P200 和 N300 成分产生主要影响。为了使实验材料真实有效，本节选择 TYUT2.0 情感语音库中的语音作为实验诱发材料，与以往采用演员录制的方式不同，TYUT2.0 情感语音库主要来源于广播剧，这种声音的特点是情感丰富、语言标准，内容更贴近生活。当然，这样选择的语音也不可能像录制的语音那样有统一的语义，但是这种语音却具有内容更丰富、情感更鲜明的特点，更重要的是，可以从中筛选出平均基频不同，但情感却相同的语音用于本实验研究。

在本实验中，选取“悲伤”“高兴”“中性”三种情感类别，并根据语音的基频特征，将刺激材料分成两组，其中一组“悲伤”情感的平均基频大于“高兴”的平均基频，另一组则相反，“高兴”>“悲伤”。根据相同情感语句中平均基频的不同，本文主要探讨 ERP 波形中 N100、P200 和 N300 成分是否主要受情感语音中基频特征的影响，从而为情感语音的 ERP 研究提供参考和依据。

10.4.1　实验方法

1. 实验的参与者

29 个右手利的中国人（15 个女性，平均年龄：24.3，标准差：1.5）参与实验，所有的参与者都是在校大学生和研究生，且无精神障碍，听力正常，视力或矫正视力正常，实验符合伦理道德标准。

2. 实验材料

选取 TYUT2.0 情感语音库中的“悲伤”、“高兴”和“中性”情感语音各 30 句作为实验诱发材料，另外，选取 250Hz 的纯音信号作为靶刺激，其出现的次数为 30 次，这样非靶刺激（语音刺激）共 90 句（75%的概率），靶刺激共 30 句（25%的概率）。实验中所有的情感语音都提前经过有效性测试，且选择识别率大于 90%的情感语音作为实验诱发材料。

根据研究需要，基于情感语音的平均基频值将所有刺激分成两组，参见图 10-9。对于情感刺激平均基频的分布，选择平均值 175 作为区分两组刺激的参考点。考虑情感的效价也可能影响 ERP 幅值，本实验将平均基频不同的情感诱发材料（“高兴”和“悲伤”）反向分布于两组实验中。在第一组实验中，“高兴”刺激的平均基频大于“悲伤”刺激的平均基频，69%的“高兴”刺激的平均基频值显著高于 175（$p<0.01$），68%的“悲伤”刺激的平均基频显著低于 175（$p<0.01$），“中性”刺激的平均基频显著低于“高兴”和“悲伤”刺激；在另一组中，“悲伤”刺激的平均基频显著高于“高兴”刺激的平均基频，73%的“悲伤”刺激高于 175，93%的“高兴”刺激低于 175，“中性”刺激的平均基频显著低于“悲伤”刺激，但与“高兴”刺激没有显著性差异，然而对于两组实验中的“中性”刺激而言，它们的平均基频值是保持在相同水平的，并且都低于 175。

所有语音刺激用 Praat 软件进行声学分析。表 10-9 表示两种基频条件下的情感语音声学特征，并采用“平均值±标准差”的形式呈现。表 10-10 列举出了用于实验的部分情感语句，其中每种情感列举出了 5 个例子。

表 10-9 情感语音的声学特征分析

基频条件	声学参数	悲伤	高兴	中性
高兴>悲伤	平均基频/Hz	168.41±15.27	188.03±24.75	145.37±16.45
	平均强度/dB	77.13±2.70	78.77±3.70	78.01±2.32
	语速/（词/s）	4.15±1.04	5.13±1.48	6.28±1.63
	持续时长/s	1.59±0.16	1.48±0.54	1.67±0.24
悲伤>高兴	平均基频/Hz	184.91±22.12	143.69±21.36	145.35±35.84
	平均强度/dB	79.53±1.44	77.62±2.26	77.54±2.06
	语速/（词/s）	3.69±0.94	4.40±1.24	6.69±1.25
	持续时长/s	1.64±0.47	1.34±0.48	1.69±0.51

表 10-10 情感语句

情感	悲伤	高兴	中性
语句内容	我对不起他。	你可是立大功了。	事情是这样的。
	我心里难过啊！	不谋而合啊！	上身穿一件灰色 T 恤。
	一切都完了！	真是过瘾啊！	身材瘦小，体质虚弱。
	我的命好苦啊！	大快人心啊！	眉毛的上方有胎记。
	我真的好冤啊！	恭喜你啦！	他是个实习医生。

3. 实验程序

实验共分 2 组，每组共 120 个声音刺激（90 个语音刺激和 30 个 250Hz 的纯音刺激），每个刺激都以等概率伪随机出现。实验的靶刺激为 250Hz 的纯音信号，当被试听到纯音信号时，要求被试尽可能快地按下“空格”键，当听到其他声音则不采取任何动作。

4. ERP 的记录与分析

本实验主要对 N100、P200 和 N300 成分的幅值进行分析。

实验采用重复测量方差分析 ANOVA 对 ERP 成分的幅值进行分析，主要的分析因素有：基频条件（“高兴”>“悲伤”，“悲伤”<“高兴”），情感（“悲伤”“高兴”“中性”），6 个 ROI 的脑区分析。

在本实验中，首先分析两种基频条件之间的主效应差异以及基频与情感之间的交互作用，然后再分析 ROI 的主效应，并且分别对冠状面（左半球：LFC，LC，LCP；右半球：RFC，RC，RCP）和矢状面（FC：LFC，RFC；CN：LC，RC；CP：LCP，RCP）的电极位置进行分析，分析结果采用 Greenhouse-Geisser 法校正。

10.4.2　实验结果及分析

图 10-23 为两种基频条件下 N100、P200 和 N300 成分的总平均幅值。两种基频条件下的 ERP 波形如图 10-24 和图 10-25 所示。下面对 ERP 的 N100、P200 和 N300 成分的实验结果进行分别报告，数据报告形式为平均幅值（标准差）。

1. N100 成分分析

两种基频条件的主效应差异显著[$F(1, 56)=11.38$，$p<0.005$]，说明不同基频的语音其 N100 幅值具有显著差异；情感与基频的交互作用显著[$F(2, 112)=31.01$，$p<0.001$]。多重比较结果显示：在“高兴”>“悲伤”的基频条件下，情感的主效应差异显著[$F(2, 140)=15.47$，$p<0.001$]，“高兴”与“悲伤”（$p<0.001$）和“中性”（$p<0.001$）之间差异显著，“高兴”与“中性”之间的差异显著（$p<0.001$），且“高兴”[−3.37(0.09)]的幅值大于“悲伤”[−3.06(0.14)]和“中性”[−3.023(0.15)]情感；在“悲伤”>“高兴”的基频条件下，情感的主效应差异显著[$F(2, 140)=20.62$，$p<0.001$]，三种情感语音之间都具有显著差异，其中“悲伤”[−2.92(0.19)]的幅值大于“高兴”[−2.32(0.16)]和“中性”[−2.55(0.16)]情感。

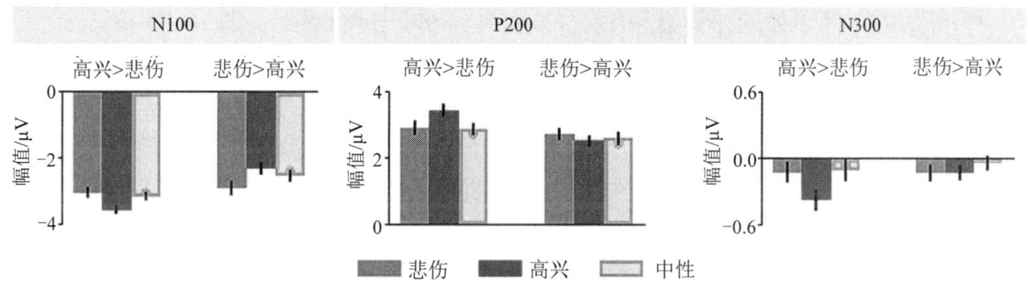

图 10-23　ROI 总平均下的 ERP 成分比较

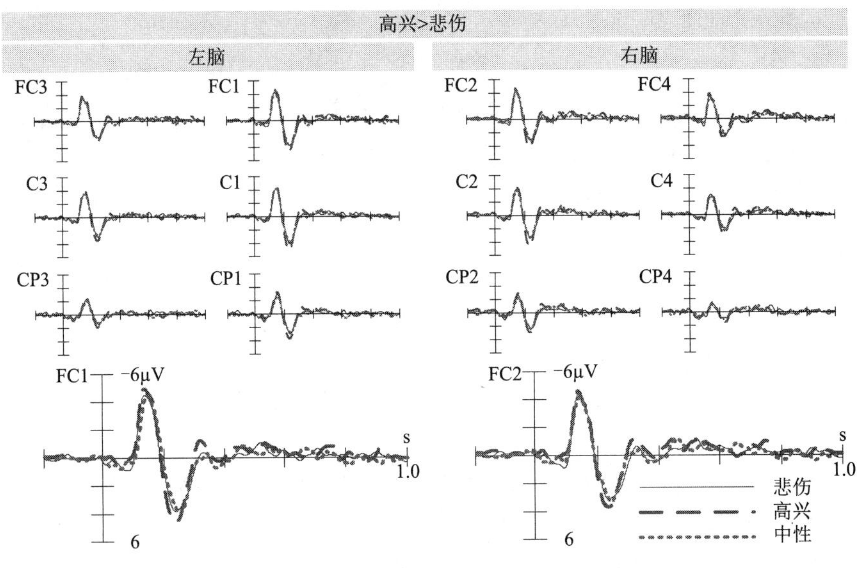

图 10-24　不同情感语音的 ERP 波形（高兴>悲伤）

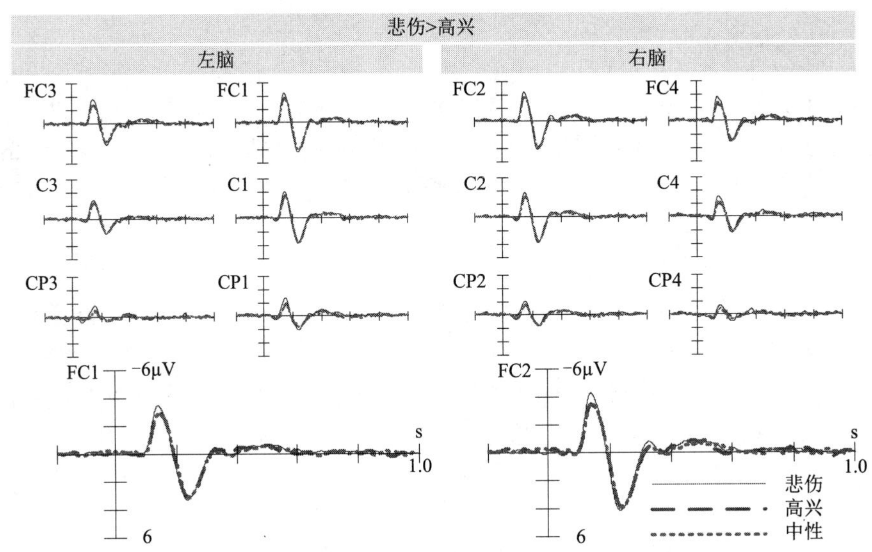

图 10-25　不同情感语音的 ERP 波形（悲伤>高兴）

另外，ROI 的主效应差异显著[F(5，280)=184.07，p<0.0001]，图 10-26 指出在不同基频条件下，不同电极位置处的情感主效应。事后分析比较结果显示：在两种不同基频条件下，左、右脑半球之间无显著差异（p<0.05），且分析矢状面的电极发现额中央区 FC[高兴>悲伤：−4.04(0.11)；悲伤>高兴：−3.47(1.03)]的 N100 幅值最大，其次是中央区 CN[高兴>悲伤：−3.53(0.62)；悲伤>高兴：−2.85(1.7)]，最后是中央顶区 CP[高兴>悲伤：−2.08(0.93)；悲伤>高兴：−1.48(1.67)]。

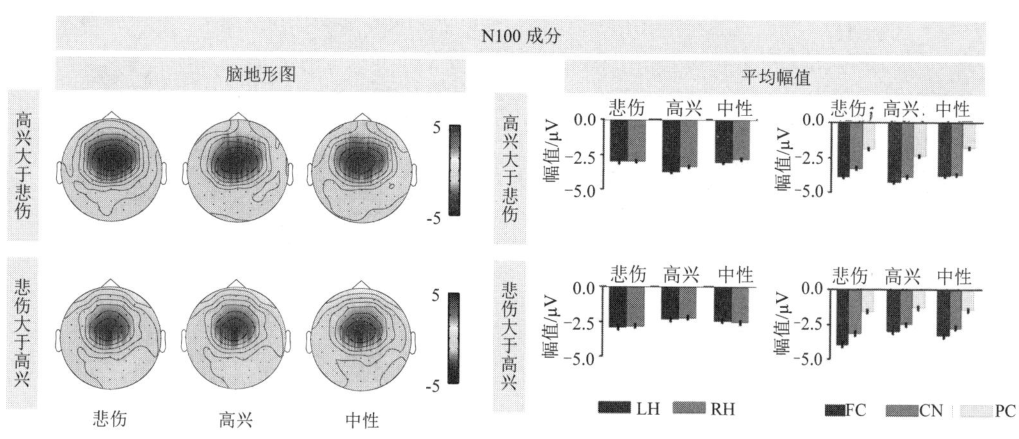

图 10-26　不同基频条件下 N100 成分的脑地形图和平均幅值

听觉 N100 成分是情感韵律处理的第一阶段，它是声音的早期处理阶段，它主要是对情感韵律进行感知处理[35]。有文献[57, 65]指出 N100 成分受刺激的物理属性或注意资源的分配影响[6]，本实验的研究结果与前人的研究结果一致，都证明了 N100 成分受情感语音声学特征影响，特别是受基频特征影响。在本实验中，两种基频条件下的 N100 成分，其情感都具有显著性差异，且平均基频越高，其 N100 幅值也就越大，此外，在高兴>悲伤条件下，发现虽然三种不同语音的平均基频差距较大，但“高兴”与“中性”之间没有显著性差异，该结果可能是由于 N100 成分除了受声音基频特征的影响外，还可能与其他声学特征有关，比如，声音强度和语速等。本实验的结果也进一步支持了 N100 成分与声学特征有关的结论。

2. P200 成分分析

两种基频条件的主效应差异显著[F(1，56)=5.15，$p<0.05$]，说明在不同基频条件下情感语音的 P200 成分具有显著差异；情感与基频的交互作用显著[F(2，112)=12.18，$p<0.001$]。多重比较结果显示：在“高兴”>“悲伤”的基频条件下，情感的主效应差异显著[F(2，140)=11.412，$p<0.001$]，“高兴”与“悲伤”和“中性”之间都有差异（$p<0.001$），“高兴”的 P200 幅值最大[3.41(0.16)]，“悲伤”[2.87(0.18)]与“中性”[2.83(0.13)]之间无显著性差异；在“悲伤”>“高兴”的基频条件下，三种情感之间无显著差异，但“悲伤”的 P200 幅值与“高兴”之间有显著差异($p<0.05$)，“悲伤”的 P200 幅值[2.69(0.19)]最大，其次是“高兴”[2.51 (0.16)]，最后是“中性”[2.51(0.16)]。如图 10-27 所示。

另外，ROI 的主效应差异显著[F(5，280)=98.07，$P<0.001$]。事后分析比较结果显示：在高兴>悲伤的基频条件下，左、右脑半球之间无显著差异，额中央区（LF/RF）和中央区（LC/RC）之间无显著差异，但都与中央顶区（LP/RP）有显著差异，在额中央区 P200 幅值最大[CF：3.44(0.21)，CN：3.44(0.14)，CP：2.34(0.09)]。当基频条件“悲伤”>“高兴”时，左、右半球之间无显著差异，额中央区（CF）、中央区（CN）及中央顶区（CP）之间都有显著差异（$p<0.001$），其中，额中央区 P200 幅值最大[CF：3.50(0.19)，CN：2.88(0.17)，CP：1.39(0.12)]。

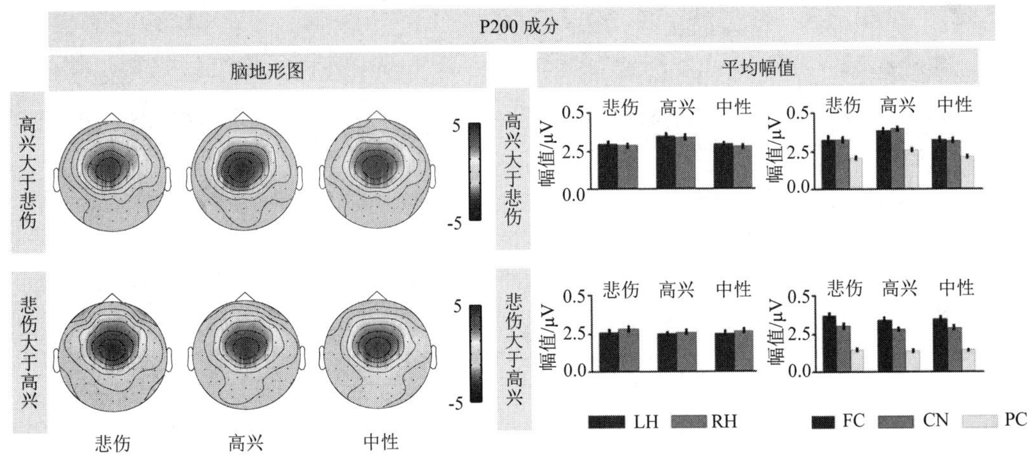

图 10-27 不同基频条件下 P200 成分的脑地形图和平均幅值

P200 是情感韵律处理的第二阶段[35]，它反映了情感的初始编码[12]和情感的显著性探测[34-35, 43, 66]，不同的 P200 幅值可以反映出不同的情感状态，有研究指出，P200 成分也与情感的效价和唤醒度有关[9]，其中，情感刺激与中性刺激之间具有显著差异[33-34]，且唤醒度越高，P200 成分的幅值越大。此外，还有研究指出 P200 成分受基频特征的影响程度要大于声音的响度[42, 67]，文献[42]发现与“生气”情感相比，对于有更高基频的“高兴”情感，其 P200 成分具有更大的正走向波形，且 P200 幅值的识别率也更高。

在本节的研究中，额中央电极位置（FC）处 P200 的幅值最大，与文献[9]结果一致。在“高兴”>“悲伤”的基频条件下，不同电极位置处的情感主效应差异都显著，其中，“高兴”的 P200 幅值最大，“高兴”与“悲伤”和“中性”之间差异显著，“悲伤”与“中性”之间无显著性差异。在悲伤>高兴的基频条件下，没有发现情感之间的显著性差异，该结果与其他文献[33-34]中所指出的情感刺激与中性刺激在 P200 成分处存在显著差异的结果不同，产生这种现象的原因可能是 P200 成分除了受基频等韵律特征的影响之外，还可能受情感语音中的语义影响，但不管怎样，本节的结果可为该研究领域提供部分实验支持，即 P200 成分是对声学、语义及其他关联信息的一个感知整合，它不是单纯的只受声学特征的影响，且根据 P200 成分的大小也很难区分出不同的情感语音，同样目前也缺少证据指出是否可以根据情感语音 ERP 波形中的 P200 成分来推测出声音刺激的情感类型。

3. N300 成分分析

情感的主效应在“高兴”>“悲伤”的条件下显著[$F(2，56)=11.304$，$p<0.001$]，当“高兴”>“悲伤”时，其结果与 P200 幅值的结果类似，“高兴”与“生气”（$p<0.001$）、“高兴”与“中性”（$p<0.001$）之间都存在显著性差异；“悲伤”与“中性”之间无显著性差异（$p>0.05$）。“高兴”情感的 N300 幅值最高[−0.38(0.08)]，其次是“悲伤”情感[−0.13(0.07)]，“中性”情感的 N300 幅值最小[0.03(0.08)]。在“悲伤”>“高兴”的条件下，不同情感之间不具有显著性差异（$p>0.05$）。

在两种基频条件下，对左、右脑进行比较发现，N300 幅值在左、右脑半球无显著差异（p>0.05）。对矢状面的分析比较发现两种条件下的情感语音具有显著差异：当“高兴”>“悲伤”时，FC[0.01(0.41)]和 CN[−0.19(0.34)]都显著低于 CP[−0.32(0.26)]；当“悲伤”>“高兴”时，N300 幅值在 CP[−1.96(0.06)]处最大，其次是 CN[−1.56(0.05)]，最后是 FC[−1.96(0.06)]，如图 10-28 所示。

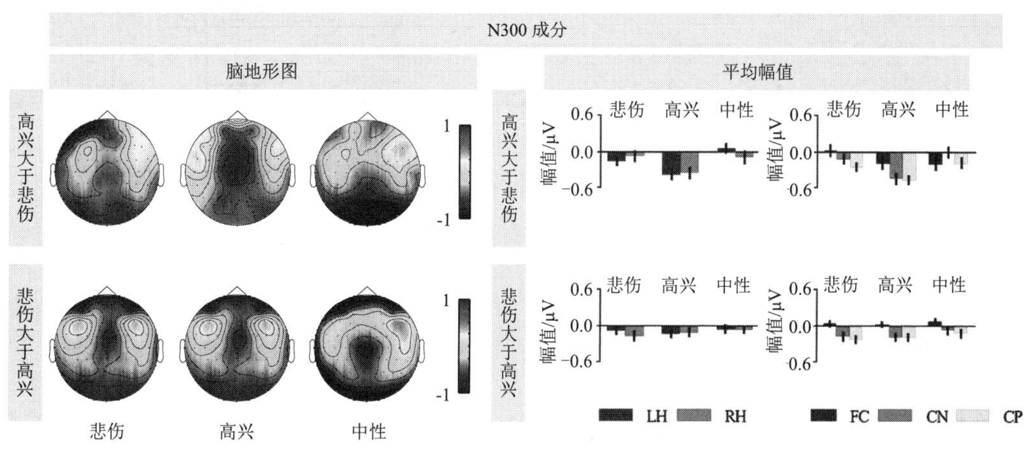

图 10-28 不同基频条件下 N300 成分的脑地形图和平均幅值

在本节研究中，N300 幅值相对较小，但仍然可以清楚地观察到。从实验结果中可看出，N300 成分对 ERP 的影响，在“高兴”>“悲伤”比“悲伤”>“高兴”时更显著，在“高兴”>“悲伤”条件下，N300 幅值在“高兴”情感中比“悲伤”和“中性”情感更高，而在“悲伤”>“高兴”情况下，各情感之间无显著性差异，该结果与 P200 成分相同，只有在负性情感（“悲伤”>“高兴”）情况下，N300 幅值与情感语音平均基频无关，而在“高兴”>“悲伤”条件下发现情感的显著差异，可以推测在该阶段发生的 N300 幅值与情感识别有关。因此，它似乎并没有完全受情感语音平均基频的影响，本实验研究可进一步支持 N300 成分是情感语音的认知加工阶段。

10.4.3 实验结论

本实验主要研究基频特征对 ERP 波形中的 N100、P200 和 N300 成分的影响。刺激材料选用从广播剧和影视剧中截取的 TTYUT2.0 情感语音（“悲伤”“高兴”“中性”）。该刺激材料与录制语音不同的是，除了情感容易辩听之外，对于相同情感条件下的不同语句，其平均基频特征也会相差很多，采用该实验材料可以按照基频特征的不同将它分为两组：“高兴”>“悲伤”；“悲伤”>“高兴”。实验结果指出，N100 成分的幅值与语音基频相关，而对于 P200 和 N300 成分的幅值，它并不完全随着基频的增大而增大，特别是在“悲伤”>“高兴”的条件下，基频大的悲伤情感与其他情感之间在 P200 和 N300 成分上没有显著性差异，因此，基频特征并不能对 P200 和 N300 成分产生影响，它还与语音的其他感知信息有关。总之，本实验结果可进一步地为情感语音 ERP 研究提供实验支持。

10.5 言语的可理解性及非言语情感诱发的 ERP 研究

在人与人的交往过程中，有时会由于文化和语言的差异出现沟通障碍，但这并不能阻止人们的正常交流，人们仍然能从语音信号和声音信号中得知对方的情感状态，从而及时作出调整。从这里可以看出，语音中的情感信息是跨文化且跨国家的。对于言语情感来说，不论它的语义能否被理解，它的情感信息都可以被获取。另外，不只语音如此，自然界的声音也是如此，人们不仅对语音赋予了情感属性，还对自然界形形色色的声音也赋予了情感属性，例如，动物的叫声和下雨时的雷电声等。

在关于言语可理解的情感研究中，Jiang 等[68]提供了关于不同语种语音情感识别的行为学数据，结果指出，虽然人们可以从言语不可理解的语音中感知情感，但就言语的可理解性而言，本地人会比非本地人有更快、更准确的识别结果，报告指出即使参与者本人高度精通外语，但非语言方言仍能阻碍跨文化环境中声音情感处理的准确性和效率，我国的汪慧[69]等采用信号处理的方法也对多语种情感语音进行了识别研究。

在关于非言语情感声音的研究中，也早有学者对其进行了行为学和电生理学的研究[70]，有研究者采用核磁共振（fMRI）和正电子断层扫描（PET）技术对非言语信号（纯音、音乐等）进行研究发现其具有右脑加工优势，而言语具有左脑加工优势。我国的席洁[71]等采用溯源分析方法来研究非言语情感声音，发现左脑对音素和蜂鸣声比较敏感，右脑对音乐更为敏感。

基于上述研究结果及 10.4 和 10.5 的研究内容，人脑在听到可理解的语音声音时，其大脑必定参与了语义的处理，倘若人们只能听懂情感语音中的韵律也就是语调，而对情感语音的内容并不理解，那么人脑对它们的情感感知处理是否会有相同的时间进程，若采用 ERP 技术对其进行研究，所得到的 ERP 波形是否就会与言语可理解的 ERP 有所不同，它是否也参与了言语的理解加工，这正是本实验所要探讨的问题。基于此，对于自然界的非言语情感声音而言，其脑认知过程是否会有所不同，且它们的认知差异是否能从 ERP 中反映出来，根据这两个问题，本实验设计了言语的可理解性及非言语情感的 ERP 实验研究，分别从语言种类及非言语角度来进行探索。本实验所研究的非言语声音为大自然中非音乐的情感声音，所用的非言语情感诱发材料来自 TYUT2.1 非言语情感声音库。

10.5.1 实验方法

本实验从两个方面对实验进行分析和比较，即语言种类和言语和非言语。具体设计方法见表 10-11，对于言语种类的研究，本实验选择汉语语音（TYUT2.0）、德语语音（EMO-DB）和非言语情感声音（TYUT2.1）作为情感诱发材料。

表 10-11 实验设计的具体说明

实验设计思路	比较对象	说明
言语的可理解性	言语可理解（汉语）与言语不可理解（德语）	主要考察母语为汉语的被试者听到两种不同语言的情感语音时，其认知过程是否会有所区别。也就是考察语义的理解程度对人脑是否存在显著影响，即语义的理解程度在情感语音中是否存在显著作用

续表

实验设计思路	比较对象	说明
言语与非言语	言语可理解（汉语）与非言语；	考察言语在情感声音中是否比非言语情感声音对人的影响程度更大，也就是人脑是否对言语的情感声音存在敏感性
	言语不可理解（德语）与非言语	主要考察当参与者无法理解所听到的语义内容时，语义在情感语音与非言语情感声音中是否具有显著作用，人脑是否会对不理解的语义做出相关的语义处理

1. 实验参与者

本节选择的参与者是在校研究生，共 16 人，其中，男、女各 8 名，平均年龄 25 岁，所有参与者都是母语为汉语的北方人，且他们均无德语基础。另外，这些参与者均是听力正常，视力或矫正视力也正常的年轻人。

2. 实验材料

表 10-12 所示为本节的声音情感材料，数据的表示方式为平均幅值±标准差，其中，非言语情感声音没有基频特征，这是因为基频的发音机理是通过声带产生的，而本实验所选择的情感声音中只有部分声音有基频，但是像雷声、风声等声音却没有基频特征。对于 EMO-DB 中的情感语音，除了需要同 TYUT2.0 一样进行端点检测等预处理以外，还需要对它进行时长处理，使它与本实验所选的其他声音时长保持一致。基于 10.4 中关于时长因素的 ERP 实验，本实验选择的情感语音和情感声音的时长都在 1000ms 左右，在对 EMO-DB 情感语音进行筛选时发现，其每句语音的时长几乎都在 2000～3000ms，而本实验所需要的声音时长为 1000ms，因此，本实验需要对 EMO-DB 中的情感语音进行截取，使它符合实验要求。由于 EMO-DB 中的语音为不可理解的德语语音，因而，选择在声音的停顿处进行截取，以保证截取后的语音在不考虑语义的情况下，其语音听上去是完整的。本实验对所有截取后的 EMO-DB 情感语音都做了听辨筛选，保证其言语的听觉完整性和流畅性。另外，每种情感语句的个数为 50 句，总共选取的语音和声音的个数为 400 句。

表 10-12　实验诱发材料的声学分析

情感语音	声音来源	声学参数	悲伤（负性）	高兴（正性）	中性
言语可理解情感（汉语）	TYUT2.0	平均基频/Hz	176.15±18.12	178.45±16.97	169.55±25.87
		平均强度/dB	78.34±2.89	79.02±2.13	76.65±2.95
		平均时长/s	1.22±0.15	1.17±0.22	1.26±0.20
言语不可理解情感（德语）	EMO-DB	平均基频/Hz	174.50±27.21	173.62±19.28	179.02±27.64
		平均强度/dB	78.24±2.38	76.10±1.76	79.43±3.67
		平均时长/s	1.23±0.28	1.07±0.23	1.02±0.31
非言语情感	TYUT2.1	平均强度/dB	78.00±30.16	79.79±2.91	无
		平均时长/s	1.31±0.19	1.25±0.24	无

3. 实验程序

本实验任务与 10.3 节和 10.4 节中的两个实验任务相同。实验指导语如图 10-29 所示。

欢迎参加实验

首先在电脑屏幕上会出现“+”，提醒您开始实验。

接着您将听到一系列声音刺激，这些声音刺激有的是带有情感色彩的语音刺激，有的是非语音刺激（与人无关的声音），如鸟声、雨声、雷声等，它们当中有的让您感到愉快，有的让您感到烦躁，而有的则没有明显的情感色彩。

您的任务就是当听到无关声音（类似“bu”的一声）时，即不属于上述提到的任何一种声音时，按空格键，而对别的声音刺激不做任何反应。为了准确采集相关脑电信号，在实验过程中请您尽量保持体姿不动，眼睛注视前方的“+”，尽量减少眨眼。

准备好后，现在请您按空格键开始实验。

图 10-29 实验指导语

4. ERP 记录与分析

实验的采集设备为德国 Brain Products 公司生产的 ERP 采集与分析系统，为了使本实验具有统一性，分析软件均采用美国 Neuroscan 设备配套的 Curry 软件进行分析。

本实验虽采集了“中性”情感的脑电信号，但是由于言语可理解的情感语音与言语不可理解的情感语音在“中性”情感之间差异不显著，因此，本实验对“中性”情感的脑电信号不做分析说明。本实验方差分析的因素有：情感刺激类型（“悲伤”“高兴”）和语音库（TYUT2.0、TYUT2.1、EMO-DB）。分析的主要成分有 N100、P200 和 N300。N100 和 P200 在本实验中会对其进行潜伏期和幅值分析，由于 N300 在本实验中的幅值较小，且 N300 幅值结果的取值是 300～400ms 的平均值，因此对它不做潜伏期分析。

10.5.2 实验结果及分析

实验结果如图 10-30 和图 10-31 所示，基于情感类别的不同，图 10-30 表示负性情感的 ERP 波形，其中言语的负性情感为“悲伤”情感。比较了三种情感语音诱发的负性情感的 ERP 波形。图 10-31 表示正性情感的 ERP 波形，其中言语的正性情感为“高兴”情感，比较了三种情感语音诱发下的正性情感的 ERP 波形。

图 10-32 和图 10-33 是 ROI 总平均结果。报告所指出的显著性差异是在 ROI 总平均下得到的。图 10-34 是三种情感语音诱发下的脑地形图（N100、P200 和 N300）。在具体分析中，为了方便，使用“言可”代替“言语可理解”，“言不可”代替“言语不可理解”，“非”代替“非言语”。

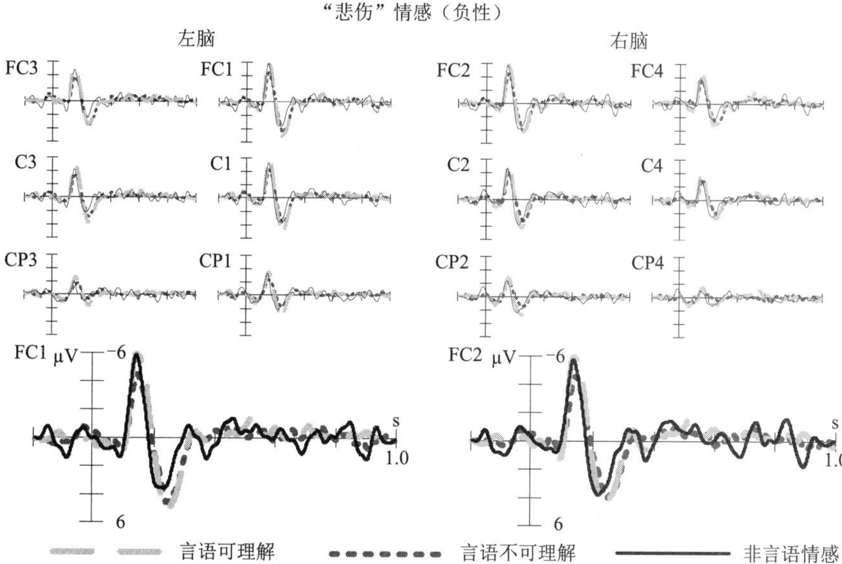

图 10-30 三种情感库下诱发的“悲伤”情感（负性）的 ERP 波形

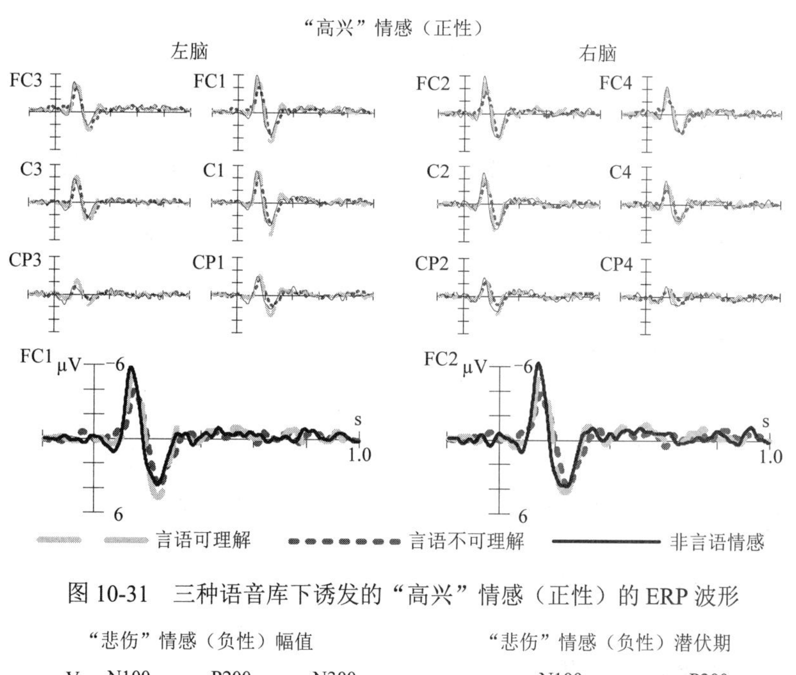

图 10-31 三种语音库下诱发的“高兴”情感（正性）的 ERP 波形

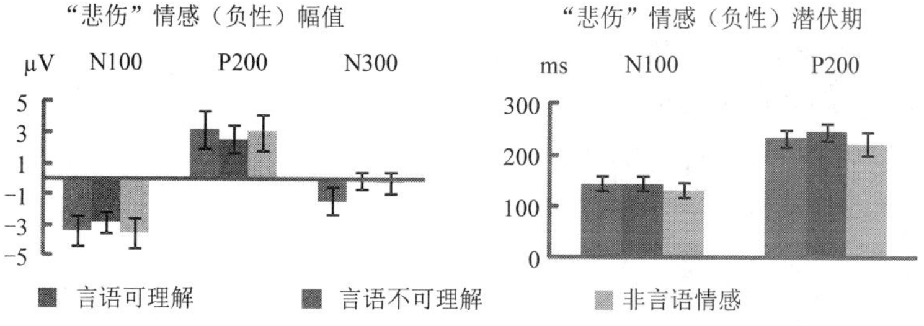

图 10-32 “悲伤”情感（负性）的幅值和潜伏期（ROI 总平均）

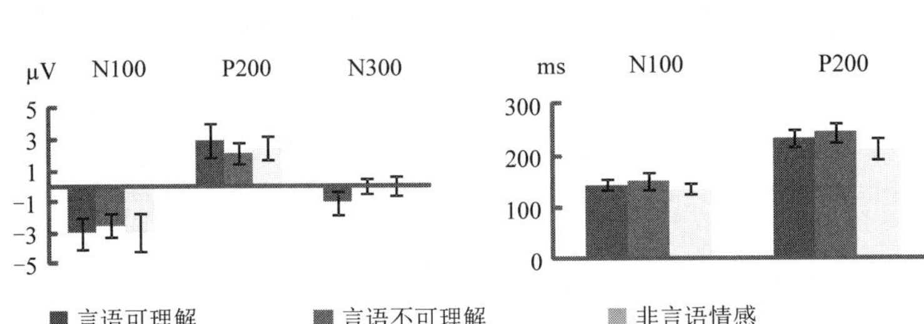

图 10-33 "高兴"情感（正性）的幅值和潜伏期（ROI 总平均）

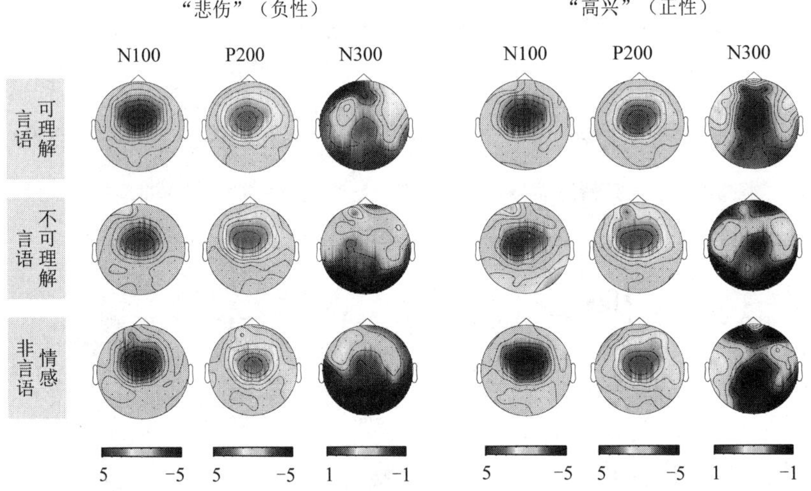

图 10-34 "悲伤"情感（负性）与"高兴"情感（正性）的脑地形图（N100、P200 和 N300）

1. N100 成分分析

N100 成分的潜伏期在负性和正性情感条件下差异均显著[负性情感条件下：$F(2, 45)=11.22$，$p<0.001$；正性情感条件下：$F(2, 45)=8.19$，$p<0.005$]。从表 10-13 和表 10-14 可知，不论是在负性还是在正性情感诱发下，非言语情感的潜伏期与其他两种言语情感都有显著性差异，且非言语情感的 N100 潜伏期最短，而言语可理解和言语不可理解的显著性差异均不明显。

三种情感诱发材料的 N100 幅值在负性情感条件下的差异不显著，在正性情感条件下的差异显著[$F(2, 45)=12.363$，$p<0.005$]。从表 10-13 可知，在正性情感条件下，言语可理解的 N100 幅值与言语不可理解的 N100 幅值差异不显著，其他两种情况下都显著，结合表 10-14 可知，言语不可理解的 N100 幅值最小。

表 10-13　N100 成分情感差异的显著性分析表（$p<0.05$）

比较对象		潜伏期		幅值	
		负性	正性	负性	正性
言语的可理解性	言语可理解与言语不可理解	不显著	不显著	不显著	显著 言可>言不可
言语与非言语	言语可理解与非言语情感	显著 言可>非	显著 言可>非	不显著	不显著
	言语不可理解与非言语情感	显著 言不可>非	显著 言不可>非	不显著	显著 非>言不可

表 10-14　N100 成分的潜伏期与幅值结果

比较对象	潜伏期		幅值	
	负性	正性	负性	正性
言语可理解	144.00±5.93	144.83±8.89	−3.01±0.87	−3.36±0.75
言语不可理解	150.64±12.49	145.00±10.49	−2.48±0.64	−2.80±0.53
非言语情感	136.33±10.24	132.51±10.56	−2.92±1.10	−3.94±0.81

N100 成分是情感语音 ERP 认知研究的第一个主要成分。在本实验中发现，对于 N100 的潜伏期来说，言语可理解性之间没有显著性差异，而言语和非言语之间的差异显著，且非言语的潜伏期最短。由此推测，人脑在对它们进行认知时，由于言语情感的语义加工而导致的 N100 潜伏期推迟。对于 N100 的幅值来说，在正性情感的条件下，言语可理解与非言语的幅值均大于言语不可理解。根据 N100 成分是情感加工的第一阶段，推测正性情感也许更能引起听者的关注，且由于言语可理解与非言语更容易理解，因而相对于负性情感来说它们产生了较大的幅值。

2. P200 成分分析

P200 成分的潜伏期在负性和正性情感条件下差异均显著[负性情感条件下：F(2，45)=18.75，$p<0.001$；正性情感条件下：F(2，45)=12.02，$p<0.001$]。从表 10-15 可知，不论是在负性情感还是在正性情感诱发下，P200 成分的潜伏期在三种情感诱发材料之间都具有显著性差异，结合表 10-16 可知，非言语情感诱发的潜伏期最短，其次是言语可理解，言语不可理解的潜伏期最长。

三种情感诱发材料的 P200 幅值在正性情感条件下的差异不显著，在负性情感条件下的差异显著[F(2，45)=7.24，$p<0.005$]。但对于多重比较结果而言，从表 10-16 可知，在负性情感条件下，言语可理解的 P200 成分的潜伏期大于言语不可理解和非言语情感的潜伏期，且言语可理解的 P200 幅值最高，言语不可理解与非言语情感之间没有差别，在正性条件下，只有言语可理解与言语不可理解的差异最显著，其言语可理解的 P200 幅值最高。

表 10-15　P200 成分情感差异的显著性分析表（$p<0.05$）

比较对象		潜伏期		幅值	
		负性	正性	负性	正性
言语的可理解性	言语可理解与言语不可理解	显著 言不可>言可	显著 言不可>言可	显著 言可>言不可	显著 言可>言不可
言语与非言语	言语可理解与非言语情感	显著 言可>非	显著 言可>非	显著 言可>非	不显著
	言语不可理解与非言语情感	显著 言不可>非	显著 言不可>非	不显著	不显著

表 10-16　P200 成分的潜伏期与幅值结果

比较对象	潜伏期		幅值	
	负性	正性	负性	正性
言语可理解	234.27±13.19	233.68±8.82	2.95±0.85	3.23±0.96
言语不可理解	244.32±11.68	247.37±12.36	2.11±0.50	2.59±0.75
非言语情感	214.32±16.92	222.64±19.56	2.45±0.46	3.01±0.97

在语音情感的 ERP 实验中，P200 成分不仅是情感认知的第二阶段，也是最能体现早期情感认知的过程。在本节实验中，P200 成分的潜伏期差异最为明显，三种情感诱发材料之间均有显著性差异，且从大到小依次是言语不可理解、言语可理解及非言语情感。由于非言语情感声音是与人无关的，因此，从 P200 成分中可以看出，在早期的认知中非言语的波形出现的最早（潜伏期最短），而言语不可理解的潜伏期最长，则很有可能是由于语义加工而导致 P200 成分潜伏期的推迟，以致它的潜伏期是言语可理解和非言语情感中最长的，若基于这个原因，那么对于言语可理解的情感语音其潜伏期位于二者之间就不难理解了。由此，根据实验推测，在情感的 ERP 认知研究中，P200 的潜伏期与是否参与语义加工和理解的难易有关，参与语义加工或语义理解都会使 P200 的潜伏期滞后。对于 P200 成分的幅值而言，言语可理解的幅值最大，其次是非言语情感，最后是言语不可理解的情感。由于 P200 成分反映的是情感的初始编码[12]和情感的显著性探测，因此推测在情感认知的 200ms 左右的时间处，大脑似乎更偏向于容易理解和熟悉度高的情感。

3. N300 成分分析

由于本实验中的 N300 幅值较小且 N300 的取值为 300～400ms 的平均幅值，没有潜伏期的测量值，因此，此处只对其进行幅值分析。

N300 成分的幅值在负性和正性情感条件下差异均显著[负性情感条件下：$F(2, 45)=19.98$，$p<0.001$；正性情感条件下：$F(2, 45)=23.367$，$p<0.001$]。从表 10-17 和表 10-18 可知，言语可理解的 N300 的幅值在负性和正性条件下与言语不可理解和非言语情感都具有显著性差异，且言语可理解的 N300 幅值最大，言语不可理解与非言语情感在两种情感条件下都不具有显著性差异。

表 10-17　N300 成分情感差异的显著性分析表（$p<0.05$）

比较对象		幅值	
		负性	正性
言语的可理解性	言语可理解与言语不可理解	显著 言可>言不可	显著 言可>言不可
言语及非言语	言语可理解与非言语情感	显著 言可>非	显著 言可>言不可
	言语不可理解与非言语情感	不显著	不显著

表 10-18　N300 成分的幅值结果

比较对象	幅值	
	负性	正性
言语可理解	−1.056±0.62	−1.38±0.78
言语不可理解	−0.01±0.44	−0.04±0.41
非言语情感	−0.10±0.55	−0.18±0.58

在 N300 成分中，言语可理解的幅值最大，且显著大于言语不可理解及非言语情感，而言语不可理解与非言语情感之间没有显著性差异。N300 作为情感语音处理的第三阶段，它的幅值与情感的认知和识别有关，对于言语可理解的语音其认知过程在 300ms 时应该还在持续并加强，而对于另外两种诱发材料则可能是由于实验材料的选择过于简单或不易理解而导致此处认知加工的减弱。

10.5.3　实验结论

本实验主要对不同语种及非言语情感进行了研究，采用 ERP 分析方法，研究了言语的可理解性及非言语的认知差异与认知过程。本实验重点比较了三个方面：①言语可理解与言语不可理解；②言语可理解与非言语情感；③言语不可理解与非言语情感。研究发现，言语与非言语的 P200 成分其潜伏期有显著差异，且言语可理解的 P200 成分幅值最大，由此推测，情感语音在 200ms 处的认知加工可从潜伏期和幅值得出，其潜伏期可能与情感语义处理有关，幅值可能与理解程度有关。因此，非言语情感由于没有进行语义加工处理而导致其 P200 成分提前，而言语不可理解的情感语音也对语义进行了处理，但由于其对语义的不理解性，使 P200 成分的幅值受到了抑制，潜伏期推后。本实验进一步证明了情感语音的脑认知过程，并为其提供了实验基础和理论依据。

小　　结

本章采用认知心理学方法研究情感语音的认知问题，主要应用 ERP 技术研究汉语情感语音不同声学参数（时长、基频）影响的认知差异问题，以及言语（汉语、德语）与非言语的认知差异问题。重点分析了 ERP 波形中的 N100、P200 和 N300 成分，并根据 ERP 不同成分之间波形的幅值和潜伏期的差异来推测和判断情感语音的脑认知过程。

本章的实验结果可为情感语音的脑认知研究提供实验支持。

参考文献

[1] TOMAL D, WIDMER N. Electronic troubleshooting [M].New York: McGraw-Hill, Inc., 2014.

[2] 李帅. 癫痫头皮脑电高频振荡的检测方法研究[D]. 沈阳：沈阳工业大学，2019.

[3] SUTTON S, TUETING P, ZUBIN J, et al. Information delivery and the sensory evoked potential [J]. Science, 1967, 155(3768): 1436-1439.

[4] CHOI M H, KIM B, KIM H S, et al. Perceptual threshold level for the tactile stimulation and response features of ERD/ERS-Based specific indices upon changes in high-frequency vibrations[J]. Frontiers in Human Neuroscience, 2017, 11(5):207-207.

[5] PAULMANN S, OTT D V M, KOTZ S A. Emotional speech perception unfolding in time: the role of the basal Ganglia [J]. Plos One, 2011, 6(3): 17694-17694.

[6] ROSBURG T, BOUTROS N N, FORD J M. Reduced auditory evoked potential component N100 in Schizophrenia: a critical review[J]. Psychiatry Research, 2008, 161(3): 259-274.

[7] CHANG J, ZHANG X Y, ZHANG Q P. Investigating duration effects of emotional speech stimuli in a tonal language by using event-related potentials[J]. IEEE Access, 2018, 6(1):13541-13554.

[8] IREDALE J M, RUSHBY J A, MCDONALD S, et al. Emotion in voice matters: neural correlates of emotional prosody perception [J]. International Journal of Psychophysiology, 2013, 89(3): 483-490.

[9] PAULMANN S, BLEICHNER M, KOTZ S A. Valence, arousal, and task effects in emotional prosody processing [J]. Frontiers in Psychology, 2013, 4(4): 345-345.

[10] BOSTANOV V, KOTCHOUBEY B. Recognition of affective prosody: continuous wavelet measures of event-related brain potentials to emotional exclamations [J]. Psychophysiology, 2004, 41(2): 259-268.

[11] WAMBACQ I J A, JERGER J F. Processing of affective prosody and lexical-semantics in spoken utterances as differentiated by event-related potentials [J]. Cognitive Brain Research, 2004, 20(3): 427-437.

[12] SCHIRMER A, CHEN C B, CHING A, et al. Vocal emotions influence verbal memory: neural correlates and interindividual differences [J]. Cognitive Affective & Behavioral Neuroscience, 2013, 13(1): 80-93.

[13] POURTOIS G, GELDER D B, VROOMEN J, et al. The time-course of intermodal binding between seeing and hearing affective information [J]. Neuroreport, 2000, 11(6): 1329-1333.

[14] PINHEIRO A P, GALDO L S, RAUBER A, et al. Abnormal processing of emotional prosody in Williams Syndrome: an event-related potentials study [J]. Research in Developmental Disabilities, 2010, 32(1): 133-147.

[15] KLEIN D, ZATORRE R J, MILNER B, et al. A cross-linguistic PET study of tone perception in mandarin Chinese and English speakers [J]. Neuroimage, 2001, 13(4): 646-653.

[16] 王强强，侯亚楠. 认知心理学告诉你人脑如何表征顺序刺激[J]. 大众心理学，2015（9）：41.

[17] 葛鲁嘉. 当代认知心理学的两个理论基点[J]. 吉林师范大学学报（人文社会科学版），2004，32（6）：7-13.

[18] 郭秀艳. 实验心理学（供应用心理学专业及其他专业应用心理学方向用）[M]. 北京：人民卫生出版社，2008.

[19] BELIN P, FECTEAU S, BÉDARD C. Thinking the voice: neural correlates of voice perception [J]. Trends in CognitiveSciences, 2004, 8(3): 129-135.

[20] PAULMANN S, PELL M D, KOTZ S A. How aging affects the recognition of emotional speech [J]. Brain and Language, 2008, 104(3): 262-269.

[21] PELL M D, KOTZ S A. On the time course of vocal emotion recognition [J]. Plos One, 2011, 6(11): 27256-27256.

[22] CARRETIÉ L, IGLESIAS J, GARCÍA T, et al. N300、P300 and the emotional processing of visual stimuli [J]. Electroencephalography & Clinical Neurophysiology, 1997, 103(2): 298-303.

[23] BRIGGS K E, MARTIN F H. Affective picture processing and motivational relevance: arousal and valence effects on erps in an oddball task [J]. International Journal of Psychophysiology, 2009, 72(3): 299-306.

[24] 张雪英，孙颖，张卫，等. 语音情感识别的关键技术[J]. 太原理工大学学报，2015，46（6）：629-636.

[25] 罗跃嘉，黄宇霞，李新影，等. 情绪对认知加工的影响：事件相关脑电位系列研究[J]. 心理科学进展，2006，14（4）：505-510.

[26] 曹晓华，李超，张焕婷，等. 字词认知 N170 成分及其发展[J]. 心理科学进展，2013，21（7）：1162-1172.

[27] 郅菲菲. 字词认知 N170 成分发展的人工语言训练研究[D]. 金华：浙江师范大学，2013.

[28] 王魁. 汉字视知觉左侧化 N170-反映字形加工还是语音编码[D]. 重庆：西南大学，2012.

[29] SOBIN C, ALPERT M. Emotion in speech: the acoustic attributes of fear, anger, sadness and joy [J]. Journal of Psycholinguistic Research, 1999, 28(4): 347-365.

[30] VERGYRI D, STOLCKE A, GADDE V R R, et al. Prosodic knowledge sources for automatic speech recognition[C]. Proceedings of the IEEE International Conference on Acoustics, Speech and Signal Processing, 2003.

[31] 蒋丹宁，蔡莲红. 基于语音声学特征的情感信息识别[J]. 清华大学学报（自然科学版），2006，46（1）：86-89.

[32] 齐佳凝，任桂琴，任延涛，等. 不同语境中声调早期加工的作用及时间进程[J]. 社会心理科学，2014（z1）：93-96.

[33] SCHIRMER A, STRIANO T, FRIEDERICI A D. Sex differences in the preattentive processing of vocal emotional expressions [J]. Neuroreport, 2005, 16(6): 635-639.

[34] PAULMANN S, KOTZ S A. Early emotional prosody perception based on different speaker voices [J]. Neuroreport, 2008, 19(2): 209-213.

[35] ANNETT S, KOTZ S A. Beyond the right hemisphere: brain mechanisms mediating vocal emotional processing [J]. Trends in Cognitive Sciences, 2006, 10(1): 24-30.

[36] ECKSTEIN K, FRIEDERICI A D. It's early: event-related potential evidence for initial interaction of syntax and prosody in speech comprehension [J]. Journal of Cognitive Neuroscience, 2006, 18(10): 1696-1711.

[37] PINHEIRO A P, VASCONCELOS M, DIAS M, et al. The music of language: an ERP investigation of the effects of musical training on emotional prosody processing [J]. Brain and Language, 2015, 140(1): 24-34.

[38] 王丹. 论音乐情感与声音语言表达的有效融合[J]. 音乐生活，2017，10（10）：82-83.

[39] ALLGOOD R, HEATON P. Developmental change and cross-domain links in vocal and musical emotion recognition performance in childhood[J]. British Journal of Developmental Psychology, 2015, 33(3): 398-403.

[40] 畅江，张雪英，张奇萍，等. 不同语种及非言语情感声音的 ERP 研究[J]. 清华大学学报（自然科学版），2016，49（10）：1131-1136.

[41] SCHIRMER A, KOTZ S A, FRIEDERICI A D. On the role of attention for the processing of emotions in speech: sex differences revisited[J]. Cognitive Brain Research, 2005, 24(3): 442-452.

[42] AGRAWAL D, THORNE J D, VIOLA F C, et al. Electrophysiological responses to emotional prosody perception in cochlear implant users[J]. Neuroimage-Clinical, 2013, 2(1): 229-238.

[43] PINHEIRO A P, REZAII N, RAUBER A, et al. Abnormalities in the processing of emotional prosody from single words in schizophrenia[J]. Schizophrenia Research, 2014, 152(1): 235-241.

[44] LAURA S, MINNA H, MARIANNE L, et al. Alterations in attention capture to auditory emotional stimuli in job burnout: an event-related potential study[J]. International Journal of Psychophysiology Official Journal of the International Organization of Psychophysiology, 2014, 94(3): 427-436.

[45] SANDERS L D, NEVILLE H J. An ERP study of continuous speech processing : I. segmentation, semantics and syntax in native speakers[J]. Cognitive Brain Research, 2003, 15(3): 228-240.

[46] KOTZ S A, PAULMANN S. When emotional prosody and semantics dance cheek to cheek: ERP evidence [J]. Brain Research, 2007, 1151(1): 107-118.

[47] LUO H, BOEMIO A, GORDON M, et al. The perception of FM sweeps by Chinese and English listeners [J]. Hearing Research, 2007, 224(1-2): 75-83.

[48] STEINER G Z, BARRY R J, FOGARTY J S. Applying the Go/NoGo processing schema to a visual oddball task in older adults[J]. International Journal of Psychophysiology, 2016, 108(11):36-36.

[49] 李玉琴. 电视传播中听觉性非语言符号与情感的关系[J]. 艺术广角，2005，1（2）：55-56.

[50] 孙琦. 非言语情绪声音的情感启动效应研究[D]. 北京：首都师范大学，2007.

[51] HSIEH S, HORNBERGER M, PIGUET O, et al. Brain correlates of musical and facial emotion recognition: evidence from the dementias[J]. Neuropsychologia, 2012, 50(8): 1814-1822.

[52] WEISGERBER A, VERMEULEN N, PERETZ I, et al. Facial, vocal and musical emotion recognition is altered in paranoid schizophrenic patients[J]. Psychiatry Research, 2015, 229(1-2): 188.

[53] 廖子璇. 电影《美国往事》音效特色的艺术解读[J]. 经济研究导刊，2013，183（1）：273-274.

[54] LI A, FANG Q, DANG J. Emotional intonation in a tone language: experimental evidence from chinese [J]. Icphs XVII, 2011, 8(8): 17-21.

[55] DMITRIEVA E S, GEL'MAN V Y, ZAITSEVA K A, et al. Perception of the emotional component of vocal signals at different durations of the stimulus[J]. Fiziologiia Cheloveka, 2005, 32(5): 36-40.

[56] JOURNAL C M A. The world medical association. Human experimentation code of ethics of the world medical association (Declaration of Helsinki). Br Med J 2, 177 [J]. Advanced Materials Research, 2013, 856(1): 108-112.

[57] ANNETT S, KOTZ S A. ERP evidence for a sex-specific stroop effect in emotional speech [J]. Journal of Cognitive Neuroscience, 2003, 15(8): 1135-1148.

[58] SCOTT S K, BLANK C C, ROSEN S, et al. Identification of a pathway for intelligible speech in the left temporal lobe [J]. Brain, 2000, 123(12): 2400-2406.

[59] PANTEV C, ROBERTS L T, ROSS B, et al. Tonotopic organization of the sources of human auditory steady-state responses[J]. Hearing Research, 1996, 101(1-2): 62-74.

[60] ROHR L, RAHMAN R A. Affective responses to emotional words are boosted in communicative situations[J]. Neuroimage, 2015, 109(1): 273-282.

[61] VROOMEN J J S, JEAN. Electrophysiological correlates of predictive coding of auditory location in the perception of natural audiovisual events[J]. Frontiers in Integrative Neuroscience, 2012, 6(6): 1-7.

[62] SEITHER-PREISLER A, PATTERSON R, KRUMBHOLZ K, et al. Evidence of pitch processing in the N100m component of the auditory evoked field [J]. Hearing Research, 2006, 213(1-2): 88-98.

[63] PAULMANN S, PELL M D. Contextual influences of emotional speech prosody on face processing: how much is enough? [J]. Cognitive Affective & Behavioral Neuroscience, 2010, 10(2): 230-242.

[64] CROWLEY K E, COLRAIN I M. A Review of the evidence for P2 being an independent component process: age, sleep and modality[J]. Clinical Neurophysiology Official Journal of the International Federation of Clinical Neurophysiology, 2004, 115(4): 732-744.

[65] WAGNER M, ROYCHOUDHURY A, CAMPANELLI L, et al. Representation of spectro-temporal features of spoken words within the P1-N1-P2 and T-complex of the auditory evoked potentials (AEP) [J]. Neuroscience Letters, 2016, 614(1): 119-126.

[66] PINHEIRO A P, DEL RE E, MEZIN J, et al. Sensory-based and higher-order operations cocntribute to abnormal emotional prosody processing in schizophrenia: an electrophysiological investigation [J]. Psychol Med, 2013, 43(3): 603-618.

[67] CANSINO S, WILLIAMSON S J, KARRON D. Tonotopic organization of human auditory association cortex [J]. Brain Research, 1994, 663(1): 38-50.

[68] JIANG X, PAULMANN S, ROBIN J, et al. More than accuracy: nonverbal dialects modulate the time course of vocal emotion recognition across cultures[J]. Journal of Experimental Psychology Human Perception & Performance, 2015, 41(3): 597.

[69] 汪慧. 多语种语音情感识别的研究与实现[D]. 泉州：华侨大学，2008.

[70] LEPISTÖ T, KUJALA T, VANHALA R, et al. The discrimination of and orienting to speech and non-speech sounds in children with autism[J]. Brain Research, 2006, 1066(1-2): 147-157.

[71] 席洁，张林军，张亚静，等. 言语和非言语信号加工的早期分离：来自 ERP 研究的证据 [J]. 心理科学，2010，33（2）：258-261.

第 11 章　脑电辅助语音信号的情感识别研究

感知语音中的情感信息能力是人类在社会交往中的一个重要认知能力。脑电信号（EEG）受神经系统支配，不易受人的主观因素控制，因而采用情感语音诱发的脑电信号特征辅助对应的语音信号特征进行情感识别，所得结果会更加客观。研究情感的脑认知过程除了采用认知心理学方法以外，还可以采用信号处理方法对其进行分析和研究。对情感语音诱发的脑电信号进行识别，有助于使机器正确感知人的情感，进而更好地为人类服务，实现人机智能交互。本章首先采用信号处理方法提取脑电信号的非线性特征，将其用于情感脑电信号识别，以证明其有效性；然后采用另外一种信号处理方法，即压缩感知方法，对情感脑电及语音信号进行情感识别研究，来证明情感脑电辅助语音情感识别的可行性和有效性。

11.1　脑电信号与语音信号的常用信号处理方法

由于脑电信号及语音信号本质上都是信号，因而除了采用认知心理学方法对其进行情感认知研究以外，还需要采用信号处理方法对其进行探索和研究。

传统的信号分析方法主要有时域分析、频域分析、时频分析以及非线性分析等。表 11-1 为常用脑电信号和语音信号的分析及处理方法，从该表中可以看出脑电信号和语音信号分析除了时域和频域的特征提取存在不同以外，它们在时频分析和非线性分析以及模式识别方法上都可以是通用的。在信号的非线性分析中，提取的非线性特征是一种动力学特征，脑电信号符合非线性动力学描述，可以通过提取非线性参数来对其进行研究。提取的主要特征有熵、分形维数、空间相关以及李雅普诺夫（Lyapunov）指数等。越来越多的证据表明，非线性分析方法可以用于阿尔茨海默病、痴呆、抑郁症、癫痫、精神分裂症、睡眠障碍及人脑情绪状态的研究[1-3]。此外，该类特征也可以用于语音情感识别中，如太原理工大学的姚慧等[4-5]对其提取最小延迟时间、关联维数、Kolmogorov 熵、最大 Lyapunov 指数和 Hurst 指数分别用于 EMO-DB 和 TYUT2.0 情感语音库中，取得了 87.5%和 64.41%的识别率。除了表 11-1 中的方法以外，还有采用两种或两种以上的方法对脑电信号进行分析和识别，例如，Othman 等[6]提取梅尔倒谱（MFCC）和核密度估计（KDE）作为特征来对脑电信号进行识别。虽然有很多方法可以对脑电信号和语音信号进行特征提取和分析，但不论使用何种方法，其最终目的都是对信号进行有效识别。

在这些信号分析方法中，不论哪种分析其前提都要求信号必须为有效信号。但在信号的采集过程中往往会混入噪声，所以在对信号分析之前，需要对信号进行降噪和去伪迹等操作。目前常用的降噪方法有滤波、独立成分分析和主成分分析等方法。另外，对于事件相关的脑电信号而言，除了采集过程中产生的伪迹以外，其信号的有效性还与诱发材料及实验设计有关。

表 11-1　常用脑电信号与语音信号的分析及处理方法

<table>
<tr><th colspan="2" rowspan="2">分析与处理方法</th><th colspan="2">相关特征或方法举例</th></tr>
<tr><th>脑电信号</th><th>语音信号</th></tr>
<tr><td rowspan="4">信号分析</td><td>时域分析</td><td>均值、标准差、偏斜度、幅值
ERP 特征（幅值、潜伏期）等</td><td>短时能量、短时平均幅度、短时平均过零率、短时自相关函数、基音周期</td></tr>
<tr><td>频域分析</td><td>delta 频段、theta 频段、alpha 频段、beta 频段和 gamma 频段；
功率谱、功率谱密度、能量等；
ERD/ERS，ERO；
核密度评估（KED）等</td><td>共振峰参数、频谱、功率谱、倒频谱、梅尔倒谱（MFCC）系数和线性预测系数等</td></tr>
<tr><td>时频分析</td><td>傅里叶变换、小波变换、独立成分分析</td><td>傅里叶变换、Winger-Ville 分布、重排理论[7]、Hilbert-Huang 变换[8]</td></tr>
<tr><td>非线性特征分析</td><td colspan="2">相关维数、李雅普诺夫指数、最小延迟时间、近似熵、样本熵</td></tr>
<tr><td colspan="2">模式识别</td><td colspan="2">监督学习：支持向量机（SVM）、隐马尔可夫模型（HMM）、人工神经网络（ANN）和决策树
无监督学习：关联规则的学习方法和聚类分析的学习方法
半监督学习：基于概率的算法、生成式模型、直接依赖于聚类假设的方法、基于多视图的方法、基于图的方法、传导式支持向量机</td></tr>
</table>

关于信号的分类与识别可采用传统的模式识别方法，这些方法主要有无监督学习、有监督学习和半监督学习。其中，有监督学习需要对样本的类别进行标注，在类别信息的指导下不断修正模型参数，再将得到的训练模型用于测试样本的分类。常见的监督学习方法有支持向量机（SVM）、隐马尔可夫模型（HMM）、人工神经网络（ANN）和决策树等。SVM 与 HMM 分别是基于机器学习和概率统计理论的分类方法，可归于信号处理的分类模型。另外，采用神经网络方法也可对脑电信号进行认知和识别。Li 等[9]采用深度信念网络（deep believe network，DBN）模型提取低维的情感特征用于分类不同情感下的脑电数据。Wulsin 等[10]使用半监督的 DBN 方法，对不同病人的脑电数据进行分类，利用大量的无标签数据进行非监督预训练，然后利用有标签数据进行微调。

上述的识别和分类方法都需要对信号进行特征提取，而在处理高维的脑电数据时，往往需要对脑电信号进行降采样，这就会使其特征提取的有效性受到影响，因此，处理类似脑电信号的高维信号仍然需要探索更好更高效的方式。压缩感知（CS）[11]理论最为突出的优势就是采用较少样本量的方式对信号进行“无损”恢复，所以，压缩感知理论的非奈奎斯特采样方法可以提供一个解决方向，它的边采样边压缩方式几乎适用于所有可压缩信号，特别是对那些维数较大的信号。

在脑电信号的研究中，一般要求脑电信号的采样率为 1000Hz，若采用 64 导的电极帽连续采集 1h 的脑电信号，则它的维数就会高达 $1000 \times 64 \times 60 \times 60 = 230\,400\,000$ 维。压缩感知理论中的压缩重构方法就非常适合对这样高维的信号进行处理，有研究者采用压缩感知的重构方法对脑电信号进行精确恢复[12]及抗噪[13]研究，还有研究采用冗余字典对多通道脑电信号进行压缩采样[14]，南京理工大学的吴敏[15]等采用压缩感知技术实现 EEG 信号棘波的自动检测。虽然对于脑电和语音信号已有上述的应用研究，然而目前该理论主要用于信号的压缩、去噪及重构处理上，对于信号分类和识别的应用相对较少。本章主要集中于它的稀疏分类在情感识别方面的研究。

11.2 结合非线性全局特征和谱特征的情感脑电信号分析

在 10.2 节中介绍了情感语音诱发的脑电信号采集与处理，得到了 TYUT2.0 语音诱发所产生的情感脑电数据库，选取四种情感状态（“悲伤”“生气”“高兴”“中性”）进行研究，脑电信号作为典型的非平稳信号，具有非线性特性[16]。目前研究表明脑电信号的非线性特征可以很好地区分出不同的情感[17]。因此，将其作为辅助特征用于语音情感识别，以改善系统性能，是完全可行的。

11.2.1 情感语音脑电信号非线性全局特征提取

在 6.2.3 节中已对相空间重构技术进行了详细的介绍，相空间重构是由时间序列来恢复并刻画原动力系统的有效方法，是分析非线性动力学的第一步，常用 Taken’s 提出的嵌入定理来对一维时间序列 $x(t)$ 选取合适的延迟时间 τ 和嵌入维数 m 来构造相空间矢量 $\overrightarrow{X}=[x(t),x(t+\tau),\cdots,x(t+(m-1)\tau)]$，在相空间里吸引子的运动轨迹可以更全面刻画出情感脑电信号特征，因此对吸引子的分析有助于脑电信号的情感识别。

给定一维情感脑电信号 $x(i),i=1,2,\cdots,n$，根据嵌入定理选取合适的延迟时间 τ 和嵌入维数 m 对一维情感脑电信号时间序列进行相空间重构，如式（11-1）：

$$\begin{bmatrix} x(1) & x(1+\tau) & \cdots & x(1+(m+1)\tau) \\ x(2) & x(2+\tau) & \cdots & x(2+(m+1)\tau) \\ \vdots & \vdots & & \vdots \\ x(i) & x(i+\tau) & \cdots & x(i+(m+1)\tau) \\ \vdots & \vdots & & \vdots \\ x(k) & x(k+\tau) & \cdots & x(k+(m+1)\tau) \end{bmatrix} \tag{11-1}$$

$$i=1,2,\cdots,n;\quad k=n-(m-1)\tau$$

式中，行向量表示相空间重构图中单个吸引子的位置信息，而这些吸引子以列的形式进行相连形成相空间重构图中的运动轨迹。

在建立相空间的过程中，关键是选取合适的延迟时间以确保更充分展示出非线性系统中吸引子之间的几何拓扑结构，考虑到在脑电非线性系统中，任一分量都会受与之相关分量影响的特点，本文选定时间延迟 $\tau=4$ 和嵌入维数 $m=3$，将一维情感脑电信号扩展到三维空间中，以便从某一分量的时间序列来恢复并刻画情感脑电信号的运动轨迹。如图 11-1 所示为同一被试者在同一导联上的不同四种情感脑电信号的时域波形和相空间重构图。在时域波形上，“悲伤”“生气”“高兴”“中性”四类情感中，除了“中性”情感比较明显外，其余三种情感从时域波形上很难区分。在相空间重构图中，在结构上不仅能将吸引子的运动轨迹更好地刻画出来，而且不同的情感在各个维度上的延伸程度以及总体的聚集程度各不相同，因此，在高维空间中通过分析吸引子的运动轨迹能够有效地获取代表情感差异度的信息。

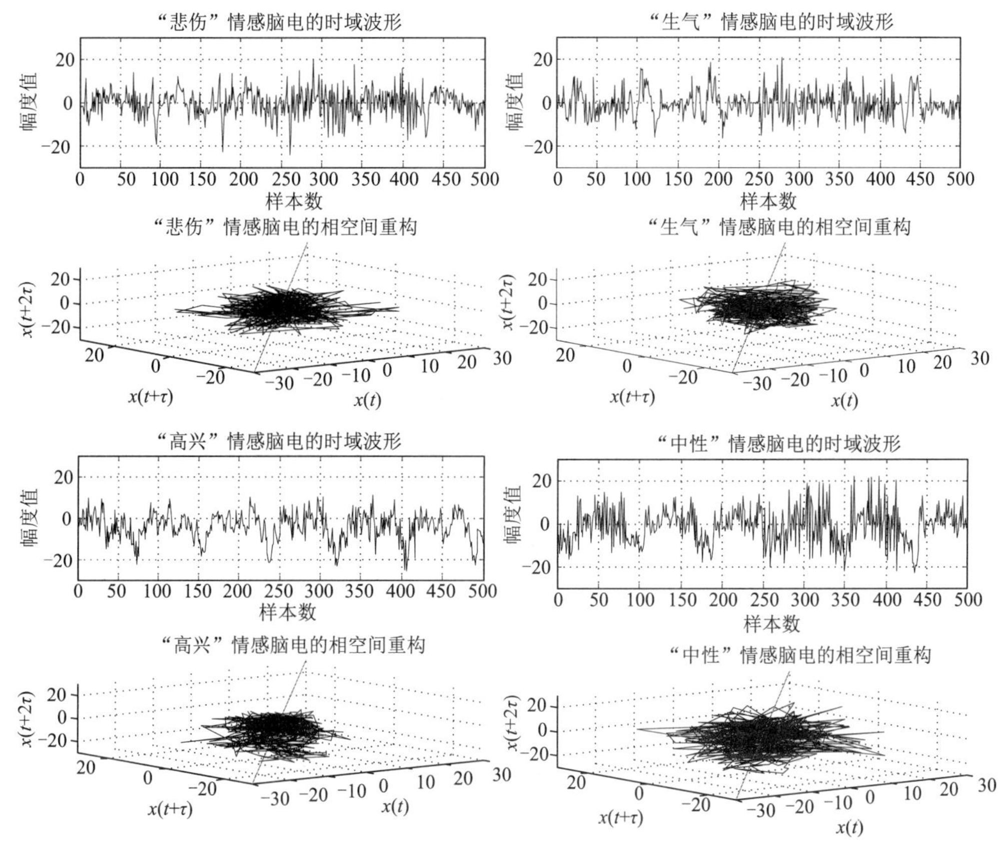

图 11-1　四种不同的情感信号的时域波形及其所对应的三维相空间重构图

1. 非线性几何特征提取

本节选定延迟时间 $\tau=4$，首先将原始波形与之后的两个样本存在的下述关系定义为标识线，通过分析吸引子到标识线的距离来研究脑电信号的几何结构，即

$$x(t)=x(t-4)=x(t-8) \tag{11-2}$$

通过相空间重构技术将一维情感脑电信号映射到三维空间后，在三维空间里通过分析吸引子的运动轨迹，提取不同脑电情感状态下相空间重构的非线性几何特征：三种基于轨迹的描述符轮廓（针对脑电信号本节只选取了三种非线性几何特征进行分析研究）。

第一描述符轮廓：吸引子到圆心的距离表示为 $\overline{\alpha}=\left[\left|\overline{\alpha_1}\right|,\left|\overline{\alpha_2}\right|,\cdots,\left|\overline{\alpha_n}\right|\right]$；

$$\left|\overline{\alpha_i}\right|=\sqrt{a_i^2+(a_i+\tau_i)^2+(a_i+2\tau_i)^2} \tag{11-3}$$

式中，n 表示吸引子的数目，吸引子 $\overline{\alpha_i}=(a_i,a_i+\tau_i,a_i+2\tau_i)$。

第二描述符轮廓：吸引子到标识线的距离表示为$\overline{d}=[d_1,d_2,\cdots,d_n]$。

$$d_i=\frac{(1,1,1)\otimes(a_i,a_i+\tau_i,a_i+2\tau_i)}{\sqrt{3}} \tag{11-4}$$

第三描述符轮廓：吸引子连续轨迹到圆心距离的总长度表示为S：

$$S=\sum_{i=1}^{n}\left|\overline{\alpha_i}\right| \tag{11-5}$$

2. 非线性属性特征提取

文献[18]已经证明，脑电信号的非线性特征可以高效地实现情感识别。为此，本节基于相空间重构理论提取了近似熵、Hurst 指数以及最大 Lyapunov 指数三种非线性属性特征并将三者融合。近似熵[19]可作为衡量时间序列中的新信息发生率的有效方法，在 6.3 节中已经对非线性属性特征给出了详细的介绍，其中 Hurst 指数可以表征大脑的活动状态以及功能状态；最大 Lyapunov 指数可以反映相邻轨道的局部收敛或者发散程度的快慢。三者分别从不同方面对脑电信号进行非线性属性特性描述。所提取的被试者 12 导脑电数据的特征统计见表 11-2，其中，1～204 维属于非线性几何特征，205～276 维属于非线性属性特征，二者的结合为非线性全局特征。

表 11-2 情感脑电非线性特征统计

特征类型		特征编号	统计特征
非线性全局特征	非线性几何特征	1～96	吸引子到圆心距离的最大值、最小值、均值、中值、方差、标准偏差、偏度、峰度
		97～192	吸引子到标识线距离的最大值、最小值、均值、中值、方差、标准偏差、偏度、峰度
		193～204	吸引子连续轨迹到圆心距离的总长度
	非线性属性特征	205～216	近似熵
		217～264	Hurst 的最大值、最小值、均值、方差
		265～276	最大 Lyapunov 指数

11.2.2 结合非线性全局特征和谱特征的情感脑电识别实验

情感特征子集的提取是实现情感识别的关键，脑电信号特征主要包括谱特征以及非线性特征，为了构造更有效的脑电情感特征子集，本节将脑电信号的谱特征以及非线性全局特征进行融合。功率谱熵[20]作为具有代表性的谱特征，可以有效地表征大脑电生理活动状况，因此，功率谱熵可以作为度量大脑电生理活动的一个参数，本节将功率谱熵特征与非线性全局特征进行结合实现脑电信号的情感识别。

1. 特征融合

在目前的研究中，主成分分析（principal component analysis，PCA）是实现特征融合的有效算法，其主要利用正交变换的方法，将一组可能存在相关性的变量转换为线性不相关的变量，即变换后可用较少的变量来代替原始变量的大部分信息，不仅通过压缩变量的个数去除特征之间的冗余信息，而且构造更具有代表性的特征向量。

基于以上提取的特征，采用 PCA 算法对脑电信号的非线性全局特征及功率谱熵特征实现了特征融合，最终选取方差矩阵特征根差异性较大的前 125 维主成分作为新的特征量，其中每种情感的累积贡献率均在 90%以上。脑电信号作为典型的非线性信号，该算法结合脑电信号的属性特性和几何结构两方面提取了其非线性情感特征，更全面地表达了脑电信号的非线性特性，将其与功率谱熵特征的结合构造出更有效的脑电信号情感特征集合。

2. 实验方案及结果分析

情感识别的关键技术为情感特征提取，为了验证本节所提取非线性全局特征的可行性以及融合算法的有效性，分别以二分类和四分类两种方式进行设计，实验设计如下：

非线性全局特征是从几何结构和属性特性上对脑电信号非线性特性的表征，为了验证该特征的有效性，设计二分类实验，首先，分别提取脑电信号的非线性几何特征和非线性属性特征以及功率谱熵三种特征，以 SVM 为分类器分别进行情感识别；然后，分别以本节提取的非线性全局特征和结合非线性全局特征和谱特征后的综合特征为情感参数，使用 PCA 技术降维处理得到的主成分作为特征向量，以 SVM 为分类器分别进行情感识别，实验结果见表 11-3。表中每行的识别结果对应最左边列中两种情感的识别率的平均值。

表 11-3　二分类情感脑电识别率　（%）

情感状态	情感脑电特征				
	功率谱熵	非线性属性特征	非线性几何特征	非线性全局特征	本节特征融合算法
生气+悲伤	52.50	90.80	81.38	91.00	92.21
生气+高兴	52.50	91.34	79.87	91.91	94.48
生气+中性	51.30	91.34	84.09	92.85	92.53
悲伤+高兴	49.75	85.49	75.97	93.50	95.45
悲伤+中性	55.25	88.31	77.49	93.18	93.83
高兴+中性	52.00	85.50	76.30	89.93	90.58

为了提取脑电信号更有效的情感特征子集，本实验设计为四分类实验，首先设计实验一、实验二分别以脑电信号的非线性几何特征和脑电信号的非线性属性特征为情感特征进行情感识别。实验三将两类非线性特征进行结合，并使用 PCA 技术降维处理得到的主成分作为特征向量，其中主成分的累积贡献率均在 90%以上，以 SVM 为分类器进行情感识别。实验四使用本节提出的基于 PCA 的非线性全局特征以及功率谱熵的融合算法，以 SVM 为分类器进行情感识别，识别结果见表 11-4。

表 11-4 四分类情感脑电识别率 （%）

实验	特征类型	悲伤	生气	高兴	中性	平均识别率
实验一	非线性几何特征	81.39	81.20	75.76	64.07	75.61
实验二	非线性属性特征	75.10	82.03	70.34	79.87	76.84
实验三	非线性全局特征	82.47	76.41	78.79	79.87	79.39
实验四	本节特征融合算法	89.18	85.71	86.58	84.20	86.42

从表 11-3 和表 11-4 结果可以得到以下结论：

（1）表 11-3 结果显示，在脑电信号情感识别中，首先，功率谱熵的情感识别率均在 50%左右。非线性属性特征的识别率均在 85%以上，相比功率谱熵提高了 35 个百分点左右，而所提取的非线性几何特征的情感脑电信号平均识别率均在 75%以上，相比功率谱熵平均识别率提高了约 25 个百分点左右，而相比非线性属性特征识别率减少约 10 个百分点。分析其原因，在图 11-1 的三维空间结构上可以看出，四种情感的空间结构相似性比较大，因此，相比非线性属性特征而言，非线性几何特征情感识别率较低。但是，在四种情感中，“生气”情感识别率相对较高，主要因为在三维空间中“生气”情感相对其他情感聚合程度较高，所以出现误判的可能性较小。综上可知，在上述三类情感特征中，非线性属性特征性能最优。其次，非线性全局特征的情感识别率均在 90%左右，相比非线性几何特征和非线性属性特征识别率均有所提高，该结果证实，非线性几何特征和非线性属性特征在情感识别性能上有相互补充的作用，同时证明了所提取非线性几何特征的有效性。最后，利用提出的基于 PCA 的脑电信号的非线性全局特征以及功率谱熵的特征融合算法进行情感识别，最终的识别率相对非线性全局特征均有所提高。因此，所提出的基于 PCA 的脑电信号的非线性全局特征以及功率谱熵的特征融合算法可以构造出更优的脑电信号情感特征集合。

（2）从表 11-4 结果可以看出，实验一以脑电信号的非线性几何特征为情感参数进行情感识别，平均识别率可达 75.61%，其中“生气”情感的识别率相对较高，与上文二分类实验中非线性几何特征验证实验结论一致。“中性”情感的识别率较低，这是因为“中性”情感相对其他情感聚合度略低，与其他情感具有较多相似的特征子集，因此，四分类实验中，“中性”情感误判的可能性较大，但是整体识别率比较理想，该实验验证了所提取的非线性几何特征的有效性。实验二以脑电信号的非线性属性特征为情感参数进行情感识别，平均识别率可达 76.84%，相对非线性几何特征，情感平均识别率提高了 1.23 个百分点。实验三将非线性几何特征与非线性属性特征结合的实验结果显示，平均识别率为 79.39%，相比非线性几何特征的情感平均识别率提高了 3.78 个百分点，相比非线性属性特征的情感平均识别率提高 2.55 个百分点，该实验证明了脑电信号情感识别中非线性全局特征的有效性，同时也证实了所提取的非线性几何特征的可行性。实验四结果显示，应用提出的基于 PCA 的非线性全局特征以及功率谱熵特征的融合算法，平均识别率为 86.42%，相比前三个实验，平均识别率分别提高 10.81 个百分点、9.58 个百分点和 7.03 个百分点，该结论验证了融合算法的有效性，同时说明功率谱熵与非线性几何特征以及非线性属性特征在情感识别上具有相互补充的作用，可以达到更理想的识别效果。

（3）图 11-2 更直观地显示出了四种特征类型的情感识别结果，所提出的特征的融合算法具有较好的识别性能，同时，悲伤的识别率最高，可达 89.18%。因此，非线性全局特征与功率谱熵的结合可以构造出更有效的脑电信号情感特征参数。

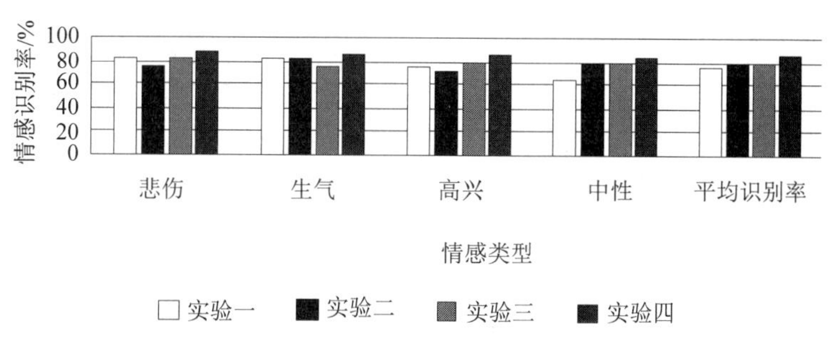

图 11-2　四分类情感识别结果

11.3　基于压缩感知的情感识别模型

在一个完整的情感识别系统中，实验数据要经过识别模型才能得到最终的识别结果。鉴于情感识别对识别模型鲁棒性、高效性的要求，以及常用识别模型在这两个方面的不足，本节在研究基于压缩感知（compressed sensing，CS）的情感分类方法基础上，提出基于 CS 的情感识别模型。

本节首先对压缩感知的基本理论和相关概念进行介绍，其次详细说明了提出的压缩感知情感识别模型中冗余字典的构建、观测矩阵的确定以及重构算法的选择和优化，然后通过对语音信号的重构实验，验证本节改进的重构算法的性能，最后对构建的基于 CS 的情感识别模型的原理框图和情感识别过程进行了介绍。基于 CS 的语音及其脑电信号的情感识别实验将在 11.3.2 节和 11.4 节中进行论述。

11.3.1　压缩感知基本理论

压缩感知理论中有两个基本前提，即信号的稀疏性和不相关性。稀疏性是指待研究的信号必须在某个空间内是稀疏的，不相关性是指信号的测量矩阵和观测矩阵是不相关的。基于 CS 对信号进行识别的过程，实际上就是对压缩后的信号再进行稀疏分类（sparse representation-based classifier，SRC）的过程。将高维数据压缩，并采用压缩后的数据对信号进行识别，可大大简化高维信号分类过程中的计算量。

1. 稀疏分类

若将一个 $N\times 1$ 维的实信号 $\boldsymbol{X}=\sum_{i=1}^{N}x_i$ 投影到某一 $S\times N$ 维的变换域 $\boldsymbol{\varPsi}=\sum_{i=1}^{N}\boldsymbol{\varPsi}_i$ 上，则信号可以表示为

$$\theta = \boldsymbol{\Psi} X \tag{11-6}$$

若θ具有稀疏性，即θ中非零系数的个数$K \ll N$，则表明信号X是可压缩的，θ称为X的稀疏系数，$\boldsymbol{\Psi}$称为X的稀疏表示矩阵又称为稀疏字典。其中，若Ψ_i为S维矩阵，则稀疏系数θ的维数为$S\times 1$维；若$S<N$，则$\boldsymbol{\Psi}$为欠完备字典；若$S=N$，则$\boldsymbol{\Psi}$为完备字典；若$S>N$，则$\boldsymbol{\Psi}$为冗余字典。对于稀疏表示而言，若不同类别的信号可在稀疏字典上得到稀疏表示，那么在该字典下就会是几乎无损失的还原原始信号。根据这个原理，稀疏分类实质上是将待检测的信号投影到各个类别的稀疏字典中，然后判断信号在哪一类稀疏字典中重构后的信号与原始信号之间的差异最小，那么该信号的类别就是该稀疏字典的类别。稀疏分类的数学模型如下：

假设信号X需要被识别的类别数为 i 个，$\boldsymbol{\Psi}=[\Psi_1,\Psi_2,\cdots,\Psi_i]$为$i$类训练样本组成的冗余字典，其中$\Psi_i$表示由第 i 类训练样本组成的稀疏字典，任意一个测试样本X都可以通过冗余字典$\boldsymbol{\Psi}$对其进行重构，X在字典$\boldsymbol{\Psi}$下都可以稀疏表示为式（11-6），其中，$\theta=[\theta_1,\theta_2,\cdots,\theta_i]$，$\theta_i$为第$i$类样本的稀疏系数，根据稀疏分类的原理，若式（11-7）的结果小于任意ε，那么信号X就为第i类数据。

$$\min\left\|X-\boldsymbol{\Psi}^{-1}\theta_i\right\|_2^2<\varepsilon \tag{11-7}$$

研究表明，稀疏分类有较好的鲁棒性，但其采用原始数据分类，训练复杂度较高。压缩感知分类需要对信号先进行压缩，然后进行稀疏分类，其优点是可以将高维信号压缩成低维信号再进行分类，可简化分类计算复杂度。在进行分类时，压缩感知分类与稀疏分类相同，都需要构造适合分类的冗余字典。

采用 CS 对信号进行识别要经过两个步骤：信号的压缩和信号的重构与识别。

2. 信号的压缩

假定输入任意一个$N\times 1$维的情感信号$X=\sum_{i=1}^{N}x_i$，稀疏字典$\boldsymbol{\Psi}=[\Psi_1,\Psi_2,\cdots,\Psi_i]\in R^{S\times N}$是由全部情感类别的训练样本组成的冗余字典，当$X$可在$\boldsymbol{\Psi}$上稀疏表示时，即有$\theta=\boldsymbol{\Psi}X$且$\theta$满足非零系数的个数 $K\ll N$，采用与稀疏字典$\boldsymbol{\Psi}$不相关的观测矩阵$\boldsymbol{\Phi}\in R^{M\times N}$ $(K<M\ll N)$对信号X进行压缩，压缩后的信号为

$$\boldsymbol{Y}=\boldsymbol{\Phi}X=\boldsymbol{\Phi}\boldsymbol{\Psi}^{-1}\theta=\boldsymbol{A}_{\text{CS}}\theta \tag{11-8}$$

其中，$\boldsymbol{A}_{\text{CS}}=\boldsymbol{\Phi}\boldsymbol{\Psi}^{-1}$称为CS的信息算子，也可以看作是对应信号$\boldsymbol{Y}$的冗余字典。$\boldsymbol{Y}$称为观测向量，式（11-8）实质上是对信号$\boldsymbol{X}$进行了线性变换，变换后的观测值$\boldsymbol{Y}$为$M\times 1$维，信号的压缩比$R$为

$$R=M/N \tag{11-9}$$

3. 信号的重构与识别

在对信号进行重构时，实际上就是由稀疏系数θ求解观测值 Y 的过程，根据$K<M\ll N$，首先将θ的求解转化为l_0范数[21]的优化问题，即只要求出θ中的K个非零系数即可，求解方法如式（11-10）所示。

$$\min\|\theta\|_0 \tag{11-10}$$

$$\hat{\boldsymbol{Y}}=\boldsymbol{A}_{\text{CS}}\theta \tag{11-11}$$

再根据式（11-11）就可以估计出压缩后的信号$\hat{\boldsymbol{Y}}$。因为本节提出的基于 CS 的识别模型采用压缩后的信号进行分类，因此在信号重构时，根据式（11-12）重构出观测向量$\hat{\boldsymbol{Y}}$即可，不需要对原信号$\boldsymbol{X}$进行重构。信号的稀疏程度越大，重构后的信号就越接近原始信号，因此，若要对信号实现几乎无损失的恢复，则需要采用冗余字典对信号进行重构。

在 CS 理论中，通常使用的重构算法是基于l_0范数优化的正交匹配追踪（OMP）[22]算法和稀疏度自适应匹配追踪（SAMP）[23]算法。

基于 CS 对信号进行识别时，是将压缩后的信号$\boldsymbol{Y}$作为需要分类的信号，然后对其进行稀疏分类，其后续分类过程与稀疏分类相似，令$\boldsymbol{Y}=\boldsymbol{X}, \boldsymbol{A}_{\text{CS}}{}^{-1}=\boldsymbol{\Psi}$，则有 $\boldsymbol{Y}$ 在冗余字典$\boldsymbol{A}_{\text{CS}}{}^{-1}$下稀疏表示为

$$\theta=\boldsymbol{\Psi}X=\boldsymbol{A}_{\text{CS}}{}^{-1}\boldsymbol{Y} \tag{11-12}$$

式中，$\theta=[\theta_1,\theta_2,\cdots,\theta_i]$，$\theta_i$为第$i$类样本的稀疏系数，若式（11-13）的结果小于任意ε，那么信号$\boldsymbol{Y}$就为第i类数据。

$$\min\|Y-\boldsymbol{A}_{\text{CS}}\theta_i\|_2^2<\varepsilon \tag{11-13}$$

11.3.2　CS 识别模型的构建

在 CS 理论中，信号的稀疏变换、观测矩阵和重构算法是三个较重要的模块，也是决定 CS 情感识别模型好坏的关键。以下将对构建的 CS 识别模型中的这三个模块分别进行介绍，其中信号的稀疏变换部分主要介绍冗余字典的构建方法。

1. 冗余字典的构建

在压缩感知理论中，信号越稀疏，重构后的信号越准确。根据信号的稀疏表示公式$\theta=\boldsymbol{\Psi X}$可知，当一个$N\times1$维信号在一个$S\times N$维的字典上稀疏表示时，得到的稀疏系数$\theta$为$S$维。$\theta$中非零系数个数不变时，$S$越大，说明信号越稀疏。当$S>N$时，我们称这个字典为冗余字典。冗余字典为信号自适应的稀疏扩展提供了最大程度的灵活性，同时，字典的冗余特性能更好地捕捉信号本质特征[24]，因此，本节选择冗余字典对信号进行重构。另外，为了使冗余字典能自适应调整以达到信号最稀疏表示的目的，采用 KSVD 算法[25]进行冗余字典的训练。K-SVD 算法具体步骤如下：

1）构造初始字典

初始字典由全部情感类型的训练样本组成，$\boldsymbol{\Psi}=[\boldsymbol{\Psi}_1,\boldsymbol{\Psi}_2,\cdots,\boldsymbol{\Psi}_i]$，$\boldsymbol{\Psi}\in R^{S\times N}$，$S$ 为全部训练样本的个数，N为训练样本的维数，也就是每个训练样本的特征个数，i为情感的类别，由于压缩感知系统中采用压缩后的信号$\boldsymbol{Y}$对情感进行分类，因此重构信号采用的是$\hat{\boldsymbol{Y}}=\boldsymbol{A}_{\text{CS}}\theta\in R^{M\times1}$，即将$\boldsymbol{A}_{\text{CS}}=\boldsymbol{\Phi\Psi}^{-1}=[\boldsymbol{A}_{\text{CS}1},\boldsymbol{A}_{\text{CS}2},\cdots,\boldsymbol{A}_{\text{CS}i}]\in R^{M\times S}$作为重构信号的冗余字典，$\boldsymbol{A}_{\text{CS}}$中每一列称为其中的一个原子，$\boldsymbol{A}_{\text{CS}i}=[Y_{i,1},Y_{i,2},\cdots,Y_{i,n_i}]$，其中，$n_i$表示每种情感训练样本的个数。根据式（11-12），测试样本Y_i的重构过程可表示为：$Y_i=\boldsymbol{A}_{\text{CS}}\theta_i'$，$\theta_i'$为第$i$类样本的稀疏系数。

2）字典更新

根据不等式 $\min\|Y_i - \boldsymbol{D}\theta_i'\|_F^2 < \varepsilon$，对初始字典进行训练，得到新的冗余字典 $\boldsymbol{D} = \sum_1^i \boldsymbol{D}_i$。$\boldsymbol{D}_i$ 即为训练好的适用于第 i 类情感样本稀疏表达的稀疏字典。训练过程如下：

① 稀疏编码阶段：初始化字典 $\boldsymbol{D}$，令 $\boldsymbol{D} = \boldsymbol{A}_{\mathrm{CS}}$，根据 Y_i 已知，求解式 $\min\|Y_i - \boldsymbol{D}\theta_i'\|_F^2 < \varepsilon$，根据现有的重构算法即可计算出每个样本的稀疏系数 θ_i'。

② 字典更新阶段：在上一步中 θ_i' 和 Y_i 给定的情况下，假设字典 $\boldsymbol{D}$ 未知，求解字典 $\boldsymbol{D}$ 的过程即为字典更新阶段，其方法是假设稀疏系数 θ_i' 和字典 $\boldsymbol{D}$ 的 $K-1$ 个原子是固定的，逐个更新字典第 k 列的原子 d_k 及其相应的稀疏系数 $\theta_i'^k$。其目标逼近函数为

$$\|Y_i - \boldsymbol{D}\theta_i'\|_2^2 = \left\|\left(Y_i - \sum_{j\neq k} d_j\theta_i'^j\right) - d_k\theta_i'^j\right\|_2^2 = \|\boldsymbol{E}_k - d_k\theta_i'^j\|_2^2 \tag{11-14}$$

式中，$\boldsymbol{E}_k = y_i - \sum_{j\neq k} d_j\theta_i'^j$ 为误差矩阵。

③ 用 $\omega_k = \{t|1 \leqslant t \leqslant K, \theta_i'^k(t) \neq 0\}$ 表示所用到原子位置的索引集合，即非零值的位置集合。用 E_k^R 表示非零值位置对应原子的集合。

④ 对 E_k^R 进行奇异值分解（singular value decomposition，SVD），$E_k^R = \boldsymbol{U\Delta V}^{\mathrm{T}}$，其中，$\boldsymbol{U}$ 是 $M\times M$ 阶酉矩阵；$\boldsymbol{\Delta}$ 是半正定 $M\times K$ 阶对角矩阵；$\boldsymbol{V}^{\mathrm{T}}$ 是 $\boldsymbol{V}$ 的转置，是 $K\times K$ 阶酉矩阵；$\boldsymbol{\Delta}$ 对角线上的元素即为 E_k^R 的奇异值。E_k^R 的 SVD 分解可看作是用最大的一个奇异值的相关列与行的乘积逼近 E_k^R。记 $\tilde{d}_k$ 为 U 的第一列，并用其替换字典中的第 k 个原子 d_k，将 $\theta_R'^k$ 替换为 $\boldsymbol{\Delta}$ 与 $\boldsymbol{V}^{\mathrm{T}}$ 乘积所得矩阵的第一行 $\tilde{\theta}_R'^k$，根据上述过程对其他原子进行更新，经过 K 次迭代，完成字典 $\boldsymbol{D}$ 的更新。

2. 观测矩阵的确定

根据式（11-6）可知，若想在已知 Y 和 $\boldsymbol{A}_{\mathrm{CS}}$ 的情况下重构出稀疏系数 $\boldsymbol{\theta}$，必须保证信息算子 $\boldsymbol{A}_{\mathrm{CS}} = \boldsymbol{\Phi\Psi}^{-1}$ 不会将两个不同的 K 稀疏信号映射到同一个采样集合中，即保证原空间到稀疏空间的一一映射关系。Candes 和 Tao 给出证明，若要实现上述条件，必须使 $\boldsymbol{A}_{\mathrm{CS}}$ 满足有限等距性质[26]（restricted isometry property，RIP）。RIP 定义如下：

若对所有的 K 稀疏信号 X，$X \in S_K = \{\upsilon \in R^N : \|\upsilon\|_0 = K\}$，矩阵 $\boldsymbol{A}_{\mathrm{CS}}$ 若满足

$$(1-\delta_K)\|X\|_2^2 \leqslant \|\boldsymbol{A}_{\mathrm{CS}}X\|_2^2 \leqslant (1+\delta_K)\|X\|_2^2 \tag{11-15}$$

式中，$0 < K < M, 0 \leqslant \delta_K < 1$，则称矩阵 $\boldsymbol{A}_{\mathrm{CS}}$ 满足有限等距性质（RIP）。E.J.Candes 指出只要观测矩阵 $\boldsymbol{\Phi}$ 和稀疏字典 $\boldsymbol{\Psi}$ 不相干，则能很大概率上保证 $\boldsymbol{A}_{\mathrm{CS}}$ 满足 RIP[27]。本节中稀疏字典由训练样本构成，并经过 K-SVD 算法更新得到。经研究得，随机矩阵与任意固定的变换矩阵都具有极大的不相干性，因此，本节选择随机矩阵中的高斯矩阵作为压缩感知算法中的观测矩阵。

3. 重构算法的选择及优化

从 CS 理论分析可知，信号的重构是从观测向量 $\boldsymbol{Y} \in R^M$ 中恢复稀疏系数 θ，然后通

过$\hat{\boldsymbol{Y}}=\boldsymbol{A}_{\text{CS}}\boldsymbol{\theta}$重构出需要分类的信号$\boldsymbol{Y}$的过程。根据式（11-10）和式（11-11），在信息算子$\boldsymbol{A}_{\text{CS}}=\boldsymbol{\Phi}\boldsymbol{\Psi}^{-1}$已知的情况下，稀疏系数的求解主要解决的问题如下：

$$\hat{\theta}=\arg\min\|\theta\|_0 \quad \text{s.t.} \quad \boldsymbol{Y}=\boldsymbol{A}_{\text{CS}}\boldsymbol{\theta} \tag{11-16}$$

式中，$\|\theta\|_0$指的是向量的零范数，即向量中非零项的个数，在式（11-16）中，由于$\boldsymbol{\theta}$的维数$S>M$，因此$\boldsymbol{Y}=\boldsymbol{A}_{\text{CS}}\boldsymbol{\theta}$为欠定方程，有无穷多个解。解决这个问题通常需要借助信号的稀疏性，将问题转为l_0范数的最小化问题。常用的基于l_0范数的优化方法有 OMP 算法和 SAMP 算法，另外，基于 SAMP 算法存在步长固定导致重构精度不够和过度估计的问题，提出改进的变步长自适应匹配追踪（VssAMP）算法来提高信号的重构精度。由于这三种重构方法都是基于l_0范数的贪婪算法，因此在对这三种重构方法介绍之前，首先对贪婪算法进行简单的介绍。

在$\boldsymbol{Y}=\boldsymbol{A}_{\text{CS}}\boldsymbol{\theta}$中，$\boldsymbol{A}_{\text{CS}}\in R^{M\times S}=[\alpha_1,\alpha_2,\cdots,\alpha_S]$，则$\boldsymbol{Y}=\boldsymbol{A}_{\text{CS}}\boldsymbol{\theta}=\sum_{j=1}^{s}\alpha_j\theta_j$，已知$\boldsymbol{\theta}$中含有$K$个非零数，因此可以将$\boldsymbol{Y}$看成是$\boldsymbol{A}_{\text{CS}}$中$K$个列向量的线性组合，即

$$\boldsymbol{Y}=\boldsymbol{A}_{\text{CS}}\boldsymbol{\theta}=\sum_{j=1}^{s}\alpha_j\theta_j=\sum_{j\in\Lambda_K}\alpha_j\theta_j \tag{11-17}$$

式中，Λ_K是指$\boldsymbol{A}_{\text{CS}}$中参与观测向量$\boldsymbol{Y}$形成的$K$个列向量。贪婪算法就是指找出这些列的过程，其基本思想是：在每次迭代的过程中，不断匹配原子或原子集来计算重构信号与原始信号的残差，当残差足够小时，得出最匹配的原子集合。

1）正交匹配追踪算法

正交匹配追踪算法（OMP）是指在每次迭代的过程中，运用 Schmidt 正交化的方法，将选中的原子集合进行正交化来计算信息算子里为$\boldsymbol{A}$（这里为简化表示，用$\boldsymbol{A}$代替前文的$\boldsymbol{A}_{\text{CS}}$）与当前残差的相关性，找出最相关的原子形成信号的支撑集，然后采用最小二乘法进行信号的稀疏逼近，求出残差，再次通过残差选择更匹配的原子，来对支撑集进行更新，如此反复迭代，完成信号的重建。OMP 算法有较高的匹配速度，但其一次只能匹配一个原子，且需要提前知道信号的稀疏度，以确定信号的迭代次数。但就大部分实际情况而言，信号的稀疏度都是未知的，这就使该算法的使用存在较大的局限性。OMP 算法的具体实现步骤如下：

输入：观测向量$\boldsymbol{Y}\in R^M$，信息算子$\boldsymbol{A}\in R^{M\times S}=[\alpha_1,\alpha_2,\cdots,\alpha_S]$，设定信号稀疏度为$K$。

输出：信号稀疏系数估计$\hat{\boldsymbol{\theta}}$。

下面流程中，r为残差，Λ_t为第t次迭代时的索引集合，t为迭代次数，a_i为矩阵$\boldsymbol{A}$的第i列。

初始化：$r=Y$，$\Lambda_0=\varnothing$，$t=1$。

迭代过程：

Step1：寻找最匹配原子。

$\alpha^t=\arg\max(\langle r^{t-1},\alpha_i\rangle)$，$(i=1,2,\cdots,s)$，$\Lambda^t=\Lambda^{t-1}\cup\{\alpha^t\}$，$\boldsymbol{A}_K^t=[\boldsymbol{A}_K^{t-1},\alpha^t]$

Step2：求解最小二乘法得到估计的稀疏系数。

$\theta^t=\arg\min\|Y-\boldsymbol{A}_K^t\theta\|_2$，$r^t=Y-\boldsymbol{A}_K^t\theta^t$，$t=t+1$，$t=K$时停止迭代。

2）稀疏度自适应匹配追踪算法

SAMP 算法是 OMP 的一种改进算法，它通过设置固定步长s，将迭代过程分成多个阶段，在每个阶段中信号重构所需支撑集原子数不变，在保证当前残差小于上一次残差的条件下，通过求取$\boldsymbol{A}$与当前残差的最相关原子不断更新支撑集，当不满足这一条件时，以步长s扩大支撑集的原子个数，重复之前操作，当残差小于设定的终止迭代阈值T_2时，终止迭代。SAMP 算法可在盲稀疏状态下对信号进行稀疏估计，但该算法采用固定步长的方法，当步长设置较大时，可能会导致重构精度不够和过度估计的问题，而步长设置太小，则会造成训练次数增多，训练时长变长的问题，因此也不能达到最佳的重构效果。SAMP 算法的具体步骤如下。

输入：观测向量$\boldsymbol{Y} \in R^M$，信息算子$\boldsymbol{A} = \boldsymbol{\Phi\Psi}^{-1} \in R^{M \times S}$，迭代步长$s$，稀疏阈值 sigma。

输出：信号稀疏表示系数估计$\hat{\theta}$。

以下流程中，r_i表示残差，t表示迭代次数，Λ_t表示t次迭代的索引集合，L为元素个数，L等于整数倍步长s，a_j表示矩阵$\boldsymbol{A}$的第j列，θ_t为$Lt \times 1$维列向量。

初始化：$r_0 = Y$，$\Lambda_0 = \varnothing$，$L = s$，$t = 1$。

迭代过程：

Step1：计算$u = abs[\boldsymbol{A}^t r_{t-1}]$，选取令$u$取得前$L$个最大值时对应$\boldsymbol{A}$的列序号$j$构成集合$S_k$。

Step2：令C_k=$\Lambda_{t-1} \cup S_k$，$\boldsymbol{A}_t$=$\{a_j\}$。

Step3：求Y=$\boldsymbol{A}_t\theta_t$的最小二乘解$\hat{\theta}_t$=（$\boldsymbol{A}_t^{\mathrm{T}}\boldsymbol{A}_t$)$^{-1}\boldsymbol{A}_t^{\mathrm{T}}Y$。

Step4：$\hat{\theta}_t$中绝对值最大的L项记为$\hat{\theta}_{tL}$，对应$\boldsymbol{A}_t$中的L列记为$\boldsymbol{A}_{tL}$，对应$\boldsymbol{A}$的列序号记为Λ_{tL}，记集合$F = \Lambda_{tL}$。

Step5：更新残差r_{new}=$Y -$（$\boldsymbol{A}_{tL}^{\mathrm{T}}\boldsymbol{A}_{tL}$)$^{-1} \cdot \boldsymbol{A}_{tL}^{\mathrm{T}}Y$。

Step6：若残差$r_{\text{new}} \leqslant$ sigma，停止迭代进入 Step7；若残差$\|r_{\text{new}}\|_2 \geqslant \|r_{t-1}\|_2$，则更新步长$L = L + s$并返回 Step1；若前面两个条件都不满足，则$\Lambda_t = F$，$r_t = r_{\text{new}}$，$t = t + 1$；若$t$ >M，停止迭代进入 Step7，否则返回 Step1。

Step7：重构所得$\hat{\theta}$在Λ_{tM}处有非零项，其值分别为最后一次迭代所得$\hat{\theta}_{tM}$。

3）变步长自适应匹配追踪算法

基于 SAMP 算法的不足，为更准确地实现信号的重构，提出双阈值变步长自适应匹配追踪算法（VssAMP）。研究表明，在贪婪迭代算法中，相邻 2 次迭代的残差是逐步减小的，且随着迭代次数的增加，残差下降速度越来越慢[28]。根据这一原理，设定两个阈值T_1和T_2，当残差$r \geqslant T_2$时，信号迭代步长的增加量为s，当残差$T_2 \geqslant r \geqslant T_1$时，信号迭代步长的增加量为$s/2$。这样既能提高重构速度，又能保证重构精度。VssAMP 算法的具体实现步骤如下。

输入：观测向量$\boldsymbol{Y} \in R^M$，信息算子$\boldsymbol{A} = \boldsymbol{\Phi\Psi}^{-1} \in R^{M \times N}$，迭代步长$s$，变步长的两个阈值$T_1$和$T_2$。

输出：信号稀疏系数估计$\hat{\theta}$。

下面流程中，r_i 表示残差，Λ_t 表示第 t 次迭代时的索引集合，L 表示元素个数，t 为迭代次数，a_j 表示矩阵 $\boldsymbol{A}$ 的第 j 列，θ_t 为 $Lt\times 1$ 的列向量。

初始化：$r=Y$，$\Lambda_0=\varnothing$，$L=s$，$t=1$。

迭代过程：

Step1：计算 $u=abs[\boldsymbol{A}^t r_{t-1}]$，选取令 u 取得前 L 个最大值时对应 $\boldsymbol{A}$ 的列序号 j 构成集合 S_k。

Step2：令 $C_k=\Lambda_{t-1}\cup S_k$，$\boldsymbol{A}_t=\{a_j\}$。

Step3：求 $Y=\boldsymbol{A}_t\theta_t$ 的最小二乘解 $\hat{\theta}_t=(\boldsymbol{A}_t^{\mathrm{T}}\boldsymbol{A}_t)^{-1}\boldsymbol{A}_t^{\mathrm{T}}Y$。

Step4：$\hat{\theta}_t$ 中绝对值最大的 L 项记为 $\hat{\theta}_{tL}$，对应 $\boldsymbol{A}_t$ 中的 L 列记为 $\boldsymbol{A}_{tL}$，对应 $\boldsymbol{A}$ 的列序号记为 Λ_{tL}，记集合 $F=\Lambda_{tL}$。

Step5：更新残差 $r_{\mathrm{new}}=Y-\boldsymbol{A}_{tL}(\boldsymbol{A}_{tL}^{\mathrm{T}}\boldsymbol{A}_{tL})^{-1}\cdot\boldsymbol{A}_{tL}^{\mathrm{T}}Y$。

Step6：若 $\|r_{\mathrm{new}}\|_2<\|r_{t-1}\|_2$，$\Lambda_t=F$，$r_t=r_{\mathrm{new}}$，$t=t+1$，转入 Step1，否则转入 Step7。

Step7：如果残差 $r_{\mathrm{new}}\geqslant T_2$，则更新步长 $L=L+s$，如果残差 $T_2\geqslant r_{\mathrm{new}}\geqslant T_1$，更新步长 $L=L+s/2$，同时更新迭代次数 $t=t+1$ 并返回 Step1；如果残差 $r_{\mathrm{new}}<T_1$ 或 $t>M$，停止迭代进入 Step8。

Step8：重构得到的 $\hat{\theta}$ 在 Λ_{tM} 处有非零项，其值分别为最后一次迭代求得的 $\hat{\theta}_{tM}$。

11.3.3 CS 中不同重构算法性能对比实验

在 CS 识别系统中，一个高精确度的重构算法是进行情感识别的基础。为验证本节提出的 VssAMP 重构算法的有效性，分别采用 OMP、SAMP 和 VssAMP 对 20 条英语语音进行重构，其中，OMP 算法是在给定每帧信号的稀疏度估计值的情况下仿真的，SAMP 算法固定步长设置为 4，每段语音的时长为 2s，帧长为 512 个采样点。针对每段语音的实验都重复 5 次，取其平均作为最后的结果。采用的仿真软件为 MATLAB 2016，压缩比均设置为 R=0.5。实验采用信噪比、相对误差和迭代次数作为评价重构算法性能的指标。表 11-5 为不同算法重构语音信号的性能对比。

表 11-5　不同算法重构语音信号的性能对比

重构算法	信噪比/dB	相对误差	迭代次数
OMP	14.775	0.183	4913
SAMP	15.309	0.172	3116
VssAMP	16.627	0.165	2832

从表 11-5 中可以看出，VssAMP 算法重构后语音信号的信噪比高于传统的 OMP 和 SAMP 算法，相对误差低于 OMP 和 SAMP 算法，说明本节所提 VssAMP 算法重构后的信号更接近原始信号，具有更好的重构精度；从迭代次数的对比中可以得出，VssAMP 算法的迭代次数最少，证明了该算法具有最小的训练复杂度。

为更直观地对比不同算法的重构效果，做出了 OMP、SAMP 和 VssAMP 三种重构算法对某段语音重构后的效果图，如图 11-3 所示。

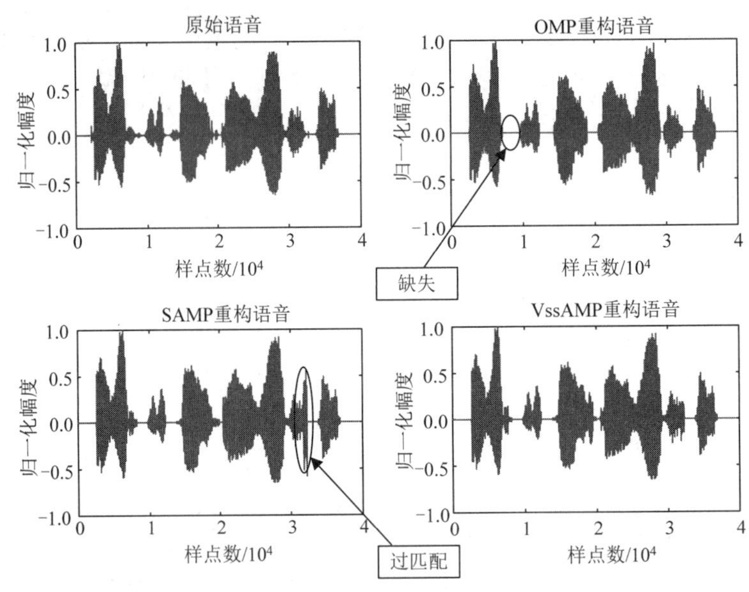

图 11-3 不同算法重构语音信号的效果图

从图 11-3 中可以看出，采用 OMP 算法进行重构时，原始语音中幅值较小的信号不能得到很好的重构，这可能是因为语音信号每帧的稀疏度都是不同的，而稀疏度的设定不能很准确地匹配每帧信号，造成重构信息的丢失；SAMP 算法重构的语音信号在略大于 3×10^4 处与原始语音信号有明显的不一致，幅值的明显增大是一种“过匹配现象”，这是由于SAMP算法固定步长导致的；VssAMP算法很好地解决了重构中的过匹配问题，且从图 11-3 中可以看出 VssAMP 算法重构后的语音信号与原始信号的相似度最高，结合表 11-5 得出本节所提的 VssAMP 算法具有最好的重构性能，因此，以下基于 CS 识别模型的实验中，都选择 VssAMP 作为重构算法。

11.3.4 CS 情感识别的过程

基于情感识别对识别模型鲁棒性、高效性的要求，本节提出基于 CS 的情感识别模型，该识别模型基本原理框图如图 11-4 所示。

基于 CS 识别情感信号的具体步骤如下：

（1）将需要识别的所有实验数据做归一化处理。避免数据的复杂性，提高识别速率。

（2）选择符合要求的观测矩阵 $\boldsymbol{\Phi}$。依据压缩感知算法中观测矩阵与稀疏字典不相关的原则，选取具有随机分布的高斯矩阵为观测矩阵。由式（11-9）可知，$\boldsymbol{Y}\in R^{M\times1}$ 即为压缩后的信号。

（3）构造及训练冗余字典。实验采用三折交叉验证划分训练集与测试集，由全部情感训练样本组成冗余字典，采用 K-SVD 方法对每种情感类型下的字典进行训练，优化后的冗余字典为 $\boldsymbol{D}=\sum_{1}^{i}\boldsymbol{D}_i$，$i$ 为情感的类型。

（4）重构测试样本 Y。Y 可在冗余字典 $\boldsymbol{D}$ 下稀疏表示为 $\theta'=\boldsymbol{D}Y$，再依据

$\min\|\theta' - \boldsymbol{D}Y\|_F^2 < \varepsilon$，通过求解最小化范数问题 $\min\|\theta'\|_0$，得出信号在冗余字典下的稀疏系数 θ_i'，$\theta'=[\theta_1',\theta_2',\cdots,\theta_i']$，其中 θ_i' 为第 i 类样本的稀疏系数，最后按类别重构出信号 $Y_i' = \boldsymbol{D}^{-1}\theta_i'$。

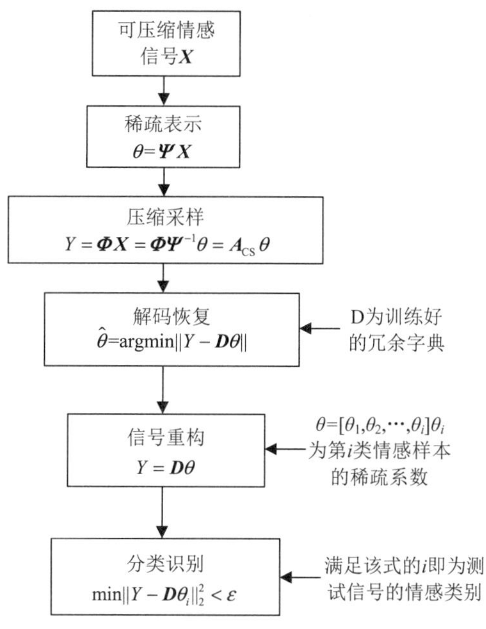

图 11-4　CS 情感识别模型原理框图

（5）计算残差。根据公式 $r_i(Y) = \|Y - Y_i'\|_2$，计算原始信号 Y 与重构出的信号 Y_i' 的残差。

（6）输出识别结果。残差最小时所在字典的类别即为测试数据的情感类别，最后输出识别结果。

11.4　基于 CS 的脑电辅助语音信号的情感识别

基于以上章节的介绍可知，语音和脑电信号是目前在情感识别领域常用且效果较好的两种信号。语音信号是了解对方情感状态最直接且相对容易的方式，但是，当人类主观上刻意对情感加以掩饰时，通过语音对情感识别的效果就不够客观。脑电信号具有数据采集简单、时间分辨率高的优点，且其作为一种生理信号具有不易受主观控制的特点，可以弥补语音信号的这一不足，因此，本节采用脑电信号辅助语音信号进行情感识别。为构造更真实、全面、高鉴别能力的情感特征，本节采用典型相关分析[29]（canonical correlation analysis，CCA）方法将语音和脑电信号的特征融合。

无论对语音信号还是脑电信号而言，信号在采集和处理的过程中，不可避免会受到噪声的干扰，且情感识别若应用于日常生活中，必须保证其实时性，即识别速度要快。压缩感知（CS）作为最近发展起来的一种信号处理方法，打破了传统奈奎斯特采样定理的限制，它可以使信号在采样的过程中达到压缩的目的，且具有较好的抗噪性能。因此将 CS 引入脑电辅助语音信号的情感识别系统中是很有必要的。

本节主要是以实验验证基于 CS 情感识别模型的有效性以及脑电辅助语音信号较单一信号在情感识别效果上的改善。具体内容包括：首先，分别对比分析基于 CS 的识别模型与 BP、SVM、SRC 在含噪语音、纯净语音和纯净脑电信号情感识别上的效果；然后，采用 CCA 融合语音和脑电信号的特征，输入 CS 识别模型中，得出最终的情感识别结果，并和采用单一语音、单一脑电及串行融合后的识别结果进行对比分析。

11.4.1 语音信号的情感识别

为了验证基于 CS 的识别模型较其他常用识别模型在区分语音情感状态上的有效性，采用 TYUT2.0 情感语音库进行仿真实验，该语音库中包括“悲伤”“生气”“高兴”“惊奇”“中性”五种情感，为保证数据的平衡，同时为保证信号的一致性，方便以下脑电辅助语音信号的实验更合理地展开，选取用于诱发脑电信号的刺激语音（每种情感各 50 句，共 250 句）作为实验最终的语音数据。本节首先介绍了用于语音情感识别的特征，然后为验证基于 CS 识别语音情感的可行性，绘出了语音信号在冗余字典下的稀疏表示图，最后为验证基于 CS 情感识别模型的高效性和抗噪性，对纯净语音和含噪语音进行情感识别，并采用 BP、SVM、SRC 做对比实验。本节所有实验均在 MATLAB2016 环境下仿真，为提高测试结果的可信度，采用 3 折交叉验证的方法，取 10 次实验的平均作为最终的实验结果，采用 CS 进行识别时，压缩比 R=0.5。

1. 情感语音信号的特征选择

语音情感特征的选择是语音情感识别中最关键问题之一，情感特征的优劣直接决定着情感最终的识别效果。基于实验室前期对语音情感特征的研究[29]，选用对语音情感识别效果较好的韵律特征及 MFCC 特征作为语音信号的情感特征，其中韵律特征共 38 维，MFCC 特征共 60 维，各个特征名称见表 11-6。

表 11-6 情感语音信号的识别特征

特征类型	特征维度	特征名称
韵律特征	1	语速
	2	平均过零率
	3～8	能量及其 1 阶差分的最大值、最小值、均值
	9～14	基频及其 1 阶差分的最大值、最小值、均值
	15～38	第 1、2、3 共振峰及其 1 阶差分的最大值、最小值、均值、方差
MFCC 特征	39～98	MFCC 前 12 阶的偏度、峰度、均值、方差、中值

2. 情感语音信号在冗余字典下的稀疏表示

基于 CS 识别原理的介绍可知，CS 对信号进行识别的过程实质上是对压缩后的信号再进行稀疏分类的过程。稀疏表示的基本思想是利用训练样本的线性组合拟合测试样本，对于多类别的样本而言，由全部训练样本组成的冗余字典对测试样本拟合的系数具有稀疏性（理论上系数向量中只有与测试样本相关联的类别系数是非零的，其余字典中非该类的原子对应系数应全为零)。为更直观地表示利用信号稀疏表示对语音情感进行分类的可行性，绘出了每种情感语音信号在冗余字典下的稀疏表示，如图 11-5 所示。

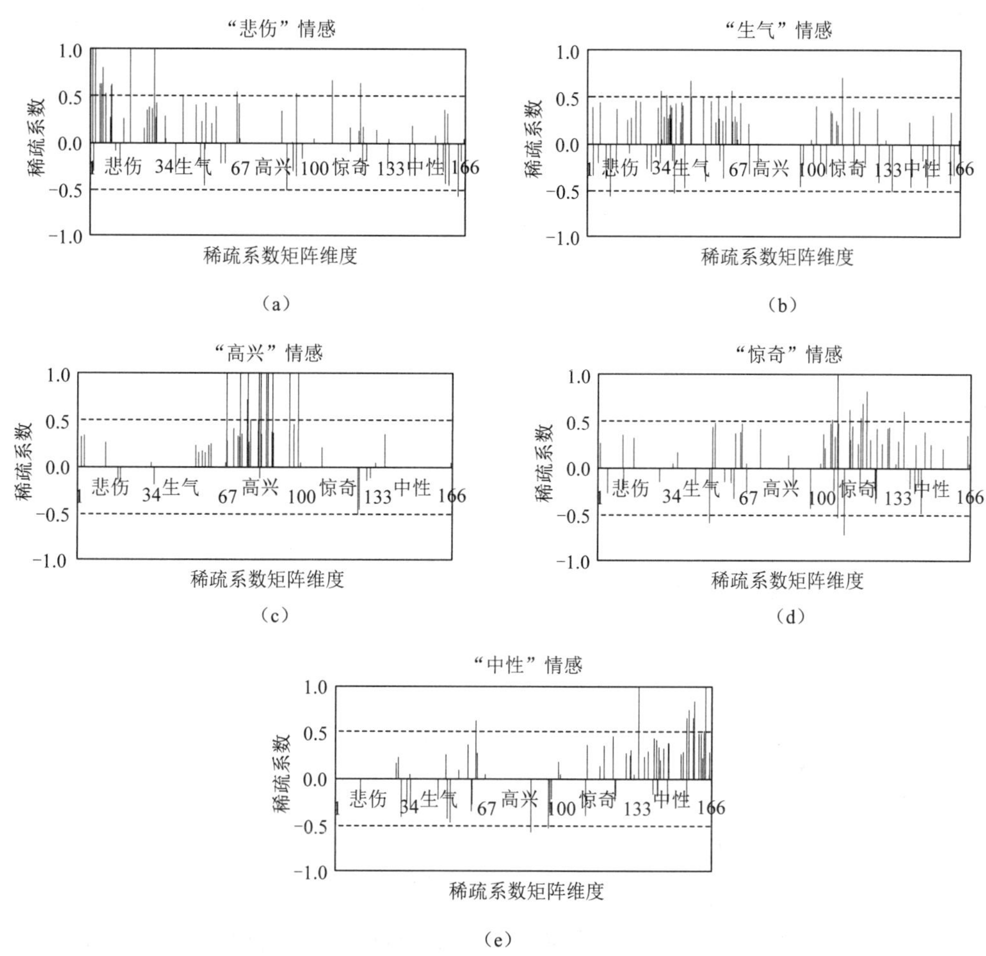

图 11-5　五种情感语音信号在冗余字典下的稀疏表示

冗余字典由五种情感的训练样本组成(实验采用三折交叉验证，五种情感共有训练样本约 166 个，不同维度范围的情感标签标注在横坐标上，例如，图 11-5 (a) 中，1～34、34～67、67～100、100～133、133～167 分别代表的是由"悲伤""生气""高兴""惊奇""中性"训练样本组成的字典维度)，根据稀疏表示的原理，任一情感类别的测试样本 Y 可以近似表示为该类训练样本的线性组合，即信号的非零稀疏系数应集中在本类训练样本的维度范围。从图 11-5 中可以看出，各类情感信号的非零稀疏系数多集中在本类训练样本组成的字典范围，因此证明了基于信号稀疏表示对情感语音信号进行识别的可行性。另外，从图 11-5 中可以看出，对于语音信号而言，"高兴"情感的稀疏系数最为集中，其次为"中性""悲伤""惊奇"情感，而"生气"情感的稀疏系数则最为分散。

3. 语音信号的情感识别结果

在确定压缩感知 CS 识别模型对语音情感识别的可行性后，为进一步验证 CS 语音情感识别模型的抗噪能力，同时也为了对比 CS 识别模型与其他常用识别模型在语音信号和脑电信号情感识别性能上的优劣，采用 CS、SRC、SVM 及 BP 四种识别模型分别对不同信噪比下 TYUT2.0 语音库的五种情感样本和对脑电信号进行情感识别，信噪比 SNR 的计算公式为

$$\mathrm{SNR} = 10\lg(P_s/P_n) \tag{11-18}$$

式中，P_s 为信号的功率；P_n 为噪声的功率。所加噪声为 Noisex92 数据库中的高斯白噪声，采用 MATLAB 仿真得到不同信噪比的情感语音信号。图 11-6 所示给出了四种识别模型在信噪比从 0dB（即信号功率等于噪声功率）开始，依次增加 5dB，直至 40dB 截止的平均识别率的折线图。

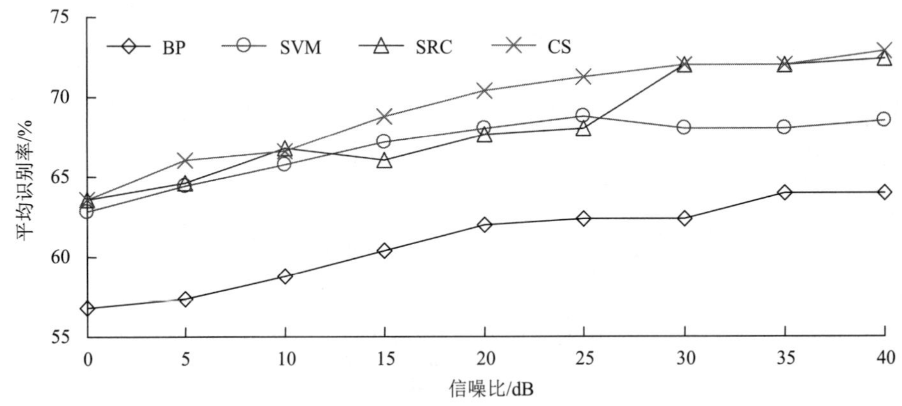

图 11-6　不同识别模型抗噪性能对比

从图 11-6 中可以看出，当信噪比较低时，四种识别模型的识别效果都比较低，SVM、SRC 和 CS 的识别率相当，而 BP 神经网络的识别效果最差；随着信噪比的提高，四种识别模型的识别效果均不断改善，其中 BP 神经网络的识别结果虽稳步升高，但较 SVM、SRC 和 CS 相比，仍处于较低的水平；SVM 识别模型的提升速度较 BP 神经网络高，但比 SRC 和 CS 识别模型低；SRC 虽然在信噪比 30～40dB 时，识别率与 CS 基本相同，但其在较低信噪比时，表现出的抗噪性能不佳。综合来看，无论是低噪声还是高噪声情况下，本实验提出的基于 CS 的情感识别模型都取得了较 BP、SVM 和 SCR 模型更好的识别效果，且在噪声的干扰下，呈现出了更稳健的识别性能。

从表 11-7 中可以看出，纯净语音下，基于 CS 的识别模型对单一情感的识别结果中，“高兴”情感的识别率最高，达到了 98.35%，“中性”情感次之，为 82.24%，随后是“悲伤”情感和“惊奇”情感，识别率分别为 74.82%和 60.55%，五种情感中，识别效果最差的是“生气”情感，识别率只有 56.07%。分析其原因，对比图 11-5（c）可以看出，识别效果最好的是“高兴”情感，其非零稀疏系数在本类字典下最为集中，证明了“高

兴”情感的测试样本与训练样本相关性最高，更容易分类。对“中性”情感来说，从表 11-7 中可以看出，其情感的误判主要在“生气”和“惊奇”情感上，对比图 11-5（e）分析可得，“中性”情感测试样本的非零稀疏系数大部分集中在自身情感的字典维数上，但有少部分分散到“生气”和“惊奇”情感的字典维度中，说明由这两种情感组成的字典中，出现了与“中性”情感测试样本有较强相关性的原子，因而导致误判。同理，对“悲伤”和“惊奇”情感来说，在表 11-7 中误判率较高，对应图 11-5（a）和图 11-5（d）中分散到该情感字典维度上的非零稀疏系数就较多。对识别效果最差的“生气”情感而言，从图 11-5（b）可以看出，“生气”情感样本的非零稀疏系数在整个冗余字典维度上最为分散，除分布到自身情感字典维度以外，还有很多分散到了其余的四种情感字典维度上，这说明对“生气”情感来说，选取的语音情感特征并不能很好地将“生气”情感与其他情感区分开，导致基于 CS 对“生气”情感的识别效果较差，这也是今后研究中可以进一步改进的地方。

表 11-7　纯净语音下 CS 对 5 种情感的识别率　（%）

情感状态	悲伤	生气	高兴	惊奇	中性
悲伤	**74.82**	15.33	0.00	6.07	3.78
生气	4.25	**56.07**	10.31	13.82	15.55
高兴	1.65	0.00	**98.35**	0.00	0.00
惊奇	13.71	6.07	8.67	**60.55**	11.00
中性	0.00	3.41	0.00	14.35	**82.24**

以上实验证明了本章提出的基于 CS 的情感识别模型在语音情感识别上的有效性，同时也证明了该模型在鲁棒性即抗噪性上较其他识别模型的优势，为进一步验证 CS 语音情感识别模型在识别速度上的优势，对比了纯净语音下 BP、SVM、SRC 与 CS 四种识别模型对 TYUT2.0 语音情感识别的训练时间，实验结果如图 11-7 所示。

从图 11-7 中可以直观地看出，基于 CS 的语音情感识别模型识别速度最快，对 TYUT2.0 语音库五种情感 250 句实验样本的训练时间只有 0.62s，这归功于 CS 先对信号进行压缩，再采用压缩后的数据进行稀疏分类。训练速度其次是 SRC，为 1.44s，约为 CS 的 2.3 倍。SRC 采用原始信号进行分类，因此在训练复杂度上较 CS 高。四种识别模型中 BP 神经网络排名第三，为 4.29s，约为 CS 的 7 倍，BP 神经网络在训练时，采用梯度下降法，需要不断调整各神经元的权值，直至网络的实际输出值和期望输出值的误差均方差为最小。这个过程一般需要几百次甚至几千次的学习才能完成，因此，采用 BP 神经网络进行识别速度较慢。本次识别实验中，SVM 完成情感识别的时间在四种识别模型中用时最长，为 18.11s，约为 CS 的 29 倍。已知 SVM 借助二次规划来求解支持向量，而求解过程中会涉及 m 阶矩阵的计算问题，其中 m 为样本的个数，当 m 数目较大时该矩阵的计算将耗费大量运算时间，因此，SVM 在对语音情感进行识别时，训练速度是其一大劣势。综上分析可知，在语音情感识别训练速度的比较上，CS 识别模型要优于常用的 BP、SVM 和 SRC 识别模型。

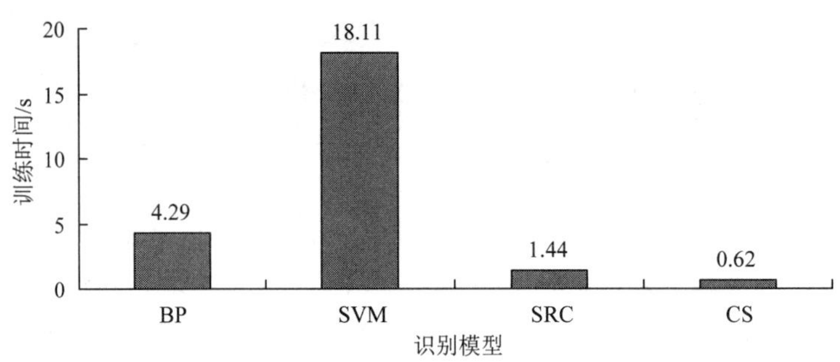

图 11-7 纯净语音下不同识别模型训练时间对比

11.4.2 脑电信号的情感识别

在上一节中，验证了基于 CS 的识别模型对语音情感识别的鲁棒性及高效性，本节将 CS 理论引入脑电信号的情感识别中。首先介绍了用于脑电情感识别的特征，然后为验证基于 CS 识别脑电情感的可行性，绘出了脑电信号在冗余字典下的稀疏表示图，最后为验证基于 CS 识别模型较其他常用识别模型在区分脑电信号情感状态上的有效性，采用 TYUT2.0 情感脑电数据库进行仿真实验，并采用 BP、SVM、SRC 做对比实验。本节所有实验均在 MATLAB2016 环境下仿真，由于每个人对刺激信号的反应都不相同，为保证实验结果更具合理性，采用 14 个人的脑电信号分别做识别实验，取 14 个人的平均作为最终实验结果。采用 CS 进行识别时，压缩比 R=0.5。

1. 情感脑电信号的特征选择

脑电信号本质是非线性、非平稳的信号。目前基于非线性动力学的分析方法对脑电信号进行特征提取的研究很多，基于脑电非线性动力学特征的介绍，脑电信号的特征采用非线性特征和功率谱熵特征，其中，1～276 维属于非线性特征，277～288 属于功率谱熵特征。非线性属性特征包括几何特征和非线性属性特征，特征选取与表 11-2 相同。12 导脑电信号的特征维数共 288 维。

2. 情感脑电信号在冗余字典下的稀疏表示

为更直观地表示利用信号稀疏系数对脑电情感进行分类的可行性，本实验以一个人的脑电信号为例，绘出了每种情感脑电信号在冗余字典下的稀疏表示，如图 11-8 所示。同语音信号相同，冗余字典由五类情感的训练样本组成（实验采用三折交叉验证，五类情感共有训练样本约 166 个），根据稀疏分类的原理，任一情感类别的测试样本 Y 可以近似表示为该类训练样本的线性组合，即信号的非零稀疏系数应集中在本类训练样本的维度范围。从图 11-8 中可以看出，脑电信号各类情感样本的非零稀疏系数大多集中在本类训练样本组成的字典范围，只有很少的部分分散到其他类别的字典范围中，因此证明了基于信号稀疏表示对情感脑电信号进行分类的可行性。

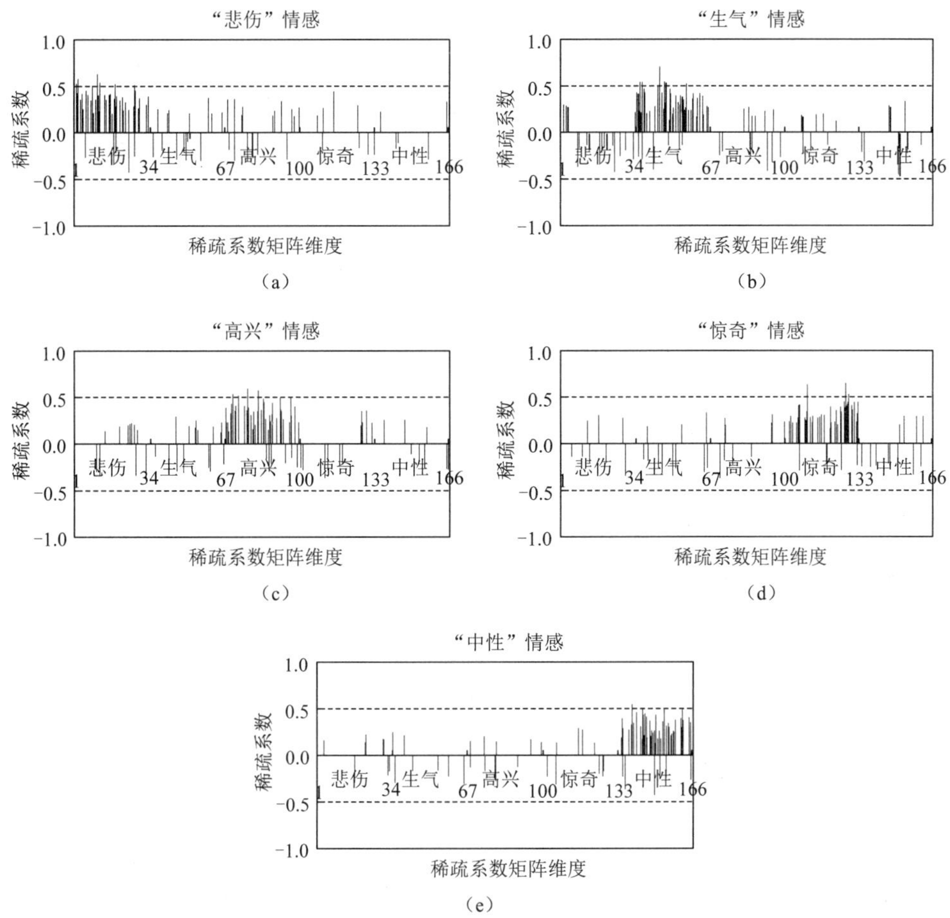

图 11-8　五种情感脑电信号在超完备字典下的稀疏表示

3. 脑电信号的情感识别结果

在确定 CS 识别模型对脑电信号情感识别的可行性后，为进一步对比 CS 识别模型与其他常用识别模型在脑电情感识别性能上的优劣，采用 BP、SVM、SRC 及 CS 四种识别模型对脑电信号进行情感识别，识别结果见表 11-8。表格中各情感的识别率、平均识别率均为 14 个人识别率再取平均的结果，此外，为验证脑电数据的有效性，计算了 14 个人脑电信号平均识别率的标准差。

表 11-8　不同识别模型对脑电信号情感识别的结果对比

识别模型	悲伤/%	生气/%	高兴/%	惊奇/%	中性/%	平均/%	平均标准差/%	训练时间/s
CS	93.22	91.49	95.22	89.68	89.26	91.77	4.50	1.26
SRC	92.18	90.55	93.24	86.29	87.18	89.89	5.20	3.90
SVM	74.57	82.29	80.64	96.14	84.28	83.58	5.36	22.11
BP	78.29	89.14	81.43	86.29	73.71	81.77	5.80	4.82

根据对表 11-8 的分析得到以下结论：

（1）从单种情感的识别结果分析，基于 CS 的识别模型在“悲伤”“生气”“高兴”三种情感上识别率都在 90%以上，其中，“高兴”情感识别率最高，达到了 95.22%，且剩下的“惊奇”和“中性”情感也都在 89%以上，对比其余的三种识别网络，除“惊奇”情感识别率略低于 SVM 外，其余情感的识别率均高于 SRC、SVM 和 BP 识别模型。这可能得益于 CS 识别模型的鲁棒性，同时也可能得益于分类器本身对实验样本的良好鉴别能力，对比图 11-8 可以看出，对于脑电信号而言，每种情感测试样本的非零稀疏系数绝大部分集中在本类情感字典的维度范围，这证明脑电信号各相同情感测试样本间有较强的相关性，而非相同情感间样本相关性较弱，在利用稀疏表示原理对信号分类时，取得了较好的结果。SRC 识别模型对每种情感的识别率都略低于 CS，这可能是因为 CS 采用观测矩阵压缩后的信号分类，观测矩阵在压缩信号的过程中起到了信号去噪的作用。SVM 识别模型对五种情感的识别率中，“惊奇”情感的识别率最高，也是四种识别模型中对“惊奇”情感最好的分类结果，这可能是因为 SVM 分类器本身对“惊奇”情感样本的良好匹配，SVM 将低维信号映射到高维空间，采用少数样本构造分类超平面，而“惊奇”情感样本可能正适合这种分类方法。但 SVM 对其他情感的识别率均在 90%以下，对“悲伤”情感的识别率仅有 74.57%，因此，整体上 SVM 对脑电信号的识别效果要差于 CS。从五种情感识别率来看，BP 神经网络的识别效果最差，“悲伤”和“中性”情感的识别率都在 80%以下，其余三种情感的识别率也未达到 90%。

（2）从所有情感的平均识别率和 14 个人平均识别率的标准差分析，CS 识别模型的平均识别率最高，也是四种识别模型中唯一在 90%以上的，为 91.77%，其次为 SRC 识别模型，平均识别率为 89.89%，接下来是 SVM 和 BP 识别模型，识别率分别为 83.58% 和 81.77%。从所有被试平均识别率标准差分析可知，基于 CS 的识别模型标准差最低，为 4.5%，这说明该算法的稳定性最好，在分类情感时，受外在因素的影响小，这也是识别模型鲁棒性的一种体现。另外，四种识别模型对 14 名被试平均识别率的标准差都在 5%左右，证明了实验信号采集的有效性。

（3）从训练时间分析，CS 识别模型的训练时间最少，为 1.26s，SRC 识别模型次之，为 3.9s，约为 CS 的 3 倍，与语音情感识别相同，SRC 训练时间较长是因为它采用原始数据分类，一定程度上加大了训练的复杂度。采用 SVM 识别模型的训练时间最长，为 22.11s，约为 CS 的 7.5 倍，SVM 识别模型采用二次规划求解支持向量，影响训练时间的最主要因素为实验样本的个数，当样本数量不变，仅增加样本维度时，对 SVM 模型训练时间的影响较小。但其训练速度仍远低于 CS 识别模型。采用 BP 模型的识别时间为 4.82s，约为 CS 的 3.8 倍。

为更直观地展示出四种识别模型对五种情感状态识别率和训练时间的分布，将表 11-8 的识别结果绘制为柱状图 11-9 和图 11-10，其中，图 11-9 为识别率的分布图，图 11-10 为训练时间的分布图。综合表 11-8 与图 11-9、图 11-10 的对比分析可知，对脑电信号的情感识别，无论从单种情感识别率、整体识别率、识别效果稳定性还是训练时间上，本实验提出的基于 CS 的情感识别模型的性能都优于传统的 SRC、SVM、BP 识别模型。

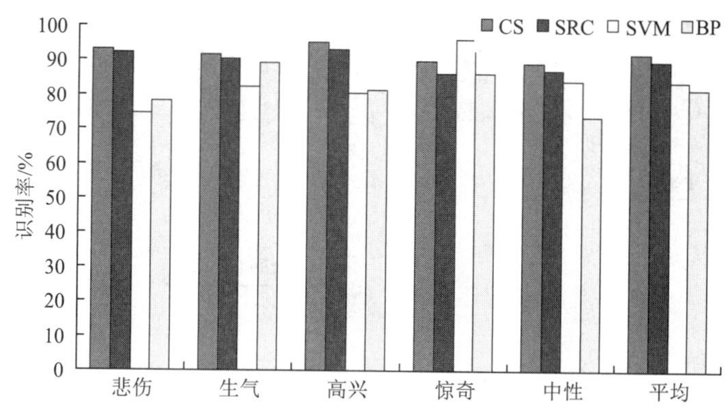

图 11-9　不同识别模型情感识别率对比图

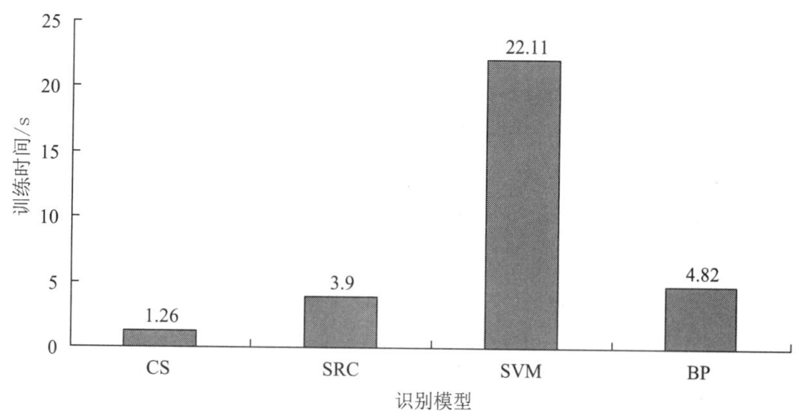

图 11-10　不同识别模型训练时间对比图

11.4.3　基于特征的 CCA 融合

随着多模态传感器的不断发展，实际工业环境中存在着大量的多模态数据，人们期望整合多模态信息以提高监督、检测、分类和识别性能，因为多模态信息往往比单一模态富含更多的特征且更具表现力。目前，多模态情感研究已经成为情感识别领域的热门技术。构造多模态首先要面临的就是如何将多种特征进行融合。特征融合是指对同一对象的多组特征矢量进行优化组合，以达到保留多特征有效鉴别信息，同时剔除冗余信息的目的。目前最常见的特征融合方法为串行融合[31]，即将多组特征矢量首尾顺次拼接，合成一个高维的特征矢量。但这种融合方法会导致大量冗余信息被带入新特征，不利于后续的识别研究。压缩感知理论中信号的稀疏系数主要是依据测试样本与字典中同类原子的相关性求解的，因此样本间的相关性对 CS 识别情感有直接关联。Hotelling H 提出了一种基于统计学协方差理论的典型相关分析方法（CCA）[32]。CCA 作为一种特征融合算法可以最大限度地提升特征的可分离性，实现类内相关最大化和类间相关最小化[33]。孙权森等将 CCA 算法用于阿拉伯数字和人脸的识别中，结果表明 CCA 融合优于已有的特征融合方法[34]。胡敏等采用 CCA 融合人脸的局部纹理特征和局部形状特征，提高了特征的鉴别能力，在人脸表情识别上取得了较好的分类结果[35]。将 CCA 用于情感语音信号和情感脑电信号两种特征的融合中，并结合 CS 识别模型，进一步提高了情感的识别效果。CCA 融合的基本结构框图如图 11-11 所示。

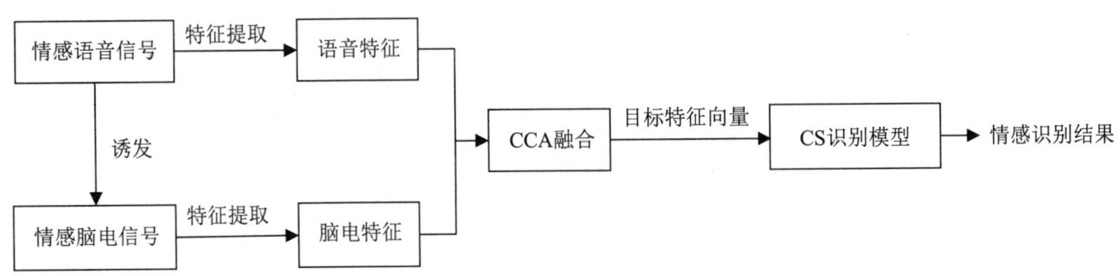

图 11-11　CCA 融合的基本结构框图

1. CCA 融合的基本原理

典型相关分析（CCA）是一种反映两组变量间相关关系的统计分析方法，其核心思想是找到两组投影方向，使被融合的两组特征分别在这两个方向上投影之后，实现相关最大化，新的特征矢量则是依据这两组投影方向融合而成。当提取的两组特征矢量在同类样本之间相关性最大，而非同类样本间相关性最小时，CCA 融合可以最大限度地提升特征的可分离性，提高分类识别结果。CCA 算法的基本原理如下：

假设 $\boldsymbol{X} \in R^p$ 与 $\boldsymbol{Y} \in R^q$ 为被融合的两组特征矢量，其维数分别为 p 和 q，CCA 的目的就是求取投影方向 a 和 b，使得 $\boldsymbol{X}^* = a^{\mathrm{T}}\boldsymbol{X}$ 和 $\boldsymbol{Y}^* = b^{\mathrm{T}}\boldsymbol{Y}$ 之间的相关系数 $\mathrm{Corr}(\boldsymbol{X}^*, \boldsymbol{Y}^*)$ 最大。

$$\mathrm{Corr}(\boldsymbol{X}^*, \boldsymbol{Y}^*) = \frac{E[a^{\mathrm{T}}\boldsymbol{X}\boldsymbol{Y}^{\mathrm{T}}b]}{\sqrt{E[a^{\mathrm{T}}\boldsymbol{X}\boldsymbol{X}^{\mathrm{T}}a] \cdot E[b^{\mathrm{T}}\boldsymbol{Y}\boldsymbol{Y}^{\mathrm{T}}b]}} = \frac{a^{\mathrm{T}}\boldsymbol{S}_{XY}b}{\sqrt{a^{\mathrm{T}}\boldsymbol{S}_{XX}a \cdot b^{\mathrm{T}}\boldsymbol{S}_{YY}b}} \tag{11-19}$$

式中，$\mathrm{Corr}(\boldsymbol{X}^*, \boldsymbol{Y}^*)$ 称为融合的准则函数；$\boldsymbol{S}_{XY}$ 和 $\boldsymbol{S}_{YY}$ 分别表示 $\boldsymbol{X}$ 与 $\boldsymbol{Y}$ 的协方差矩阵；$\boldsymbol{S}_{XY}$ 表示 $\boldsymbol{X}$ 与 $\boldsymbol{Y}$ 之间的协方差矩阵。CCA 要求输入样本空间的均值为 0，因此上述两组特征矢量 $\boldsymbol{X}$ 与 $\boldsymbol{Y}$ 已经经过中心化处理。

为使融合的准则函数的优化问题有唯一解，令 $a^{\mathrm{T}}\boldsymbol{S}_{XX}a = b^{\mathrm{T}}\boldsymbol{S}_{YY}b = 1$，则该准则函数简化为

$$\mathrm{Corr}(\boldsymbol{X}^*, \boldsymbol{Y}^*) = a^{\mathrm{T}}\boldsymbol{S}_{XY}b \tag{11-20}$$

当 $\mathrm{Corr}(\boldsymbol{X}^*, \boldsymbol{Y}^*)$ 取得极值时，对应的 a 和 b 即为所求的两组投影方向。

CCA 本质是一种优化问题，通常的求解方法是：引入拉格朗日因子 λ，构建目标函数 L：

$$L = a^{\mathrm{T}}\boldsymbol{S}_{XY}b + \lambda(a^{\mathrm{T}}\boldsymbol{S}_{XX}a - 1) + \lambda(b^{\mathrm{T}}\boldsymbol{S}_{YY}b - 1) \tag{11-21}$$

对式（11-21）分别计算投影矢量 a 和 b 的偏导数，得到以下两组特征方程：

$$\begin{cases} \boldsymbol{S}_{XY}b - \lambda\boldsymbol{S}_{XX}a = 0 \\ \boldsymbol{S}_{YX}a - \lambda\boldsymbol{S}_{YY}b = 0 \end{cases} \tag{11-22}$$

由式（11-22）求解出投影矢量 a 和 b，最终由 CCA 融合后的新特征为

$$Z = \begin{bmatrix} a \\ b \end{bmatrix}^{\mathrm{T}} \begin{bmatrix} \boldsymbol{X} \\ \boldsymbol{Y} \end{bmatrix} \tag{11-23}$$

2. CCA 融合前后情感特征间的相关性分析

相关性分析是指对两个或多个具有相关性的变量进行分析，从而衡量两个变量因素相关密切程度的分析方法。根据本书第 3 章中的介绍可知，基于 CS 对情感识别时，若相同类别间信号的相关程度越大，非相同类别间信号的相关程度越小，则重构出的稀疏系数越准确，识别正确率越高。为进一步验证这一结论，同时，更直观地观察 CCA 融合后特征在鉴别能力上的改变情况，对单一语音、单一脑电、串行融合和 CCA 融合后的所有实验样本做了相关性分析，结果如图 11-12 所示。图 11-12 展示的是全部样本间互相关系数的值，样本间相关系数的取值范围为[−1,1]，相关系数的绝对值越大，表示样本间相关性越强，横纵坐标代表的是全部情感的 250 个特征样本，样本情感在图中标注如下：S 代表悲伤，A 代表生气，H 代表高兴，J 代表惊奇，N 代表中性，对角线周围 50×50 的方阵代表相同情感样本间的相关系数。

根据对图 11-12 的分析可以得到以下结论：

（1）从单一特征的角度分析：从图 11-12（a）中可以看出，单一语音的情感特征中只有“高兴”情感的类内相关性较高，类内样本间的相关系数值都接近 1。其次，“悲伤”和“中性”情感的特征也具有一定的区分度，但区分度较小。对于“生气”和“惊奇”情感来说，其类内样本间的相关性没有明显高于该类与其他情感类别样本的相关性，即所提的语音情感特征并不能有效地将“生气”“惊奇”情感和其他情感区分开。从图 11-12（b）中可以看出，单一脑电信号各情感类别的类内相关性都比较高，但类间的相关性也处于较高的水平，例如，“悲伤”情感虽然与自身情感样本间相关性最好，但其与“高兴”和“中性”情感的样本间也有较明显的相关性，这也会影响特征的鉴别能力，造成识别效果不佳。

（2）从特征串行融合与单一特征对比的角度分析：对比图 11-12（c）和图 11-12（a）、图 11-12（b）可以发现，经过特征串行融合后，各情感样本的类间相关性得到明显减弱，其相关系数的绝对值基本都在 0.5 以下，但是类内相关性却相比单一脑电特征有不同程度的减弱，尤其对“生气”和“惊奇”情感相关性强度的减弱更加明显，分析其原因，由于语音特征在这两种情感上的相关性较差，在与脑电特征直接融合后，降低了原来脑电特征的类内相关的水平。

（3）从特征 CCA 融合与串行融合对比的角度分析：对比图 11-12（c）和图 11-12（d）可以看出，采用 CCA 融合特征后，进一步减弱了各情感样本的类间相关性，而且较大程度上提高了各情感样本的类内相关性。证明 CCA 融合相比串行融合可以更有效地提取不同类特征间的有效鉴别信息。

（4）从图 11-12 整体对比可以看出，经过 CCA 融合后的特征无论在类内相关性还是类间的不相关性水平上都优于单一语音、单一脑电以及串行融合后的特征。CCA 融合使不同情感特征间有了更高的区分度。

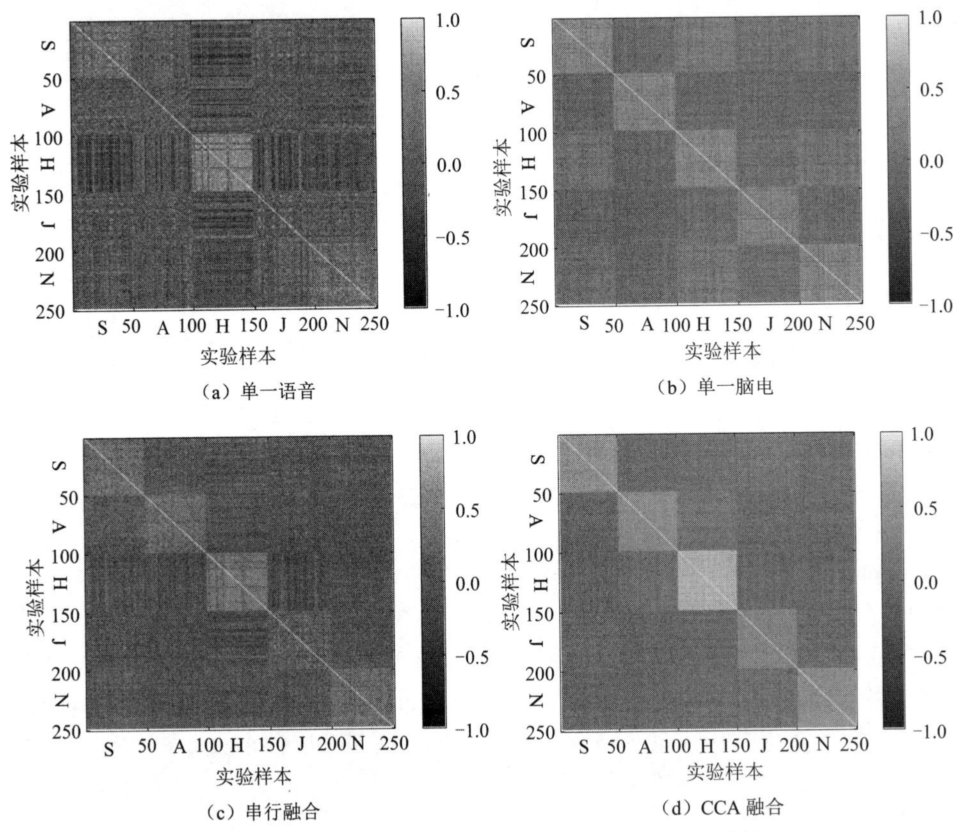

（a）单一语音　（b）单一脑电

（c）串行融合　（d）CCA 融合

图 11-12　不同融合方式下情感特征样本间的相关系数

3. 脑电辅助语音信号的情感识别结果

本书在 11.3.2 节中通过实验验证了基于 CS 的识别模型对语音和脑电信号的识别性能均优于常用的 BP、SVM 和 SCR 识别模型，为构建更有效的情感识别系统，本节采用基于 CS 的识别模型对脑电和语音信号的融合特征进行识别。其中，脑电信号的刺激材料与用于识别的语音信号一一对应，即保证每一条融合特征是由该条语音信号的特征和由该语音刺激产生脑电信号的特征融合而成。将 14 个人的脑电特征分别与语音特征融合，取其平均作为实验的最终结果。为验证 CCA 融合对特征鉴别能力的改善，采用串行融合做对比实验，同时为方便融合特征识别率与单一特征识别率的对比分析，将单一语音和单一脑电的识别结果添加到本实验中，实验结果见表 11-9。

表 11-9　CS 识别模型下不同特征融合方法的情感识别率对比　（%）

特征	悲伤	生气	高兴	惊奇	中性	平均
单一语音	74.82	56.07	98.35	60.55	82.24	74.41
单一脑电	93.22	91.49	95.22	89.68	89.26	91.77
串行融合	92.29	77.43	98.29	81.43	90.86	88.06
CCA 融合	95.71	92.57	100	90.57	96.86	95.14

表 11-9 中关于 CS 对单一语音和单一脑电特征的识别结果在上文中已有详细的分析，此处不做过多说明。从融合特征与单一特征识别结果的对比角度分析，采用串行融合后，基于 CS 的识别模型对五种情感的平均识别率为 88.06%，比单一的语音特征提高了 13.65 个百分点，但比单一脑电特征降低了 3.71 个百分点，且在对单种情感进行对比时，采用串行融合后的特征识别率仅在“高兴”和“中性”情感上高于单一脑电特征，这是因为采用串行融合的方法，在提高特征维度的同时，引入了大量的冗余信息，且未对不同特征的有效信息做筛选，造成识别率的降低。采用 CCA 融合后，CS 对情感的识别率达到 95.14%，比采用串行融合时提高了 7.08 个百分点，比采用单一语音和单一脑电特征分别提高了 20.73 个百分点和 3.37 个百分点，且对单种情感的识别率上，CCA 融合后各情感的识别率都要高于单一语音、单一脑电和串行融合的结果，证明了 CCA 融合充分利用不同特征的有效鉴别信息，提高了情感的识别效果。

图 11-13 以柱形图的形式更直观地展现了单一语音、单一脑电、串行融合和 CCA 融合四种不同特征参数下情感的识别结果分布，从该图中可以看出，采用 CCA 融合方法得到的特征参数，无论是对单种情感的识别率还是平均识别率都优于其他三种方法。

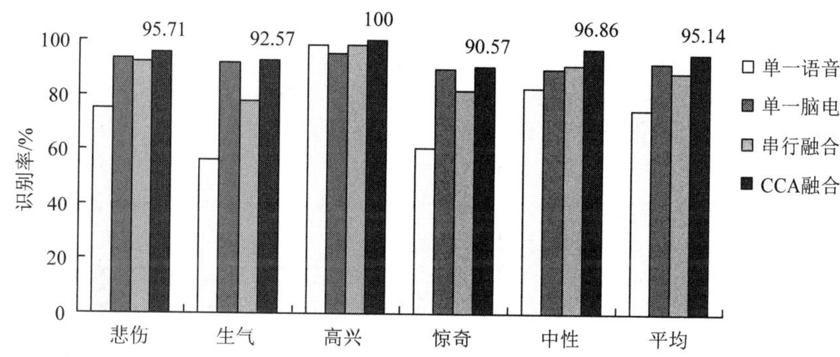

图 11-13　不同特征参数下情感识别率对比图

本实验主要针对压缩感知识别模型鲁棒性和高效性的优势，检验其在情感识别上的效果。首先，设计了 CS 识别模型对含噪语音和纯净语音进行情感识别的实验，同时设置 BP、SVM 和 SCR 识别模型作为对比，验证了 CS 识别模型的抗噪性能以及它与其他常用识别模型在语音情感识别率和训练速度上的优势。然后，为进一步验证 CS 识别模型对脑电信号情感识别的有效性，设计了 CS 识别模型对脑电信号的情感识别实验，同时采用 BP、SVM 和 SCR 识别模型作为对比，再次验证了对脑电信号进行情感识别时，CS 识别模型在识别率和训练速度上均优于其他识别模型。接下来，基于单一语音或脑电特征不能完整表述情感分类信息的问题，提出采用脑电辅助语音信号进行情感识别，并针对 CS 的分类原理，提出采用 CCA 融合语音和脑电特征，并通过相关性分析验证了经 CCA 融合后的特征在特征鉴别能力上优于单一语音、单一脑电和串行融合后的特征。在本实验最后，设计了 CS 识别模型对串行融合和 CCA 融合后的特征进行情感识别，并与单一特征识别结果进一步对比，得出采用 CCA 融合后的特征识别结果最优。

小　结

在信号的分析方法中，非线性特征是一种动力学特征，脑电信号符合非线性动力学描述，可以通过提取非线性参数来对其进行研究。首先，本章对脑电信号的非线性特征进行研究，并结合谱特征对脑电信号进行识别；其次，考虑到脑电信号的高维特性以及压缩感知理论可以几乎“无损压缩”的优点，采用近几年流行的压缩感知理论对脑电信号进行压缩和识别，获得了较好的实验结果；最后，为构建更有效的情感识别系统，进一步提高情感的识别率，采用 CCA 方法融合语音和脑电信号的特征，本章的实验结果进一步为脑电信号辅助语音情感识别研究提供了理论和技术参考。

参考文献

[1] HÉLOÏSE B, SEJDIĆ E. A cerebral blood flow evaluation during cognitive tasks following a cervical spinal cord injury: a case study using transcranial doppler recordings [J]. Cognitive Neurodynamics, 2015, 9(6): 615-636.

[2] LIU X, ZHANG C, JI Z, et al. Multiple characteristics analysis of alzheimer's electroencephalogram by power spectral density and lempel-ziv complexity [J]. Cognitive Neurodynamics, 2016, 10(2): 121-131.

[3] SCHOENBERG P L A, SPECKENS A E M. Multi-dimensional modulations of α and γ cortical dynamics following mindfulness-based cognitive therapy in major depressive disorder [J]. Cognitive Neurodynamics, 2015, 9(1): 13-29.

[4] 姚慧，孙颖，张雪英. 情感语音的非线性动力学特征 [J]. 西安电子科技大学学报（自然科学版），2016，43（5）：167-172.

[5] 姚慧. 情感语音的非线性特征研究[D]. 太原：太原理工大学，2016.

[6] OTHMAN M, WAHAB A, KARIM I, et al. EEG emotion recognition based on the dimensional models of emotions [J]. Procedia - Social and Behavioral Sciences, 2013, 97(2): 30-37.

[7] 许丽群，马驰，王睿杰. 时频分析在语音信号处理中的应用 [J]. 科学技术与工程，2011，11（21）：5043-5046.

[8] 宋倩倩，于凤芹. 基于 Hilbert-Huang 变换和听觉掩蔽的语音增强算法 [J]. 声学技术，2009，28（3）：280-283.

[9] LI K, LI X, ZHANG Y, et al. Affective state recognition from EEG with deep belief networks[C]. Proceedings of the IEEE International Conference on Bioinformatics and Biomedicine, 2013 [C].

[10] WULSIN D, BLANCO J, MANI R, et al. Semi-supervised anomaly detection for eeg waveforms using deep belief nets[C]. Proceedings of the Ninth International Conference on Machine Learning and Applications, 2010.

[11] DONOHO D L. Compressed Sensing [J]. Information Theory IEEE Transactions on, 2006, 52(4): 1289-1306.

[12] 黄晓烨，熊继平，潘志勇，等. 基于压缩感知的脑电信号重构研究 [J]. 微型机与应用，2014，21（21）：72-74.

[13] SENAY S, CHAPARRO L F, SUN M, et al. Compressive sensing and random filtering of EEG signals using slepian basis[C]. Proceedings of the Eusipco, 2008.

[14] FIRA M, GORAS L. A new method for eeg compressive sensing [J]. Advances in Electrical and Computer Engineering, 2012, 12(4): 71-76.

[15] 吴敏. 基于稀疏表示模型的 EEG 信号棘波自动检测技术与应用系统研究[D]. 南京：南京理工大学，2010.

[16] LI M, CHEN W, ZHANG T. Automatic epileptic EEG detection using DT-CWT-based non-linear features[J]. Biomedical Signal Processing & Control, 2017, 34:114-125.

[17] 李昕，蔡二娟，田彦秀，等.一种改进脑电特征提取算法及其在情感识别中的应用[J]. 生物医学工程学杂志，2017（4）：510-517.

[18] HATAMIKIA S, NASRABADI A M. Recognition of emotional states induced by music videos based on nonlinear feature extraction and SOM classification[C]. Biomedical Engineering. IEEE, 2014:333-337.

[19] CUESTAFRAU D, MIRÓMARTINEZ P, JORDÁN N J, et al. Noisy EEG signals classification based on entropy metrics. Performance assessment using first and second generation statistics[J].Computers in Biology & Medicine, 2017,

87:141-151.

[20] ZHANG A , YANG B , HUANG L . Feature extraction of eeg signals using power spectral entropy[C]. BioMedical Engineering and Informatics, 2008. BMEI 2008. International Conference on IEEE Computer Society, 2008:435-439.

[21] HAN J, SUN Z, HAO H. l0 -norm based structural sparse least square regression for feature selection[J]. Pattern Recognition, 2015, 48(12):3927-3940.

[22] TROPP J, GILBERT A C. Signal recovery from random measurements via orthogonal matching pursuit[J]. IEEE Transactions on Information Theory, 2007, 53(12):4655-4666.

[23] WEI Y, LU Z, YUAN G, et al. Sparsity adaptive matching pursuit detection algorithm based on compressed sensing for radar signals[J]. Sensors, 2017, 17(5):1120.

[24] SUN Y, GU G, SUI X, et al. Single image super-resolution using compressive sensing with a redundant dictionary [J]. IEEE Photonics Journal, 2015, 7(2):1-11.

[25] MICHAL AHARON, MICHAEL ELAD, ALFRED BMCKSTEIN. K-SVD:an algorithm fordesigning overcomplete dictionaries for sparse representation[J]. IEEE Trans.Onsignal Processing, 2006, 54(11):4311-4321.

[26] CANDES E J. The restricted isometry property and its implications for compressed sensing[J]. Academic Science, 2006, 346(1):592-598.

[27] CANDES E J, ROMGERG J, TAO T. Robust uncertainty principles:Exact signal reconstruction from highly incomplete frequency information[J]. IEEE Trans.On Information Theory, 2006, 2(2):489-509.

[28] 高睿，赵瑞珍，胡绍海. 基于压缩感知的变步长自适应匹配追踪重建算法[J]. 光学学报，2010，30（6）：1639-1644.

[29] HOTELLING H. Relations between two sets of variates [J]. Biometrika, 1936, 28(3/4):321-377.

[30] 马江河，孙颖，张雪英. 融合语音信号和脑电信号的多模态情感识别[J]. 西安电子科技大学学报，2019，46（1）：1-7.

[31] LIU C J, WECHSLER H. A shape-and texture-based enhanced fisher classifier for face recognition[J]. IEEE Transactions on Image Processing, 2001, 10(4):598-608.

[32] HOTELLING H. Relations between two sets of variates [J]. Biometrika, 1936, 28(3-4):321-377.

[33] 蒋文. 基于典型相关分析的人脸识别研究[D]. 郑州：郑州大学，2016.

[34] 孙权森，曾生根，王平安，等. 典型相关分析的理论及其在特征融合中的应用[J]. 计算机学报，2005，28(9)：1524-1533.

[35] 胡敏，滕文娣，王晓华，等. 融合局部纹理和形状特征的人脸表情识别[J]. 电子与信息学报，2018，40(6)：1338-1344.